国家出版基金项目

中国煤矿生态技术与管理

西部煤矿区环境影响与生态修复

雷少刚◎著

贺　晓　张绍良◎主　审

中国矿业大学出版社

·徐州·

内 容 提 要

本书较为系统地分析了我国西部煤矿区生态环境影响,以及西部矿区生态修复新发展的修复模式和技术方法;在矿区生态环境影响方面论述了西部矿区生态环境本底,井工矿区地表沉陷与地裂缝发育机理及其对土壤、地下水、植被、水土流失的影响规律,以及露天矿区开采对景观生态影响和排土场边坡侵蚀失稳问题;在矿区生态保护修复方面提出了西部矿区生态修复的分区分类策略、引导型矿区生态修复理论与技术、露天矿区排土场近自然地貌重塑技术、"海绵"排土场构建关键技术等新的修复理论与技术。

本书可作为普通高等学校矿业、环境类专业教学参考书,也可作为相关专业科研人员、管理人员和矿山企业技术人员的参考用书。

图书在版编目(CIP)数据

西部煤矿区环境影响与生态修复/雷少刚著. —徐州:中国矿业大学出版社,2023.12
 ISBN 978 - 7 - 5646 - 5730 - 7

Ⅰ. ①西… Ⅱ. ①雷… Ⅲ. ①煤矿—矿区—生态恢复—研究—中国 Ⅳ. ①X322

中国国家版本馆 CIP 数据核字(2023)第 030776 号

书 名	西部煤矿区环境影响与生态修复
著 者	雷少刚
责任编辑	李 敬
出版发行	中国矿业大学出版社有限责任公司
	(江苏省徐州市解放南路 邮编221008)
营销热线	(0516)83885370 83884103
出版服务	(0516)83995789 83884920
网 址	http://www.cumtp.com E-mail:cumtpvip@cumtp.com
印 刷	苏州市古得堡数码印刷有限公司
开 本	787 mm×1092 mm 1/16 印张 22.75 字数 568 千字
版次印次	2023 年 12 月第 1 版 2023 年 12 月第 1 次印刷
定 价	168.00 元

(图书出现印装质量问题,本社负责调换)

《中国煤矿生态技术与管理》
丛书编委会

丛书总负责人：卞正富

分册负责人：

《井工煤矿土地复垦与生态重建技术》　卞正富

《露天煤矿土地复垦与生态重建技术》　白中科

《煤矿水资源保护与污染防治技术》　冯启言

《煤矿区大气污染防控技术》　王丽萍

《煤矿固体废物利用技术与管理》　李树志

《煤矿区生态环境监测技术》　汪云甲

《绿色矿山建设技术与管理》　郭文兵

《西部煤矿区环境影响与生态修复》　雷少刚

《煤矿区生态恢复力建设与管理》　张绍良

《矿山生态环境保护政策与法律法规》　胡友彪

《关闭矿山土地建设利用关键技术》　郭广礼

《煤炭资源型城市转型发展》　李效顺

丛书序言

中国传统文化的内核中蕴藏着丰富的生态文明思想。儒家主张"天人合一",强调人对于"天"也就是大自然要有敬畏之心。孔子最早提出"天何言哉?四时行焉,百物生焉,天何言哉?"(《论语·阳货》),"君子有三畏:畏天命,畏大人,畏圣人之言。"(《论语·季氏》)。他对于"天"表现出一种极强的敬畏之情,在君子的"三畏"中,"天命"就是自然的规律,位居第一。道家主张无为而治,不是说无所作为,而是要求节制欲念,不做违背自然规律的事。佛家主张众生平等,体现了对生命的尊重,因此要珍惜生命、关切自然,做到人与环境和谐共生。

中国共产党在为中国人民谋幸福、为中华民族谋复兴的现代化进程中,从中华民族永续发展和构建人类命运共同体高度,持续推进生态文明建设,不断强化"绿水青山就是金山银山"的思想理念,生态文明法律体系与生态文明制度体系得到逐步健全与完善,绿色低碳的现代化之路正在铺就。党的十七大报告中提出"建设生态文明,基本形成节约能源资源和保护生态环境的产业结构、增长方式、消费模式",这是党中央首次明确提出建设生态文明,绿色发展理念和实践进一步丰富。这个阶段,围绕转变经济发展方式,以提高资源利用效率为核心,以节能、节水、节地、资源综合利用和发展循环经济为重点,国家持续完善有利于资源能源节约和保护生态环境的法律和政策,完善环境污染监管制度,建立健全生态环保价格机制和生态补偿机制。2015年9月,中共中央、国务院印发了《生态文明体制改革总体方案》,提出了建立健全自然资源资产产权制度、国土空间开发保护制度、空间规划体系、资源总量管理和全面节约制度、资源有偿使用和生态补偿制度、环境治理体系、环境治理和生态保护市场体系、生态文明绩效评价考核和责任追究制度等八项制度,成为生态文明体制建设的"四梁八柱"。党的十八大以来,习近平生态文明思想确立,"绿水青山就是金山银山"的理念使得绿色发展进程前所未有地加快。党中央把生态文明建设作为统筹推进"五位一体"总体布局和协调推进"四个全面"战略布局的重要内容,提出创新、协调、绿色、开放、共享的新发展理念,污染治理力度之大、制度出台频度之密、监管执法尺度之严、环境质量改善速度之快前所未有。

面对资源约束趋紧、环境污染严重、生态系统退化加剧的严峻形势,生态文明建设成为关系人民福祉、关乎民族未来的一项长远大计,也是一项复杂庞大的系统工程。我们必须树立尊重自然、顺应自然、保护自然,发展和保护相统一,"绿水青山就是金山银山""山水林田湖草沙是生命共同体"的生态文明理念,站在推进国家生态环境治理体系和治理能力现代化的高度,推动生态文明建设。

国家出版基金项目"中国煤矿生态技术与管理"系列丛书,正是在上述背景下获得立项支持的。

我国是世界上最早开发和利用煤炭资源的国家。煤炭的开发与利用,有力地推动了社会发展和进步,极大地便利和丰富了人民的生活。中国 2 500 年前的《山海经》,最早记载了煤并称之为"石涅"。从辽宁沈阳发掘的新乐遗址内发现多种煤雕制品,证实了中国先民早在 6 000～7 000 年前的新石器时代,已认识和利用了煤炭。到了周代(公元前 1122 年)煤炭开采已有了相当发展,并开始了地下采煤。彼时采矿业就有了很完善的组织,采矿管理机构中还有"中士""下士""府""史""胥""徒"等技术管理职责的分工,这既说明了当时社会阶层的分化与劳动分工,也反映出矿业有相当大的发展。西汉(公元前 206—公元 25 年)时期,开始采煤炼铁。隋唐至元代,煤炭开发更为普遍,利用更加广泛,冶金、陶瓷行业均以煤炭为燃料,唐代开始用煤炼焦,至宋代,炼焦技术已臻成熟。宋朝苏轼在徐州任知州时,为解决居民炊爨取暖问题,积极组织人力,四处查找煤炭。经过一年的不懈努力,在元丰元年十二月(1079 年初)于徐州西南的白土镇,发现了储量可观、品质优良的煤矿。为此,苏东坡激动万分,挥笔写下了传诵千古的《石炭歌》:"君不见前年雨雪行人断,城中居民风裂骭。湿薪半束抱衾裯,日暮敲门无处换。岂料山中有遗宝,磊落如磐万车炭。流膏迸液无人知,阵阵腥风自吹散。根苗一发浩无际,万人鼓舞千人看。投泥泼水愈光明,烁玉流金见精悍。南山栗林渐可息,北山顽矿何劳锻。为君铸作百炼刀,要斩长鲸为万段。"《石炭歌》成为一篇弥足珍贵的煤炭开采利用历史文献。元朝都城大都(今北京)的西山地区,成为最大的煤炭生产基地。据《元一统志》记载:"石炭煤,出宛平县西十五里大谷(峪)山,有黑煤三十余洞。又西南五十里桃花沟,有白煤十余洞""水火炭,出宛平县西北二百里斋堂村,有炭窑一所"。由于煤窑较多,元朝政府不得不在西山设官吏加以管理。为便于煤炭买卖,还在大都内的修文坊前设煤市,并设有煤场。明朝煤炭业在河南、河北、山东、山西、陕西、江西、安徽、四川、云南等省都有不同程度的发展。据宋应星所著的《天工开物》记载:"煤炭普天皆生,以供锻炼金石之用",宋应星还详细记述了在冶铁中所用的煤的品种、使用方法、操作工艺等。清朝从清初到道光年间对煤炭生产比较重视,并对煤炭开发采取了扶持措施,至乾隆年间(1736—1795 年),出现了我国古代煤炭开发史上的一个高潮。17 世纪以前,我国的煤炭开发利用技术与管理一直领先于其他国家。由于工业化较晚,17 世纪以后,我国煤炭开发与利用技术开始落后于西方国家。

中国正式建成的第一个近代煤矿是台湾基隆煤矿,1878 年建成投产出煤,1895 年台湾沦陷时关闭,最高年产为 1881 年的 54 000 t,当年每工工效为 0.18 t。据统计,1875—1895 年,我国先后共开办了 16 个煤矿。1895—1936 年,外国资本在中国开办的煤矿就有 32 个,其产量占全国煤炭产量总数的 1/2～2/3。在同一时期,中国民族资本亦先后开办了几十个新式煤矿,到 1936 年,中国年产 5 万 t 以上的近代煤矿共有 61 个,其中年产达到 60 万 t 以上的煤矿有 10 个(开滦、抚顺、中兴、中福、鲁大、井陉、本溪、西安、萍乡、六河沟煤矿)。1936 年,全国产煤 3 934 万 t,其中新式煤矿产量 2 960 万 t,劳动效率平均每工为 0.3 t 左右。1933 年,煤矿工人已经发展到 27 万人,占当时全国工人总数的 33.5% 左右。1912—1948 年间,原煤产量累计为 10.27 亿 t[①]。这期间,政府制定了矿业法,企业制定了若干管理章程,使管理工作略有所循,尤其明显进步的是,逐步开展了全国范围的煤田地质调查工作,初步搞清了中国煤田分布与煤炭储量。

我国煤炭产量从 1949 年的 3 243 万 t 增长到 2021 年的 41.3 亿 t,1949—2021 年累计采出煤炭 937.8 亿 t,世界占比从 2.37% 增长到 51.61%(据中国煤炭工业协会与 IEA 数据综合分析)。原煤全员工效从 1949 年的 0.118 t/工(大同煤矿的数据)提高到 2018 年全国平均 8.2 t/工,2018 年同煤集团达到 88 t/工;百万吨死亡人数从 1949 年的 22.54 下降到 2021 年的 0.044;原煤入选率从 1953 年的 8.5% 上升到 2020 年的 74.1%;土地复垦率从 1991 年的 6% 上升到 2021 年的 57.5%;煤矸石综合利用处置率从 1978 年的 27.0% 提高到 2020 年的 72.2%。从 2014 年黄陵矿业集团有限责任公司黄陵一矿建成全国第一个智能化示范工作面算起,截至 2021 年年底,全国智能化采掘工作面已达 687 个,其中智能化采煤工作面 431 个、智能化掘进工作面 256 个,已有 26 种煤矿机器人在煤矿现场实现了不同程度的应用。从生产效率、百万吨死亡人数、生态环保(原煤入选率、土地复垦率以及煤矸石综合利用处置率)、智能化开采水平等视角,我国煤炭工业大致经历了以下四个阶段。第一阶段,从中华人民共和国成立到改革开放初期,我国煤炭开采经历了从人工、半机械化向机械化再向综合机械化采煤迈进的阶段。中华人民共和国成立初期,以采煤方法和采煤装备的科技进步为标志,我国先后引进了苏联和波兰的采煤机,煤矿支护材料开始由原木支架升级为钢支架,但还没有液压支架。而同期西方国家已开始进行综合机械化采煤。1970 年 11 月,大同矿务局煤峪口煤矿进行了综合机械化开采试验,这是我国第一个综采工作面。这次试验为将综合机械化开采确定为煤炭工业开采技术的发展方向提供了坚实依据。从中华人民共和国成立到改革开放初期,除了 1949 年、1950 年、1959 年、1962 年的百万吨死亡人数超过 10 以外,其余年份均在 10 以内。第二阶段,从改革开放到进入 21 世纪前后,我国煤炭工业主要以高产高效矿井建设为标志。1985 年,全国有 7 个使用国产综采成套设备的

---

① 《中国煤炭工业统计资料汇编(1949—2009)》,煤炭工业出版社,2011 年。

综采队,创年产原煤100万t以上的纪录,达到当时的国际先进水平。1999年,综合机械化采煤产量占国有重点煤矿煤炭产量的51.7%,较综合机械化开采发展初期的1975年提高了26倍。这一时期开创了综采放顶煤开采工艺。1995年,山东兖州矿务局兴隆庄煤矿的综采放顶煤工作面达到年产300万t的好成绩;2000年,兖州矿务局东滩煤矿综采放顶煤工作面创出年产512万t的纪录;2002年,兖矿集团兴隆庄煤矿采用"十五"攻关技术装备将综采放顶煤工作面的月产和年产再创新高,达到年产680万t。同时,兖矿集团开发了综采放顶煤成套设备和技术。这一时期,百万吨死亡人数从1978年的9.44下降到2001年的5.07,下降幅度不大。第三阶段,煤炭黄金十年时期(2002—2011年),我国煤炭工业进入高产高效矿井建设与安全形势持续好转时期。煤矿机械化程度持续提高,煤矿全员工效从21世纪初的不到2.0 t/工上升到5.0 t/工以上,百万吨死亡人数从2002年的4.64下降到2012年的0.374。第四阶段,党的十八大以来,煤炭工业进入高质量发展阶段。一方面,在"绿水青山就是金山银山"理念的指引下,除了仍然重视高产高效与安全生产,煤矿生态环境保护得到前所未有的重视,大型国有企业将生态环保纳入生产全过程,主动履行生态修复的义务。另一方面,随着人工智能时代的到来,智能开采、智能矿山建设得到重视和发展。2016年以来,在落实国务院印发的《关于煤炭行业化解过剩产能实现脱困发展的意见》方面,全国合计去除9.8亿t产能,其中7.2亿t(占73.5%)位于中东部省区,主要为"十二五"期间形成的无效、落后、枯竭产能。在淘汰中东部落后产能的同时,增加了晋陕蒙优质产能,因而对全国总产量的影响较为有限。

　　虽然说近年来煤矿生态环境保护得到了前所未有的重视,但我国的煤矿环境保护工作或煤矿生态技术与管理工作和全国环境保护工作一样,都是从1973年开始的。我国的工业化虽晚,但我国对环保事业的重视则是较早的,几乎与世界发达工业化国家同步。1973年8月5—20日,在周恩来总理的指导下,国务院在北京召开了第一次全国环境保护会议,取得了三个主要成果[①]:一是做出了环境问题"现在就抓,为时不晚"的结论;二是确定了我国第一个环境保护工作方针,即"全面规划、合理布局、综合利用、化害为利、依靠群众、大家动手、保护环境、造福人民";三是审议通过了我国第一部环境保护的法规性文件——《关于保护和改善环境的若干规定》,该法规经国务院批转执行,我国的环境保护工作至此走上制度化、法治化的轨道。全国环境保护工作首先从"三废"治理开始,煤矿是"三废"排放较为突出的行业。1973年起,部分矿务局开始了以"三废"治理为主的环境保护工作。"五五"后期,设专人管理此项工作,实施了一些零散工程。"六五"期间,开始有组织、有计划地开展煤矿环境保护工作。"五五"到"六五"煤矿环保

---

① 《中国环境保护行政二十年》,中国环境科学出版社,1994年。

工作起步期间,取得的标志性进展表现在[①]:① 组织保障方面,1983 年 1 月,煤炭工业部成立了环境保护领导小组和环境保护办公室,并在平顶山召开了煤炭工业系统第一次环境保护工作会议,到 1985 年年底,全国统配煤矿基本形成了由煤炭部、省区煤炭管理局(公司)、矿务局三级环保管理体系。② 科研机构与科学研究方面,在中国矿业大学研究生部环境工程研究室的基础上建立了煤炭部环境监测总站,在太原成立了山西煤管局环境监测中心站,也是山西省煤矿环境保护研究所,在杭州将煤炭科学研究院杭州研究所确定为以环保科研为主的部直属研究所。"六五"期间的煤炭环保科技成效包括:江苏煤矿设计院研制的大型矿用酸性水处理机试运行成功后得到推广应用;汾西矿务局和煤炭科学研究院北京煤化学研究所共同研究的煤矸石山灭火技术通过评议;煤炭科学研究院唐山分院承担的煤矿造地复田研究项目在淮北矿区获得成功。③ 人才培养方面,1985 年中国矿业大学开设环境工程专业,第一届招收本科生 30 人,还招收17 名环保专业研究生和 1 名土地复垦方向的研究生。"六五"期间先后举办 8 期短训班,培训环境监测、管理、评价等方面急需人才 300 余名。到 1985 年,全国煤炭系统已经形成一支 2 500 余人的环保骨干队伍。④ 政策与制度建设方面,第一次全国煤炭系统环境保护工作会议确立了"六五"期间环境保护重点工作,认真贯彻"三同时"方针,煤炭部先后颁布了《关于煤矿环保涉及工作的若干规定》《关于认真执行基建项目环境保护工程与主体工程实行"三同时"的通知》,并起草了关于煤矿建设项目环境影响报告书和初步设计环保内容、深度的规定等规范性文件。"六五"期间,为应对煤矿塌陷土地日益增多、矿社(农)矛盾日益突出的形势,煤炭部还积极组织起草了关于《加强造地复田工作的规定》,后来上升为国务院颁布的《土地复垦规定》。⑤ 环境保护预防与治理工作成效方面,建设煤炭部、有关省、矿务局监测站 33 处;矿井水排放量 14.2 亿 m^3,达标率 76.8%;煤矸石年排放量 1 亿 t,利用率 27%;治理自然发火矸石山 73 座,占自燃矸石山总数的 31.5%;完成环境预评价的矿山和选煤厂 20 多处,新建项目环境污染得到有效控制。

回顾我国煤炭开采与利用的历史,特别是中华人民共和国成立后煤炭工业发展历程和煤矿环保事业起步阶段的成就,旨在出版本丛书过程中,传承我国优秀文化传统,发扬前人探索新型工业化道路不畏艰辛的精神,不忘"开发矿业、造福人类"的初心,在新时代做好煤矿生态技术与管理科技攻关及科学普及工作,让我国从矿业大国走向矿业强国,服务中华民族伟大复兴事业。

针对中国煤矿开采技术发展现状和煤矿生态环境管理存在的问题,本丛书包括十二部著作,分别是:井工煤矿土地复垦与生态重建技术、露天煤矿土地复垦与生态重建

---

① 《当代中国的煤炭工业》,中国社会科学出版社,1988 年。

技术、煤矿水资源保护与污染防治技术、煤矿区大气污染防控技术、煤矿固体废物利用技术与管理、煤矿区生态环境监测技术、绿色矿山建设技术与管理、西部煤矿区环境影响与生态修复、煤矿区生态恢复力建设与管理、矿山生态环境保护政策与法律法规、关闭矿山土地建设利用关键技术、中国煤炭资源型城市转型发展。

丛书编撰邀请了中国矿业大学、中国地质大学(北京)、河南理工大学、安徽理工大学、中煤科工集团等单位的专家担任主编,得到了中煤科工集团唐山研究院原院长崔继宪研究员,安徽理工大学校长、中国工程院袁亮院士,中国地质大学校长、中国工程院孙友宏院士,河南理工大学党委书记邹友峰教授等的支持以及崔继宪等审稿专家的帮助和指导。在此对国家出版基金表示特别的感谢,对上述单位的领导和审稿专家的支持和帮助一并表示衷心的感谢!

丛书既有编撰者及其团队的研究成果,也吸纳了本领域国内外众多研究者和相关生产、科研单位先进的研究成果,虽然在参考文献中尽可能做了标注,难免挂一漏万,在此,对被引用成果的所有作者及其所在单位表示最崇高的敬意和由衷的感谢。

卞正富

2023 年 6 月

本书前言

  矿产资源是人类赖以生存和社会发展的重要物质基础，长期高强度、大规模的矿产资源开发带来的生态环境问题不容忽视。矿产资源开发与生态环境保护是一对矛盾，矿山生态修复是解决这一对矛盾的有效途径。当前，煤炭资源开发的重心已转移到我国西部地区，与此同时西部生态脆弱地区煤炭开采引发的环境问题已成为社会各界关注的热点。近年来，随着习近平生态文明思想深入人心，矿山生态修复已成为国土空间生态修复的重要举措，为西部矿区生态系统保护与修复提供了良好的机遇与创新环境。学者们已在采矿的生态效应、生态修复的基础理论、生态修复技术和模式、生态修复激励机制、修复潜力和效益评价等方面开展了大量研究。目前，矿区生态修复面临的重点问题主要是矿山开采对生态环境的影响途径、影响程度，矿山开采对生态系统的影响期，如何在开采过程中保护生态环境，以及采后修复生态系统的稳定性和可持续性等问题。由于西部矿区煤炭资源禀赋特征、自然环境地理条件与东部差异大，东部矿区生态修复的理论成果和技术经验难以指导西部矿区，且世界上其他国家地区也没有可供直接参照的案例。因此，现有西部矿区修复效果的可持续性不容乐观，存在修复成本高投入与修复效果低效率的矛盾局面，以及生态治理形式主义等问题。在地域广阔、生态脆弱的西部矿区开展生态环境保护修复，需要客观认识煤炭开采的正向和负向影响效应，搞清楚生态系统在哪种破坏程度下可以实现自恢复，以及当需要人工引导干预时，在什么地方干预、怎么干预、干预到何种程度等基本问题。

  笔者于 2005 年开始研究西部半干旱矿区环境影响与生态修复，主持和参与完成了国家重点研发计划课题"大型露天矿区生态退化机理与保护修复集成监管技术"（2023YFF1306005）、国家重点研发计划课题"大型煤电基地景观生态恢复关键技术"（2016YFC0501107）、国家自然科学基金重大项目课题"煤炭开采对生态环境损伤演变机理"（52394193）、国家 973 计划课题"高强度开采下矿区环境损伤机理与预测"（2013CB227904）、国家自然科学基金重点基金项目"风积沙区超大工作面开采生态环境破坏过程与恢复对策"（U1361214）、国家自然科学基金项目"半干旱矿区煤炭开采沉陷对土壤水的影响规律研究"（51004100）、教育部新世纪优秀人才基金项目（NCET-120957）等系列围绕西部矿区环境监测与生态修复的国家级科研项目。上述项目为本书的研究提供了经费保障。在本书撰写过程中，得到了中国矿业大学卞正富教授的悉心指导和支持，以及钱鸣高院士的指点。神东煤炭公司、国能北电胜利能源有限公司和国能宝日希勒能源有限公司等为本书相关研究提供了现场支持。在本书研究和写作过程中，还得到了科研团队教师、研究生牟守国、杨德军、杨永均、黄赳、朱卫兵、毛缜、刘辉、王丽、刘英、肖浩宇、李云鹏、宫传刚、夏嘉南、王藏姣、田雨、赵义博、李恒、吴振华等的协助和支持，部分章节摘自上述研究生毕业论文中的相关内容。在此，对上述单位和个人一并表示由衷的感谢！在本书写作过程中，还参阅了大量国内外文献，由于撰写历时较长，很难将每一文献标注准确，在此，对所有被参阅文献的作者表示衷心的感谢！

希望本书的出版能够引起更多的研究人员和矿山工程技术人员关注西部矿区生态环境问题和生态修复，同时希望读者对本书不当或错误之处提出宝贵意见。

著 者

2023 年 11 月于徐州

目　录

第一章 绪 论

第一节 西部煤矿区生态修复背景

矿产资源是人类赖以生存和社会发展的重要物质基础,其中煤炭是我国的基础能源和重要原料,在我国一次能源结构中煤炭生产与消费一直占据主体地位。现阶段我国煤炭资源开发总体状况是:东部矿区煤炭资源逐渐枯竭,且开采条件复杂,生产成本高,生产规模逐渐压缩;中部和东北矿区现有煤炭资源开发强度大,但接续资源多在深部,投资效益降低;西部矿区煤炭资源状况良好,探明储量达 10 627.7 亿 t,占全国已探明储量的 81.2%。全国煤炭开发总体布局是压缩东部、限制中部和东北、优化西部。"十二五"期间,我国重点建设的 14 个大型煤炭基地主要集中在生态环境脆弱、水土流失严重的晋、陕、蒙、宁、青、新地区。由此可见,我国煤炭资源开发的重心已转移到西部地区,西部煤炭开采将在未来能源发展中处于不可或缺的重要地位。

由于深居内陆,我国西部地区水资源占有量仅占全国的 8.3%,大多属干旱半干旱地区。规模日益扩大的煤炭开采不可避免地引起水土环境变化,从而导致植被衰退、地表荒漠化,使原本脆弱的生态环境日趋恶化。干旱半干旱地区煤炭开采引发的环境问题已成为社会各界关注的热点。相对东部矿区来讲,西部矿区煤炭资源赋存条件较好,以机械化综放开采为主,具有明显的高产、高效、高强度开采特点。因此,西部矿区煤炭地下开采对岩层与地表的扰动程度较一般采煤工作面的扰动程度更为剧烈,由此产生的生态环境问题也具有较大差异。

为了实现矿山生态系统的可持续发展,首先需要认识矿山生态系统自身属性特征及演变规律。国内外诸多学者对矿山生态系统相关理论进行了研究。一种观点认为,矿山生态系统是以矿区地表环境介质(包括土壤、地形、水文和大气等)与地表相应的生物群落组成的一个紧密联系实体的生态系统,强调矿区生物群落与无机环境介质两者的有机结合。另一种观点从经济学的角度认为,矿山生态系统是受采煤活动影响的一定空间范围的生态系统,本质上属于矿山资源-生态-经济-社会复杂耦合的系统。矿山生态系统的一般特征有:组成结构复杂性,服务功能多样性,物质循环、信息流通与能量转化的动态性,以及稳定性等。

矿山生态系统与一般生态系统一样,其要素包括大气、植被、地形、地下水、地表水、岩层结构、动物、微生物等多方面,也存在着物质、能量与信息流动,具有复杂性、多样性、动态性、稳定性等特征,并提供生态服务功能。矿山生态系统是一个同时受到多种生态效应力作用的有机整体,其中人类采煤活动是众多生态效应力之一。单一生态效应力不能决定系统演替的方向,因此应从系统视角,综合分析半干旱区采煤引发的地表变形、生境扰动和植被响应,厘清生态系统各子系统间的相互作用和依赖关系。西部矿区生态系统扰动关系模型如图 1-1 所示。采煤对生态环境干扰的具体形式主要包括挖损、沉陷、压占、排放和污染，进而影响到地形、岩层、地表水、地下水、土壤等生态因子，最终造成覆岩破裂、地表移动变形、土壤养分空间分布变异、地下水疏干及植被移除等。矿区生态系统中植被与各生态因子关系密切，它们之间通过相互作用、相互协调维持系统动态平衡。当采矿扰动超出系统动态平衡的范围时，引起植被群落结构变化和演替，系统功能也随之变化，最终导致矿区生态系统受损而发生植被退化。

图 1-1   西部矿区生态系统扰动关系模型

矿产资源开发与生态环境保护是一对矛盾。长期以来，矿产资源开发是忽视生态环境保护的，因为矿产资源开发由国有或民营企业开发，是一种企业行为，以追求利润最大化为目标，且我们长期低估生态环境与土地资源的价值。近年来随着习近平生态文明思想深入人心，矿山生态修复成为研究的热点。在国家实施的山水林田湖草生态保护修复试点工程中，矿山生态修复与流域水环境治理、土地整治、污染与退化土地修复、生物多样性保护并称五大工程。目前关于生态保护修复的研究与工程实践的需求还有较大的差距，主要表现在名词术语不统一、工程实施的技术标准缺乏、评价验收的指标体系不科学等。

因挖损、压占、塌陷、复垦等生产建设活动对生态的影响在不同尺度（个体、种群、群落、生态系统、景观/区域等）的表现形式、累积程度及其生态恢复方式都有所不同，因此，矿区生态系统恢复必然是跨尺度、多等级的，必然涉及受损生态系统与周围环境关系以及生态系统之间的结构、功能与过程的恢复。整体上，矿区生态恢复正在从土壤重构、植被重建等单一生态环境要素修复，向生态系统结构及其生态功能恢复、生态产品生产、区域协同发展方向拓展。

由于西部煤矿区开发历史较短，现有研究成果还无法满足指导该地区煤炭资源高强度开采与脆弱生态环境保护协调发展的需求。西部干旱半干旱矿区生态保护修复需要面临如下几个基本问题，具体为：生态系统在哪种破坏程度下可以实现自恢复？当需要人工引导干预时，在什么地方干预？怎么干预？干预到何种程度？解决上述基本问题，首先需要了解煤炭开采沉陷对生态系统的损伤机理以及时空扰动规律。一方面,工作面尺度上生态环境要素对采煤沉陷扰动的响应反映了宏观响应所隐含的微观生态学机制,是进行大尺度矿区扰动规律研究的基础,是判断矿山生态良性演替、识别影响矿区生态恢复限制因素的关键;另外,煤炭开采引起的生态损伤具有不可避免的空间扩散性,研究半干旱区煤炭开采的时空扰动规律,是开采扰动区生态环境受胁迫以及采后生态问题空间识别、生态恢复变化趋势分析的基础。

当前我国西部矿区已开展了诸多且富有成效的植被恢复重建研究,形成了以表土改良、地表裂缝治理、植物根际环境改善以及菌根共生等为主的植被恢复与重建技术。但是这些技术成本往往过高,大面积种植引进的乔、灌类植物对本地植物物种形成冲击,大量开挖鱼鳞坑也会对采后生态系统再次扰动,加之部分新栽种植物难以适应恶劣的气候及地理条件,成活率低,生长缓慢,甚至衰亡,其生态恢复效益以及对生态环境影响还有待商榷。因此,现有西部矿区植被恢复重建资金高投入,但恢复低效率,形成了矛盾局面,其可持续性不容乐观。另外,煤炭开采引起的地表沉陷对植被的影响并非全是负面的,部分沉陷区域的植被覆盖度、生物多样性呈增长态势。

当务之急,应严格遵循当地自然生态系统发展规律,避免对采后生态系统的再次扰动,科学配置、优化布局、引导与恢复生态系统的自修复能力;加强对西部矿区退化生态系统稳定性、脆弱性、自修复能力等特征的诊断识别,加强植被修复的过程控制与区域空间规划,以及植被修复技术筛选集成等关键技术的示范与培训;改变以提高植被覆盖率为考核方式的植被建设评价模式,延长植被建设评价的时间尺度,转变为可持续性评价;引导企业或政府管理人员转变植被修复的原有理念模式,重视对植被系统演变过程、特征的诊断,制定有序的生态修复空间规划。

第二节 矿山生态修复相关理论

对矿山生态系统研究需要综合运用多个相关学科的理论和方法,尤其是生态学方面的基本理论与方法。

一、基础生态学理论

生态学是研究有机体与环境之间相互关系及其作用机理的学科,根据研究的主体层次不同,可分为个体生态学、种群生态学、群落生态学、生态系统生态学。① 个体生态学理论,是指植物的生长发育受到各种环境因子的综合影响,不同的环境中某一个环境因子会成为植物生长的限制性因子。物种生态学理论主要包括限制因子定律、综合生态因子定律、耐性定律、生态适应性定律、生态位定律等。② 种群生态学理论,以植物种群及周边环境为研究主体,研究植物种群的统计学特征、数量变化、基数动态及其调节机制、种内以及种间关系、植物种群结构变化及其变化驱动原因,主要涵盖种群密度控制原理、种群空间分布原理等。③ 群落生态学理论,研究聚集在特定时空域内的不同种类植物与植物之间、植物个体之间的相互作用机制,分析植物群落基本特征、统计学特征、分布与演替特征以及排序问题。此外,群落生态学理论还包括诸如边缘效应、干扰理论、物种入侵理论等。④ 生态系统生态学理论,以生态系统为研究主体,利用系统分析法进行生态学研究,主要涵盖系统能量守恒理论、系统结构理论、扰动调控理论、系统自组织理论、耗散结构理论等。

二、恢复生态学理论

恢复生态学的研究始于 20 世纪初科学家们对矿产资源井下开采导致的沉陷环境问题的研究。1966 年,在英国南威尔士发生了一场导致 144 人死亡的矿渣山倒塌溃坝事故,人们开始意识到必须对矿山废弃地进行整治重建,这次事故也为恢复生态学的产生奠定了基础。1975 年 3 月,在美国召开了以"Restoration Damaged Ecosystem"为主题的国际研讨会,对受损生态系统恢复重建中许多重要的生态学议题进行了首次探讨。1983 年,Bradshaw 主编的《土地的恢复:退化土地和废弃地的改造和生态学》一书出版,该书系统描述和解释了矿山废弃地等地区的植被恢复重建问题。1984 年,在美国麦迪逊召开的植物园学术会议上,首次认定了恢复生态学是落脚于对群落和生态系统水平上的恢复,隶属生态环境领域的一门综合学科。1985 年,英国两位生态学研究学者 Aber 和 Jordan 首次提出恢复生态学这一科学术语。至此,恢复生态学的研究取得快速发展,恢复生态学被列为 Man and the Biosphere Programme(MAB)、International Geosphere Biosphere Programme(IGBP)、International Human Dimension Programme on Global Environmental Change(IHDP)、Global Environmental Monitoring System(GEMS)等的核心研究内容之中。1988 年,国际恢复生态学学会(The Society for Ecological Restoration,SER)成立。1993 年,恢复生态学领域学术期刊 *Restoration Ecology* 创建。国际权威杂志 *Science* 在生态学专栏发表了 6 篇关于人为控制生态系统方面的论文,较为详细地论述了恢复生态学在当今生态学研究领域的发展、作用以及未来发展前景,认为生态恢复将使我们了解如何组织生态群落与生态系统的功能动态,以及如何进行生态恢复。我国学者们于 20 世纪 50 年代开始对恢复生态学进行研究,并对恢复区进行了长期的定点监测。我国矿山生态恢复研究的发展先后经历了从关注耕地复垦利用到生态环境可持续发展,再到生态功能恢复提升的过程。恢复生态学基础理论主要涵盖:① 系统结构与功能内在的生态学过程及相互作用机理;② 生态系统的性质与特征;③ 生态系统恢复机理与演替规律;④ 生态系统破坏过程及其响应机制;⑤ 生态系统健康评价指标体系与评价模型构建;⑥ 生态系统退化过程的动态监测、模拟与预测。

三、景观生态学理论

德国地植物学家 Troll 在 1939 年首次提出"Landscape Ecology"一词,之后学者们逐渐将景观生态学作为生态学的一个分支进行研究。美国景观生态学研究开始于 20 世纪 70 年代,取得了比较丰硕的研究成果并发展迅速。1981 年,"The 1st Congress of Landscape Ecology"在荷兰召开。1982 年,国际景观生态学学会(International Association for Landscape Ecology,IALE)成立。1984 年,Narch 和 Lieberman 编著了第一本景观生态学专著 *Theory and application of landscape ecology*。国际性权威杂志 *Landscape Ecology* 于 1987 年创刊。20 世纪 90 年代开始,随着遥感系统(RS)、地理信息系统(GIS)、全球定位系统(GPS)技术的飞速发展,景观生态学学科进入快速发展阶段。1981 年,黄锡畴在《地理科学》上发表《德意志联邦共和国生态环境现状及其保护》一文,这也是我国第一篇介绍景观生态学的文献。1985 年,陈昌笃第一次对景观生态学理论问题进行深入探讨,其论文刊登在《植物生态学与地植物学丛刊》。1990 年,中国景观生态学奠基人之一肖笃宁牵头合译了 Forman 和 Godron 主编的 *Landscape Ecology*。近代 30 年以来,我国景观生态学的研究取得了丰硕的成果,其中具代表性的有傅伯杰院士的《黄土区农业景观空间格局分析》《景观多样性分析及其制图研究》《景观多样性的类型及其生态意义》等。景观生态学基础理论主要涵盖:① 生态进化与生态演替理论;② 空间分异性与生物多样性理论;③ 景观异质性与异质共生理论;④ 岛屿生物地理与空间镶嵌理论;⑤ 尺度效应与自然等级组织理论;⑥ 生物地球化学与景观地球化学理论;⑦ 生态建设与生态区位理论等。

四、植物生理生态学理论

植物生理生态学源于植物生态学,一部分由德国植物地理学家 Von Humboldt 从植物地理学发展而来,另一部分则由瑞士学者 Candolle 从植物生理学发展而来。1975 年,奥地利学者 Larcher 编著的 *Plant Physiology and Ecology* 一书的出版标志着植物生理生态学学科形成。该学科主要从生理机制的视角探究植物对环境变化的响应以及特定环境条件下的生态适应性等。植物生理生态学宏观上有生态系统生理学,微观上有分子生态学,这是两个新的研究领域。全球区域内生物多样性的变化与生态系统生产力及其起调控作用的生态过程密切相关,而生态系统生理学研究对象是生态系统能量流动和物质循环过程中生物和环境的相互作用机制。分子生态学为研究植物生理形态特征的适应性提供了在分子生物学领域的新技术、方法和成果。植物生理生态学的核心问题是从生理学的角度出发,研究环境对植物个体生长、生存和繁殖的影响。植物生理生态学研究内容主要包括:① "植物与环境"复杂系统内的相互作用机制;② 植物的生命过程;③ 环境因素影响下的植物代谢作用和能量转换;④ 植物有机体对环境因子改变的适应能力等。

五、植被恢复演替理论

退化生态系统的恢复与重建是一项复杂的系统工程,需要恢复生态学理论的指导。其中,生态系统演替理论是指导退化生态系统重建的重要基础理论。彭少麟指出外部扰动终止后退化生态系统会通过恢复演替向原生群落方向发展,其恢复过程可以看作退化群落与原生群落结构及功能的相似度由低向高的发展过程。对于未成熟的退化生态系统,微弱的干扰可能会使其延缓或停止顺向演替,强烈的干扰甚至可能导致其逆向演替,通过人为干扰增加系统的多样性是提高退化生态系统稳定性的有效手段之一。成功的人工植被或生态系统都是在深入认识生态原则和动态原则基础上,模拟自然植被或生态系统的产物。因此,退化生态系统的恢复与重建,最有效和最省力的方法是顺从生态系统的演替发展规律来进行。植被恢复是生态系统恢复的重要前提和关键,而群落演替是植被恢复的重要途径,退化生态系统恢复的实质即群落演替。因此,植被恢复演替理论是指导退化矿区植被生态系统恢复与重建的理论基础。

第三节　国内外相关研究进展与趋势

在我国西部煤炭资源大规模开发过程中,存在着严重的环境损伤问题,其科学研究涉及地质、采矿、环境等学科领域,急需深入研究生态环境损伤的发生机理和防治等基础理论和方法。国内外学者从不同的角度,对干旱半干旱矿区水文地质条件以及环境损伤发生机理、防止生态环境损伤的采煤方法等多个方面进行了有益的探索和研究,取得了一定的进展和成效。下面对国内外相关研究现状和发展趋势进行综述。

一、矿区水文扰动研究进展

美国、澳大利亚等主要产煤国家在干旱半干旱等生态脆弱地区开发煤炭资源时,大多采用露天开采方式,很少有千万吨级井工开采矿井。他们采用优先保护环境的原则,实施环境保护第一、煤炭开发第二的政策。在重要的水源地和生态脆弱区,若采后生态环境无法有效恢复,将严格限制煤炭开采。因此,国外学者主要从水文地质角度研究水环境等相关问题,侧重于矿区开采对水文地质环境的扰动影响及采后恢复方法。

我国煤炭开发的重心已向西部生态脆弱区转移,实施在开发中保护、在保护中开发的政策,以井工开采方式为主,不仅需要对西部富煤区水文地质条件进行不断深入的研究,而且要研究相关的构造地质、水沙流动等问题。煤炭开采对地下水的影响包括对煤层顶板含水层破坏和底板含水层破坏两个方面。例如,陕北煤炭基地煤炭资源开采主要受到来自顶板水的严重威胁。一旦顶板导水裂隙带高度发育至浅表含水层,大量潜水的渗漏不仅会对矿井的安全生产带来严重的安全威胁,在地表水埋深较浅地域脆弱的植被也会失去可靠的水分供给,可能会导致地表植被的大面积死亡,生态环境严重衰退。综合国内外学者关于地下水位与天然植被关系研究可以看出,地下水的生态指标很多,在众多变量中地下水位埋深仍是最主要的变量之一,其他指标如土壤含水量、含盐量等都可以通过调节地下水位埋深来进行控制。

我国煤炭资源大多分布在陕、蒙、甘、宁、新五省区,这一区域属于干旱半干旱地区,水资源稀少且分布极不均衡,形成了这一区域富煤贫水的地质特性。在煤炭开采规模化的过程中,煤层顶板覆岩整体性受到破坏,顶板含、隔水层渗透性发生变化,引发地下潜水大量渗漏,最终导致地表植被受到损害。侯庆春等(1994)针对神府-东胜矿区植被生长情况及其开矿过程中引起的地下水位变化对植被的影响,通过资料分析,认为短期内不会导致植被大面积死亡。张东升等(2017)构建了西北矿区不同生态地质环境类型生态-水-煤系地层空间赋存结构模型,将水作为实现绿色开采、安全生产及生态保护的关键基础因素。王力等(2008)指出地下水资源是支撑榆神府矿区生态环境可持续发展的重要因子,采煤对地下水的破坏会严重影响矿区的植被恢复与重建。雷少刚(2012)根据对矿区植被、水体的地空一体化监测结果,给出了植被与土壤水的负倒数关系模型,地下水与土壤含水、植被的指数关系模型,以及地下水深埋区植被受采动影响的判别模型,提出了适用于荒漠矿区资源环境协调开采的建议与措施;研究了开采区地下水位下降与采空区上方土壤水、植被的协同损伤关系,局部采区地下水的损失与区域尺度土壤水、植被变化规律的协同关系,无潜水区域采空区上方土壤水与植被采动损伤协同关系。马雄德等(2017)通过原位监测获取了气象要素、土壤水、地下水与沙柳蒸腾量的动态变化规律,建立了地下水变化与植被蒸散发关系数值仿真模型并对模型进行了求解,模拟了沙柳蒸腾对煤炭开采区地下水位变化的响应。杨永均(2017)采用路线穿越法剖析了典型区植被随潜水埋深变化的演替规律,得到了风积沙区地下水埋深与植物群落的关系,如图1-2所示。目前国内矿区开采对地下水影响的数值模拟研究常用的可视化模拟软件为 Visual MODFLOW、FEFLOW 和 GMS,但随着数值模拟的广泛应用,一些问题也逐渐显露出来。由于地下水水流数值模型主要是利用孔隙介质建立起来的,而相对于孔隙-裂隙介质的区域数值模拟理论和方法有待进一步研究,同时一旦研究区范围大,因水文地质资料不健全导致模型构建困难增大,精度也有待进一步提高。

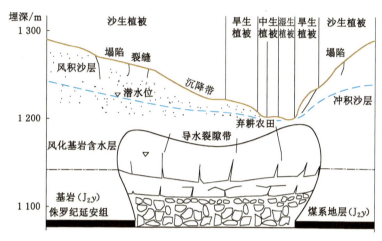

图 1-2　风积沙区地下水埋深与植物群落的关系

随着人们生态保护意识的不断提高,在大规模开发煤炭资源的同时,对生态地质环境的研究也越发深入。清晰地区分不同生态地质环境,是针对不同生态地质环境采用恰当的开采方式,以实现煤炭资源开发利用与生态地质环境和谐发展的重要前提。然而针对矿区生态地质环境类型及特征的研究尚且不足,同时对于干旱半干旱生态脆弱矿区保水采煤研究还需要在开采方法、采动导水裂隙带发育规律、水文工程地质条件分区、潜水采动响应、地下潜水流场采动变化规律、植被生长采动响应等方面进一步深入研究。

二、矿区土地损伤研究进展

地表沉陷、植被退化、水土流失、沙漠化等是西部矿区土地损伤的主要形式。煤炭有露天和井工两种开采形式,露天开采方式约占全球的75%。在我国,目前煤炭总产量的80%左右来源于井工开采,而已探明煤炭储量中适于露天开采的煤炭资源储量为490亿t,因此露天开采也将成为我国煤炭开发的重要途径。露天开采将煤层上覆表土和岩层全部剥离运移再分层堆积,所形成的排土场是露天矿区最大的人工构筑体,并造成大量土地永久压占、水土流失,改变流域地形地貌和生物地球化学过程。露天开采土地损伤的主要形式为直接剥离表层土壤,2005年我国黑岱沟露天煤矿生产规模达到2 000万t/a,表土剥离量达到了4 500万~5 000万 m³/a;平朔安太堡露天矿区在1976—2009年间剥离林地面积906.45 hm²和耕地面积3 346.35 hm²。美国Appalachian矿区由于露天开采导致地表高程639 m处被平均削低了34 m,部分地区被填高了53 m。土地压占是矿区土地损毁的另一种重要形式,煤炭开采过程中会产生大量的煤矸石、剥离土以及其他废弃物,压占矿区土地、破坏土地资源,加剧人地矛盾。我国平朔矿区岩土排弃形成了4座相对高度在45~190 m的外排土场,这些排土场、矸石山存在失稳变形、山体滑坡、矸石自燃、重金属污染等问题。采矿废弃物的产生及环境效应如图1-3所示。

图 1-3　采矿废弃物的产生及环境效应

井工开采是在地下进行煤炭开采。井工开采引起地表移动和变形,从而造成地表生态系统不同程度的损伤,其主要损伤形式有地表沉陷、植被退化、水土流失、地下水位降低、荒漠化加剧等。目前已有许多学者开展了西部干旱半干旱地区煤炭开采对土壤物理性质影响的研究,采用现场取样、室内测试、遥感反演、空间插值分析等,对开采沉陷扰动影响下的土壤含水量、有机质含量、孔隙性、容重、入渗速率及机械组成等物理性质指标进行了深入的研究。

对于西部干旱半干旱矿区,土壤含水量是最为重要的土壤指标之一,直接影响地表植被的生境条件。开采沉陷引起的土体移动与变形,改变了包气带土体结构特性和土壤水分布。李惠娣等(2002)基于现场数据,利用包气带土壤水的分布特征,探讨了塌陷引起的土壤结构变化和对环境造成的影响。宋亚新(2007)和赵红梅(2006)针对采煤塌陷区包气带土壤水分的变化规律进行了野外调查和实验模拟,研究表明,开采沉陷会降低土壤持水能力和土壤含水量。魏江生等(2006)研究发现塌陷区的土壤含水量一般小于非塌陷区的土壤含水量,形成的裂缝增大了土壤蒸发的表面积。程林森等(2016)通过现场土壤含水量原位连续监测,发现在开采扰动期间,表层土壤水受影响程度大于深层。刘英等(2018)采用遥感反演的方法研究了开采沉陷对土壤含水量的影响。郄晨龙等(2015)研究了井工煤炭开采对土壤关键物理性质的影响,发现开采增强了天然含水量、内摩擦角以及黏聚力的空间依赖性,减弱了有机质和天然孔隙比的空间依赖性。诸多研究表明,这些土地损伤程度、形式与采矿和地质条件密切相关,地下深部开采地表沉陷比浅层开采地表沉陷小,而以厚黄土层为代表的矿区地表沉陷规律明显和地表土层薄的矿区地表沉陷规律不同。

开采沉陷对土壤容重的扰动影响与土壤类型、剖面深度、沉陷年限及下沉深度等因素有关。在覆沙地区域,随着沉陷年限增加,尤其在沉陷2~3年后,沉陷区土壤容重显著低于对照区土壤容重;采煤沉陷对沙地土壤容重的影响比对硬梁地土壤容重的影响大。随着开采的进行,不同土层之间的土壤容重差异减小,土壤容重分层现象减弱。开采对土壤孔隙度影响的研究表明:在风沙区,开采沉陷导致土壤总孔隙度有不同程度的增大,在1~2年内有显著恢复,2~7年可以恢复;黄土丘陵坡耕地区,随采煤沉陷年限增加,毛管孔隙度减小,而非毛管孔隙度增加。

开采对土壤颗粒组成影响方面,沙丘区土壤物理性黏粒含量受到开采沉陷影响均减小,有沙化趋势。开采沉陷对土壤有机质含量的影响存在争议。刘哲荣等(2014)在研究大柳塔沉陷区沙地和硬梁地有机质含量变化时发现,采煤沉陷1年后,有机质含量显著减小,随沉陷年限增加而增加;栗丽等(2010)认为,矿区有机质在开采沉陷后分解加快,随着沉陷年限的增加(1年、2年、3年),有机质含量减小;臧荫桐等(2010)认为采煤沉陷2～3年后有机质的含量变化不是很明显。于广云在取土深度为15～30 m时发现,采煤过程中内摩擦角和黏聚力均是先减小后增大的过程。

煤炭开采的地裂缝广泛分布于沉陷区,是土壤受到扰动直观的表现形式之一。目前,众多学者针对裂缝的发育规律以及裂缝对附近土壤物理性质、含水量等的影响规律进行了深入的研究。刘辉等(2014)依据地裂缝形成的机理,将地裂缝主要分为台阶状裂缝、滑动型裂缝、地堑式裂缝三种类型。胡振琪等(2014)通过井上下相结合的空间坐标控制体系和自主研发的动态地裂缝检测方法,提出了边缘裂缝和同台裂缝的发育规律。Stirk(1954)针对不同体积的裂缝进行研究,发现体积较大的裂缝能够改善附近地表汇水能力,提高降雨时土壤的持水能力,并且能够降低地表径流的形成;同时,裂缝的内表面也对增加土壤入渗有重要意义,存在裂缝的土壤比没有裂缝的土壤持水能力强。杜国强等(2016)通过裂缝附近土壤水分和地表剪切强度的现场试验,认为裂缝对附近土壤含水量和地表剪切强度的降低有一定的作用,但相关性并不显著。王晋丽等(2011)通过研究采煤裂缝影响下土壤含水量的变化对农作物的影响,并对采煤地裂缝深度和覆岩导水裂隙带高度进行计算,得出地裂缝能影响土壤水分的运移,造成植被破坏和水土流失的结论。

三、矿区植被扰动与恢复研究进展

(一)矿区植被扰动研究进展

干旱半干旱气候区自然环境较弱,气候条件恶劣,而大规模煤炭开采进一步使生态环境恶化,其中植被变化是自然环境变化最直观的反映。作为干旱矿区土地生态系统的重要组成部分,植被生长与覆盖度的变化直接关系到整个矿区生态环境质量的好坏。植被可以涵养水源、改良土壤、增加地面覆盖、防止土壤侵蚀,在水土保持方面有巨大作用。植被是生态系统进行物质循环和能量交换的枢纽,是防止生态退化的物质基础。在前人研究的基础上,弄清煤炭井工开采扰动下植被损伤规律是进行矿区生态恢复的基础与核心内容。

影响植物生长发育的五要素分别为光、热、空气、水分与养分。煤炭开采导致地表出现大量裂缝,影响植物生长的立地条件,一方面引起土壤特性、地下水位的变化,破坏植物生长环境,间接影响植被生长,具体表现为植被各项生长指标的波动;另一方面,沉陷过程中土壤的拉伸和压缩变形造成植物根系拉伤,直接破坏植物主体结构。此外,矿山工业广场的建设、废弃矸石的堆放、开山修路、露天矿表土剥离等也会直接影响植被覆盖度。已有诸多学者对煤炭井工开采植被损伤进行了多角度的研究,具体如下。

1. 立地条件破坏方面

煤炭开采地表非连续性移动导致地表形成大量裂缝,使得矿区地形地貌与土壤理化性质发生变化,水土流失加剧,导致植物生长环境发生改变。研究发现:由于沉陷裂缝的存在,沉陷区土壤蒸发面积增加,土壤水分蒸发量升高,裂缝两侧土壤含水量降低,并且采煤沉陷破坏了土体结构,不利于土壤水分保持,地表水流失进一步加重,同时由于地下水部分被抽空,潜水位埋深降低,影响地下水对地表水的补给;沉陷区地形地貌的变化,在地表形成沉陷盆地,在雨水侵蚀的作用下土壤养分流失,一部分向盆地底部汇聚,一部分随着地表径流进入裂缝,流入采空区,易引起土地荒漠化、贫瘠化,土地生产力降低,最终影响地表植物的生长。由于地表裂缝的影响,植物根系微生物与酶活性内在联系发生改变,影响植物对水分和养分的吸收。采煤沉陷还对植物多样性、生物量产生影响,例如:钱者东等(2014)通过对沙地煤炭开采对植被景观影响研究发现,采煤沉陷后矿区植物生物量减少、植物类型发生改变。魏婷婷等(2014)对风沙区超大工作面沉陷后的裂缝区和采空区植物生长生理指标进行分析研究,发现采煤沉陷引起的土壤环境改变对乔木影响最大,其次为灌木,对草本植物影响最小。雷少刚(2012)对荒漠矿区关键环境要素的监测与采动影响规律进行了研究,得到研究区植被具有明显的物候年周期性,植被与气象因素具有明显的相关性,其中植被对降水变化的响应最为敏感,矿区植被呈现出区域性变化,近年来开展的生态建设,使得植被明显增加,空间变异性增强,但是小尺度的植被现场调查与 Landsat-NDVI 监测表明,地下开采导致了部分矿井采区植被相对非采区植被小幅减少。Erener(2011)基于多时相 Landsat TM 遥感影像对矿区植被进行了监测并评价了植被的健康特征,得出遥感数据无疑能够提供最新和最快的数据,而且在监测大尺度的植被健康方面具有优势。也有研究发现煤炭开采对矿区植物影响较小。

2. 植物根系损伤方面

已有学者基于个体尺度从植物根系损伤与根际微生态环境破坏的角度对煤炭开采植物损伤进行了相关研究,但是由于根系位于土壤中,存在"黑箱效应",目前对煤炭开采造成的根系损伤研究还是较少。植物根系是植物生长和发育所需养分和水分的主要通道,一旦遭到破坏,将会严重限制植物的生长。根系损伤常用的监测指标有根系长度、根尖数量、表面积、投影面积、体积、平均直径等,其中根系长度和根尖数量是植物生长最直观的指标,这2 个指标对外界环境变化响应最为剧烈。根尖为根系伸长生长、分枝和吸收活动的最重要部分,对外界环境最为敏感。于瑞雪等(2014)对煤炭开采对沙蒿根系生长的影响研究发现:煤炭开采导致地表裂缝大量产生,从而引起土壤水分和养分的流失;根尖是植物根系最脆弱的部位,对外界环境响应最为剧烈,水分的缺失造成沙蒿根尖数量明显地减少。根系表面积和投影面积为活体沙蒿根系指标,在煤炭开采初期,地表沉陷导致沙蒿根系消亡,根系表面积和投影面积各项指标降低明显。李少朋(2013)通过对植物根系原位监测,揭示了煤炭开采对杨树、沙柳、沙蒿三种植物根系生长的影响,并对植物根系自修复能力进行了研究。丁玉龙等(2013)研究了四合木根系承受土体变形损伤的极限抗拉力、抗拉强度等力学性质,建立了固体废弃物充填开采时的等价开采厚度与地裂缝发育及四合木根系断裂的对应关系模型。赵国平等(2010)以神府-东胜煤田补连塔矿风沙区为例,通过野外调查和观测,系统分析了沉陷区和非沉陷区植被群落变化特征以及沉陷强度(地表破损率)对植被群落变化的影响,发现采煤沉陷导致植物死亡率增大,植物生长状况与地表破损率呈负相关关系。

3. 重金属对植物的影响方面

除煤炭开采会破坏植物立地条件、损伤植物根系外,煤炭开采的其他活动也会直接影响植被生长。例如:矿山基础设施建设、矿山废弃物堆放、开山修路、露天矿表土剥离等直接压占或者剥离植被,均可降低植被覆盖度。此外,煤炭开采过程中产生大量的煤矸石,在雨水淋溶作用下,煤矸石中的重金属离子(Cu、Cd、Pb、Zn、As、Cr、Ni)释放到环境中,在土壤中富集,会引起土壤 pH 值改变和重金属污染,对植物生长造成盐分和重金属胁迫。外源重金属进入土壤后,植物受到伤害的首先是其根系,并通过根系吸收土壤中的重金属进入根细胞内,由于根细胞壁中存在大量交换位点,能将重金属离子固定在这些位点上,从而阻止重金属离子进一步向地上部分转移并在根部富集。因此,根是植物体中最重要的结合重金属的部位,也是最易受重金属毒性影响的部位,重金属能抑制根尖细胞的分裂。土壤中过量的 Cd 不仅能在植物体内残留,而且还会对一些植物产生毒害。迄今发现的 Cd 超积累植物大都生长缓慢、植株矮小。重金属胁迫能显著降低植物叶片中叶绿素含量,加速植物的衰老。Kang 等(2015)指出在 Cu 和 Zn 胁迫下生长的植物的总叶绿素、类胡萝卜素含量和总多酚含量均不同程度地降低。

(二) 矿山植被恢复研究进展

1. 植被恢复中物种筛选

植物物种的选择是生态植被恢复过程中的重要环节,直接关系到恢复的成败。筛选过程中主要根据当地自然气候条件与恢复目标,与实地调查相结合确定恢复物种。矿区表层土壤结构受到破坏、养分流失、土壤酸碱性极端、持水能力差、重金属污染等使植被恢复受到严重影响。因此,选择适宜的植物物种、构建合理的植物群落是植被恢复成功的重要因素。植物物种选择应遵循以下原则:生态适应性、先锋性、相似性、抗逆性、多样性、特异性。植物有各自的特点,应根据立地条件差异选择植物物种,如阴坡和阳坡、坡上和坡下要选择不同的植物物种。胡振琪等(2014)对矸石山人工植物物种选择进行了研究,指出应优先考虑根系发达、耐贫瘠、耐干旱的乔灌树种。李晋川等(2009)指出植被恢复过程中用乔、灌、草、藤多物种多层配置结合进行,建立起来的植物群落稳定性和可持续性比单一物种或少物种效果好。

2. 植被恢复中环境因子改良

生态系统具有一定的自我恢复能力,但是在极端恶劣的环境下,自我恢复过程漫长,因此,需要采取人工措施对恢复过程进行干预,而开展影响植被恢复的环境因子研究是基础工作之一。王晓春等(2007)指出煤矸石山植物群落的变化主要受土壤 pH 值、土壤养分和土壤的物理性质控制。Fierro 等(1999)、Erener(2011)指出,矿山植被恢复的限制因子主要有 pH 值、N 和 P 含量、重金属含量、有机质含量。王金满等(2013)通过对露天矿复垦排土场土壤环境因子与乔木林地生物量的交互作用研究发现,对植被生物量影响最大的是土壤有机质和全氮。白中科等(1996)指出除土壤因子外,立地条件的分析可为抑制和克服植物生长的制约因子以及制定相应的植被工程措施提供参考。

基质改良是植被恢复的基础和前提。目前基质改良的方法主要有物理改良、化学改良和生物改良。物理改良主要是进行地形整理和土壤结构物理改良。通过地形整理工作,减缓山体的坡度,以保证坡脚的稳定性和防止坡体滑坡。土壤结构物理改良主要指覆土,通过采取这种措施改善植物生长的基质环境。覆土的厚度是关键性技术要素,针对不同的立地条件,选择适宜的覆土厚度是植被恢复成功的重要因素。土壤极端的 pH 值和贫瘠的养分是植被恢复的重要限制性因子,化学改良则针对土壤中缺乏营养元素的问题,适当施加含 N、P、K 等营养元素的化学肥料;针对土壤呈现的酸性,可以施加碳酸氢盐和生石灰,也可以利用盐碱化土地直接进行改良。生物改良是选择对极端恶劣环境有较强耐性的重金属富集植物、固氮类植物、绿肥植物、固氮微生物、菌根、真菌等来改善表土的理化性质,能迅速熟化土壤、固定空气中的氮素、参加养分的转化、促进作物对养分的吸收、分泌激素刺激植物根系发育、抑制有害微生物的活动等。

3. 植物栽植技术

目前植物栽植技术主要有无覆土绿化技术、覆土绿化技术和抗旱栽植技术。无覆土绿化技术是先将土壤表面进行带状整地和块状整地后再将植物直接种植在地表。该技术适用于风化较好、表层土壤发育较好的煤矸石山，特别适合经济水平低和土源紧缺的地区，可以节省大量的人力、物力、财力。但无覆土绿化技术的施工时间受限，需要避开雨季进行施工，否则容易加重水土流失，且该技术对煤矸石山立地条件和整体环境的改善效果较差。覆土绿化技术是在土壤表面或鱼鳞坑内覆盖一定厚度的土壤、粉煤灰、污泥等，这种技术已在部分矿区进行了成功实验。覆土绿化技术对于改善矿区的土壤环境有较大作用，植被恢复效果较好，造林成活率较高。很多情况下植物成活和生长的主要限制因素是土壤水分，因此如何保水成为保证植被恢复成功的关键。目前煤矸石山抗旱栽植技术包括保水剂技术、覆盖保水技术、容器苗造林技术和生根粉技术。

4. 后期养护管理

养护管理是植物栽培工作中非常重要的技术环节，俗语有"三分栽植、七分管理"，尤其是在全球气候多变、极端天气多发的情况下，对恢复植被的养护管理更加重要。造林养护管理的目的是通过对林地植被的管理与保护，为植被的成活、生长、繁殖、更新创造良好的环境条件，使之迅速成林。依据矿区立地条件、生态植被恢复的目标，植被养护管理主要应做好土壤管理（灌溉、施肥等）、植被管理（平茬、修枝等）、植被保护（防止病虫害、火灾和防止人畜对植被的破坏等）工作。一般在种植后的第一年需要较高强度的养护管理，如灌溉、追肥、植被的抚育等，以后的养护管理强度可以逐年降低，第三、四年可以让其自然生长，以促进其建立起稳定的自维持生态系统。

四、矿山生态修复研究进展

（一）国外矿山生态修复研究进展

20 世纪 30 年代，发达国家就开始重视矿山生态修复研究。经过几十年的发展，矿山生态修复已成为矿山开发中必须开展的内容，并制定严格的开发管理规定，规定矿山在开发设计和环境影响评价中必须有生态修复内容；项目实施的同时，必须设立专门的生态修复研究机构，以保证矿山边开采边修复被破坏了的自然生态，使矿山的生态环境保持良好状况。美国、澳大利亚、德国、加拿大等国的土地复垦率已达到了 80% 以上。国外对矿山进行生态修复多是结合土地复垦来实施的，且各有特色。

美国的生态修复工作一直走在世界前列。1899 年美国颁布的《垃圾法》已经涉及矿山环境恢复问题。1920 年颁布的《矿山租赁法》明确要求保护土地，政府引导企业自主治理环境。其后颁布了一系列的法律法规，均对矿山环境恢复有所规定。真正全面系统解决美国采矿业地质环境治理恢复和土地复垦问题的法律则是 1977 年颁布的《露天采矿控制与复垦法案》（*Surface Mining Control and Reclamation Act*，简称 SMCRA）。根据该法律规定的义务，所有的煤矿山都进行了合理的开采和复垦。在美国，一般将矿区修复治理工作分为法律颁布前后两个阶段，使修复治理工作责任明确。对于法律颁布后出现的矿区土地破坏，一律实行"谁破坏、谁复垦"，即要求复垦率为 100%。对于法律颁布前已被破坏的废弃矿区则由国家通过筹集复垦基金的方式组织修复治理。美国环境法要求工业建设破坏的土地必须修复到原来的形态,原来的农田恢复到农田的状态,原来的森林恢复到森林状态。由于国家法律的强制作用及科研工作的进展,美国的矿区环境保护和治理成绩显著,在矿区种植作物、矸石山植树、造林和利用电厂粉煤灰改良土壤等方面做了很多工作,积累了大量经验。

美国土地复垦后并不强调农用,而是强调恢复破坏前的状态,把防止破坏生态、环境保护提到极高的地位或看作唯一的复垦目的。美国土地复垦要求控制水流的侵蚀和有害物质沉积;保持地表原状和地下水位;注重酸性和有害物质的预防和处理;保持表土仍在原位置;防止矸石和其他固体废弃物堆放后滑坡;消除采矿形成的高桥,使其恢复到近似等高的状态;恢复植被,使其成为水生植物、陆地野生动物栖息场所。经过几十年的实践,不仅新近采矿破坏的土地能够及时进行复垦,昔日煤炭生产遗留下的工矿废弃地也得到修复,被污染的水资源得到了改善,如今土地复垦已成为采矿过程的一部分。

澳大利亚是以矿业为主的国家,它将先进技术运用于矿山复垦,所需资金由政府提供,现在复垦已经成为开采工艺的一部分。它的特点是:① 采用综合模式,实现了土地、环境和生态的综合修复,克服了单项治理带来的弊端;② 多专业联合投入,包括地质、矿冶、测量、物理、化学、环境、生态、农艺、经济学,甚至医学、社会学等多学科多专业;③ 高科技指导和支持,卫星遥感可以提供复垦设计的基础参数并选择各场地位置,计算机可以完成复垦场地地形地貌的最佳化选择、最少工程量的优化选择和最适宜的经济投入产出选择,各种先进设备可以进行生态修复过程中的监测。

英国在20世纪30—40年代,开始将露天煤矿废弃地恢复为高产的农业和林业用地。1993年露天矿已复垦 5.4×10^4 hm²,用于农、林业,重新创造了一个合理、和谐、风景秀丽的自然环境。露天矿采用内排法,边采边回填再复垦,覆土厚 1.3 m(上表层为 30 cm 耕作层),复垦时注意地形、地貌,以形成一个完美的整体。

法国由于工业发达,人口稠密,所以对土地复垦工作要求保持农林面积,恢复生态平衡,防止污染。法国十分重视露天排土场覆土植草,活化土壤,经过渡性复垦后,再复垦为新农田。为使复垦区风景与周围协调,还进行了绿化美化。在进行林业复垦时,分为三个阶段完成:一为实验阶段,研究多种树木的效果,进行系统绿化,总结开拓生土、增加土壤肥力的经验;二为综合种植阶段,筛选出生长好的白杨和赤杨,进行大面积种植试验(包括增加土壤肥力、追肥和及时管理等内容);三为树种多样化和分期种植阶段,合理安排林、农业,种植一些生命力强的树木、作物。

德国十分重视环境保护工作,保护和治理国土的意识强,时时把为群众创造好的生产、生活环境作为重要的任务。在采矿过程中十分注意最大限度地减少对环境的破坏,采矿后开展复垦工作也不是简单地种树或平整土地,而是从整体考虑生态的变化和群众对环境的需要。德国的土地复垦最早出现在1766年,土地租赁合同规定采矿者有义务对采矿废弃地进行治理并植树造林。系统的土地复垦始于20世纪20年代初的露天开采褐煤区复垦,人们有意识地开展多树种混种,保持生态功能。第二次世界大战后德国对矿产资源的需求量猛增,采矿造成土地的占用和破坏问题突出,政府和企业不得不考虑对环境进行重建。1950年德国颁布的《普鲁士采矿法》明确提出了矿区土地复垦和环境重建的要求。20世纪70年代,德国十分重视农业复垦以及随后生态恢复与重建的发展,形成了比较完善的操作体系,将矿区土地复垦和景观生态重建贯穿于矿产的规划、勘探、开采、闭矿等过程中,目标是重建和恢复良好的矿区环境。

此外,苏联、加拿大和匈牙利等国家在矿区生态恢复方面也做了大量的研究工作。

综上所述,发达国家的矿山生态修复工作开展得较早且比较成功,注意修复土地生产性能,生物复垦技术先进。其中美国和澳大利亚更注意环境效益的改善和矿区生态平衡的恢复。

(二)我国矿山生态修复研究进展

我国矿山生态复垦的研究开始于 20 世纪 50 年代末期,是随着国民经济和社会主义建设的发展自发开展起来的,矿山企业自发地进行小规模、低水平的简单回填,在实践中摸索矿山土地复垦技术与经验。但是,由于社会、经济和技术等方面的原因,直到 1980 年这项工作基本上还是处于零星、分散、小规模、低水平的状况。1988 年《土地复垦规定》和 1989 年《中华人民共和国环境保护法》的颁布,标志着我国矿区土地生态恢复走上法治化轨道。《土地复垦规定》实施以后,采矿沉陷地、矸石山、露天采矿场、排土场、尾矿场和砖瓦窑取土坑等各类破坏土地的生态修复工作受到全社会的高度重视。此后,一系列的新土地管理与开发整治法律法规与制度相继贯彻实施,如《关于加强生产建设项目土地复垦管理工作的通知》《关于组织土地复垦方案编报和审查有关问题的通知》《全国土地利用总体规划纲要(2006—2020 年)》《全国矿产资源规划(2008—2015 年)》《全国土地整治规划(2011—2015 年)》等均对土地恢复提出了明确要求,确立了矿区生态恢复的重点区域和复垦目标。2011 年生效的《土地复垦条例》,标志着土地复垦工作全新阶段的开始,随后出台的《土地复垦条例实施办法》,进一步强化了土地复垦责任,完善了约束机制,建立了激励机制。《土地复垦方案编制规程》系列标准(TD/T 1031—2011)和《土地复垦质量控制标准》(TD/T 1036—2013)等技术规范的颁布,促使矿山企业重视科技的研究和新技术的应用,土地复垦迈入了高速发展的新时期。

2012 年,国土资源部布置了工矿废弃地复垦利用试点工作,并在试点省份开展了工矿废弃地治理工作。随后,国土资源部又在全国部署开展了“矿山复绿”行动。2013 年 11 月,经十八届三中全会通过的《中共中央关于全面深化改革若干重大问题的决定》指出,建设生态文明,必须建立系统完整的生态文明制度体系,实行最严格的源头保护制度、损害赔偿制度、责任追究制度,完善环境治理和生态修复制度,用制度保护生态环境。2015 年 4 月,中共中央、国务院印发《关于加快推进生态文明建设的意见》,明确了生态文明建设的总体要求、目标愿景、重点任务和制度体系,突出体现了战略性、综合性、系统性和可操作性,这是继党的十八大和十八届三中、四中全会对生态文明建设作出顶层设计后,中央对生态文明建设的一次全面部署,是推动我国生态文明建设的纲领性文件。党的十八届五中全会提出,实施山水林田湖生态保护和修复工程,筑牢生态安全屏障。2016 年 9 月,财政部、国土资源部、环境保护部联合发布《关于推进山水林田湖生态保护修复工作的通知》,并自2016 年起,在全国范围内推进山水林田湖草生态保护修复工程试点,重点对影响国家生态安全格局的核心区域,关系中华民族永续发展的重点区域和生态系统受损严重、开展治理修复最迫切的关键区域,实施山水林田湖草生态保护修复工程试点,中央财政将对工程给予奖补。2017 年 3 月,国土资源部会同财政部、环境保护部、国家质量监督检验检疫总局、中国银行业监督管理委员会、中国证券监督管理委员会下发了《关于加快建设绿色矿山的实施意见》。2018 年,按照国土资源行业标准制定程序要求和计划安排,自然资源部组织有关单位制定了推荐性行业标准《煤炭行业绿色矿山建设规范》《砂石行业绿色矿山建设规范》《冶金行业绿色矿山建设规范》《有色金属行业绿色矿山建设规范》等。

综上所述,我国与世界其他国家相比,矿山生态修复工作起步较晚。我国实施矿山生态修复有三大困难:① 立法分散且独立,大气、水、林草、土壤与土地、矿山管理分属不同部门,导致实施全国性生态环境保护与监管政出多门,可操作性差、执行自由度较大;② 复杂的机构设置和不同层级主管部门的职责划分不清,生态政策与法规实施不力;③ 生态修复资金和技术支持不足。然而,随着矿山生态修复法规政策的不断完善、修复技术标准的初步建立,我国矿山生态修复工作已逐步进入法治化、标准化、常态化的轨道。

五、存在的问题与发展趋势

当前,矿山生态修复理论仍滞后于实践需求,生态修复治理工程多存在"头痛医头"的单体工程现象,所采取的工程技术存在多个单体工程之间关联性不够、单一要素修复为主、生态修复针对性不强、矿山生态系统多要素系统修复思维缺乏、修复系统自维持能力弱、工程实施的技术标准缺乏、评价验收的指标体系不科学等问题,亟须创新矿山生态修复理论与技术,主要涉及以下方面。

(一)加强矿区生态环境多尺度智能监测监管

多尺度主要是指研究范围涉及工作面、盘区、矿井、矿区、能源基地、流域等多种空间尺度。西部矿区生态环境相关的多尺度监测技术与监测数据基础薄弱,缺乏中高分辨率、长时序、高频次的多要素参数同步协同观测技术,矿山生态保护修复决策的智能化和生态退化适应性监管水平亟待提升。已有研究主要集中在对采煤沉陷的现象描述,矿区生态系统损伤与恢复的动态规律尚不明晰,缺少定量评价采煤与生态损伤、自修复间对应关系的数量模型,同时也缺少从采煤沉陷机理和植物损伤生态机制方面对沉陷影响的深入分析。现有研究对煤炭高强度开采植被扰动的宏观研究多,微观的个体、群落层次研究少,而且多侧重于对煤炭开采后某一环境要素的损伤、修复评价和生态建设模式研究,缺少对矿区生态自修复标准与修复程度的定量分析与评价研究。当前关于采煤沉陷对植被的损伤与恢复研究主要集中在宏观和中观尺度,基于宏观尺度的沉陷区植被恢复研究主要是利用遥感数据和GIS技术从景观尺度展开,而中观尺度上主要采用传统样方调查方法,费时费力,不利于获取长期定位监测数据。同时,基于微观尺度的研究尚显不足。在矿区特殊自然环境下,植物个体同时受到多因素综合作用的影响,从室内试验推广到矿区原位观测还存在很多技术难点有待攻克。

(二)向矿山生态问题诊断与生态关系感知转变

生态问题调查诊断是矿山生态修复的必要环节,决定了引导型生态修复后续各个环节的科学性。传统矿山生态问题调查易出现为调查而调查的情况,突出表现在调查评估结果对修复工程设计、修复技术筛选和修复标准确立等环节的指导价值低。引导型修复需要依托调查、遥感、测试、统计等多种调查分析手段,诊断影响或阻碍受损生态系统自然恢复进程的关键限制性因子,发现矿山生态环境自然规律、扰动响应规律、生态变化过程、生态要素间相互关系及生态系统或环境要素的生态阈值等深层知识信息,以支撑矿山生态系统引导修复。简而言之,就是要在常规调查监测评价基础之上,进一步识别矿山生态关系、过程、规律等知识信息,构建采煤生态损伤机理模型,实现采煤生态扰动与生态修复的模拟与预测,为引导修复方向、标准和方案的制定提供科学参考,从而提升矿山生态保护修复决策的智能化和生态退化适应性监管水平。

（三）缺少矿区环境要素之间协同损伤机理研究

地下水、土壤水、植被等关键环境要素之间存在着复杂的动态平衡关系。煤炭开采对地下水的破坏则直接打破了这种平衡关系，这势必影响到其他环境要素，引起协同损伤。因此，煤炭开采对地下水、土壤水、植被等关键环境要素的扰动损伤具有关联性、协同性。其主要协同关系有：开采区地下水位下降与采空区上方土壤水、植被的协同损伤关系；局部采区地下水的损失与区域尺度土壤水、植被变化规律的协同关系；无潜水区域采空区上方土壤水与植被损伤协同关系。迄今为止，煤能源基地产业链开发与煤炭高强度开采对生态系统的影响传递规律研究尚不充分，受煤炭开发影响的环境要素之间的反馈作用机制研究不充分，难以科学诊断矿山生态系统的退化过程及其自维持能力，亟须研究关键环境要素的协同损伤规律，建立半干旱矿区环境损伤评价预测模型。

（四）缺乏生态环境要素演变的空间异质性研究

事实表明煤炭开采引起的环境问题具有不可避免的空间扩散性，并将对矿区周边区域产生环境扰动影响。因此，研究煤矿开采的生态环境问题不应局限于煤矿开采区。由于受流域水文地质条件、土壤、地形等众多因素影响，这种环境扰动的分布范围、表现形态与强度又具有明显的空间异质性。现有研究大多仅限于某一工作面、沉陷区或矿区尺度范围，而对于煤炭开采可能造成更大范围的环境扰动缺乏区域或流域等大尺度研究。加强这方面的研究将有利于全面认识评价重要人类工程活动对区域环境的影响，为控制改善区域环境质量奠定理论基础。由于研究尺度的差异，往往可能导致对矿区环境要素扰动影响的评价认识不一致，因此需要多尺度综合分析。例如：在神东矿区，当地采矿企业认为他们投入了大量的资金用于植树绿化和环境治理，使得近些年矿区植被覆盖度有了较大的提高，该企业因此还获得了"中华环境大奖"，然而当地居民却认为采矿导致地下水位下降、草木枯死、生活环境受到破坏。基于遥感监测的植被覆盖分析表明，神东矿区植被覆盖近些年有明显好转，但是基于现场调查的研究却认为煤矿开采造成了植被衰减。导致这些认识差异的原因在于：煤矿开采对生态环境的扰动具有明显的空间异质性，加上调查尺度的差异，出现了不同的认识。

（五）地表生态过程与开采参数联动机理不明

矿区地表生态环境扰动的根源在于煤炭开采引起的系列水文、岩土环境条件改变。因此，研究煤炭开采对地表生态环境的影响机理，就必须要井上下联动分析。也就是说需要将各评价单元植被、土壤水、地下水的时序变化与开采规模、开采强度、覆岩运动、地表沉陷的时序变化等进行空间关联分析，才能找出关键环境要素的变化对特定开采地质条件的响应机理。例如，关联分析岩层及地表移动与地下水位下降的关系，土壤侵蚀强度与土壤质量的空间分布、采动岩体空间结构形态的关系，地表移动变形与渗流场时空演化之间的关系，水位下降与物种多样性、陆地生物量之间的关系等。这些基础问题涉及采矿、水文、地质、生态、植被等多个学科领域。但是，由于受专业背景的限制，一方面，井下开采更多注重生产的安全、高产、高效，并未过多地考虑优化开采技术与控制地表生态环境的损伤；另一方面，在研究地表生态环境要素的演变规律时，则多是进行采前与采后、采区与非采区的环境要素变化对比，很少考虑在什么样的地质开采条件下将会产生什么样的生态环境扰动损伤。

（六）开发强度与生态环境的相容性不确定、开采生态化不足

科学分析煤炭资源开发与自然生态环境的相容性,关键问题在于如何计算一个区域总的环境容量,以及煤炭资源开发活动及其他产业与人类活动对环境的占用量。煤炭资源开发活动对环境容量的占用与开发强度、开采方式有关。不同的开采方法及煤炭资源利用方式对环境容量的占用与其煤炭开采量和利用量并不成正比。矿产资源开发区域的环境容量以及矿产资源开发开采活动产生的环境压力尚无成熟的定量评价方法,现有的研究成果尚无科学的方法和标准评判煤炭开发与生态环境是否协调,也就导致了保护性开发与减损性开采技术缺乏。尤其是原有矿山开采设计未能从实现全环节的生态化进行设计。矿山全生命周期生态化开采设计是生态源头减损和绿色开采的关键。

（七）受损生态系统人工引导修复模式亟待形成

半干旱矿区生态系统在扰动后表现出自恢复特征,但对自恢复的机制、强度等还缺乏研究,这就限制了生态修复技术的研发。基于自然的解决方案(NbS)已被广为接受,然而,矿山生态系统引导修复标准和评价体系还不完善。当前我国西部矿区已开展了诸多且富有成效的植被恢复重建研究,形成了以表土改良、地表裂缝治理、植物根际环境改善以及菌根共生等为主的植被恢复与重建技术。但是这些技术成本往往过高,大面积种植新进的乔、灌类植物会对本地植物物种形成冲击,大量开挖鱼鳞坑也会对采后生态系统再次扰动,加之部分重建植物难以适应恶劣的气候地理条件,成活率低,生长缓慢,甚至衰亡,其生态恢复效益以及对生态环境影响还有待商榷。总之,现有西部矿区生态修复成本高、自维持难,形成了植被恢复资金高投入与恢复低效率的矛盾局面。另外,煤炭开采地表沉陷对植被的影响并非全是负面的,部分区域的植被覆盖度、生物多样性呈增长态势。当务之急,应严格遵循当地自然生态系统发展规律,避免对采后生态系统的再次扰动,科学配置,优化布局,提出明晰且可量化的生态修复标准,引导恢复生态系统的自修复能力。

第四节　本章小结

煤炭资源开发的重心已转移到我国西部地区,西部生态脆弱地区煤炭开采引发的环境问题已成为社会各界的关注热点。矿产资源开发与生态环境保护是一对矛盾,矿山生态修复是解决这一对矛盾的有效途径。西部煤矿区生态脆弱、干扰强度大、空间异质性强,依靠单纯自然恢复途径实现生态系统修复是不现实的,而利用大量人工修复工程在经济和生态上又是难以持续的,因而需要弄清楚矿山生态系统自修复规律及其理论机制,当需要人工干预时,明确何时干预、如何干预、干预到何种程度。

矿山生态修复是一个多尺度、多要素、多时相、多过程、多学科、多领域的科技难题,如何科学认识并利用自然力量,引导受损矿山生态系统自维持,尤其需要加强对矿山生态系统的自然规律、演变机理、生态过程、生态关系、生态阈值以及环境要素间相互关系等机理问题的诊断与深层次知识的发现。在国家生态文明建设的战略形势下,在山水林田湖草沙系统性生态保护修复指导思想下,坚持"以自然恢复为主,与人工修复相结合"的基本原则,破解人工干预和自然恢复之间的争议和困惑,促进人工修复与自然恢复相协同,是当前矿山生态修复亟待解决的理论和技术问题之一。

第二章 西部矿区生态环境本底与修复策略

西部矿区生态环境具有复杂、多维度和地域分异特征。西部矿区生态修复策略制定采取"分区＋分类"的方法。本研究基于西部矿区生态环境本底条件，结合国家生态安全战略格局，进行西部矿区生态环境地理分区，针对分区内主导生态功能、自然恢复力和社会经济等生态修复条件，划分西部矿区生态修复类型，提出相应的生态修复主导策略。

第一节 西部矿区生态环境本底条件

"十二五"期间我国有序推进14个大型煤炭基地的建设，位于西部的有7个。西部地区生态环境先天不足，受环境容量的限制，若忽视了保护性开采、过程管理与生态修复，大规模的煤炭开发将加速土地沙漠化进程、加重水土流失和地下水系统的破坏，并加剧土地退化。造成西部矿区开采的生态环境效应差异的主要因素是采矿扰动因子和本底生态条件。因此，认识西部煤矿区土地退化的现状与影响因素，对于保护和建设西部的生态环境和维护西部的生态安全，对于我国西部矿产与能源基地的建设，对于实现西部大开发环境保护的目标，对于我国能源开发和经济持续快速发展都具有十分重要的意义。

本节根据地理位置分布，依据国家科技基础调查专项，主要针对煤矿区自然地理与环境展开本底调查。为便于组织开展工作，将西部重点煤矿区划分为蒙东片区、陕甘宁蒙片区、云贵川片区、北疆片区4个调查片区。

一、蒙东片区自然地理与环境本底

蒙东片区位于内蒙古自治区的东北部，坐标 41°3′N～53°3′N，111°2′E～126°0′E，与黑龙江、吉林、辽宁三省共同组成我国的东北地区。蒙东片区包括呼伦贝尔市、兴安盟、通辽市、赤峰市（东四盟）和与东北地区关系较为密切的锡林郭勒盟共5个盟市。

（一）气候

蒙东片区气候多变，降雨分布不均匀，多属寒温带和中温带大陆性季风气候，北部少部分地区属寒温带大陆性季风气候，年平均气温为 −6～8 ℃，年温差在 35 ℃左右。该片区春季干旱多风，冬季寒冷漫长。受地势的影响，大兴安岭东部的地区降水量大，而西部的草原则降水量小，不利于植物的生长，草地植被覆盖度低，土壤保水作用差，草原易沙漠化。

（二）水体

蒙东片区以黑龙江流域为主，水资源总量占全区的一半以上，总体上水资源、水系密集，蕴藏量大，有充足的地表水和地下水资源。按自然条件和水系的不同，全区可分为大兴安岭西麓黑龙江水系地区、呼伦贝尔高平原内陆水系地区、大兴安岭东麓山地丘陵嫩江水系地区。水系以西辽河水系为主,还有东辽河下游和辽河干流的一部分支流湖泊。由于连年干旱,辽河、新开河、教来河常年断流,局部地下水位下降,水资源相对匮乏。

（三）岩石

蒙东片区杂岩出露于华北地块北缘晚古生代褶皱带内,可将杂岩划分为三套岩石组合:花岗岩类组合;基性-超基性岩组合;表壳岩组合。由于受华力西中期强烈造山后均衡调整阶段引张构造环境的影响形成了玄武岩、玄武安山岩及安山岩等;处于华北板块北缘的天山-赤峰活动带由火山岩形成的碎屑岩和碳酸盐岩沉积;大兴安岭中南段,岩性主要为中-细粒二长花岗（斑）岩、中-粗粒二长花岗岩、细粒二长花岗岩;由于受到伸展构造环境的制约,早白垩世岩浆喷溢活动产物的岩性主要为玄武岩和安山玄武岩等。

（四）土壤

蒙东片区为黑土壤地带,土壤以黑土、黑钙土、栗钙土为主,另外还有灰色草甸土等。其中,黑土有机质含量高,平均为 3%～5%,在部分地块达 8%,土质肥沃,自然肥力较高,结构和水分条件良好,适宜发展农业;黑钙土自然肥力次之,适宜发展农林牧业。

（五）植被

蒙东片区植被类型繁多,天然的乔灌木树种有榆、蒙古栎、黑桦、叶底珠、锦鸡儿、山杏、沙柳等,主要分布在大兴安岭山脉附近的林地区域,尤其是区域北部。林地主要类型有寒温带针叶林、温带针叶阔叶混交林以及暖温带落叶阔叶林;植被种类繁多,其中经济植物资源丰富。

二、陕甘宁蒙片区自然地理与环境本底

陕甘宁蒙（鄂乌包）片区包括陕西省、甘肃省、宁夏回族自治区和内蒙古鄂乌包（鄂尔多斯、乌海、包头）地区,西北与新疆维吾尔自治区相接,西南分别与四川省、青海省相邻,东与山西省相邻,总面积为 137.7 万 km²。

（一）气候

本片区主要属于半干旱的典型农牧过渡带,年降水量由北部的 173.9 mm 到南部的814.5 mm;年蒸散量在北部达 1 268.8 mm,南部为 756.4 mm;年平均气温为 3.7～13.8 ℃,大于 0 ℃积温为 2 120.1～5 001.5 ℃;无霜期为 116～222 d;年总辐射为4 279.9～5 831.6 MJ。

（二）水体

本片区范围内主要河流有无定河、马莲河、清水河、洛河、窟野河、延河、泾河,多数河流源自白于山与子午岭,还有源自蒙南高原的乌兰木伦河、秃尾河、榆溪河等,这些河流流经黄土地区注入黄河,各河流总径流丰盈。黄土地区河流丰、枯水期流量相差悬殊;流经沙漠草原区的河流,主要是排泄地下水,丰、枯水期流量相差仅 3～5 倍。区域内分布有面积大小不等的湖泊,西部多为咸水湖,东部多为淡水湖,湖水主要来源于地下水排泄。由于地下水来自不同的含水岩层,水质不一。

（三）岩石

本片区地处黄土高原丘陵区,为黄土高原典型地带,构造上处于东西构造域的交接部位,属华北地台的次级构造单元,主要为一套中生界碎屑岩沉积地层,以"陆外为坪、坪外有

滩、滩外为海、海外为槽"为特征,在风化壳上形成构造背景不同、沉积类型丰富、旋回结构清晰的碎屑岩与碳酸盐岩交互的含煤沉积。在纵向上岩性为砂岩、砂泥岩及页岩组合,多数地层为河湖相砂岩、泥质岩互层或夹层,层次繁多,但在横向上岩性变化极大,单层极不稳定。

由于该区域范围广大,中生界在各地区因沉积相变化不完全相同,岩性亦有差异,尤以下白垩系为显著,例如:北部洛河组出现夹泥质岩,华池组、环河组砂岩层增多。华池组、环河组、径川组在沉积中心地区,均以泥质岩为主与砂岩互层,并夹有石膏,为湖相沉积。

（四）土壤

本区域土壤以黄绵土和黑垆土为主。黄绵土有机质含量低,呈强石灰性反应,土层软绵,透水性及可耕性良好;黑垆土颜色较黑,有机质含量2‰～3‰,全剖面呈强石灰性反应,土湿性凉,耐旱不耐涝。此外,还有栗钙土、灰钙土、褐土、紫色土、红土、风沙土、新积土、水稻土、潮土、沼泽土、盐土、石质土等。

（五）植被

片区地处西北地区,植物种类贫乏,多单属科、单属种和寡种植物。中亚-亚洲中部成分是荒漠植被的最重要组分。主要植物资源种类为:油料植物有100多种,如文冠果(木瓜)、苍耳、沙蒿、水柏、野核桃、油桐等;纤维和造纸原料植物近百种;淀粉及酿造类植物20多种,如橡子、沙枣、蕨根、魔芋、沙米、土茯等;野生化工原料及检皮类有20多种;野生药材900多种;特种食用植物10多种等。

三、云贵川片区自然地理与环境本底

云贵川片区位于我国西南部,气候复杂多样。气候灾害种类多,发生频率高,影响范围大。近年来由于气候、人类开采资源等自然以及人为原因,不可避免地扰动环境,直接或间接地影响着生态系统。云贵川重点矿区分布规模小而分散且破坏程度强,矿产资源开采活动剧烈。云贵川片区包括云南、贵州和四川3省,北与甘肃、青海、陕西相邻,西南与西藏以及缅甸、越南、老挝等国毗邻,东部与重庆、湖南、广西相接。

（一）气候

云贵川片区内河流纵横,峡谷广布,地貌以高原和山地为主,广泛分布喀斯特地貌、河谷地貌和盆地地貌等。该片区地势起伏大,海拔5 000～7 000 m的高峰众多。云南属高原季风气候,全省大部分地区冬暖夏凉,四季如春。贵州属于亚热带湿润季风气候,四季分明,平均气温在15 ℃左右,由于纬度较低,许多地区冬无严寒,夏无酷暑,平均气温为18～26 ℃。贵州由于受季风影响,冷暖气流交汇频繁,但降水季节分配不均。四川东部冬暖、春旱、夏热、秋雨、多云雾、少日照、生长季长,西部则寒冷、冬长、基本无夏、日照充足、降水集中、干雨季分明;气候垂直变化大。

（二）水体

我国西南地区水资源较丰富,降水丰富,多年平均降水深1 100 mm以上,但径流在地区上分布相差悬殊,其中云南西部和藏南诸河为西南地区径流深高值区,特别是藏东南与印度接壤地带,径流深高达4 000 mm以上,为我国径流深最大区,而藏西诸河年径流深却不足50 mm,两者相差80余倍。另外,径流年内分配也不均匀,径流量的大部分集中在汛

期,由降水补给,枯季河川径流则主要由地下水补给,西南地区水资源总量为地表水与地下水资源量之和,约为 $12\,860\times10^8\ \mathrm{m}^3$。尤其西南出境诸河,人均水资源量达 $31\,680\ \mathrm{m}^3$,约为全国均值的 14 倍。西南地区水资源在年内各月分配很不均匀,5—10 月降水量占全年的 $60\%\sim92\%$,河川径流量占全年的 $62\%\sim85\%$。

（三）岩石

我国西南地区特别是云贵川三省的地层复杂,构造发育稳定性极差。东部贵州境内的大娄山、黔湘境内的武陵山等均为东北-西南走向,而西部云南境内的点苍山、乌蒙山和玉龙雪山等为南北走向的山岭。因而这里是一个构造断裂破碎地带。高原上的许多湖泊,如洱海、滇池就是由地层断裂陷落而形成的"断层湖"。同时,岩石裂隙节理发育,有利于雨水进入岩石裂缝,加速溶蚀作用。

（四）土壤

西南地区为森林土壤类型,由北至南依次出现黄褐土、黄棕壤、黄壤、红壤、石灰土等。四川盆地地区的土壤类型及其分布变化较大,其中:盆地丘陵紫色土土质风化度低,土壤发育好,肥力高;山地黄壤土分布于盆周山地、盆地内沿江两岸及川西平原的阶地和丘陵上。此处还有西南山地河谷红壤土、西北高山森林草甸土。贵州土壤属中亚热带常绿阔叶林红壤-黄壤地带。贵州中部及东部广大地区为湿润性常绿阔叶林带,以黄壤为主;西南部为偏干性常绿阔叶林带,以红壤为主;西北部为北亚热带的常绿阔叶林带,多为黄棕壤。云南土壤环境由于地质、地形、气候和生物等综合作用,形成了多种多样的土壤类型及其垂直分布的明显特征:海拔 1 100 m 以下的干热河谷,为落叶季雨林和稀树灌木草丛燥红土,紫色土与石灰岩土也有分布;海拔 1 500 m 以下的山地为常绿阔叶林赤红壤带;海拔 1 500～2 500 m 为山地湿性常绿阔叶林红黄壤带;海拔 2 300～2 900 m 为云南铁杉常绿阔叶混交林黄棕壤带;海拔 2 900 m 以上为苔藓常绿阔叶林和苔藓矮曲林黄棕壤带。

（五）植被

西南地区气候条件适宜、植被丰富,是我国亚热带最大的常绿落叶阔叶林区,地带性植被为落叶阔叶混交林与常绿阔叶混交林,植被的垂直分布非常明显。云南省是全国生物资源种类最多的省份,热带、亚热带、温带、寒带植物都有分布,占我国近 3 万种高等植物一半以上,其中药用植物 1 000 多种,香料植物 350 多种,观赏植物 2 100 多种。森林面积为1.4 亿亩(1 亩＝666.6 m^2,下同),森林覆盖率为 24%,林木总储量为 13 亿多立方米,云南松、滇油杉为主要材林。贵州省森林面积为 3 300 多万亩,有野生植物 3 860 多种,其中有较大经济价值的约 850 种;森林树种繁多,以杉松为主,是全国重要杉木产区之一。四川省生物资源名列全国第二位,森林面积为 11 190 多万亩,林木蓄积量为 13 亿多立方米,有植物4 000 种以上,针叶、阔叶林种类繁多。

（六）地质灾害

云南省内主要的地质灾害有崩塌、滑坡、泥石流、地面沉陷和地裂缝。贵州省内主要的地质灾害有崩塌、滑坡、泥石流、地面沉陷和地裂缝。四川省内主要的地质灾害有滑坡、崩塌、泥石流,其次是地面沉陷、地裂缝、坑道突水、瓦斯爆炸等。

四、北疆片区自然地理与环境本底

北疆即新疆的北部。天山山脉将新疆分为南、北两大部分,天山以北称为北疆。北边

是阿勒泰山脉,西边为准噶尔界山,中部为辽阔的准噶尔盆地,面积约占新疆总面积的
31.6%。北疆地区西与哈萨克斯坦接壤,东与蒙古国接壤,东南毗邻甘肃省。本书中北疆
片区的研究范围包括乌鲁木齐市、吐鲁番市、克拉玛依市、阿勒泰地区、塔城地区、哈密地
区、昌吉回族自治州、阿克苏地区、伊犁哈萨克自治州、博尔塔拉蒙古自治州 10 个地级市和
自治州以及石河子市、五家渠市、阿拉尔市 3 个自治区直辖县级市。

（一）气候

新疆远离海洋,深居内陆,四周有高山阻隔,海洋气流不易到达,形成明显的温带大陆
性气候。以天山为界,南疆、北疆气候差异明显。北疆片区多为温带大陆性干旱半干旱气
候,年降水量多在 150～200 mm 以上,年平均气温北疆平原低于 10 ℃,夏季炎热,月平均气
温 7 月最高,为 50～55 ℃,艾比湖至克拉玛依一带为 58 ℃,极端最低气温富蕴县境内可可
托海曾达−51.5 ℃。以极端最低气温而论,北疆片区冬季几乎是我国相同纬度最冷的地方。
北疆片区日照长、日照百分率高、太阳总辐射量大、光热资源丰富,年日照时数达 3 500～
5 500 h,居全国首位;无霜期 140～185 d。

（二）水体

北疆片区流域主要河流有伊犁河、特克斯河、哈什河、巩乃斯河、恰甫河、金沟河、白杨
河等;湖泊有天池、柴窝堡湖、乌伦古湖、吉利湖、赛里木湖、艾比湖等;水库有乌拉泊水库、
猛进水库、夹河子水库、蘑菇湖水库、福海水库、跃进水库等。水资源相对比较丰沛,除去吐
鲁番市、哈密地区和阿克苏地区,北疆片区面积约占新疆的 31.6%,水资源总量占新疆的
45.3%,其中地表水资源量占新疆的 45.7%,地下水资源量占新疆的 40%。

（三）岩石

北疆片区岩石圈板块为泛准噶尔地块,断裂带有沙丘河-库尔勒断褶带等。北疆片区主
要地层单元有阿克沙克组、阿勒泰组、安集海河组、巴塔玛依内山组、大哈拉军山组、塔西河
组等,表现为灰紫/紫红/灰绿色安山玢岩、流纹斑岩、霏细斑岩、英安斑岩、玄武玢岩夹砂
岩、砾岩、凝灰质砂岩、灰岩、灰绿色泥岩、砂质泥岩夹砂岩、泥灰岩、介壳薄层,下为泥岩及
砾岩等。

（四）土壤

北疆片区土壤有淋溶土、半淋溶土、钙层土等 11 个土纲,风沙土、黑钙土、灰漠土等
58 个土类,草甸钙土、灌耕黑漠土等 68 个亚类。北疆片区碱性土壤居多,土壤以物理风化
为主,形成的母质较粗。在伊犁谷地、阿尔泰山、准噶尔盆地西部山谷地区等分布有栗钙
土,准噶尔盆地北部两河流域、塔城盆地等地区分布有棕钙土,伊犁山前平原和伊犁谷地两
侧有大量灰钙土分布。

（五）植被

北疆片区广大的平原和低山呈现一派荒漠景象,但由于热量分布随纬度的变化有明显
的差异,从而导致植被由北向南出现水平地带的更迭,即温带荒漠草原和温带荒漠的变化。
其中,雪岭云杉构成的温带山地常绿针叶林主要分布在天山北坡,荒漠草原主要是由旱生
微湿的草原草丛、禾草、沙生针茅、中亚针茅、针茅、托闭穗等组成,分布在阿勒泰山南麓。
蒿属荒漠中,分布面积最大的是小蒿群系与博乐蒿群系,小蒿群系分布在阿勒泰山南麓洪
积扇上。假木贼荒漠建群种主要由短叶假木贼和盐生假木贼组成。盐生假木贼是新疆荒

漠植被中具有重要作用的显域性植被,大面积分布在准噶尔盆地北部。

（六）地质环境

北疆片区矿产资源丰富且种类齐全,然而地貌基本类型是山地和盆地,平原、沙漠和湖泊交错分布其间,其基本特征是高山与盆地相间,形成截然分界的地貌单元。矿山露天开采、废渣石不合理堆放等引发崩塌、滑坡和泥石流灾害,地下开采引发地面沉陷,由此形成露天采坑、地下采空区和地面沉陷。北疆片区矿产资源的分布致使采矿活动极易诱发崩塌、滑坡、泥石流、地质灾害等,危害人民生命财产安全,制约地方经济发展。

第二节　西部矿区生态修复条件分区

西部地区范围广泛,不同区域矿山生态修复工程存在明显差异,因此需要明确西部地区生态环境空间格局,基于生态环境本底状况,结合国家重要生态功能区划和生态安全屏障等国家生态安全战略格局,进行西部矿区生态环境地理分区。

一、西部矿区生态环境地理分区

本书考虑了地质、环境和生态等多方面因素,根据数据的可获取性和代表性选取了生态环境本底状况的 12 项指标,包括平均坡度、海拔高度、岩石硬度、水资源总量、矿山塌陷程度、地质环境影响程度、生态系统服务重要性、降雨量、土壤有机碳含量、归一化植被指数（NDVI）、净初级生产力（NPP）和生物多样性。

平均坡度和海拔高度基于地理空间数据云平台(https://www.gscloud.cn)提供的地形数据提取。水资源总量数据来源于各地统计年鉴和中国经济社会大数据研究平台。NPP、NDVI 和降雨量空间分布数据等来源于资源环境科学数据平台（https://www.resdc.cn）。岩石硬度、矿山塌陷程度、矿山地质环境影响程度数据来源于地质科学数据出版系统(http://dcc.ngac.org.cn)。土壤有机碳含量数据来源于世界土壤数据库。生态系统服务重要性数据来源于中国科学数据平台(http://www.csdata.org)。生物多样性数据来源于原环境保护部南京环境科学研究所徐海根等撰写的《中国生物多样性本底评估报告》。

研究通过主成分分析和 K-means 聚类分析进行分析,对具有明显空间聚集性的聚类结果,利用外接多边形初步划定为相互独立的矿山生态环境空间分区。为增强生态环境空间分区的行政可操作性和贯彻落实国家生态安全战略,结合我国县级行政区划、国家重要生态功能区划(来源于环境保护部和中国科学院 2015 年联合发布的《全国生态功能区划（修编版）》)和生态安全屏障[来源于全球变化科学研究数据出版系统的中国国家生态屏障区——全球变化数据大百科辞条(DOI:10.3974/geodb.2020.03.01.V1.)],对初步划定的生态环境空间分区进行调整,得到西部矿区生态环境地理分区。本书进一步将西部矿区生态环境地理分区分为塔里木一般生态区、塔里木重要生态区、大兴安岭重要生态区、川东一般生态区、川东重要生态区、滇南重要生态区、滇黔渝一般生态区、滇黔渝重要生态区、横断山脉一般生态区、横断山脉重要生态区、疆北一般生态区、疆北重要生态区、疆甘蒙一般生态区、疆甘蒙重要生态区、晋陕重要生态区、祁连山脉一般生态区、祁连山脉重要生态区、秦岭重要生态区、青藏高原一般生态区、青藏高原重要生态区等 20 个区域。

二、西部矿区主导生态功能布局

西部矿区范围广,其矿区的主导生态功能、自然恢复力和社会经济条件等生态修复条件存在差异,生态修复重点、生态修复方式、生态修复方向也有所不同,在进行矿山生态修复时应分类施策。因此,研究分析西部矿区的主导生态功能、自然恢复力和社会经济条件,可为西部矿区生态修复分类施策提供依据。

矿区生态修复应与国家生态功能区划相协调,应与区域生态主导功能相符。此外,区域地质环境安全也是矿山生态修复所需考虑的功能之一。利用 ArcGIS 叠加全国生态功能区划(来源于环境保护部和中国科学院 2015 年联合发布的《全国生态功能区划(修编版)》)和中国地质安全程度图[来源于地理空间数据云平台(https://www.gscloud.cn)提供的中国地质环境安全程度图],进行西部地区主导生态功能划分。

对于主导生态功能为地质安全类型的矿区,生态修复应注重地质安全防护,对采矿引起的地面塌陷、地裂缝、含水层破坏、崩塌、滑坡、泥石流等地质环境问题应采取回填、灌浆、锚固、支挡、截排水等防治或治理措施;对于主导生态功能为产品提供类型的矿区,生态修复应注重土壤肥力下降、农田面源污染问题,可采取土地平整、土壤改良等措施将矿区土地复垦为耕地、园地或林地;对于主导生态功能为土壤保持的矿区,生态修复应注重水土流失防治,可采取坡面截排水、谷坊、拦沙坝等工程措施或种植水土保持林等林草措施;对于主导生态功能为人居保障的矿区,生态修复应注重人居环境建设,可优化产业布局,加快基础设施建设;对于主导生态功能为防风固沙的矿区,生态修复应注重植被退化、土地沙化问题,可采取休牧轮牧、植被抚育封育等措施;对于主导生态功能为水源涵养的矿区,生态修复要加强污染防治和涵养区建设,可采取封山育林、隔离污染等措施;对于主导生态功能为洪水调蓄的矿区,生态修复要加强流域治理与水生态修复,可采取人工湿地、河道整治等措施;对于主导生态功能为生物多样性保护的矿区,生态修复要注重生物栖息环境的保护,可采取建立自然保护区、控制外来物种等措施。

三、西部矿区自然恢复力条件

在矿山开采结束后,生态环境受到的开采扰动消失,可依靠矿区生态系统固有的自然恢复能力,辅以适当的人工干预,使受损生境通过自身的主动反馈走向稳定恢复和良性循环。然而,如何明确不同矿山生态系统内在的复原能力?不同区域的矿山生态系统需要什么程度的干预才能恢复?综合来看矿山生态修复面临的一个关键问题就是生态系统自然恢复力。

恢复力是指系统受到扰动后重组织来从根本上保持相同的特性(包括功能、结构和反馈)的能力。生态修复针对的生态系统,是人与自然耦合的系统,该系统的恢复力反映面对扰动时的抵抗能力,是一项复杂属性,受社会、自然等多重因素共同作用形成,如何定量表达恢复力水平对指导生态修复工作有重要作用(需求、成本、价值)。本研究以中国生态系统评估与生态安全数据库(https://www.ecosystem.csdb.cn)所提供的我国生态功能区划方案中生态功能区区划为评价单元,应用多准则模型与熵权法,对生态功能区恢复力评价的技术方法体系进行初步构建,评价西部地区的自然恢复力,从而指导西部矿区的生态修复工作。

（一）自然恢复力指标选取与体系构建

根据恢复力联盟的最新研究成果 *Resilience Practice*，一个具有较高恢复力的系统，往往表现出多样性、生态变化性、开放性、模块性、慢变量、紧凑反馈、生态系统服务等多种原则，实践中按照数据的可获得程度进行自然指标的选择。基于以上原则与数据的可获得性，选择适用的自然恢复力评价指标，如表 2-1 所示。

表 2-1　自然恢复力指标体系

指标		反映原则	使用数据	数据来源
土壤肥力		慢变量	总有机碳/土壤有机碳	世界土壤数据库（Harmonized World Soil Database version 1.1）（HWSD）
地质岩性			全国岩性数据	全国 1∶200 000 数字地质图空间数据库（http://dcc.ngac.org.cn/geologicalData/cn/geologicalData/details/doi/10.23650/）
气候	积温		中国年平均气温空间插值数据集	资源环境科学数据平台（https://www.resdc.cn）
	降水		中国年降水量空间插值数据集	资源环境科学数据平台（https://www.resdc.cn）
生物多样性		多样化	维管植物全国多样性分布	原环境保护部南京环境科学研究所徐海根等撰写的《中国生物多样性本底评估报告》
生态系统服务		自然资本	中国生态系统服务空间数据集	中国科学数据（http://www.csdata.org/p/106/3/）
全国景观格局指数		开放性	景观格局指数CONTAG	全国土地利用现状数据，Fragstats 软件分析（资源环境科学数据平台，https://www.resdc.cn）

（二）西部矿区自然恢复力评价

对指标进行标准化处理后，利用熵权法计算各项指标权重，得到各项指标的权重值，如表 2-2 所示。由表可以看出，经过客观的熵值赋权法确定的权重分配符合逻辑，可以适应本研究需求。

表 2-2　自然恢复力权重

指标		权重
土壤肥力	土壤有机碳	0.031 8
	总有机碳	0.047 3
地质岩性		0.106 1
气候	积温	0.102 3
	降水	0.110 8
生物多样性		0.250 6
生态系统服务		0.226 7
全国景观格局指数		0.124 5

通过 ArcGIS 软件中的渔网功能进行数据面积加权,将各指标标准化后的数据代入其中,计算自然恢复力水平,利用自然断点法将生态自然恢复力结果分为五级:弱、较弱、一般、较强、强,得到西部地区自然恢复力评价结果。

明确待生态恢复地区的恢复力水平可以有效地指导矿区生态修复工程的投入水平。不同生态修复分区的恢复力水平差异较大,其系统修复策略也各不相同,这要求有机地融合人工修复、自然恢复等各类工程系统,合理进行工程投资的分布和生态修复目标的权衡。修复策略的选择是恢复力水平与投入产出强度的耦合结果。对于恢复力较高,修复难度小,且系统服务供求较高的功能区,适宜采用积极恢复策略,布局高投入和高回报的工程修复措施;对于恢复力较低,修复难度大,但产出较高的地区,适宜采取积极恢复措施,但需要通过补偿方式增加异地投入,完成系统修复;对于恢复力低,系统较难恢复,且系统服务供求双低的情况,适宜采用自然恢复为主的策略,避免高投入低回报。

四、西部矿区社会经济条件

在相同的矿区生态修复分区内,由于社会经济条件的差异,不同矿区的修复方向和工程措施有较大区别。根据数据的可获取性和代表性,选取建设用地比例、农用地比例、人均耕地面积、人口密度、距居民点距离、GDP(国内生产总值)等 6 项矿山社会经济指标。其中,人均耕地面积来源于各地统计年鉴和中国经济社会大数据研究平台,土地利用、人口空间分布、居民点和 GDP 空间分布千米网格数据等来源于资源环境科学数据平台(https://www.resdc.cn)。利用 K-means 算法进行空间聚类分析,并将结果分为好、较好、较差、差 4 类,得到西部地区社会经济条件分布,为西部矿区的生态修复策略提供依据。

社会经济因素是决定我国土地复垦水平的重要因素。经济发达地区、土地资源紧缺地区的土地复垦数量和比率都较高,这主要是因为矿区生态修复难度大、成本高。在相同的区域内,尽管矿山的地质采矿条件和生态问题类似,但由于社会经济和土地利用条件的差异,不同矿山的修复方向、预期效益、先后顺序有较大区别。

社会经济条件差的矿区,通常位于偏远地区,可以通过建立生态环境保护区,采用自然恢复和人工修复结合的办法,消除地质灾害,保障环境安全,使矿区的生态环境逐步恢复。社会经济条件较差的矿区,可在消除地质灾害和保障环境安全的基础上,修复成林草生态系统,恢复水土保持、防风固沙等重要生态系统功能,发挥生态系统服务作用。社会经济条件较好的矿区,可综合土地利用需求,与土地复垦相结合,采取土地平整、土壤改良等措施,因地制宜,复垦为耕地、林地、鱼塘等生态农业用地,提高土地生产力,实现土地资源可持续利用。社会经济条件好的矿区,一般距城镇较近或位于城市内部,可与矿山公园建设相结合,对矿坑等矿山遗址进行景观再造,打造出富有吸引力的主题旅游资源;也可与工业园区相结合,通过土地整治、植被恢复、配套设施建设等措施,开发为建设用地,拓展城市发展空间,促进城市转型。

第三节　西部矿区生态修复类型及策略

一、西部矿区生态修复类型划分

西部矿区生态环境具有复杂、多维度和地域分异特征。西部矿区生态修复策略制定采取"分区＋分类"的方法。首先,基于矿区生态环境本底条件,结合国家重要生态功能区划和生态屏障等国家生态安全战略格局,进行西部矿区生态环境地理分区。然后,根据分区内矿区的主导生态功能、自然恢复力和社会经济条件等生态修复条件,划分为多个生态修复类型,包括环境封存型、自然恢复型、地质安全保障型、生态复绿型、林草利用型、农业复垦型、旅游景观型、城郊开发型 8 类。各个类型的具体特点和修复策略如下。

（1）环境封存型。该类型矿区修复难度极大,环境危害高,修复价值极低,如铀矿、偏远山区大型矿坑等,可采取环境封存策略,实施一定程度的环境监控和管制措施,减少生态修复施加的二次人为干扰。

（2）自然恢复型。该类型矿区自然恢复力较强,但社会经济条件差,矿山开采未引起严重的地质灾害或生态环境问题,可采取围栏封育或建立自然保护区的方式,减少人类活动的干扰,依靠自然力量完成生态恢复。

（3）地质安全保障型。该类型矿区地质环境安全程度低,社会经济条件差,可采取回填、灌浆、锚固、支挡、截排水等工程措施,对采矿引起的地面塌陷、地裂缝、含水层破坏、崩塌、滑坡、泥石流等地质环境损害进行修复,消除地质灾害。

（4）生态复绿型。该类型矿区社会经济条件较差,自然恢复力较弱。在矿区消除地质灾害隐患,整理地形地貌后,可采取林灌草藤等植被恢复方式,对矿区裸露区域进行生态修复,恢复水土保持、防风固沙等重要生态系统功能,维持生态安全。

（5）林草利用型。该类型矿区可采取土地平整、土壤改良等措施,因地制宜,复垦为林地、草地等生态用地,栽种经济林草,发展林（草）牧业,提高土地生产力,实现土地资源可持续利用。

（6）农业复垦型。该类型矿区一般开采后土地破坏不严重、重金属污染少,自然恢复力较强,社会经济条件较好,可采取土地平整、土壤改良等措施进行土地复垦,建成以当地优势农作物为主、兼顾土特产种植和加工一体化的商品粮生产基地,保护耕地,保障粮食安全。

（7）旅游景观型。该类型矿区一般邻近城区或风景区,或具有较大的地质、文化和遗迹价值,社会经济条件较好,可在采矿迹地的基础上,进行合理的景观规划设计,依托自然资源,融合人文景观,与生态旅游相结合,在创造生态效益的同时收获经济效益。如矿山地质公园、生态旅游区等。

（8）城郊开发型。该类型矿区一般距离城市较近,社会经济条件好,可采取充填、土地平整、配套设施建设等措施,消除地质隐患,开发产业园区、建设用地等,拓宽城市发展空间。

二、西部矿区生态修复分类策略

采取"分区＋分类"的思路,提出了西部矿区 20 个矿山生态修复类型区的主要修复策略,包括修复方式、修复重点、修复方向、工程措施等,如表 2-3 所示。

表 2-3　西部矿区生态修复策略

序号	分区	分类	主导生态功能	自然恢复力	社会经济条件	主要修复策略
1	塔里木一般生态区	生态复绿型	防风固沙、生物多样性保护、产品提供	弱	差/较差	采取适当人工措施引导自然恢复
		地质安全保障型	防风固沙、生物多样性保护、水源涵养、地质安全	弱	差/较差	采取回填、锚固等方式防治矿山开采引起的崩塌、滑坡、含水层破坏等地质环境问题
		自然恢复型	防风固沙、生物多样性保护	一般	差	围栏封育,自然恢复
2	塔里木重要生态区	生态复绿型	防风固沙、生物多样性保护	弱	较差/差	保护性开采,采取适当地貌重塑、植被重建等人工措施保障生态安全
		地质安全保障型	防风固沙、生物多样性保护、水源涵养、地质安全	弱	差/较差	保护性开采,采取回填、锚固等方式防治矿山开采引起的崩塌、滑坡、含水层破坏等地质环境问题
		自然恢复型	防风固沙、生物多样性保护	一般	差	建立自然保护区,自然恢复
		林草利用型	水源涵养、防风固沙	一般	较差	因地制宜植树种草,涵养水源,保持水土
		旅游景观型	防风固沙、产品提供	弱	较好	规划设计景观,发展生态旅游
3	大兴安岭重要生态区	农业复垦型	产品提供、生物多样性保护、水源涵养	一般	较好	采取土地平整、土壤重构等措施,提高土壤肥力
		生态复绿型	产品提供、防风固沙、水源涵养、生物多样性保护	弱/较弱	差/较差	加强水土保持工作,可采取种植水土保持林方式,涵养水源,保持土壤
		城郊开发型	产品提供、防风固沙、生物多样性保护	较弱/弱	好	采取工程措施修复开采沉陷、地裂缝问题,建设配套设施,开发产业园区与建设用地
		林草利用型	产品提供、防风固沙、水源涵养、生物多样性保护	一般/较强	较差	采取人工种植等方式,将矿山复垦为林地,作为林产品提供区
		旅游景观型	防风固沙、产品提供、水源涵养、生物多样性保护	较弱	较好	采取工程措施规划设计景观,发展生态旅游区
		自然恢复型	产品提供、生物多样性保护	一般/较强	差	建立自然保护区,自然恢复

表 2-3(续)

序号	分区	分类	主导生态功能	自然恢复力	社会经济条件	主要修复策略
4	川东一般生态区	地质安全保障型	产品提供、土壤保持	较弱	较差	采取回填、锚固等方式防治矿山开采引起的崩塌、滑坡、含水层破坏等地质环境问题
		林草利用型	产品提供、水源涵养、土壤保持	一般/较强	较差	种植经济林,建立生态林区
		旅游景观型	产品提供、土壤保持	较弱	较好	采取人工措施恢复植被,发展生态特色旅游
		农业复垦型	产品提供、土壤保持	一般/较强	较好	采取土地平整、土壤改良措施,发展集约节约生态型农业
		生态复绿型	产品提供、土壤保持、生物多样性保护	较弱	较差	适当人工种植植被,引导自然恢复
5	川东重要生态区	生态复绿型	生物多样性保护、产品提供	较弱	较差	采取自然恢复为主、人工修复为辅的方式,进行植被重建,保障生态安全
		农业复垦型	土壤保持、地质安全、产品提供、生物多样性保护、水源涵养	一般/较强	较好	加强地质安全防护,采取土地平整、土壤重构等措施提高土地生产力,发展生态农业
		林草利用型	土壤保持、生物多样性保护、水源涵养	一般/较强	较差	防治水土流失,采取人工引导自然恢复方式重建植被,营造生物栖息环境
		地质安全保障型	产品提供、生物多样性保护	较弱	较差	采取回填、锚固等方式防治矿山开采引起的地质环境问题
		旅游景观型	产品提供、人居保障	较弱	较好	采取人工措施恢复植被,发展生态特色旅游
6	滇南重要生态区	地质安全保障型	生物多样性保护、地质安全	较弱	较差	采取回填、锚固等方式防治矿山开采引起的崩塌、滑坡、含水层破坏等地质环境问题,保护生物栖息环境
		城郊开发型	生物多样性保护	一般	好	采取土地平整、基础设施建设措施,开发产业园区
		林草利用型	生物多样性保护、水源涵养、土壤保持	一般/较强	较差	通过人工种植,补植本地优势植被,涵养水源,保持水土,保护生物栖息环境
		旅游景观型	生物多样性保护	较弱	较好	建立生态公园,发展生态旅游
		农业复垦型	生物多样性保护、产品提供、水源涵养	较强	较好	采取土地平整措施治理矿山开采引起的地貌破坏,种植本地农作物,建立生态廊道与生态池,发展生态农业
		生态复绿型	生物多样性保护	较弱	较差	采取自然恢复为主、人工修复为辅的方式,进行植被重建,保障生态安全

表 2-3(续)

序号	分区	分类	主导生态功能	自然恢复力	社会经济条件	主要修复策略
7	滇黔渝一般生态区	生态复绿型	土壤保持、水源涵养	较弱	较差	采取人工播种、补植方式辅助植被再生
		城郊开发型	地质安全、生物多样性保护、土壤保持	一般	好	消除地质安全隐患,采取土地整治措施,开发建设用地
		地质安全保障型	土壤保持、地质安全	较弱	较差	采取回填、灌浆、锚固、支挡、截排水等方式防治矿山开采引起的地面塌陷、地裂缝、山体滑坡等问题
		林草利用型	产品提供、土壤保持、水源涵养、生物多样性保护	较强	较差	复垦为林地、草地等生态用地,栽种经济林草,发展林(草)牧业,提高土地生产力
		旅游景观型	土壤保持、水源涵养	较弱	较好	进行合理的景观规划设计,建立生态旅游区
		农业复垦型	土壤保持、生物多样性保护、产品提供	较强/一般	较好	在保障地质安全基础上,修筑梯田,发展生态农业
8	滇黔渝重要生态区	生态复绿型	水源涵养、土壤保持、生物多样性保护	较弱/一般	较差	整理地形地貌,采用植被恢复方式进行生态修复,恢复其生态系统功能
		城郊开发型	产品提供、水源涵养	一般	好	采取充填、土地平整、配套设施建设等措施,开发产业园区
		地质安全保障型	地质安全、土壤保持、生物多样性保护	较弱	较差	采取回填、灌浆、锚固、支挡、截排水等工程措施防治地质灾害,保护生物栖息环境,减少水土流失
		旅游景观型	土壤保持、产品提供、地质安全	较弱	较好	在保障地质安全基础上,采取地貌重塑、植被重建、设施再建等方式设计并提升景观,发展生态旅游
		农业复垦型	水源涵养、产品提供、土壤保持、生物多样性保护	一般	较好	在保障地质安全基础上,采取土地平整、土壤改良等措施进行土地复垦,种植当地优势农作物
		林草利用型	土壤保持、水源涵养、生物多样性保护、产品提供	较强	较差	植树造林,涵养水源,保持水土,保护生物栖息地环境
9	横断山脉一般生态区	林草利用型	生物多样性保护、产品提供	一般/较强	较差	采取人工种植、补植方式建设当地优势树种林,提供经济效益
		生态复绿型	水源涵养、生物多样性保护	较弱/弱	较差	采取植树种草等生物措施,涵养水源,保护生物栖息地
		地质安全保障型	水源涵养、生物多样性保护	较弱/弱	较差	采取回填、灌浆、锚固、支挡、截排水等方式防治矿山开采引起的地面塌陷、地裂缝、山体滑坡等问题

表 2-3(续)

序号	分区	分类	主导生态功能	自然恢复力	社会经济条件	主要修复策略
10	横断山脉重要生态区	林草利用型	生物多样性保护、水源涵养	一般/较强	较差	植树种草,发展为林地、草地,涵养水源,保护当地生物栖息地环境
		生态复绿型	水源涵养、生物多样性保护	较弱/弱	较差	采取植树、种草等生物措施,涵养水源,保护生物栖息地
		农业复垦型	生物多样性保护	一般	较好	采取物理、化学、生物措施,防治水土污染,采取土地平整、植被恢复措施,发展生态农业
		旅游景观型	土壤保持、产品提供、地质安全	较弱	较好	在保障地质安全基础上,采取地貌重塑、植被重建、设施再建等方式设计并提升景观,发展生态旅游
		地质安全保障型	水源涵养、生物多样性保护	较弱/弱	较差	采取回填、灌浆、锚固、支挡、截排水等方式防治矿山开采引起的地面塌陷、地裂缝、山体滑坡等问题
11	疆北一般生态区	生态复绿型	防风固沙、产品提供、人居保障	弱/较弱	差/较差	采取适当人工措施恢复植被
		城郊开发型	产品提供、防风固沙	弱	好	可采取土地平整、配套设施建设等措施,建设为能源基地与产业园区,实现能源转型与利用
		地质安全保障型	地质安全、防风固沙	较弱	较差	采取回填、灌浆、锚固、支挡、截排水等方式防治矿山开采引起的地面塌陷、地裂缝、山体滑坡等问题
		林草利用型	产品提供、水源涵养	一般	较差	种植当地优势经济林,提供经济效益
		旅游景观型	防风固沙、人居保障、产品提供	较弱/弱	较好	规划设计景观,修建生态旅游区
		自然恢复型	防风固沙、生物多样性保护、产品提供	一般	差	围栏封育,自然恢复

表 2-3(续)

序号	分区	分类	主导生态功能	自然恢复力	社会经济条件	主要修复策略
12	疆北重要生态区	城郊开发型	水源涵养,防风固沙	弱	好	可采取土地平整、配套设施建设等措施,建设产业园区
		地质安全保障型	水源涵养、地质安全、防风固沙	一般	较差	采取回填、灌浆、锚固、支挡、截排水等方式防治矿山开采引起的地面塌陷、地裂缝、山体滑坡等问题
		林草利用型	水源涵养、产品提供	一般/较强	较差	种植当地优势经济林,发挥生态服务功能,同时提供经济效益
		旅游景观型	防风固沙、水源涵养	较弱/弱	较好	规划设计景观,修建生态旅游区
		农业复垦型	水源涵养、产品提供	一般	较好	采取土地平整、土壤改良措施复垦为农业用地,发展生态农业
		生态复绿型	水源涵养、产品提供、生物多样性保护、防风固沙	弱/较弱	差/较差	整理地形地貌,采用植被恢复方式进行生态修复,恢复其原有生态系统功能
		自然恢复型	生物多样性保护、水源涵养	一般/较强	差	建立自然保护区,围栏封育
13	疆甘蒙一般生态区	城郊开发型	防风固沙	弱	好	采取土地整治措施,发展为产业园区
		林草利用型	防风固沙、水源涵养	一般	较差	植树种草,发展为林地或草地,提高土地生产力
		旅游景观型	防风固沙、产品提供	弱	较好	规划设计为生态旅游区
		生态复绿型	防风固沙	弱/较弱	差/较差	采取人工植被重建方式,恢复生态环境
		自然恢复型	防风固沙、水源涵养	一般	差	围栏封育,自然恢复
14	疆甘蒙重要生态区	城郊开发型	防风固沙、生物多样性保护、产品提供	弱	好	采取土地整治措施,发展为产业园区
		林草利用型	防风固沙、水源涵养、生物多样性保护	一般	较差	植树种草,发展为林地或草地,提高土地生产力,发挥生态系统服务功能
		旅游景观型	防风固沙、产品提供、生物多样性保护	弱/较弱	较好	规划设计为森林公园等旅游景点
		农业复垦型	生物多样性保护、产品提供	一般	较好	复垦为农业用地,因地制宜发展生态农业
		生态复绿型	生物多样性保护、防风固沙	弱/较弱	差	采取人工植被重建方式,恢复生态环境和生态服务功能
		自然恢复型	防风固沙、水源涵养、生物多样性保护	一般	差	建立自然保护区,自然恢复

表 2-3（续）

序号	分区	分类	主导生态功能	自然恢复力	社会经济条件	主要修复策略
15	晋陕重要生态区	城郊开发型	防风固沙、人居保障	弱/较弱	好	建设配套设施，开发产业园区与建设用地
		地质安全保障型	产品提供、人居保障、地质安全	较弱	较差	采取回填、灌浆、锚固、支挡、截排水等方式防治矿山开采引起的地面塌陷、地裂缝、山体滑坡等问题
		林草利用型	土壤保持、防风固沙	一般	较差	建设生态经济林，防治水土流失，同时创造经济效益
		旅游景观型	防风固沙、土壤保持	弱/较弱	较好	采取工程措施规划设计景观，发展生态旅游业
		农业复垦型	土壤保持、产品提供	一般	较好	采取土地整治、土壤改良措施，发展绿洲生态农业
		生态复绿型	防风固沙、土壤保持	较弱	较差	采取适当人工措施恢复植被，保障防风固沙、水土保持等生态功能
		自然恢复型	土壤保持	较强/一般	较差	建立自然保护区，自然恢复
16	祁连山脉一般生态区	城郊开发型	人居保障、产品提供	较弱/弱	好	建设配套设施，开发产业园区与建设用地
		地质安全保障型	产品提供、地质安全、防风固沙	较弱/弱	较差	保护性开采，采取必要地质安全防护措施
		林草利用型	防风固沙、水源涵养、生物多样性保护、产品提供	一般/较强	较差	种植当地优势树种，建立经济林，发挥生态作用，同时增加经济效益
		旅游景观型	防风固沙、土壤保持、产品提供	弱/较弱	较好	采取工程措施规划设计景观，发展生态旅游业
		农业复垦型	产品提供、防风固沙	一般	较好	采取土地整治、土壤改良措施，发展生态农业
		生态复绿型	防风固沙、生物多样性保护、产品提供	弱/较弱	较差	适当人工种植植被，引导自然恢复
		自然恢复型	水源涵养	一般	较差	围栏封育，自然恢复

表 2-3（续）

序号	分区	分类	主导生态功能	自然恢复力	社会经济条件	主要修复策略
17	祁连山脉重要生态区	城郊开发型	产品提供	较弱/弱	好	建设配套设施,开发产业园区与建设用地
		地质安全保障型	产品提供、地质安全、防风固沙、土壤保持	较弱/弱	较差	保护性开采,采取必要地质安全防护措施
		林草利用型	防风固沙、水源涵养、生物多样性保护、产品提供	一般/较强	较差	种植当地优势树种,建立经济林,发挥生态作用,同时增加经济效益
		旅游景观型	水源涵养、土壤保持、产品提供	弱/较弱	较好	采取人工措施恢复植被,发展生态特色旅游
		农业复垦型	产品提供、水源涵养、生物多样性保护	一般	较好	采取土地整治、土壤改良措施,发展生态农业
		生态复绿型	防风固沙、生物多样性保护、产品提供	弱/较弱	较差	适当人工种植植被,引导自然恢复,保障生态安全
		自然恢复型	水源涵养、土壤保持	一般	较差	建立自然保护区,自然恢复
18	秦岭重要生态区	地质安全保障型	地质安全、产品提供	较弱	较差	采取回填、锚固等方式防治矿山开采引起的崩塌、滑坡、含水层破坏等地质环境问题
		林草利用型	水源涵养、生物多样性保护、产品提供	较强/强	较差	采取人工措施种植林草,涵养水源,保护生物栖息环境,并产生经济效益
		旅游景观型	土壤保持、产品提供	较弱	较好	采取工程措施整治地貌,规划设计景观,发展生态旅游
		农业复垦型	土壤保持、水源涵养、产品提供	一般/较强	较好	采取土地平整、土壤改良措施,发展集约节约生态型农业
		生态复绿型	土壤保持、产品提供	较弱	较差	采取适当人工措施引导自然恢复
19	青藏高原一般生态区	生态复绿型	生物多样性保护、水源涵养	弱	差/较差	采取适当人工措施引导自然修复
		地质安全保障型	地质安全、水源涵养、生物多样性保护	弱	差	采取回填、锚固等方式防治矿山开采引起的崩塌、滑坡、含水层破坏等地质环境问题
		林草利用型	生物多样性保护、产品提供	一般	较差	采取人工措施种植林草,涵养水源,保护生物栖息环境,并产生经济效益
		自然恢复型	生物多样性保护	一般	差	围栏封育,自然恢复

表 2-3(续)

序号	分区	分类	主导生态功能	自然恢复力	社会经济条件	主要修复策略
20	青藏高原重要生态区	生态复绿型	水源涵养、生物多样性保护	弱	差/较差	采取保护性开采措施,加强污染防治,采取适当人工措施引导自然修复,保障生态安全
		地质安全保障型	地质安全、水源涵养、生物多样性保护	弱	差/较差	保护性开采,采取回填、锚固等方式防治矿山开采引起的崩塌、滑坡、含水层破坏等地质环境问题
		林草利用型	生物多样性保护、水源涵养	一般	较差	采取人工措施种植林草,涵养水源,保护生物栖息环境
		自然恢复型	生物多样性保护	一般/较强	差	建立自然保护区,自然恢复

注:本表仅代表西部矿区生态修复策略主要导向,具体实施技术措施可结合矿区实际情况选择。

第四节 本章小结

　　西部矿区生态环境指标之间具有一定的关系和结构性,生态环境本底状况具有明显的空间聚集性。结合国家重要生态功能区划和生态屏障等国家生态安全战略格局,将西部矿区划分为20个地理分区。根据矿区的主导生态功能、自然恢复力和社会经济条件等生态修复条件,将矿山生态修复类型分为环境封存型、自然恢复型、地质安全保障型、生态复绿型、林草利用型、农业复垦型、旅游景观型、城郊开发型8种类型。采取"分区＋分类"的思路,提出了西部矿区20个生态修复类型区的主要修复策略,包括修复方式、修复重点、修复方向、工程措施等。

第三章　井工矿区地表沉陷与地裂缝发育

本章描述了西部井工矿区高强度开采的特征,通过地空一体化的监测手段和典型工作面的调查与分析,研究超大尺寸工作面开采引起的地表移动变形规律,以及地裂缝类型及其发育机理,分析大尺寸工作面煤炭开采与沉陷变形、地裂缝发育之间的定量关系,为进一步分析研究开采沉陷对生态环境的影响奠定基础。

第一节　井工开采地表沉陷

一、西部矿区井工开采特征

西部矿区由于特殊的自然地理环境和较好的矿产资源赋存条件,以大采高一次采全高综合机械化采煤为主要采煤方法,一般具有下述高强度开采特征。工作面长度一般较长,以中国神华能源股份有限公司神东煤炭分公司为例,300 m 长度的工作面已较为普遍,工作面连续推进长度最大已超 6 000 m。受工作面刮板输送机长度的制约以及地质条件、经济合理性等因素的影响,一般 200 m 以上的采煤工作面就被称为超长工作面。这样的工作面搬家倒面次数少、资源采出率高。超大采高是超大工作面的另一种形式。南清安等(2011)将通常所称的厚煤层(3.5~8.0 m)进一步细分为较厚煤层(3.5~5.0 m)、极厚煤层(5.0~6.5 m)和超厚煤层(6.5~8.0 m),同时把在这些煤层中布置的一次采全高综采工作面,对应称之为较大采高工作面、大采高工作面和超大采高工作面,也有文献将一次采高在 5 m以上的统称为大采高。除此之外,由于综合机械化程度高,超大工作面日循环次数较多,因而推进速度快,最快每日可推进 10 m 以上,有的甚至达到 20 m。超大工作面采煤对上覆岩层与地表的扰动程度较一般的采煤工作面要剧烈,由此产生的生态环境影响也与传统的采煤方法不同。对于超长或大采高工作面开采条件下地表移动规律、岩体断裂带高度、矿压显现规律、采动裂缝损害机理等均应具体研究。不少学者从煤层赋存环境、生产管理、工作面设备装备水平及投入产出比等方面提出了综放工作面的合理长度,并进一步研究超长工作面矿压显现规律和岩层与地表移动特征。

过去 100 余年,对煤矿开采沉陷机理及规律进行了大量研究,在常规长度(100~200 m长)工作面开采沉陷机理和规律研究方面取得了丰硕成果,很多矿区都获得了地表移动规律及参数,为矿区建筑物下采煤及各类保护煤柱留设奠定了基础,但对薄基岩、超大尺寸工作面开采沉陷机理及规律研究不足,尚未完全明确薄基岩、超大尺寸工作面开采条件下,采动覆岩破坏分布、稳定性及地表移动机理、规律、参数与工作面开采尺寸、覆岩结构类型之间的关系。在开采沉陷预测理论及预测参数研究方面,目前基本上沿着经验方法、连续介质力学和非连续介质力学三个方向发展。开采沉陷预计方法主要有经验方法(典型曲线、剖面函数)、连续介质理论(包括梁、板、叠层板)、非连续介质理论(如随机介质、Knothe 影响函数等)、连续介质与非连续介质组合方法、数值计算(有限元、边界元、离散元)等方法。对于薄基岩、超大尺寸工作面开采,顶板破碎程度相对较小,上覆岩体结构发育不完整,覆岩垮落过程表现为不连续性,以突陷、地表裂缝等非连续沉陷为主,地表沉陷速度快,现有的理论和方法已经不适于此类开采沉陷的预测与分析,有必要进行深入研究,建立新的理论和方法。

西北地区煤炭资源开采诱发的生态环境问题也引起了各方的高度重视,普遍认为风积沙区煤炭开采对环境的影响主要表现为地下水位下降、地裂缝发育和水土流失,进而导致植被枯死。其中,开采沉陷是导致土地损伤及生态退化的直接诱因,开采沉陷通常通过改变地形、诱发地裂缝、使地下水位下降等方式影响土地利用和植物生长。雷少刚(2012)开展了荒漠矿区关键环境要素的监测与采动影响规律研究,给出了关键环境要素在采前、采后的变化或环境要素之间的相关关系,如植被与土壤水的负倒数关系,地下水与土壤含水、植被的指数关系等。迄今为止,开采沉陷与土地生态破坏之间仍无定量关系,地表变形分布与植物生长环境要素之间的空间相关关系也不完全清楚,且对两者关系的认识往往较为片面,缺乏整体观念。如只看到地表裂缝的产生或只看到植被覆盖率的变化等单一现象,而没有从更大范围看区域生态环境变化的主要方面以及发生这些变化的关键因素和主要原因。这一不足,导致迄今无法深刻认识煤炭资源开采对地面生态环境影响的综合诱因。

二、开采沉陷地表变形规律

神府-东胜煤田(以下简称神东煤田)是目前我国已探明储量最大的煤田,与美国阿巴拉契亚煤田、波德河煤田,德国鲁尔煤田,俄罗斯库兹巴斯煤田、顿巴斯煤田,波兰西里西亚煤田并称世界七大煤田。神东煤田地处晋、陕、蒙三省区,总储量可达1万亿t,占全国探明储量的30%以上。神东矿区属于神东煤田的一部分,地跨陕西省榆林市北部、内蒙古自治区鄂尔多斯市南部和山西省保德县,矿区南北长约38~90 km,东西宽约35~55 km,整体产能超过2亿t,拥有大柳塔、榆家梁、补连塔、上湾等大型现代化生产矿井累计19个。

(一)地面沉降观测与 D-InSAR 时序遥感监测

通过建立地表变形与地裂缝综合监测网,以矿山 CORS 为基础平台,辅以精密水准、GPS 静态观测等手段(图3-1),获取了神东矿区多个工作面(布尔台22103、寸草塔22111、哈拉沟02201、补连塔12406、补连塔31401、大柳塔52304、大柳塔22201等)的地表下沉变形情况,以及3个工作面地裂缝大小、位置等实测数据。大柳塔22201工作面走向线动态下沉曲线如图3-2所示。

针对我国西部矿区煤炭资源的高强度开采导致的大量级、大梯度的地表形变,借助于SAR 影像,采用 InSAR 方法与 Pixel-tracking 方法相结合,实现矿区地表形变的精细化监测。本研究提出了一种局部自适应互相关计算窗口的 Pixel-tracking 方法,解决了 Pixel-tracking 方法窗口选取的问题;基于外部 DEM 数据进行最小二乘拟合,削弱了地形因素对Pixel-tracking 方法的影响,提高了其监测精度;借鉴 SBAS-InSAR 思想提出 SBAS-Pixel-tracking 方法,获得每个观测时段的最优解,结合工作面开采掘进速度,对 SBAS-Pixel-tracking 方法得到的时序形变结果进行分析,并利用地表移动观测站 GPS 数据评价 SBAS-

图 3-1　矿区地表沉陷连续观测现场

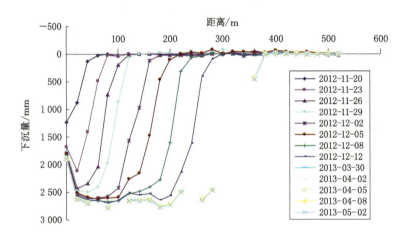

图 3-2　大柳塔 22201 工作面走向线动态下沉曲线

Pixel-tracking 方法的监测精度;对多平台 SAR 数据联合解算获取地表三维形变的模型进行优化。以大柳塔 52304 工作面为研究区,利用 30 余景 TerraSAR-X 微波影像,通过 D-InSAR 技术监测了每隔 11 d 的地表沉降动态范围(图 3-3),以及监测区累积的地表下沉量(图 3-4),研究地表动态下沉及其影响规律,由图可以看出每 11 d 间隔内,由于开采速度的差异,形成了不同大小形态的地表沉陷范围。

(二)2⁻²煤开采区工作面地表沉陷变形规律

神东矿区大柳塔煤矿 22201 工作面位于大柳塔井田南部二盘区,大柳塔镇王渠沟南侧,东邻 22202 工作面,西侧为 22201 旺采区,北侧为 2⁻²煤火烧区边界。地面有输电线朱大 1、2 回线路,大苏 1 回线路。地表建筑有砖厂彩钢房约 20 间。地表最大高程 1 206.6 m,最小高程 1 182.9 m。工作面长 643 m,宽 349 m。煤层平均煤厚 3.95 m,平均埋深为 72.5 m,

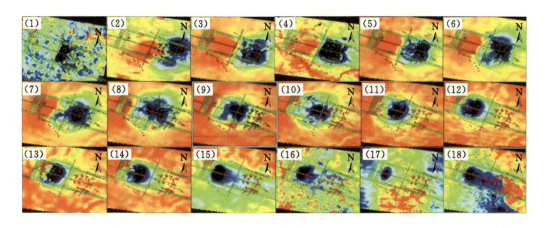

图 3-3　每 11 d 大柳塔 52304 工作面地表下沉 D-InSAR 动态监测

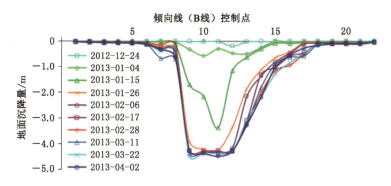

图 3-4　D-InSAR 监测的大柳塔 52304 工作面各时点地表下沉曲线

煤层倾角为 $1°\sim3°$。地表大部为第四系松散层覆盖,平均厚度为 12.0 m,基岩主要由粉砂岩、细砂岩、砂质泥岩组成,平均厚度为 60.5 m。

表 3-1 给出了 22201 工作面实测地表最大变形值,包括最大下沉 W_0、最大倾斜 i_0、最大曲率 K_0、最大水平移动 U_0、最大水平变形 ε_0;表 3-2 给出了 22201 工作面地表移动变形参数,包括下沉系数 q、水平移动系数 b、主要影响角正切 $\tan\beta$、开采影响传播角 θ_0、拐点偏移距 S_0,以及综合边界角 δ_0、综合移动角 δ、稳定裂缝角 δ'' 三个角量参数。

表 3-1　22201 工作面实测地表最大变形值

观测线	W_0/mm	$i_0/(\text{mm/m})$	$K_0/(\text{mm/m}^2)$	U_0/mm	$\varepsilon_0/(\text{mm/m})$
走向线	2 780	65.6	−2.85	−751	−28.4
倾向线	2 833	57.2	2.18	−603	35.5

表 3-2　22201 工作面地表移动变形参数

参数	q	b	$\tan\beta$	$\theta_0/(°)$	S_0/m	$\delta_0/(°)$	$\delta/(°)$	$\delta''/(°)$
数值	0.76	0.21	1.55	88.1	18	50.8	67.3	72.1

由以上数据可以看出,22201 工作面开采地表移动具有以下规律:

(1)随着工作面的逐渐推进,地表各类变形值逐渐增大,当地表稳定后,最终走向方向为半无限开采,倾向方向为下沉盆地,两个方向均达到充分采动,地表最大下沉量分别为 2 780 mm、2 833 mm。

(2)由于受到沟壑地形影响,采动引起地表滑移,其中:凸型地貌处下沉量减小,以该点为中心,地表向两侧滑移,如倾向线超充分采动区域内 370 m 处;凹型地貌下沉量增大,以该点为中心,两侧地表向中间滑移,如走向线超充分采动区域内 160 m 处。

(3)从变形曲线可以看出,变形曲线出现跳跃,地表为非连续变形,并产生大量裂缝。

(三)5^{-2} 煤开采区工作面地表沉陷变形规律

大柳塔 52304 工作面地面位置位于大柳塔矿井田的东南区域三盘区,西部为六盘区变电所,北部为王家渠村,南部为月牙渠露天采坑,地表起伏较大,地面标高 1 154.8～1 269.9 m。南侧为设计 52303 工作面,西侧靠近 5^{-2} 煤辅运大巷,东侧靠近井田边界未开发实煤体。工作面长 4 547.6 m,宽 301 m,煤层平均厚度 6.94 m,煤层倾角 1°～3°,平均埋深 235.0 m。地表大部为第四系松散沉积物覆盖,平均厚度 30.0 m,上覆基岩主要由粉砂岩、细砂岩组成,平均厚度 205.0 m。

表 3-3 给出了 52304 工作面实测地表最大变形值,表 3-4 给出了 52304 工作面地表移动变形参数。

表 3-3 52304 工作面实测地表最大变形值

观测线	W_0/mm	i_0/(mm/m)	K_0/(mm/m²)	U_0/mm	ε_0/(mm/m)
走向线	4 403	59	1.1	749	26.1
倾向线	4 268	52	1.5	1 127	20.1

表 3-4 52304 工作面地表移动变形参数

参数	q	b	$\tan\beta$	θ_0/(°)	S_0/m	δ_0/(°)	δ/(°)	δ''/(°)
数值	0.67	0.24	2.25	88.2	47	53.7	63.7	69.4

为了研究黄土沟壑地形对地表移动的影响,选取地表移动盆地超充分采动区域走向线 420～880 m 内的观测点,分别研究了上坡方向与下坡方向的地表倾斜变形与地表坡度之间的关系,其中,上坡方向的关系见式(3-1),下坡方向的关系见式(3-2),回归关系见图 3-5。

$$i = -1.892\,1\alpha - 6.497\,6 \qquad (3\text{-}1)$$
$$i = -0.808\,0\alpha + 4.281\,3 \qquad (3\text{-}2)$$

式中 i——倾斜变形,mm/m;

α——地表坡度,负值为上坡方向,正值为下坡方向。

由以上数据可以看出,52304 工作面开采地表移动具有以下规律:

(1)随着工作面的逐渐推进,地表下沉逐渐增大,下沉盆地逐渐出现平底,两个方向均达到充分采动,待地表稳定后,最大下沉量分别为 4 403 mm、4 268 mm。

(2)地表变形受地形起伏影响较大,从变形曲线可以看出,变形曲线出现跳跃,地表为非连续变形,并产生大量裂缝。

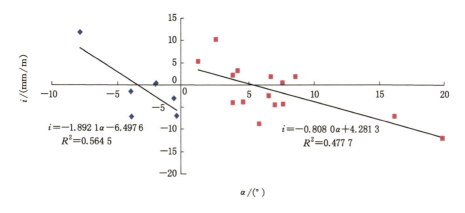

图 3-5　倾斜变形与地表坡度之间的关系

（3）倾斜变形与地表坡度之间呈线性减小的关系。当为上坡时,倾斜变形减小的速率为 1.892 1,即地表坡度每增加 1°,倾斜变形减小 1.892 1 mm/m;当为下坡时,倾斜变形减小的速率为 0.808,即地表坡度每增加 1°,倾斜变形减小 0.808 mm/m。

（四）地表移动变形特征

通过查阅文献以及现场调研,收集了神东矿区范围内近年来已完成的超大工作面开采沉陷观测资料和观测成果,获得了多个工作面的开采沉陷相关参数,汇总如表 3-5 所示,为今后超大工作面开采沉陷规律的研究提供了宝贵的基础数据。然而,基于目前收集到的实测资料,很难深入得出地表移动参数的变化规律和定量关系,下面根据现有开采沉陷相关资料做一般性分析。

以超长推进距离、超大采高和超大采宽"三超"为特色的浅埋煤层超大工作面开采,引起的地表沉陷下沉速度快、下沉量集中,造成地表破损严重,地裂缝、沉陷坑等非连续形变较为发育。通过工作面宽度与各个开采沉陷参数的统计分析表明,工作面宽度的增加与开采沉陷参数之间的相关关系非常低（图 3-6）。地表下沉量主要发生在活跃阶段,以补连塔 22309 工作面为例,地表点最大下沉速度达到 1 037 mm/d。地表沉陷活跃期短,但下沉量可占总下沉量的 96%～99%。初采条件下,下沉系数一般在 0.5～0.65,平均 0.58;重采条件下,下沉系数可达 0.8 以上。在超大工作面开采条件下,地表综合边界角、超前影响角与综合边界角分布范围较一致,一般为 50°～70°,综合移动角一般为 60°～70°,裂缝角一般为 65°～85°。

经现场勘察,神东煤矿中心区采煤后土地沉陷现象严重,矿区内相当大一部分地区,当煤层埋深与采厚比小于 30 时,地表会呈现断裂性沉陷,即其移动-变形在时间上和空间上都呈现为不连续性,不遵从连续变形规律,地表常出现宽大裂缝或沉陷台阶,甚至出现沉陷坑、洞。在其他地区,当煤层埋深与采厚比大于 30、小于 110 时,地表移动与变形虽然将遵从连续变形规律,但绝对变形值较大,从而对地表原有形态产生破坏,由此引起对地表环境的一系列影响。土地沉陷造成的土地退化主要表现为沉陷产生的地表起伏、裂隙对土壤理化性质的影响。本研究以连续 25 期 SAR 数据为基础,基于短基线子集 SBAS 干涉技术,以 15 mm 为沉陷边界,监测神东煤矿中心区 2015—2017 年土地沉陷情况,结果如图 3-7 和表 3-6 所示。

表3-5　工作面开采沉陷相关参数汇总

工作面编号	02201	52304-1	52304-2	12106	32301	32301	15106	2304	N1200	22407	22308	12510	12413	12406	31401
所属矿井	哈拉沟	大柳塔	大柳塔	柳塔	补连塔	补连塔	昌汉沟	韩家湾	柠条塔	哈拉沟	补连塔	补连塔	补连塔	补连塔	补连塔
平均采深 H/m	135	225	265	150	247	247	115	135	120	130	126	275	145	200	255
走向长度/m	3 000.0	4 547.6	4 547.6	633.0	5 220.0	5 220.0	2 800.0	1 800.0	1 500.0	3 224.0	4 954.0	3 118.0	3 656.4	3 592.0	4 629.0
平均采厚 m/m	4.80	6.45	6.94	6.90	6.10	6.10	5.20	4.10	5.87	5.39	6.70	7.60	3.85	4.50	4.20
深厚比	28.13	34.88	38.18	21.74	40.49	40.49	22.12	32.93	20.44	24.12	18.81	36.18	37.66	44.44	60.71
倾向长度/m	240.00	301.00	301.00	246.80	301.00	301.00	300.00	268.00	300.00	284.00	327.60	331.50	325.50	300.50	265.25
开采速度/(m/d)	11.2	13.8	7.4	5.0	9.2	9.2	17.2	8.0	4.5	15.0	12.0	10.0	2.5	12.0	13.0
基岩厚度/m	100.00	164.30	205.00	120.60	177.00	177.00	100.00	70.00	70.00	88.94	116.00	244.00	132.00	148.00~200.00	155.00
采动情况	初采	初采非充分	初采	初采	初采	重采	初采	初采	重采	初采	重采	初采	重采	初采	初采非充分
最大下沉量/mm	2 489	3 959	4 403	5 887	3 120	4 760	3 182	2 568	5 150	3 386	5 488	3 873		2 459	2 320
最大水平位移值/mm	577.00	1 285.00	1 062.00	3 284.00	1 792.00	1 140.00		799.52			3 308.00			912.00	294.00
最大下沉速度/(mm/d)	450.0	430.0	439.0	231.2		508.0		185.3	422.0	696.0	837.0			268.5	540.0
下沉系数 q	0.52	0.61	0.61	0.77	0.54	0.78	0.61	0.56	0.88	0.63	0.82	0.60		0.55	0.55
水平移动系数 b	0.230	0.320	0.240	0.430	0.510	0.250		0.280	0.160	0.290	0.140			0.260	0.127
主要影响角正切	2.270	2.880	2.880	2.370	2.100	2.600		1.966	3.240	1.620	1.880			2.510	3.400
主要影响半径 r/m	62.03	71.10			72.45	105.00		68.57	37.00		98.00			52.25	
拐点偏移距 S/m	52.90	37.50	37.50	7.43	46.93	76.57		19.78		28.00	917.09			40.00	29.00
拐点偏移距/采深	0.39	0.17	0.14	0.05	0.19	0.31		0.15		0.22	7.28			0.20	0.11
启动距/m	75.50			32.00	87.45	64.50		42.00	55.00					97.00	

表 3-5（续）

工作面编号	02201	52304-1	52304-2	12106	32301	32301	15106	2304	N1200	22407	22308	12510	12413	12406	31401
启动距/平均采深	0.560			0.210	0.350	0.260		0.310	0.460					0.485	
超前影响距 S_c/m	96.700	148.000	172.667	0.357	165.490	130.000~143.000		10.000		91.000	116.500	204.800	41.250		65.000~71.000
超前影响角/(°)	54.38	53.00		70.40	67.00	64.60		85.80	49.40	55.01	51.50	54.50	75.20	65.00	73.00~75.00
综合边界角/(°)	70.80		53.70	47.60				58.50		51.97	53.70	68.00	56.10	46.00	
综合移动角/(°)	73.20	66.40	63.70	66.50				62.50	45.00	67.07	57.60			81.70	
走向裂缝角/(°)		86.000		77.500				81.300	59.000	67.070	67.400			87.035	
上下山裂缝角/(°)					81.20	77.40				63.08	84.00				
移动持续时间/d	125	311	311	354				147							
活跃期/d	27	66		120				65		150	44			27	
活跃期下沉量占比/%	96.00							99.06			99.00				
最大水平变形值/(mm/m)	14.30		29.70	89.30	45.91			53.10			50.30			18.90	5.32
最大曲率值/(×10^{-3}/m)	2.830		2.150	-2.680				0.301			2.700				1.738
观测频率/d	2,3	4,6	3,4					12		2				1,3~5	1

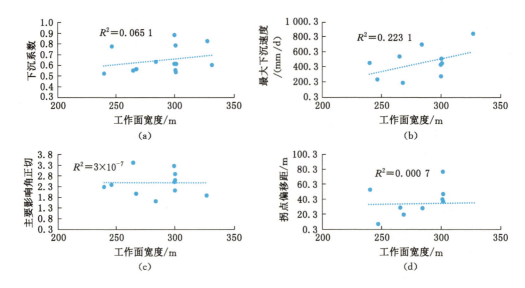

图 3-6　工作面宽度与主要开采沉陷参数基本无相关关系

（a）2015—2016年地表沉陷监测识别范围

（b）2015—2017年地表沉陷监测识别范围

图 3-7　神东煤矿中心区地表沉陷分布图

表 3-6　神东煤矿中心区矿井地表沉陷统计表

矿井名称	沉陷面积/hm²			生产规模/(Mt/a)
	2015—2016 年	2015—2017 年	差值	
补连塔矿	253.89	865.19	611.30	25.00
布尔台矿	5 422.28	5 824.70	402.42	20.00
寸草塔二矿	836.52	1 023.04	186.52	2.70

表 3-6(续)

矿井名称	沉陷面积/hm²			生产规模/(Mt/a)
	2015—2016 年	2015—2017 年	差值	
大柳塔矿	2 075.21	4 456.32	2 381.11	18.00
活鸡兔矿	1 218.48	2 411.96	1 193.48	19.80
哈拉沟矿	321.84	1 889.24	1 567.40	12.50
柳塔矿	282.40	486.31	203.91	3.00
上湾矿	959.38	1 624.26	664.88	15.68
石圪台矿	347.15	979.52	632.37	10.00
乌兰木伦矿	811.17	1 235.62	424.45	7.00

从结果可以看出,2015—2017 年间布尔台矿、大柳塔矿、活鸡兔矿沉陷面积最大,2016—2017 年间大柳塔矿、哈拉沟矿、活鸡兔矿增加的沉陷面积最大,综合各矿井的生产规模,可估算出万吨沉陷率,大柳塔矿、哈拉沟矿万吨沉陷率远高于其他矿的万吨沉陷率,这与矿井的采深、采高、工作面规模、岩石土壤性质等关系密切。

第二节　开采强度对土地损伤的影响

为分析高强度开采条件下沉陷对地表环境的影响,通过历史资料收集和建立地表变形与地裂缝综合监测网、GPS 静态观测等技术手段,获取了神东矿区 7 个工作面(布尔台 22103-1、寸草塔一矿 22111、寸草塔二矿 22111、哈拉沟 02201、补连塔 12406、补连塔 31401、大柳塔 52304)的地表下沉变形情况实测数据,进而得到了神东矿区 7 个工作面的地表沉陷相关参数(表 3-7)。针对开采沉陷区地裂缝大量发育、地表下沉盆地范围大、水土流失加剧、植被退化等环境问题,选取了水平变形、附加坡度、拉伸区占变形区比例和下沉系数 4 个指标反映开采强度参数对土地环境的影响特征。

表 3-7　神东矿区部分不同开采强度工作面地表沉陷相关参数

工作面	布尔台 22103-1	寸草塔一矿 22111	寸草塔二矿 22111	哈拉沟 02201	补连塔 12406	补连塔 31401	大柳塔 52304
工作面长度/m	4 250	2 085	3 648	3 000	3 600	4 629	4 547
采高/m	3.40	2.80	2.90	4.80	4.50	4.20	6.94
开采速度/(m/d)	8.30	9.70	7.20	9.75	12.00	13.00	7.40
平均采深 H/m	295.00	250.00	310.00	125.00	200.00	265.25	235.00
深厚比	86.76	89.29	106.90	26.04	44.44	63.15	33.86
日开采体积/m³	10 159.200	6 083.840	6 264.000	11 232.000	16 227.000	14 469.000	15 458.156
倾向长度/m	360.0	224.0	300.0	240.0	300.5	265.0	301.0
最大下沉量/mm	2 181.00	1 671.00	1 866.00	2 489.00	2 446.67	2 320.00	4 403.00
最大水平位移值/mm	454	552	694	577	510	294	1 285

表 3-7(续)

工作面	布尔台 22103-1	寸草塔一矿 22111	寸草塔二矿 22111	哈拉沟 02201	补连塔 12406	补连塔 31401	大柳塔 52304
最大水平变形值/(mm/m)	6.20	8.70	7.80	11.10	9.22	5.32	29.70
最大附加坡度/(°)	0.97	1.23	1.09	1.90	1.56	2.47	2.99
最大曲率值/(mm/m²)	1.560	0.640	0.380	2.010		1.738	2.150
下沉系数	0.641	0.600	0.643	0.520	0.540	0.550	0.610
导水裂隙带高度/m	46.88	43.47	44.06	48.70			
水平移动系数	0.380	0.380	0.380	0.230	0.260	0.127	0.320
主要影响角正切值	2.34	2.34	2.34	2.27	2.51	3.40	2.88
拐点偏移距 S/m	29.5	25.0	31.0	52.9	40.0	29.0	37.5
表土层厚度 h/m	22	8	16		17		30

一、开采强度参数与水平变形关系

水平变形值指地表移动观测中,监测到的两点间单位长度线段拉伸或压缩变形值。最大水平变形值直接反映出土体间拉伸或压缩变形的最大程度。水平变形会改变土体内部应力分布情况,改变土壤紧实度、孔隙度等土壤性质,是地表拉伸区和压缩区的判定标准。此外,水平变形还会引起地表大量地裂缝形成,并对植物根系造成损伤,其值越大,对土地损伤的程度越大,值越小,对土地损伤的程度越小。由图 3-8 和表 3-8 可知,最大水平变形值与采高存在高度正相关关系,与开采速度、日开采体积具有中度负相关关系,与工作面倾向长度相关性极低。相比工作面倾向长度、开采速度,水平变形对采高影响更为敏感。

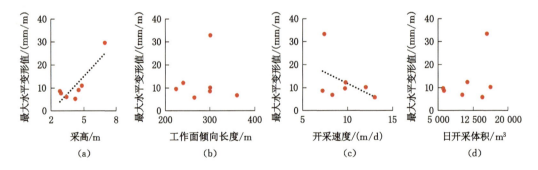

(a) (b) (c) (d)

图 3-8 最大水平变形值与开采强度参数散点图

表 3-8 最大水平变形值与开采强度参数相关系数

地表因素	开采强度参数			
	采高/m	工作面倾向长度/m	开采速度/(m/d)	日开采体积/m³
最大水平变形值/(mm/m)	0.86	0.05	−0.46	−0.53

二、开采强度参数与附加坡度关系

附加坡度指开采沉陷后地表坡度的变化程度,由地表倾斜值推算得到。最大附加坡度直接反映了地表坡度的最大变化程度,直接影响到坡面长度(影响水土流失的最重要因子之一)、地表水径流与土壤蓄水条件,从而改变水土流失量,其值越大,表明坡度变化越大,对土地的潜在损伤程度越大,值越小,表明坡度变化越小,对土地的潜在损伤程度越小。由图 3-9 和表 3-9 可知,最大附加坡度与采高呈高度正相关关系,与日开采体积呈中度正相关关系,与工作面倾向长度、开采速度的相关性较低。附加坡度对采高与日开采体积的影响较为敏感。

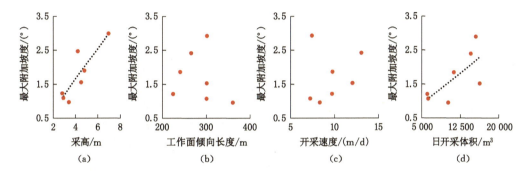

图 3-9　最大附加坡度与开采强度参数散点图

表 3-9　最大附加坡度与开采强度参数相关系数

地表因素	开采强度参数			
	采高/m	工作面倾向长度/m	开采速度/(m/d)	日开采体积/m³
最大附加坡度/(°)	0.87	−0.20	0.18	0.71

三、开采强度参数与拉伸区占比的关系

通过对植被损伤、土壤性质变化与地表沉陷移动变形的关系研究表明,工作面沉陷盆地变形区主要包括拉伸区与压缩区,其中,在拉伸区容易形成大量永久性地裂缝,该区域土壤性质受土体拉伸的影响变化明显,并且植被根系更易损伤、根系层土壤更易失水,相比而言,压缩区对植被以及土壤环境的影响并不显著。因此,在沉陷盆地的变形区域,拉伸区所占的比例(拉伸区占比)越高,地表生态环境受损的潜在范围越大,反之亦然。由图 3-10 和

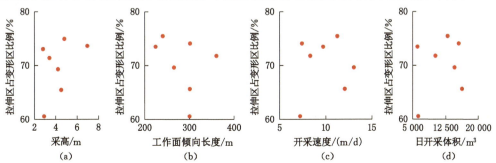

图 3-10　拉伸区占变形区比例与开采强度参数散点图

表 3-10 可知,拉伸区占变形区比例与采高及日开采体积呈低度正相关关系,与工作面倾向长度呈低度负相关关系,与开采速度呈低度相关关系。

表 3-10　拉伸区占变形区比例与开采强度参数相关系数

地表因素	开采强度参数			
	采高/m	工作面倾向长度/m	开采速度/(m/d)	日开采体积/m³
拉伸区占变形区比例	0.42	−0.32	0.12	0.53

四、开采强度参数与下沉系数关系

下沉系数是反映开采沉陷后地表移动变形程度的重要参数,该参数主要通过地表最大下沉量与采高的比值关系得到。在相同的地质开采条件下,下沉系数越大,地表下沉量将会越大,对土体环境以及地表覆着物负面影响越大,反之亦然。由图 3-11 和表 3-11 可知,下沉系数与 1/采高呈中度正相关关系,即随着采高的增加下沉系数逐渐呈非线性减小。下沉系数与开采速度、日开采体积呈中度负相关关系,即随着开采速度的增加下沉系数逐渐减小。下沉系数与工作面倾向长度呈中度正相关关系,这是由于采高、开采速度不变的情况下,随着工作面倾向长度的逐渐增加,地表由非充分采动达到充分采动过程中最大下沉量逐渐增大,其下沉系数也逐渐增加。与工作面倾向长度和开采速度相比,下沉系数对采高与日开采体积的影响更加敏感。

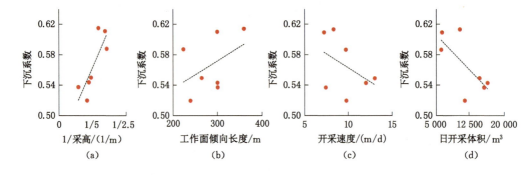

图 3-11　下沉系数与开采强度参数散点图

表 3-11　下沉系数与开采强度参数相关系数

地表因素	开采强度参数			
	1/采高/(1/m)	工作面倾向长度/m	开采速度/(m/d)	日开采体积/m³
下沉系数	0.83	0.44	−0.44	−0.71

第三节　沉陷区地表裂缝发育机理

一、地表裂缝发育机理

西部浅埋煤层开采对土地环境损伤的显著特征之一是地裂缝发育。根据生态修复的需要,对风积沙区采动地裂缝进行了统计分类。按照发育时段,采动地裂缝分为采动过程中的临时性裂缝和地表稳沉后的永久性裂缝两种类型。采动过程中的临时性裂缝一般发育在工作面的正上方,随着工作面的推进同时发育,当工作面推过裂缝区后,大部分裂缝将逐步闭合。相比之下,稳沉后的永久性裂缝一般发育在工作面的开切眼、终采线附近,其特点为宽度大、发育深、难以自愈,对地表生态的影响更大,造成的水土流失、植被退化等问题更为明显,是生态修复需要重点采取工程措施加以整治的。此外,按照形成机理,采动地裂缝又可分为拉伸/挤压型裂缝、沉陷型裂缝、滑动型裂缝 3 种类型(图 3-12)。

| (a)　拉伸/挤压型裂缝 | (b)　沉陷型裂缝 | (c)　滑动型裂缝 |

图 3-12　3 种采动地裂缝类型

(一) 基于 GPR 的地裂缝形态探测

探地雷达(ground penetrating radar,简称 GPR)能够根据电磁波在不同介质中的差异性而呈现不同的信号反射信息,从而准确探测地下目标的分布形态和特征。为了研究采动地裂缝的地下扩展状态和发育深度,采用 GPR 对采动地裂缝进行了探测,具体实施步骤为:① 沿垂直于裂缝走向方向,采用皮尺布置观测线,观测线长度不小于 20 m,探测间距不超过 0.5 m,采用透射波单测线剖面法对裂缝进行探测,仪器采用加拿大 pulse EKKO 专业型 GPR;② 利用 EKKO-VIEW 专业软件对 GPR 探测结果进行去噪处理,从剖面图中提取裂缝带雷达信号振幅相对稳定的区间,此区间即为裂缝发育带,并读取裂缝的纵向发育形态和深度信息,如图 3-13 所示。由图 3-13 可以看出,地裂缝纵向发育形态为楔形,自地表开口处向下,随着深度的增加,宽度逐渐减小,到一定深度尖灭。

(二) 拉伸/挤压型裂缝

受到采动影响,在地表沉陷影响范围内,存在拉伸区和压缩区,其分界点位于地表变形的拐点处。在工作面推进过程中,拉伸型裂缝一般超前于工作面在拉伸区发育,挤压型裂缝一般滞后于工作面在压缩区发育。拉伸/挤压型裂缝是由于地表的拉伸/压缩变形超过表土的抗拉/压强度形成的,多为永久性裂缝,其主要特征为:横向开裂或隆起,宽度与深度均较小,地表不存在台阶,拉伸型裂缝超前于工作面开采发育,挤压型裂缝一般滞后于工作面在压缩区发育。拉伸型裂缝和挤压型裂缝如图 3-14 所示。

拉伸型裂缝与工作面推进位置之间的水平距离称为拉伸型裂缝超前距,记为 d_L,裂缝与工作面推进位置的连线与水平线的夹角称为拉伸型裂缝超前角,记为 δ_L。挤压型裂缝与工作面推进位置之间的水平距离称为挤压型裂缝滞后距,记为 d_J,裂缝与工作面推进位置的连线与水平线的夹角称为挤压型裂缝滞后角,记为 δ_J。其值可分别用式(3-3)、式(3-4)计算:

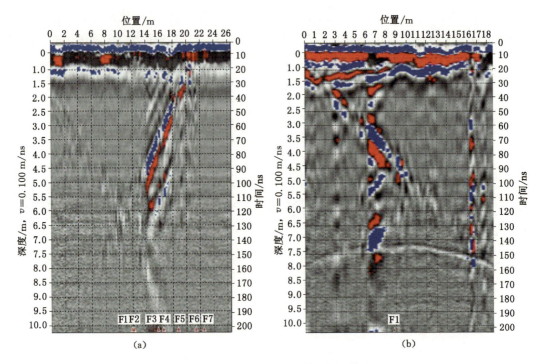

图 3-13　GPR 地裂缝发育信息提取结果

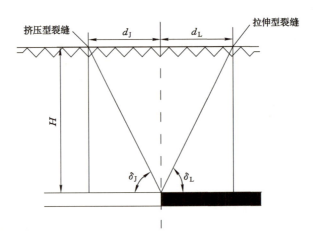

图 3-14　拉伸型裂缝和挤压型裂缝

$$\tan \delta_{\mathrm{L}} = \frac{H}{d_{\mathrm{L}}} \tag{3-3}$$

$$\tan \delta_{\mathrm{J}} = \frac{H}{d_{\mathrm{J}}} \tag{3-4}$$

式中　　H——裂缝发育位置的采深，m。

由概率积分法的基本原理可知，沿任意 φ 方向的水平变形 $\varepsilon(x,y,\varphi)$ 可用式(3-5)计算：

$$\varepsilon(x,y,\varphi) = \frac{1}{W_0} \left\{ \varepsilon^0(x) W^0(y) \cos^2 \varphi + \varepsilon^0(y) W^0(x) \sin^2 \varphi + \left[U^0(x) i^0(y) + U^0(y) i^0(x) \right] \sin \varphi \cos \varphi \right\} \tag{3-5}$$

设地表土体的拉伸模量为 E_t，压缩模量为 E_s，抗拉强度为 $\sigma_{拉}$，抗压强度为 $\sigma_{压}$，则土体

的极限拉伸应变 $\varepsilon_{拉}$、压缩应变 $\varepsilon_{压}$ 可分别用式(3-6)、式(3-7)计算：

$$\varepsilon_{拉} = \frac{\sigma_{拉}}{E_{t}} \tag{3-6}$$

$$\varepsilon_{压} = \frac{\sigma_{压}}{E_{s}} \tag{3-7}$$

设地表某处的水平变形值为 ε（$\varepsilon > 0$ 时为拉伸变形，$\varepsilon < 0$ 时为压缩变形），若 $\varepsilon > \varepsilon_{拉}$ 或 $|\varepsilon| > |\varepsilon_{压}|$，则地表将会产生拉伸型地裂缝或挤压型地裂缝。

（三）沉陷型裂缝

此类裂缝多为临时性裂缝，具有自愈合特征。关键层是影响沉陷型裂缝的关键因素。若基本顶以上不存在关键层（即基本顶为关键层），则沉陷型裂缝的发育与基本顶破断同步。若基本顶以上存在关键层，随着工作面的推进，当推进距离 a 达到关键层破断距时，引起关键层的首次破断，上覆岩层全部垮落，地表将出现首条沉陷型裂缝。考虑到岩层破断角 ψ 的影响，沉陷型裂缝位置滞后于工作面开采一段距离，这段距离称为沉陷型裂缝滞后距，记为 d_{T}。沉陷型裂缝位置与工作面开采位置之间的连线在竖直方向的夹角称为沉陷型裂缝滞后角，记为 δ_{T}。沉陷型裂缝井上下对照图如图 3-15 所示。

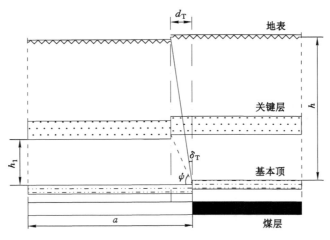

图 3-15　沉陷型裂缝井上下对照图

沉陷型裂缝滞后距 d_{T} 可用式(3-8)计算：

$$d_{T} = \frac{h_{1}}{\tan\psi} \tag{3-8}$$

式中　h_{1}——关键层到基本顶的距离，m。

沉陷型裂缝滞后角 δ_{T} 可用式(3-9)计算：

$$\delta_{T} = \arctan^{-1}\left(\frac{d_{T}}{h}\right) = \arctan^{-1}\left(\frac{h_{1}}{h\tan\psi}\right) \tag{3-9}$$

式中　h——地表到基本顶的距离，m。

由式(3-7)和式(3-8)可以看出，沉陷型裂缝滞后距与关键层到基本顶的距离成正比；滞后角的正切与关键层到基本顶的距离和地表到基本顶的距离之比成正比。沉陷型裂缝的发育是由基本顶的破断引起覆岩的全部垮落而造成的，沉陷型裂缝一般滞后于基本顶破断而在地表发育,其发育形态呈倒"C"字形,与基本顶的"O"形圈破断相似,裂缝间距等于基本顶的周期破断步距。

通过对沉陷型裂缝动态监测数据进行回归分析,得出此类地裂缝深度 H_1 与宽度 W、落差 H_2 之间存在一定的关系,可用式(3-10)和式(3-11)表示:

$$H_1 = 13.081\,0W + 0.719\,7 \tag{3-10}$$

$$H_1 = 1.451\,0\ln H_2 + 5.576\,0 \tag{3-11}$$

沉陷型裂缝深度与宽度、落差之间的关系如图 3-16 所示。

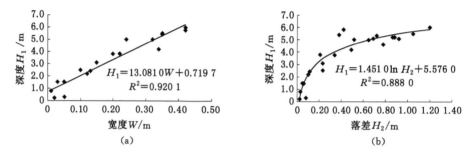

图 3-16　沉陷型裂缝深度与宽度、落差之间的关系

由图可以看出,沉陷型裂缝深度具有以下规律:

(1)裂缝深度与宽度之间存在线性增大的正比例关系,宽度越大,裂缝发育越深,符合地裂缝发育的一般规律。数据相关系数为 0.920 1,回归效果较好;回归方程比例系数为 13.081 0,即宽度每增大 0.1 m,裂缝深度平均增大约 1.31 m,地表轻微开裂时(宽度趋近于 0),裂缝已开始纵向扩展,深度约为 0.7 m,监测到的最大宽度为 0.42 m,此时裂缝深度为 6.2 m。

(2)裂缝深度与落差之间存在明显的对数关系,数据相关系数为 0.888 0。由图 3-16(b)可以看出,当裂缝落差从 0 开始增大到 0.50 m 时,深度扩展速率较快,当落差大于 0.50 m 时,深度随落差的增大速率减缓,并逐渐呈现稳定趋势。

(四)滑动型裂缝

在地形起伏较大的山坡处,当坡体沿滑动面向下的下滑力与向上的抗滑力之比大于 1 时,便会产生滑移,形成滑动型裂缝,其主要特征为:形成台阶,宽度较大,落差较大。根据采动坡体的力学模型可知,除受到自身重力 G 影响外,采动坡体一般还受到附加水平分力 F_ε、附加剪切力 F_τ 和附加垂直张力 F_ω 三种附加作用力,将以上应力沿滑动面的切向和法向进行分解,如图 3-17 所示,即可分别按式(3-12)、式(3-13)计算采动坡体中第 i 个条块的下滑力 T_i 和抗滑力 S_i。

$$T_i = T_G + T_\varepsilon + T_\tau + T_\omega = (G + F_\omega)\sin\beta_i + (F_\varepsilon + F_\tau)\cos\beta_i \tag{3-12}$$

$$S_i = (N_G - N_\varepsilon - N_\tau + N_\omega)\tan\varphi + (CL - \eta CL)$$
$$= [(G + F_\omega)\cos\beta_i - (F_\varepsilon + F_\tau)\sin\beta_i] + (CL - \eta CL) \tag{3-13}$$

式中　T_G,N_G——重力沿滑动面法向和切向的分力,kN;

T_ε,N_ε——附加水平分力沿滑动面法向和切向的分力,kN;

T_τ,N_τ——附加剪切力沿滑动面法向和切向的分力,kN;

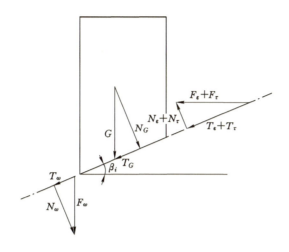

图 3-17　第 i 个条块的应力分析

T_ω,N_ω——附加垂直张力沿滑动面法向和切向的分力,kN;

C——内聚力,kPa;

L——滑动面长度,m;

β_i——第 i 个条块的滑动面倾角,(°);

φ——坡体内摩擦角,(°)。

自坡体沟壑处始,沿坡体的上坡方向,采用以上力学模型逐个计算每个条块的下滑力 T_i 及抗滑力 S_i,并逐一累加,取其比值,记为 K,见式(3-14):

$$K = \sum_{i=1}^{n} T_i / \sum_{i=1}^{n} S_i \qquad (3-14)$$

根据极限平衡理论,当 $K=1$ 时,若不考虑上侧条块的影响,坡体将在此处产生首次滑移,并形成首条滑动型裂缝,若上侧条块的应力累加后,K 值继续增大,则表示上侧坡体稳定性更差,此时,可将下部条块视为一连续坡体,当 K 值最大时,此处坡体稳定性最差,坡体将在此处发生局部断裂,由此可推算出坡体上滑动型裂缝的位置。假设累加到条块 j 时,K 值最大,则可根据条块 j 的坡体表面中心至采空区边界的水平距离 d 和条块 j 处的采深 h,计算出滑动型裂缝角 δ。

总体上,由于受到关键层的影响,沉陷型裂缝一般滞后于基本顶破断而在地表发育,其发育形态呈倒"C"字形,与基本顶的"O"形圈破断相似,裂缝间距等于基本顶的周期破断步距。基于坡体的稳定性分析原理,给出了采动坡体的力学模型,研究了滑动型裂缝的形成机理,分析了滑动型裂缝的发育规律,并建立了基于力学机制的预测模型。

二、地表裂缝发育特征

(一)采高与地裂缝发育的关系

基于 UDEC 对浅埋煤层开采条件下不同采高对地裂缝宽度、深度的影响差异进行研究,数据模拟结果见图 3-18(a)。结果表明随着采高的增加地裂缝宽度呈增加趋势,即采高的增加加剧了地裂缝的发育程度。此外,通过现场大量观测,发现地裂缝(沉陷型裂缝)宽度与其深度之间存在显著的线性相关关系($y=12.510x+0.912$),如图 3-18(b)所示。利用该关系式可通过地裂缝宽度进行地裂缝深度的预测,从而为地裂缝治理判断标准提供了参考。

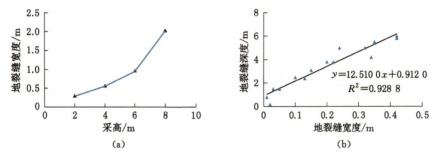

(a) (b)

图 3-18 地裂缝宽度与采高、地裂缝深度与地裂缝宽度之间的关系

基于 3DEC 数值模拟软件对不同采高条件下(4 m、5 m、6 m、7 m)地裂缝的发育数量特征进行了研究。模拟得到的地裂缝主要为工作面边缘形成的永久性地裂缝,如图 3-19 所示。研究表明在相同采深情况下,随着采高的不断增加,地裂缝数量以及密度都呈现较显著的增加。因此,采高的增加将会诱发地裂缝大量发育,从而对地表土壤质量与植物根系产生明显的负面影响。地裂缝密度、数量与采高之间的关系如图 3-20 所示。

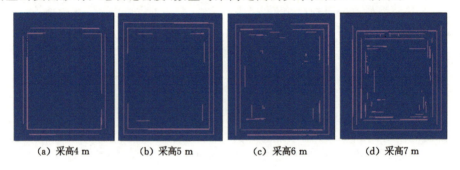

(a) 采高4 m (b) 采高5 m (c) 采高6 m (d) 采高7 m

图 3-19 不同采高条件下地裂缝发育模拟结果

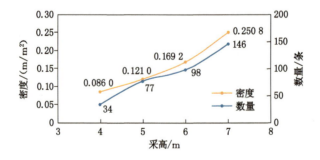

图 3-20 地裂缝密度、数量与采高之间的关系

(二)采宽与地裂缝发育的关系

基于 3DEC 数值模拟软件对不同采宽条件下(150 m、200 m、250 m、300 m)地裂缝的发育特征进行了研究。模拟得到的地裂缝主要为工作面边缘形成的永久性地裂缝,如图 3-21

所示。结果表明随着采宽的增加地裂缝的数量呈线性增加趋势。这是由于随着开采面积范围的增加,该范围统计形成的地裂缝数量呈增加趋势。随着采宽的增加,地裂缝密度在采宽为 200 m 时显著下降,但在采宽为 200 m、250 m、300 m 时基本呈稳定趋势。这是由于在该模拟的开采地质条件下,采宽达到近 180 m 时才达到充分采动。因此,在采宽为 150 m 时,地表沉陷未达到充分采动,大多处于变形受力状况,地裂缝密度较大。随着充分采动的形成,开采范围的增加不再增加永久性地裂缝的形成,所以地裂缝密度变化不明显,因此采宽的增加不会明显增加地裂缝密度。地裂缝密度、数量与采宽之间的关系如图 3-22 所示。

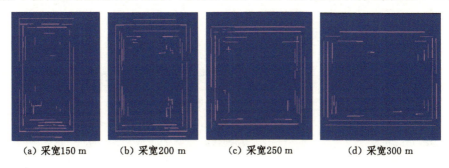

(a) 采宽150 m　　(b) 采宽200 m　　(c) 采宽250 m　　(d) 采宽300 m

图 3-21　不同采宽条件下地裂缝发育模拟结果

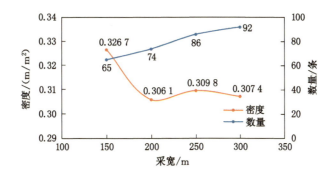

图 3-22　地裂缝密度、数量与采宽之间的关系

(三) 开采速度与地裂缝发育的关系

拉伸型裂缝是由于采动引起地表拉伸变形超过表土的抗拉强度而造成的,一般超前于工作面前方发育。通过对现场 40 m、70 m、230 m 三种采深条件下拉伸型裂缝发育位置野外实测与井下开采速度统计分析,得到了如图 3-23 所示的裂缝超前距与裂缝发育当日的开采速度之间的关系,两者呈现较为明显的线性负相关关系,且采深越小,趋势越明显。由于超前距越小,井下开采对地表的影响范围越小,因此,提高开采速度有利于减轻拉伸型裂缝的发育。

由于受到覆岩关键层及岩层破断角的影响,沉陷型裂缝一般滞后于煤层开采。通过对现场沉陷型裂缝发育位置实测与井下开采速度统计分析,得到了如图 3-24 所示的裂缝滞后距与裂缝发育当日的开采速度之间的关系,两者呈现较为明显的线性正相关关系。通过分析发现,在该开采条件下,当开采速度为 4.2 m/d 时,沉陷型裂缝随基本顶的周期破断而同

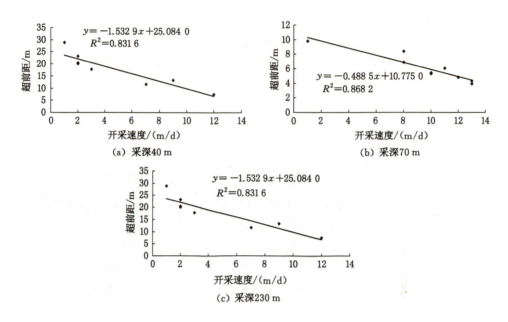

图 3-23　不同采深条件下实测拉伸型裂缝超前距与开采速度之间的关系

时发育,裂缝间距为周期破断步距;当开采速度大于 4.2 m/d 时,沉陷型裂缝发育滞后于煤层开采;当开采速度小于 4.2 m/d 时,沉陷型裂缝发育超前于煤层开采。由于滞后距越大,井下开采引起的沉陷型裂缝的数量越少,因此,提高开采速度有利于减少沉陷型裂缝的发育。

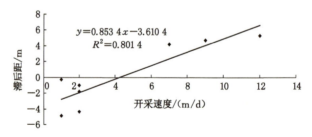

图 3-24　实测沉陷型裂缝滞后距与开采速度之间的关系

第四节　本章小结

开采沉陷将改变地形和地下水位,诱发地裂缝,进而影响土地利用和植物生长,因此开采沉陷是导致土地损伤及生态退化的根本原因。时序 D-InSAR 技术是适用于大范围监测矿区开采沉陷的现代化监测技术。以超长推进距离、超大采高和超大采宽"三超"为特色的浅埋煤层超大工作面开采,引起的地表沉陷具有下沉速度快、下沉量集中,造成地表破损严重,形成地裂缝、沉陷坑等非连续形变等特点。

拉伸/挤压型裂缝是由地表的拉伸/压缩变形形成的,其主要特征为横向开裂或隆起,宽度与深度均较小;沉陷型裂缝的发育是由基本顶的破断引起覆岩的全部垮落而造成的,其形态与基本顶的"O"形圈破断相似；滑动型裂缝一般发育在地形起伏较大处，其主要特征为形成台阶，宽度较大，落差较大。

采高的增加将加剧地裂缝发育程度，从而加剧对地表环境的负面影响。采高的增加无疑是对地表环境负面影响最大的开采强度参数。地表达到充分采动后采宽的增加不会明显地加剧地表变形损伤的程度，此时采宽对地表环境损伤的影响并不剧烈。开采速度的提高有利于减少拉伸型裂缝与沉陷型裂缝的发育，并有利于减轻地表变形损伤的程度。

第四章 井工煤矿开采沉陷对土壤的影响

土壤作为生命的载体,是动植物生长发育的基质,具有营养库、养分转化和循环、雨水涵养以及对生物支撑等极其重要的作用。井工煤矿开采地表沉陷必然改变土壤的基本特征,因此,掌握煤炭开采对土壤性质的影响规律是认识矿区生态环境影响的关键。本章以晋陕蒙接壤区的神东矿区为例,介绍了西部煤矿区两类典型土壤的基础性质,并通过相似模拟试验与现场取样测试等手段分析了开采沉陷对土壤物理、化学、微生物性质的影响。

第一节 黄土沟壑区土壤基础性质测试分析

研究区位于陕西省神木市最北端的大柳塔矿区,坐标 $39.1°N \sim 39.4°N$,$111.2°E \sim 110.5°E$。该矿区具有鄂尔多斯煤田高强度开采的特征,同时地貌、气候、水文等条件均具有西部干旱区的典型性。因此,以该区域为研究区得到的研究成果具有一定的推广意义。该区为典型黄土沟壑区,以黄土沟谷地貌为主,具有地形起伏大、地表切割破碎、厚黄土层覆盖、沟壑密度大、水土保持能力较差等特征。该区为典型温带大陆性气候,年降水量 $251.3 \sim 646.5$ mm,多集中在夏季,年蒸发量高达 1 788.4 mm。

一、土壤机械组成

本次研究利用 Rise-2006 型激光粒度仪进行土壤粒径分析,该仪器主波长为 0.632 8 μm,测量范围为 $0.05 \sim 800$ μm,准确误差为 3%,满足试验精度要求。土粒比重 G_s 采用比重瓶法进行测量。土壤天然含水率和天然密度的测定采用烘干法。在现场取样前测定环刀质量(记为 m_3),取样后首先将环刀及其内土壤称重(记为 m_1),然后以(105±2)℃烘干环刀及其内土壤,再称重(记为 m_2),两次质量之差与土样干重之比即为土壤含水率(记为 θ_m),计算公式为式(4-1)。土样湿重与土样体积之比即为天然密度(记为 γ),计算公式为式(4-2)。土样干重与土样体积之比即为容重(即为 γ_d),计算公式为式(4-3)。土壤天然孔隙比记为 e,计算公式为式(4-4)。重复 $2 \sim 3$ 次取平均值。

$$\theta_m = \frac{m_1 - m_2}{m_2 - m_3} \tag{4-1}$$

$$\gamma = \frac{m_1 - m_3}{100} \tag{4-2}$$

$$\gamma_d = \frac{m_2 - m_3}{100} \tag{4-3}$$

$$e = \left(1 - \frac{\gamma_d}{\gamma}\right) \times 100\% \tag{4-4}$$

不同坡位土壤粒径分析、机械组成及关键物理性质如图 4-1、表 4-1 所示。

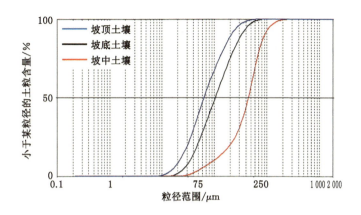

图 4-1　不同坡位土壤粒径分析

表 4-1　不同坡位土壤机械组成及关键物理性质

位置	颗粒组成百分比/%				关键物理性质				
	砂粒		粉粒	黏粒	天然含水率 θ_m/%	天然密度 γ/(g/cm³)	容重 γ_d/(g/cm³)	土粒比重 G_s/(g/cm³)	天然孔隙比 e
	0.25～0.5 mm	0.075～0.25 mm	0.005～0.075 mm	<0.005 mm					
坡顶土壤（平均值）	0.04±0.03	60.32±0.03	39.64±0.03	0±0.03	7.15±0.5	1.650±0.01	1.50±0.01	2.775±0.01	0.85±0.01
坡中土壤（平均值）	24.70±0.03	74.11±0.03	0.16±0.03	1.03±0.03	10.02±0.5	1.625±0.01	1.53±0.01	2.685±0.01	0.75±0.01
坡底土壤（平均值）	0.21±0.03	73.20±0.03	26.59±0.03	0±0.03	12.85±0.5	1.660±0.01	1.48±0.01	2.790±0.01	0.89±0.01

　　由图 4-1 及表 4-1 可以看出,研究区土壤天然含水率普遍较低,均在 10% 左右。通过比较坡顶、坡中和坡底土壤天然含水率可以发现,坡顶土壤天然含水率最低,坡底土壤天然含水率最高,坡中土壤天然含水率居中。这与已有研究结果相符。其主要原因是坡顶土壤所处的地势较高,土壤水受重力的作用向下迁移,导致不同坡位土壤天然含水率不一致。通过粒径分析可以发现,坡顶与坡底土壤机械组成相似,均以 0.075～0.25 mm 砂粒为主,粉粒次之,粒径较小的黏粒含量较低。坡中土壤机械组成与坡顶和坡底土壤机械组成具有较为明显的差异,坡中土壤 0.075～0.25 mm 砂粒含量最高,0.25～0.5 mm 砂粒含量次之,粉粒和黏粒含量均极低。其主要原因是坡顶坡度较缓,一般无径流产生,而坡中的倾斜最大,土壤侵蚀作用最为强烈,在风蚀和水蚀等侵蚀作用下,粒径较小、重量较轻的黏粒发生迁移,导致坡中土壤粒径较粗,进而造成了坡中土壤的土粒比重和天然孔隙比最小。

　　通过本次试验可以发现,不同坡位土壤的关键物理性质有所差异,其中坡顶和坡底土壤的机械组成、容重、天然孔隙比等关键物理性质差异不大,但土壤天然含水率差异明显;坡中土壤的机械组成与坡顶和坡底土壤的差异明显,进而导致其土壤容重、天然孔隙比等关键物理性质与坡顶和坡底土壤的相比具有明显差异。

二、土壤孔隙性质

土壤由固体土粒和土粒间的孔隙组成,其中孔隙能够容纳水分和空气。孔隙的总量不同、大小不同,大、小孔隙的分布情况不同,对土壤的持水、保肥能力具有直接的影响。土壤孔隙性质指土壤孔隙总量及大小孔隙的分布。

试验采用扫描电镜法分析土壤孔隙性质。将土壤样品利用扫描电子显微镜(SEM)设备 FEI Quanta TM 250 FEG 进行扫描。扫描电子显微镜是科学研究和工业生产中探索微观世界、进行样本表面结构和成分表征研究不可缺少的工具,可对限定尺寸的样本进行微观尺度的结构和物理特性分析,适用于样本的三维扫描和土壤结构、土粒形态、团聚体及多种特征参数,如土壤孔隙性、颗粒最小表征体积、粒度等分析功能。利用扫描电子显微镜设备获取高清影像后,利用计算机相关软件分析原状土各类物理参数,可直观地描述、统计原状土壤各类孔隙形态及相应占比。FEI Quanta TM 250 FEG 的平板探测器像素小于或等于 10 nm,像素量为 4 096×3 072,最小体元像素尺寸小于或等于 3.5 nm,最大样品直径为 150 mm,最大样品高度为 150 mm。将扫描电子显微镜扫描的图像输入计算机,并利用 Photoshop 软件将彩色图像灰度化,以便于后续孔隙的识别及统计。之后,再利用 ArcGIS 软件中的空间分析工具,将灰度图像转化为二值图像。在转化图像时,需考虑灰度阈值问题。本次研究借鉴王金满等(2016)的计算过程,即通过 AutoCAD 软件计算预定孔隙面积,并与灰度图像中相应的孔隙面积相对比,通过不断调整阈值,将两者面积差调整至 1% 以内,即表明该阈值合理。二值图像中,黑色表示孔隙并标记为"1",白色表示土壤颗粒及团聚体,标记为"0"。将每一个封闭的黑色曲线认定为一个孔隙,再利用栅格转换将二值图像矢量化。由于土壤中土粒大小、形态和组合方式十分复杂,其形成的孔隙的形态、大小及连通性情况更为复杂,因此普遍采用与一定的土壤水吸力相当的孔径,即当量孔径(ED)作为其特征值进行统计,其计算公式见式(4-5)。

$$ED = 2\left(\frac{A}{\pi}\right)^{\frac{1}{2}} \tag{4-5}$$

式中 A——孔隙面积。

由于扫描电子显微镜的精度较高,能够将土壤中非常非活性孔隙同样扫描出来,容易造成土壤孔隙性的统计出现偏差。本次研究借鉴王金满等(2016)的研究成果,确定利用当量直径划分孔隙大小:大孔隙(ED>100 μm),中孔隙(30 μm≤ED≤100 μm),小孔隙(ED<30 μm)。土壤总孔隙度为孔隙总面积与土样截面面积的比值;各级别孔隙占比为该级别孔隙面积与土样截面面积的比值。

不同坡位土壤扫描灰度图如图 4-2 所示,孔隙分布统计直方图如图 4-3 所示。

通过图 4-2、图 4-3 可以发现,坡中土壤的孔隙度最低,但大孔隙占比最高。坡顶土壤孔隙度与坡底土壤孔隙度相近,但大孔隙含量较高,并且坡顶土壤出现板结现象。其直接导致坡中土壤的蒸发强度、入渗速率和持水能力较低。形成该现象的主要原因是坡中位置倾斜较大,土壤侵蚀较为强烈,导致土壤中颗粒直径小、质量轻的黏粒发生迁移,土壤质地较粗,因此,坡顶土壤大孔隙占比高于坡底土壤大孔隙占比、小于坡中土壤大孔隙占比。坡顶土壤长期处于土壤含水率极低的情况,土壤结构较差,并出现板结的现象。相较于土壤结构,土壤的机械组成对土壤孔隙性影响更为强烈。

（a）坡顶土壤　　　　　　（b）坡中土壤　　　　　　（c）坡底土壤

图 4-2　不同坡位土壤扫描灰度图

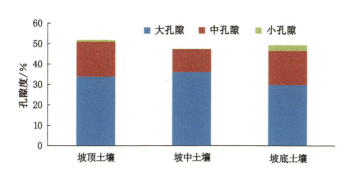

图 4-3　不同坡位土壤孔隙分布统计直方图

三、土壤水分特征曲线

　　土壤水分特征曲线表示了土壤水的能量和数量之间的关系，是反映土壤持水能力的重要指标。其可以表示不同土壤水吸力情况下的土壤含水率，并能够分析土壤水分的有效性。试验采用 TDR-MUX 土壤多参数监测系统监测土壤水分特征曲线。其特有实验室专用的小型探头，特别适用于小型土柱试验，测量范围为 0～90 kPa，张力计探头长 15 cm，直径 3 cm，满足试验要求。不同坡位土壤水分特征曲线如图 4-4 所示。

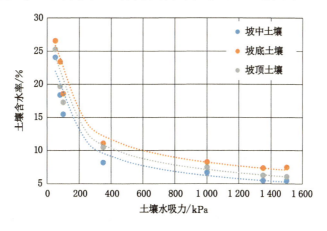

图 4-4　不同坡位土壤水分特征曲线

通过图 4-4 可以发现,在相同土壤水吸力下,坡底土壤含水率最高,坡顶土壤含水率次之,坡中土壤含水率最低。这说明坡底土壤持水能力最强,坡顶土壤持水能力次之,坡中土壤持水能力最弱。造成此现象的主要原因是不同坡位土壤的机械组成和结构不同。坡中土壤中黏粒占比较低,土壤结构松散,导致土壤中细小孔隙发育较少,土壤持水能力较弱。虽然坡顶与坡底土壤的机械组成相似,但坡顶土壤长期处于含水率极低的条件下,土壤结构较差,并出现板结的现象,因此坡顶土壤水分特征曲线要低于坡底土壤水分特征曲线,即坡顶土壤持水能力弱于坡底土壤持水能力。

四、土壤入渗速率

入渗是指水进入土壤的过程,通常是指水分自土表层进入土壤的过程。入渗过程取决于两个方面的因素:一个是供水速度,另一个是土壤的入渗能力。土壤的入渗能力能够侧面反映土壤的持水能力。在土壤初始含水率相近的条件下,入渗能力越强,入渗速率越快,说明土壤持水能力越弱。

土壤入渗速率(记为 v)采用环刀法测量。将环刀及其内原状土浸没在水中 4~6 h,浸水时保持水面与环刀上口平齐,勿使水淹没环刀上口的土面或低于土面较多。原状土浸润完毕后,在原环刀上面接上一个空环刀,两环刀接口处可用蜡封或使用防水胶布封住,防止环刀内水从接口处漏出,然后将接合的环刀放到接有量筒的漏斗上。往上面的空环刀加水,水面与环刀口持平,即水层厚度为 5 cm。由于后期土样拉伸变形导致土样断裂,土样高度降低,水层厚度增加,这里计算仅作为基准土壤的测量。加水后,自漏斗下面滴下第一滴水时开始计时,以后每隔 1 min,2 min,3 min,5 min,10 min,15 min,…,n min,直至渗出水量稳定,分别记录渗出水量 $Q_1,Q_2,Q_3,Q_5,Q_{10},Q_{15},…,Q_n$。$v$ 的计算公式见式(4-6)。

$$v = \frac{Q_n}{t_n \times S} \tag{4-6}$$

式中　Q_n——每次渗出水量;

　　　　t_n——每次渗滤所间隔的时间;

　　　　S——环刀截面面积。

对不同坡位土壤进行土壤入渗试验后,绘制入渗速率曲线,如图 4-5 所示。

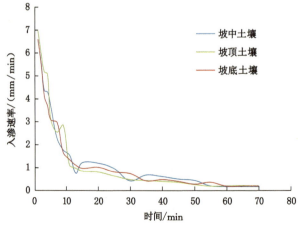

图 4-5　不同坡位土壤入渗速率曲线

　　通过分析不同坡位土壤入渗速率曲线可以发现,不同坡位的土壤在入渗初始阶段差异不明显。其主要原因是在入渗初始阶段,土壤中的大孔隙对水分的迁移起主要作用。随着大孔隙逐渐被水充满,入渗速率逐渐降低,最终达到稳定状态。在入渗速率降低阶段,坡中土壤入渗速率曲线倾斜最大,并更早进入入渗速率稳定阶段。其主要原因是坡中土壤黏粒含量较少,土壤中大孔隙占比较高,细小孔隙较少,当水分将大孔隙充满后,只有较少的细小孔隙能够继续承担水分的迁移。坡顶与坡底土壤入渗速率曲线相似。

五、土壤水蒸发曲线

　　土壤水蒸发曲线是反映土壤持水能力的指标之一。由于土壤水蒸发速率与土壤含水率有极强的相关性,必须保证土壤蒸发试验土样的初始含水率一致。本次试验通过水膜迁移法控制土样的初始含水率,具体操作如下:首先将土样以(105±2) ℃烘干,称土样干重并计算容重,再利用水膜迁移法使各土样土壤含水率一致,即用 20 mL 的医用注射器在试样表面各处缓慢、均匀地滴入预定水量,然后将配好水的土样放在密闭的养护室内放置数天,直至试样内水分充分均匀分布。所需添加水的质量根据式(4-7)求得。

$$m_w = \frac{(w - w_0) \times 0.01}{1 + 0.01w_0} \times m_0 \tag{4-7}$$

式中　m_w——需要添加或减少的水的质量;

　　　w——土样预定含水率;

　　　w_0——土样实际含水率;

　　　m_0——土样配水前质量。

　　在控制各土样初始含水率一致后,将土样分别称重,记录原始质量为 Q_0。将土样放入气候模拟箱内,根据现场气候条件,设置气温为 30 ℃,相对湿度为 27%,光照强度为 10 000 lx,全程日照。每隔 2 h 将土样取出称重,分别记录为 $Q_1,Q_2,Q_3,Q_4,\cdots,Q_n$,直至土样质量不再降低。$Q_0$ 与 Q_n 的差值即为该段时间内土壤水的损失量。土壤水损失越慢,说明土壤水蒸发速率越小,土壤持水能力越强。不同坡位土壤水蒸发曲线如图 4-6 所示。

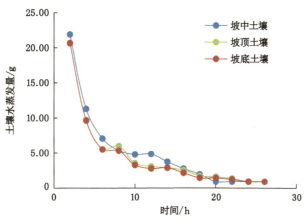

图 4-6　不同坡位土壤水蒸发曲线

　　从图 4-6 中可以看出,坡中土壤水蒸发曲线相较于坡顶和坡底土壤水蒸发曲线更陡,说明在相同的外界条件下,坡中土壤单位时间内蒸发的土壤水更多,坡中土壤水更易蒸发。

其主要原因是相较于坡顶和坡底土壤,坡中土壤受土壤侵蚀较为强烈,机械组成以颗粒直径较大的砂粒为主,颗粒直径较小的黏粒占比较小,因此该区域的土壤大孔隙较多,且孔隙间连接度较好,最终导致坡中土壤水蒸发较为强烈。同时,通过比较坡顶土壤与坡底土壤水蒸发曲线可以发现,虽然两者差异不明显,但坡顶土壤水蒸发曲线略高于坡底土壤水蒸发曲线,即表明坡顶土壤相较于坡底土壤水蒸发更为强烈,坡顶土壤的持水能力弱于坡底土壤的持水能力。分析其主要原因,是坡顶土壤受长期土壤水极低的影响,土壤结构较为松散,并且出现了板结的情况,导致坡顶土壤的持水能力弱于坡底土壤的持水能力。

第二节　风积沙区土壤基础性质测试分析

研究区位于内蒙古自治区鄂尔多斯市补连塔矿区,该矿区地理位置为 $110°3'30''E\sim$ $110°10'22''E$,$39°17'48''N\sim39°22'56''N$ 之间,属于温带大陆性气候,年平均气温 6.2 ℃,年平均降雨量 436.7 mm,年蒸发量 2 163 mm。受西伯利亚高寒和海洋暖气团的控制,形成冬季严寒干燥、春季风沙频繁、夏季高温炎热、秋季凉爽湿润、昼夜温差悬殊、无霜期短、冰冻期长的气候特征。土壤类型以沙土为主,具有地形起伏大、地表切割破碎、厚沙土层覆盖、沟壑密度大、水土保持能力较差等特征。研究区及样点位置示意图如图 4-7 所示。

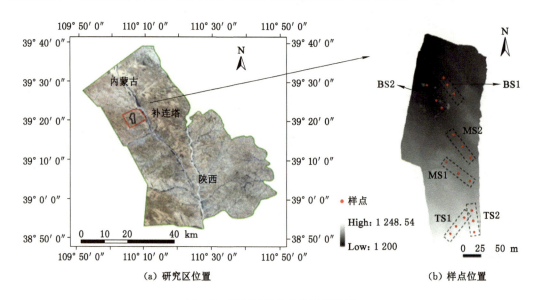

图 4-7　研究区及样点位置示意图

选取风沙区一个坡面的上坡、中坡和坡底进行试验,对 3 个区域 18 个样点的土壤含水率、入渗特性、容重、有机质含量、颗粒组成、微生物多样性等进行测定。样点布设选择在植被覆盖、土壤类型、坡度均质的地方,以减少这些因素对实验结果的影响。具体样点编号为 TS1、TS2(上坡),MS1、MS2(中坡),BS1、BS2(坡底)。

本次试验土壤含水率测定选用 ML3 便携式土壤水分速测仪,土壤粒径测定选用 Rise-2006 型激光粒度仪,土壤导水率、有效含水率、饱和含水率、萎蔫点等测定选用 Guelph 土壤入渗仪,水分特征曲线测定选用土壤水势仪。

选用 ML3 便携式土壤水分速测仪测定土壤含水率时,用微型土壤蒸发器测定不同植被条件下每日的土壤蒸发量,微型蒸发器取土与环刀取土类似,垂直压入微型蒸发器于土中,取出时要确保内部土壤结构不被破坏,然后削去侧壁、底部多余的土壤,最后用纸和纱网封住底部,放入已经事先埋入土中的套筒内,使微型蒸发器上表面与地面相平。土壤蒸发试验如图 4-8 所示。

图 4-8 土壤蒸发试验

选取风积沙区中性区(ZX)、压缩区(YS)、内拉伸区(NLS)、外拉伸区(WLS)和非采区(FC)进行试验,对 5 个区域样点编号分别为中性区 ZX2、压缩区 YS3、内拉伸区 NLS4、外拉伸区 WLS5、非采区 FC6 和 FC7 的 6 个样点测定土壤含水率,安装土壤微型蒸发器,每天早晚称量土壤蒸发器的质量,并记录称量时的地表温度和湿度。蒸发器安装时间为 2015 年 9 月 27 日。

一、土壤含水率

从图 4-9 不同坡位不同土层土壤含水率的空间分布情况得到:0~20 cm 土层土壤含水率为 8.80%~16.30%,20~40 cm 和 40~60 cm 土层土壤含水率分别为 9.10%~29.00% 和 10.00%~36.10%。0~20 cm 土层土壤含水率最低,且随深度增加而增加。0~20 cm、20~40 cm 和 40~60 cm 土层土壤平均含水率分别为 13.73%、16.97% 和 18.26%。土壤含水率随坡度的减小而增大。不同坡位土壤含水率大小依次为:BS(坡底)>MS(中坡)>TS(上坡)。

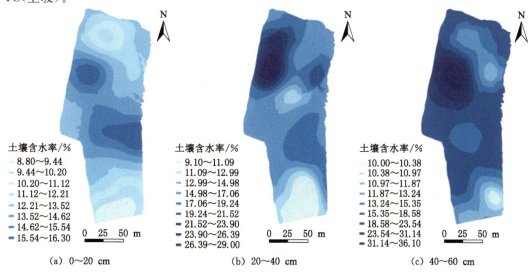

图 4-9 不同坡位不同土层土壤含水率的空间分布

二、土壤质地

风积沙区土壤质地为壤质砂土和砂质壤土(图 4-10)。砂粒、粉粒和黏粒的平均含量分别为 80.50%、9.77% 和 9.73%(表 4-2)。黏粒含量空间异质性较大,为 3.73%~13.35%。粉粒含量为 7.66%~13.89%。从上坡至坡底,砂粒的含量有较大幅度的下降,黏粒的含量明显增高。随深度增加砂粒含量整体上降低,黏粒含量整体上增加。

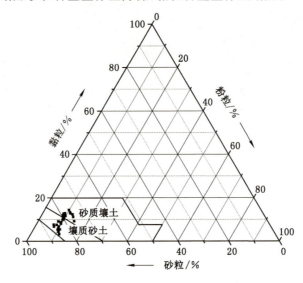

图 4-10 研究区土壤质地分类图

有机质含量为 0.29%~0.60%,平均值为 0.45%。0~20 cm 土层土壤有机质含量明显高于 20~60 cm 土层土壤有机质含量。上坡土壤有机质含量低于坡底土壤有机质含量。不同坡位土壤容重差异不大,为 1.51~1.80 g/cm³,平均值为 1.69 g/cm³。土壤饱和导水率为 5.01~54.00 cm/h,平均值为 20.38 cm/h,空间异质性很强,变异系数 C_v 为 79.91%。饱和导水率最高为 54.00 cm/h,出现在上坡;饱和导水率最低为 5.01 cm/h,出现在坡中。

表 4-2 研究区土壤物理性质统计

样点编号	土层/cm	土壤分类(USDA)	砂粒含量/%	粉粒含量/%	黏粒含量/%	有机质含量/%	容重/(g/cm³)	饱和导水率/(cm/h)
TS1	0~20	壤质砂土	83.29	9.83	6.88	0.52	1.68	38.67
	20~40	壤质砂土	80.15	9.71	10.14	0.31	1.67	14.97
	40~60	砂质壤土	79.10	8.68	12.23	0.32	1.74	53.33
TS2	0~20	壤质砂土	85.16	11.12	3.73	0.54	1.69	47.33
	20~40	壤质砂土	84.10	10.25	5.66	0.41	1.76	54.00
	40~60	壤质砂土	81.02	9.87	9.12	0.39	1.69	15.27
MS1	0~20	壤质砂土	80.20	9.48	10.33	0.58	1.65	21.27
	20~40	壤质砂土	79.64	9.13	11.24	0.46	1.66	5.79
	40~60	壤质砂土	79.67	9.12	11.22	0.45	1.74	5.01

表 4-2(续)

样点编号	土层/cm	土壤分类(USDA)	砂粒含量/%	粉粒含量/%	黏粒含量/%	有机质含量/%	容重/(g/cm³)	饱和导水率/(cm/h)
MS2	0～20	砂质壤土	75.96	13.89	10.16	0.56	1.66	7.53
	20～40	砂质壤土	75.54	11.11	13.35	0.53	1.51	10.32
	40～60	砂质壤土	75.89	11.12	12.99	0.34	1.61	16.81
BS1	0～20	壤质砂土	84.71	8.59	6.70	0.50	1.80	18.60
	20～40	壤质砂土	84.55	9.08	6.38	0.29	1.79	15.51
	40～60	壤质砂土	84.01	7.66	8.33	0.32	1.70	14.55
BS2	0～20	砂质壤土	78.97	9.54	11.50	0.60	1.59	11.97
	20～40	砂质壤土	78.48	8.91	12.61	0.54	1.73	10.44
	40～60	砂质壤土	78.59	8.79	12.63	0.42	1.66	5.55
平均值			80.50	9.77	9.73	0.45	1.69	20.38
SD			3.16	1.39	2.85	0.10	0.07	16.29
变异系数/%			3.92	14.22	29.32	22.85	4.24	79.91

三、土壤持水性

土壤水分特征曲线是反映土壤水分特征的重要曲线,它反映了土壤水分含量与持水性之间的关系。根据土壤水分特征曲线,得到田间持水量、萎蔫点含水率和有效含水率(表 4-3)。从上坡到坡底,有效含水率呈增加趋势。平均田间持水量为25.81%,变异系数为10.50%,平均萎蔫点含水率在6.81%左右,平均有效含水率为18.99%。有效含水率随砂粒含量的下降而增加,随黏土含量的增加而增加。土壤颗粒直径越大,细粒物质(黏粒、粉粒、有机质等)含量越低,对空间的填充能力越弱,土壤分形维数就越小,不利于形成毛管孔隙。同时,土壤质地松散,大孔隙多,持水孔隙缺乏,土壤的入渗性能更好,不利于水分保持。所以,风积沙区土壤颗粒越大,土壤的持水性越不好。

表 4-3 研究区土壤水分特征曲线、田间持水量、萎蔫点含水率和有效含水率

样点编号	土层/cm	土壤水分特征曲线	相关系数	田间持水量/%	萎蔫点含水率/%	有效含水率/%
TS1	0～20	$y=84.79x^{-0.371}$	0.989	23.17	5.62	17.55
	20～40	$y=81.67x^{-0.352}$	0.988	23.85	6.22	17.63
	40～60	$y=86.85x^{-0.348}$	0.997	25.72	6.82	18.90
TS2	0～20	$y=80.89x^{-0.348}$	0.988	23.96	6.35	17.61
	20～40	$y=85.35x^{-0.346}$	0.996	25.46	6.79	18.67
	40～60	$y=82.54x^{-0.334}$	0.989	24.79	6.67	18.12
MS1	0～20	$y=64.64x^{-0.314}$	0.991	21.56	6.50	15.06
	20～40	$y=96.93x^{-0.368}$	0.987	26.77	6.57	20.20
	40～60	$y=91.34x^{-0.344}$	0.988	27.43	7.38	20.05

表 4-3(续)

样点编号	土层/cm	土壤水分特征曲线	相关系数	田间持水量/%	萎蔫点含水率/%	有效含水率/%
MS2	0～20	$y=86.40x^{-0.349}$	0.973	25.50	6.73	18.77
	20～40	$y=82.14x^{-0.325}$	0.975	26.37	7.63	18.74
	40～60	$y=85.19x^{-0.320}$	0.983	27.83	8.20	19.63
BS1	0～20	$y=75.74x^{-0.354}$	0.991	21.97	5.69	16.28
	20～40	$y=79.35x^{-0.353}$	0.982	23.09	6.00	17.09
	40～60	$y=92.41x^{-0.361}$	0.995	26.72	6.74	19.98
BS2	0～20	$y=104.90x^{-0.373}$	0.996	28.45	6.86	21.59
	20～40	$y=108.52x^{-0.364}$	0.995	30.39	7.58	22.81
	40～60	$y=107.11x^{-0.350}$	0.982	31.50	8.28	23.22
平均值				25.81	6.81	18.99
变异系数/%				10.50	11.12	11.16

四、土壤蒸发特征

由图 4-11 可以看出,每个样点 2 d 之中白天的土壤蒸发量都相差不大,说明试验较成功,有参考意义。白天 ZX2 处的土壤蒸发量在 6 个样点之中最高,其次是 WLS5,NLS4 和 FC7 处的土壤蒸发情况相近,YS3 和 FC6 处的土壤蒸发量最低;夜间土壤蒸发量很小,有时候会因为早上露水和大气凝结水的缘故增加蒸发器的质量,使夜间土壤蒸发量为负值,如 YS3、NLS4、FC6 和 FC7 处夜间的土壤蒸发情况。分析原因,土壤水分往往同时受到地形和植被等的综合影响,在坡中和坡顶水分容易流失,使得土壤水分条件较差,表层容易形成干沙层。当土壤含水率较高,表层没有干沙层时,土壤蒸发相当于水面蒸发,蒸发量的大小由大气控制;而当土壤含水率较低,表层形成干沙层时,水分首先是在土壤内部进行蒸发,然后经孔隙逐渐扩散到土壤表面,由于水分扩散在土壤中要比在大气中慢很多,此时蒸发速率主要取决于土壤含水率。

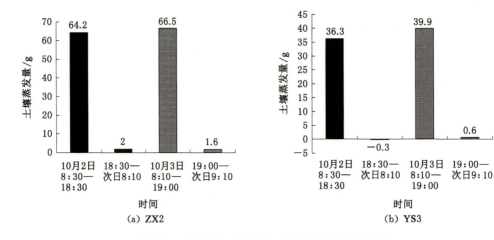

图 4-11　研究区各样点处白天和夜间的土壤蒸发量

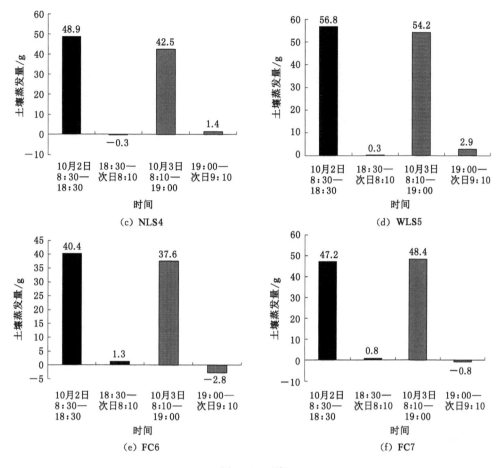

图 4-11　（续）

图 4-12 为样点处土壤蒸发量与含水率之间的关系。土壤含水率选取每天早上测定的含水率。从图中可以看出土壤蒸发量与含水率呈现正相关关系，即含水率高的点蒸发量大。土壤水分状况是土壤蒸发量大小及其变化的一个限制因素，土壤蒸发是土壤水分散失的重要途径，在相同气象条件下，含水率越大蒸发强度越大，含水率低蒸发强度也会受制约。尤其是北方干旱地区土壤蒸发的一个重要因素就是含水率的变化，与所得结论一致。

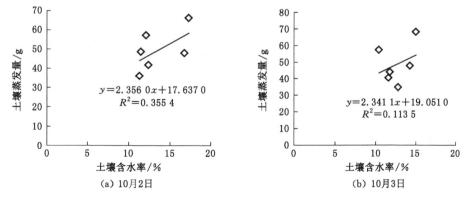

图 4-12　样点处土壤蒸发量与含水率之间的关系

第三节   沉陷对土壤物理性质影响的相似模拟试验

土壤质量的提高、理化性质的改良,能够促进植被的恢复,降低区域水土流失现象,对解决开采沉陷导致的环境问题起到至关重要的作用。因此,掌握开采沉陷对土壤物理性质的影响规律,可提前预测开采沉陷后土壤物理性质变化情况,据此再利用工程、生物等方法可保护、修复沉陷区土壤、植被等关键生态因子。井工开采形成的地表沉陷盆地,根据现场测量地表的水平移动变形,可分为拉伸区、压缩区和中性区,主断面上的下沉曲线及水平移动、变形曲线如图 4-13 所示。拉伸区的水平移动变形值为正值,表示现场相邻测点的间距增大,测点间土体呈水平拉伸变形状态;压缩区的水平移动变形值为负值,表示现场相邻测点的相对位置靠近,测点间土体呈水平压缩状态;中性区的水平移动变形值为零,表示相邻测点的相对位置不发生改变。

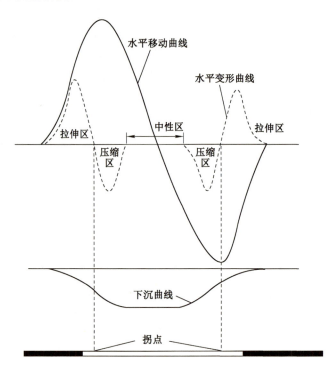

图 4-13   开采沉陷下沉曲线及水平移动、变形曲线

但是,该种分区方法仅表示相邻测点之间的相对距离。由于现场测点布置需考虑测量覆盖面积及成本,相邻测点距离最小 20 m,距离较远,测点间可能存在裂缝、台阶等情况,导致传统测量方法不能直接反映土体变形情况。同时,现场植被、地形等影响因素较多,无法剥离,导致土体变形对土壤物理性质的影响规律被掩盖。因此,本书采用室内土柱试验与大型三维模拟试验方法研究土体变形对土壤关键物理性质的影响,并利用现场试验进行验证。

一、基于土柱变形试验的土壤物理性质变化研究

鉴于野外试验的影响因素众多,无法剥离地形、植被等其他影响因素,利用室内试验能够排除其他影响因素的影响,因此,本次研究通过室内土柱样本变形控制试验研究开采沉陷导致的土体变形对土壤关键物理性质的影响规律。土柱变形试验技术路线如图 4-14 所示。

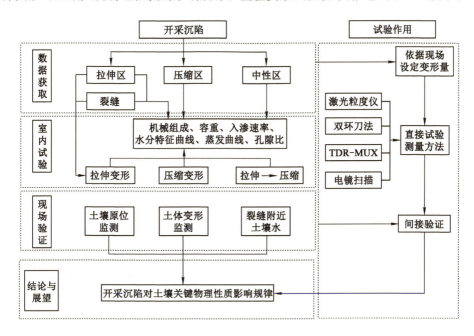

图 4-14　土柱变形试验技术路线

（一）土柱变形试验设计

根据现场土体的地表移动变形设计室内土样变形试验。分别将土样进行压缩变形、拉伸变形,测定变形量并分析变形前后土体关键物理性质变化。从现场地表移动变形监测结果看,中性区土体未发生变形。但在工作面推进过程中,中性区土体实际上经历了先拉伸后压缩的变形过程。本次研究对象为开采沉陷区域表层土,不考虑土体的围压情况,利用单轴变形模拟现场土体变形情况。为使土样变形具有可比性,通过控制土样受力方向,使变形尽量沿垂直截面方向。由于土体变形未发生颗粒的迁移、损失等现象,因此土体变形后容重、孔隙比、蒸发曲线、水分特征曲线、入渗速率、孔隙性等指标发生变化,土体的机械组成未发生变化。

根据研究区现场实测数据设置室内试验土体变形量。现场实测最大水平变形值为 29.7 mm/m,因此设置土体变形量最大值为 3%。由于土样尺寸较小,需要使用精度较高的游标卡尺作为测量工具。但是土样从环刀中取出不可避免地会出现破损,尤其是两端截面处,并且土壤质地较为松软,导致游标卡尺不能很好地贴合截面。为方便后续土样变形量的测量,将土样取出后在土样表面垂直截面方向做直线标记,标记上下截面应尽量平整。如图 4-15 所示,使用游标卡尺测量时将外侧量爪轻轻接触截面,沿直线标记进行测量,以保证测量精度。

图 4-15 土样测量标记

1. 土体压缩变形试验设计

根据现场情况及地表移动变形监测结果,在压缩区地表极少出现地裂缝。现场地表移动变形测量压缩变形能够体现土体压缩变形情况。本次研究对象为研究区表层土壤,因此试验采用单轴压缩,不考虑围压。本次压缩变形试验采用 C64.106 电液伺服万能试验机,最大试验力 1 000 kN,位移测量精度±0.5%,变形测量精度±0.5%,能够满足本次试验需求。

土样在无围压的状态下进行压缩可能导致土样出现侧向变形的情况,该种现象与现场压缩区出现地表隆起情况相似,是合理的。在多次尝试后发现,当土样压缩超过 7 mm 时,即变形量超过 14%时,土样发生崩溃现象。因此,本次土体压缩变形分为 3 组:第一组压缩 1 mm,变形量 2%;第二组压缩 3 mm,变形量 6%;第三组压缩 5 mm,变形量 10%。每一组试验重复 3 次,取算术平均值作为最终试验结果。

土样在压缩变形后依据相应的测量方法进行物理指标的测定,包括土壤容重、土壤孔隙比、土壤蒸发速率、土壤水分特征曲线、土壤入渗速率、土壤孔隙性,以分析压缩变形前后土样物理性质的变化。

2. 土体拉伸变形试验设计

土体拉伸试验一般分为直接拉伸试验和间接拉伸试验。直接拉伸试验通过模具或黏结材料,直接向试样施加拉应力,使试样整体出现拉应变。间接拉伸试验不是直接在土样两端施加拉应力,而是假设土的拉伸破坏符合一定的应力-应变关系,利用压裂等间接方法进行试验,然后利用相应的理论公式计算抗拉强度。这类试验主要有巴西劈裂试验、轴向压裂试验、土梁弯曲试验等。本书的主要目的在于分析土体的抗拉强度,理论上的拉应力作用点也只在破坏截面处,因此可采用直接拉伸试验。直接拉伸试验中一般采用夹具夹住土样两端,或用黏结材料将应力加载模具与土样端部相结合,对土样施加轴向拉应力,使土样整体受到拉应力。采用夹具固定土样时,夹具可能会对土样产生垂直与轴向的压应力,并且夹具夹住土样的部分并未受到拉应力。采用黏结法能够避免土样受到侧向的压应力,并且土样整体均受拉应力产生变形。本次试验利用 502 胶水使土样上下两截面与加载板黏结。在设计加载板时,考虑后期试验利用万能试验机进行压力、拉力的加载,因此在加载板上附加直柄,便于固定。加载板设计示意图及实物图如图 4-16 所示,采用亚克力材料,能够满足试验所需强度,且与土样黏结良好。

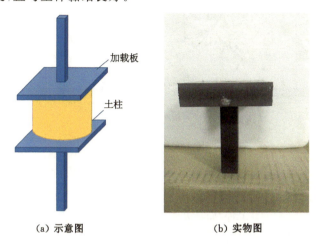

（a）示意图　　　　　　　　　　　（b）实物图

图 4-16　加载板设计示意图及实物图

表土土壤较为松散,尤其在研究区内。该区域属于黄土-荒漠过渡带,其土壤既具有黄土垂直节理发育、干燥时坚硬易破碎等特点,又具有风积沙土黏聚力低、团聚体少等特点。其砂粒含量较高、团聚体较少,在土壤含水率较低的情况下极易发生土体破断现象。通过现场调查数据可以发现,研究区土壤含水率基本在 10％左右。文献研究发现,在无围压,土壤含水率 12％左右的条件下,土体仅发生 0.05％～0.12％的变形即产生破断,在本次试验中,土体仅发生 0.05 mm 拉伸变形时即产生破断。由于土体拉伸变形极限极小,仅与一个砂粒大小相近,可以认为拉伸变形后土体体积未发生变化,并且土壤机械组成未改变,因此其容重、比重等指标未发生变化。破断后分别测量两段的土壤蒸发速率、土壤水分特征曲线、土壤入渗速率和土壤孔隙性,取平均数作为拉伸后土壤关键物理性质。

3. 中性区土体变形试验设计

下沉盆地的中性区表示相邻两测点的相对位置并未发生改变,即土体未发生变形。但传统的测量方式仅能说明土体当时的状态,并未考虑土体是否经历过变形。图 4-17 为中性区土体变形过程示意图。从图中可以看出,样点首先处于拉伸区,土体处于拉伸变形状态,随着工作面的推进,下沉盆地逐渐发育,样点所处位置逐渐转变为压缩区,土体呈压缩状态,最后样点到达中性区位置。

通过文献研究发现,黄土单轴拉伸变形的极限应变只有 0.06％～0.12％。根据现场实测数据,最大水平变形值为 29.7 mm/m,即土体变形量为 3％。但是土体拉伸变形能力极弱,远达不到 3％的变形即发生破断。因此,当土体经历拉伸变形过程后,极有可能出现裂缝、破断现象。压缩变形过程则通过将裂缝压缩、最终愈合裂缝的方式表现。因此,中性区土体变形应经历拉伸变形—破断—破断处愈合的过程。土样在此变形条件下发生破断,表示现场土体在拉伸变形作用下产生裂缝。裂缝处土壤团聚体等土壤结构发生破坏,使得裂缝处土壤抗拉强度进一步降低。因此,随着工作面继续推进,土体的拉伸变形通过裂缝继续扩大的方式体现。随后,该处土体逐渐进入压缩变形过程。又由于裂缝处土体的强度较

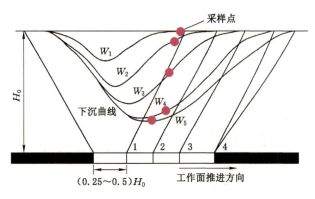

图 4-17　中性区土体变形过程示意图

弱,压缩变形通过裂缝的愈合体现。研究区煤层为近水平煤层,根据开采沉陷学相关理论,在达到充分采动后,地表移动的最大拉伸变形值与最大压缩变形值一致,即说明土体拉伸变形产生的裂缝全部在随后的土体压缩变形作用下愈合。因此,中性区土体变形过程应与拉伸区土体变形过程一致。

(二)土柱压缩变形试验分析

由于表层土壤较为松散,土样在从环刀中取出以及利用万能试验机进行压缩变形过程中不可避免地会遭到破坏,尤其上下截面处容易遭到破坏,因此土样在取出后需要将上下截面用刀削平,以方便后续土样的变形测量。并且,游标卡尺的外侧量爪强度较高,在进行测量时容易嵌入土样内,造成测量的误差增加,在测量时需控制游标卡尺的外侧量爪轻轻接触土样上下截面。因此,土样的尺寸不能保证高度 5 cm,但并不影响后续研究。土样压缩变形情况如图 4-18 所示。

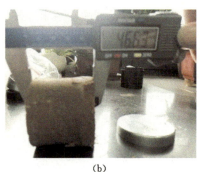

(a)　　　　　　　　　　　　　　(b)

图 4-18　土样压缩变形情况

由于土样在压缩变形较小时存在一定的弹性变形,在撤去压力后土样的变形会有一部分的恢复,因此在进行压缩变形试验时需保持压力一段时间。本次研究采用的游标卡尺精度为 0.01 mm。土样压缩变形结果及土壤物理性质如表 4-4 所示。

土壤孔隙分布直方图如图 4-19 所示。通过图 4-19 可以看出,土体压缩变形导致土壤孔隙度的显著降低($p < 0.05$),并且压缩变形程度越大,土壤孔隙度降低越多。大孔隙受到压缩变形的影响更为显著($p < 0.01$),其占比随压缩变形程度的增加而减小;同时,中孔隙和小孔隙则随压缩变形程度的增加而增加。并且,坡中土壤的大孔隙占比随压缩变形程度

表 4-4　土样压缩变形结果及土壤物理性质

指标	压缩 1 mm			压缩 3 mm			压缩 5 mm		
	坡顶	坡中	坡底	坡顶	坡中	坡底	坡顶	坡中	坡底
原土样高/cm	4.998 ±0.01	4.979 ±0.01	4.977 ±0.01	5.123 ±0.01	4.977 ±0.01	4.969 ±0.01	4.665 ±0.01	4.878 ±0.01	4.231 ±0.01
压缩变形后土样高/cm	4.876 ±0.01	4.849 ±0.01	4.896 ±0.01	4.798 ±0.01	4.663 ±0.01	4.679 ±0.01	4.162 ±0.01	4.381 ±0.01	3.717 ±0.01
绝对差/cm	0.122 ±0.01	0.130 ±0.01	0.081 ±0.01	0.325 ±0.01	0.314 ±0.01	0.290 ±0.01	0.503 ±0.01	0.497 ±0.01	0.514 ±0.01
体积变化率/%	2.44	2.61	1.63	6.34	6.31	5.84	10.78	10.19	12.15
原容重/(g/cm³)	1.43 ±0.01	1.53 ±0.01	1.46 ±0.01	1.48 ±0.01	1.54 ±0.01	1.49 ±0.01	1.45 ±0.01	1.45 ±0.01	1.46 ±0.01
压缩变形后容重/(g/cm³)	1.46 ±0.01	1.57 ±0.01	1.48 ±0.01	1.54 ±0.01	1.64 ±0.01	1.58 ±0.01	1.68 ±0.01	1.70 ±0.01	1.68 ±0.01
原饱和导水速率/(mm/min)	0.21 ±0.02	0.20 ±0.02	0.20 ±0.02	0.21 ±0.02	0.20 ±0.02	0.20 ±0.02	0.20 ±0.02	0.20 ±0.02	0.20 ±0.02
压缩变形后饱和导水速率/(mm/min)	0.20 ±0.02	0.20 ±0.02	0.20 ±0.02	0.19 ±0.02	0.21 ±0.02	0.20 ±0.02	0.17 ±0.02	0.17 ±0.02	0.18 ±0.02
饱和导水速率变化率/%	−5.0	0	0	−10.0	+5.0	0	−15.0	−15.0	−10.0

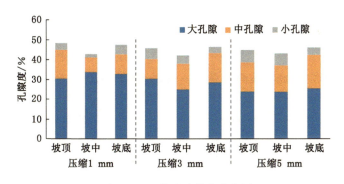

图 4-19　土壤孔隙分布直方图

的增加减小更快。造成这些现象的主要原因是土粒在间距较大时，即处于大孔隙状态时，土粒间相互作用力较小，在受到压力时首先受到影响，土粒间距离逐渐减小，大孔隙逐渐发展为中孔隙和小孔隙，同时，原本的中孔隙和小孔隙更难减小，因此出现大孔隙占比减小，中孔隙和小孔隙占比增加的现象。并且坡中土壤受到的侵蚀作用更为严重，导致土壤中粉粒、黏粒占比降低，土壤以颗粒较大的砂粒为主，大孔隙较多且团聚体较少，因此基本表现为坡中土壤大孔隙总数量的减小程度比坡顶和坡底土壤的更为显著。

　　研究区气候较为干旱，且降水多集中于夏季，土壤在雨季时容易达到饱和状态，但由于土体压缩变形造成的土壤孔隙比的降低直接导致土壤饱和含水率的降低，土壤储水总量降低，容易导致压缩区植被受到干旱影响。同时，土壤孔隙比的降低会导致土壤水入渗速率降低。其共同导致了降水时压缩区地表更易形成径流，造成土壤水蚀的加剧。

因为现场土样压缩变形时未发生颗粒损失,所以土样质量和颗粒组成不发生改变,仅体积由于压缩变形而减小。并且,本次压缩变形试验土样未发生侧向变形,土样仅沿轴向发生压缩变形,因此土壤容重变化规律应符合如下公式:

$$\gamma'_d = \frac{m}{V(1-\alpha)} = \gamma_d \times \frac{1}{1-\alpha} \tag{4-8}$$

式中　γ'_d——压缩变形后土样容重;

m——土样原质量;

V——土样原体积;

γ_d——土样原容重;

α——土样体积变化率。

通过回归检验,R^2 为 0.732,相对误差为 0.006,检验效果较好。通过表 4-4 可以发现,土样压缩变形会造成土样容重的增加,且增加比率与体积变化率相近,并且会整体上导致土样饱和导水速率的降低。随着体积变化率的增加,压缩变形后饱和导水率也会降低。通过对比不同的体积变化率可以发现,压缩 1 mm 时,即体积变化率在 2.5% 左右时,饱和导水速率变化不大;压缩 3 mm 时,即体积变化率在 6.5% 左右时,土样饱和导水速率发生减小的现象;压缩 5 mm 时,即体积变化率在 12.0% 左右时,土样饱和导水速率发生显著降低的情况。通过对比不同坡位的土样可以发现,坡顶土样受压缩变形影响更为明显。其主要原因是由于土样的压缩变形,土体更紧实,土体的孔隙被挤压而减少,水的入渗更为困难;有些孔隙之间由之前相互连通的状态转变为相互封闭的状态,导致土壤入渗速率的降低。

土壤容重的增加会导致土壤更为紧实,容易影响压缩区植被根系的生长。同时,饱和导水率的降低也会使得该区域在雨季时更容易形成地表径流,土壤水蚀现象加剧。

土样压缩变形后入渗速率曲线如图 4-20 所示。利用入渗速率曲线分析,土样的压缩变形均会导致入渗速率在初始阶段有所降低。坡顶土样和坡底土样入渗速率受土体变形影响的情况与坡中土样有所不同。坡顶和坡底土样在经历压缩变形后,土样的初始入渗速率有所降低,压缩 1 mm 和 3 mm 后的土样在入渗速率快速降低阶段,入渗速率曲线较为平缓,即入渗速率的降低更慢,压缩 5 mm 的土样在该阶段入渗速率相较于未压缩土样降低较慢。坡中土壤在压缩变形后,初始入渗速率同样降低,但在入渗速率快速降低阶段其入渗速率曲线更陡,说明入渗速率降低更快。并且,坡中土壤的入渗速率曲线变化更大。

分析其主要原因是压缩变形后大孔隙总数量减小,并且原本连通性较好的孔隙受到挤压,可能转变为连通性较差的孔隙。当大孔隙及连通性较好的孔隙充满水后,由小孔隙和连通性较差的孔隙充当主要的入渗通道和储水空间,综合导致了压缩变形后土壤的初始入渗速率较快,在入渗速率快速降低阶段入渗速率降低更快。但当压缩量过大,即压缩 5 mm 时,土壤原本的团聚体可能被破坏,土壤中更多的大孔隙转变为小孔隙,增强了小孔隙之间的连通性。因此在入渗初始阶段,入渗速率降低,且在入渗速率快速降低阶段,入渗速率降低更慢。而坡中土壤粉粒较少,大孔隙占比相较于坡顶和坡底土壤的要高,土壤中的小孔隙较少,土样的水分入渗由大孔隙承担主要作用。相较于坡顶和坡底土样,坡中土样在压缩变形后大孔隙总数量降低更多,因此坡中土壤入渗速率曲线的变化较大。

研究区地下水位较低,气候较为干旱,且降水分布不均,多集中于夏季,一般通过大气凝结水的形式补充土壤水。土体压缩变形后,土壤入渗能力减弱,降水时更易形成地表径

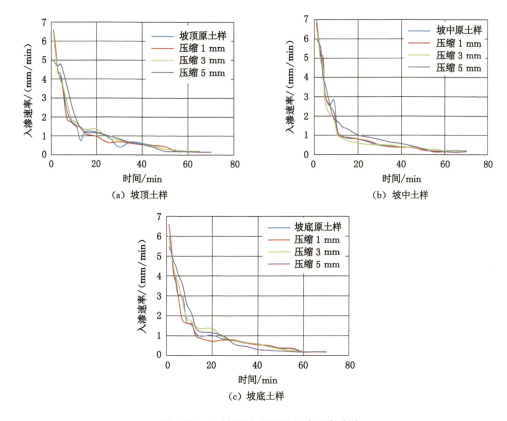

图 4-20　土样压缩变形后入渗速率曲线

流,并阻碍了大气凝结水的入渗,妨碍了土壤水的补充,易导致压缩区土壤含水率的降低,
植被受到干旱影响。

通过土样压缩变形后蒸发速率曲线(图 4-21)可以发现,与入渗速率曲线相似,在压缩
变形后,蒸发速率都有所降低,且都在蒸发初始阶段速率有所降低;土样压缩变形程度越
大,在蒸发速率降低阶段,其速率降低得越慢;坡中土壤蒸发速率曲线受土壤压缩变形影响
更为明显,坡顶与坡底土壤在受到不同程度的压缩变形后,蒸发速率曲线变化不明显。

其主要原因与入渗速率变化规律相同。坡中土壤以大颗粒的砂粒为主,土样中大孔隙
占较多比例,持水能力较差,而坡顶与坡底土壤中小颗粒的粉粒较多,土样中含有较多的小
孔隙,持水能力较强,且坡顶土壤在长期缺水条件下,其团聚体较少,持水能力更弱。因此
坡中土样在压缩变形后,较多大孔隙变为小孔隙,持水能力有所增强;坡顶与坡底土样在压
缩变形后,同样存在大孔隙占比减小的现象,造成了其持水能力的增强。

土样压缩变形后水分特征曲线如图 4-22 所示。从图 4-22 可知,土样压缩变形后,水分特
征曲线向上移动,即在同一土壤水吸力的条件下,土壤体积含水率增大,说明土体压缩变形增
加了土壤的持水能力,并且随着压缩变形程度的增加,土壤的持水能力也进一步增强。但是,
土样压缩后,其饱和含水率有所下降,且随压缩变形程度的增加,饱和含水率进一步下降。

压缩变形后土壤孔隙度的降低是形成该现象的主要原因。压缩变形会使得土壤更紧
实,大孔隙占比减小,中、小孔隙占比增加,中、小孔隙对水分的吸力更强。但是,大孔隙能
够容纳更多的水分。因此,当土体产生压缩变形时,由于土体总孔隙度的降低,使得其饱和

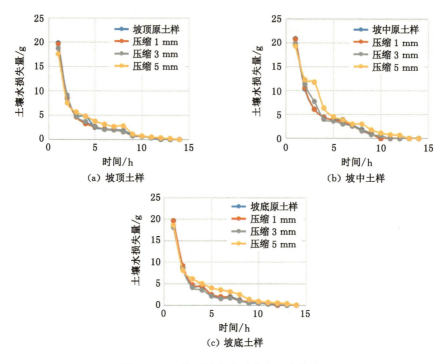

图 4-21　土样压缩变形后蒸发速率曲线

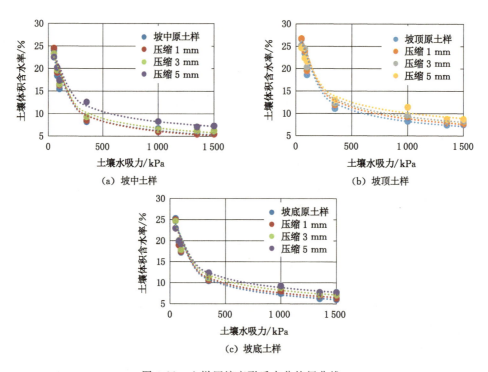

图 4-22　土样压缩变形后水分特征曲线

含水率降低；同时，由于大孔隙向中、小孔隙转变，土壤对水分的吸附能力更强。

（三）土样拉伸变形试验分析

根据现场地表移动变形实测数据，土体最大拉伸变形值应为 29.7 mm/m。由于土壤的拉伸变形能力极弱，在超过其拉伸变形极限后即产生裂缝。但由于现场测量范围较广，两测点间距一般最短 20 m，测点间可能出现裂缝、台阶等。因此，现场测量的地表拉伸变形数据不能很好地表现土体拉伸变形。土体拉伸变形室内试验尺度较小，可以很好地控制拉伸变形过程及拉伸变形量，能够排除其他因素，从而研究土体拉伸变形对土壤关键物理性质的影响。

研究对象为表层 0～15 cm 土层，该土层存在一些植被的细根、小石块等，使得土体质地并不完全均匀。在拉伸变形时，可能由于细根导致该处的土体抗拉强度增加，或存在小石块导致该处的土体抗拉强度降低。因此，在土样拉伸变形产生破断时，破断处并不平整。土样拉伸破坏实物图如图 4-23 所示。土样拉伸变形后土壤参数变化如表 4-5 所示。

图 4-23　土样拉伸破坏实物图

表 4-5　土样拉伸变形后土壤参数变化

原土样高/cm	5.002 ±0.001	4.979 ±0.001	4.977 ±0.001	4.996 ±0.001	4.937 ±0.001	4.969 ±0.001	4.846 ±0.001	4.892 ±0.001	4.770 ±0.001
拉断后土样高/cm	4.986 ±0.001	4.977 ±0.001	4.988 ±0.001	4.997 ±0.001	4.945 ±0.001	4.972 ±0.001	4.847 ±0.001	4.894 ±0.001	4.771 ±0.001
绝对差/cm	−0.016 ±0.001	−0.002 ±0.001	0.011 ±0.001	0.001 ±0.001	0.008 ±0.001	0.003 ±0.001	0.001 ±0.001	0.002 ±0.001	0.001 ±0.001
变形率/%	−0.32	−0.04	0.22	0.02	0.16	0.06	0.02	0.04	0.02
原饱和导水率 /(mm/min)	0.19 ±0.02	0.17 ±0.02	0.20 ±0.02	0.19 ±0.02	0.19 ±0.02	0.21 ±0.02	0.19 ±0.02	0.19 ±0.02	0.20 ±0.02
拉伸变形后饱和导水率 /(mm/min)	0.19 ±0.02	0.18 ±0.02	0.19 ±0.02	0.19 ±0.02	0.20 ±0.02	0.18 ±0.02	0.20 ±0.02	0.19 ±0.02	0.19 ±0.02

利用游标卡尺测量土样轴向变形值,精度为 0.01 mm。由于土样断裂截面不平整,游标卡尺无法与断面完全贴合,可能导致测量误差的增大。通过表 4-5 可以发现,土样拉伸变形后出现了两段总长度小于原土样长度的情况。这是由于土样在拉断时破断处土壤产生碎裂的现象,土样破断处的固体有所损失。在后续数据处理中将这两组数据剔除。由表可知,土样拉伸变形极限极小,变形值平均 0.04 mm,变形率平均值仅 0.08%,这与已有研究结果相符。土样拉伸变形前后饱和导水率没有显著变化($p>0.05$)。

通过对拉伸变形前后土壤孔隙性(图 4-24)、土壤蒸发速率曲线、土壤入渗速率曲线(图 4-25)和土壤水分特征曲线(图 4-26)进行显著性分析,可以发现,拉伸变形未对土壤孔隙性、蒸发速率、入渗速率和水分特征产生显著性影响($p>0.05$)。形成该现象的主要原因是该区域土壤属于松散介质,尤其是研究区土壤砂粒含量较高、团聚体较少,并且土壤含水量较低,导致研究区土壤黏聚力较低,颗粒间相互吸附能力较弱。研究区属于黄土-风积沙过渡带,其土壤既具有黄土垂直节理发育、干燥时较坚硬、易发生破断等特点,同时具有风积沙土较为松散、土壤结构差、团聚体较少等特点,导致土体在受到拉应力时极易发生破断,而不产生土粒相对位置的移动。因此,土体除破断截面位置可能发生碎裂,其他位置的机械组成、结构等均未发生改变。因此,土体的蒸发速率、入渗速率、孔隙性和水分特征曲线均不易发生显著性改变。已有研究表明,沉陷盆地拉伸区土壤水分容易降低,其原因与拉伸区大量永久裂缝的形成,增加了裂缝区附近土壤水蒸发损失,或降雨径流向裂缝垂直入渗显著增多,导致的土壤水分径流补给能力降低有关。

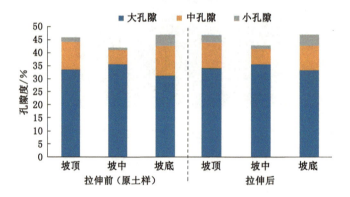

图 4-24　拉伸变形前后土壤孔隙分布直方图

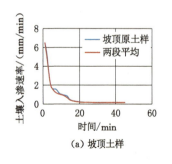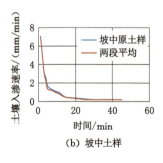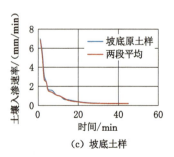

（a）坡顶土样　　（b）坡中土样　　（c）坡底土样

图 4-25　拉伸变形前后土壤入渗速率曲线

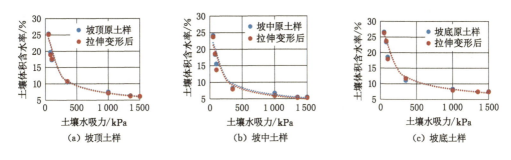

图 4-26 拉伸变形前后土壤水分特征曲线

二、沉陷变形土壤物理性质的三维相似模拟试验研究

（一）三维相似模拟试验设计

为进一步掌握开采沉陷对土壤物理性质影响的空间分布规律,在充分借鉴和改进前人相关研究成果基础上,设计了井工开采引起地表沉陷的三维相似模拟试验装置与试验控制方法,并根据工作面现场开采地质条件与土壤性质进行相似常数设计;通过对对照组和设计组进行取样分析,探索了开采沉陷前后地表变形及表层土壤水分、容重等物理性质的空间变化规律。沉陷区土壤物理性质相似模拟试验研究路线如图 4-27 所示。

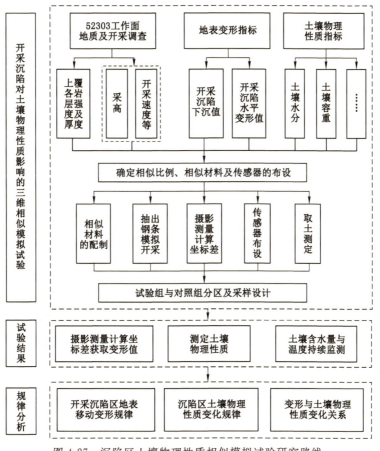

图 4-27 沉陷区土壤物理性质相似模拟试验研究路线

本次相似模拟试验对象选取神东矿区大柳塔矿52303工作面上覆岩层及土层。该工作面埋深235 m,采高6.94 m,煤层倾角为近水平,地表以黄土沟壑地貌为主,年蒸发量远大于年降水量。该区地层为第四系松散沉积物所覆盖,粉砂壤土的黄土为最典型的土壤类型。结合52303工作面地质情况调查、开采沉陷预计范围分析以及各个开采沉陷区土壤取样数目,确定了本次试验的几何相似比为1∶300。根据相似三定理及开采沉陷理论,采用量纲分析法推导此次相似模型的主要相似常数及相似岩层材料力学参数,如表4-6所示。合理地模拟岩层物理性质是确保地表变形及土壤物理性质按相似理论变化的前提条件。

表 4-6　相似模拟试验主要相似常数

项目	参数
几何相似比	1∶300
密度相似常数	1.23
土壤含水量相似常数	1
孔隙比相似常数	1
动力相似常数	3.32×10^7
时间相似比	1∶17

本次相似模拟试验装置长约4.6 m,宽3.1 m,高1.5 m,用钢板进行四周围护,约束模型边界。采用抽取多条钢条的方式可以灵活多变地模拟煤炭开采的尺寸及速度,同时也更接近实际的开采情况,其中试验组共有9根钢条,每一根的尺寸约为1 100 mm×60 mm×23 mm(长×宽×高),宽度方向为煤炭开采的走向。由于钢条上方相似材料较重,通过减速机抽取钢条既满足动力需求,同时可以保证抽取速度均匀。相似模拟试验装置平面设计如图4-28所示。

现场取样时在样点位置较邻近的情况下,可以近似认为样点所处环境条件相同,不需要考虑边界对土壤物理性质的影响。但是,在相似模拟试验中,由于模型尺度较小,且装置用钢板围护,必然会产生边界效应。通过设置与预沉陷区铺设条件完全相同的对照区,尽可能地排除控制变量之外的其他因素对试验结果的影响。同时,为减弱模型边界对土壤物理性质的影响,在充分采动边界以外预留0.15 m宽度的土壤。由几何相似比1∶300可以得到相似模型的总试验高度为0.86 m,走向最大可开采尺为0.70 m,倾向最大开采尺寸为1.51 m。

本次试验采用摄影测量方法测量模拟开采后地表的移动变形值,测量精度可达到毫米级。摄影测量的标志点均匀铺设,点间距为0.10 m,共铺设300个标志点。利用开采沉陷预计相关理论,预计压缩区与拉伸区范围,然后在压缩区、拉伸区和对照区分别提前布设土壤水分动态监测仪和采后环刀取样标记。沉陷区环刀取样点的位置与对照区布点方式呈空间相似对应关系,以满足沉陷区各样点土壤物理性质与对照区土壤物理性质参照值具有可比性。摄影测量标志点与监测样点布局如图4-29所示。

根据计算的相似岩层力学参数,在充分考虑抗压强度相似的前提下,岩层相似材料质量配比为0.800∶0.180∶0.014∶0.006(砂∶云母粉∶石膏∶碳酸钙)。本试验采用硼砂作为缓凝剂,硼砂对于石膏作为胶结物的相似材料具有很好的控制效果。为使岩层相似材

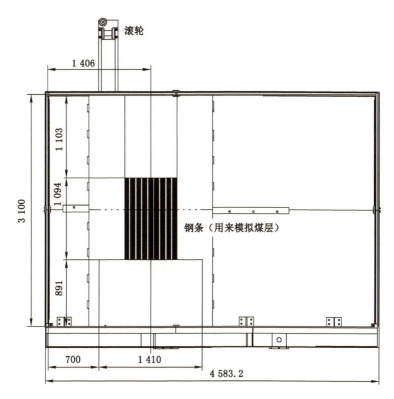

图 4-28　相似模拟试验装置平面设计

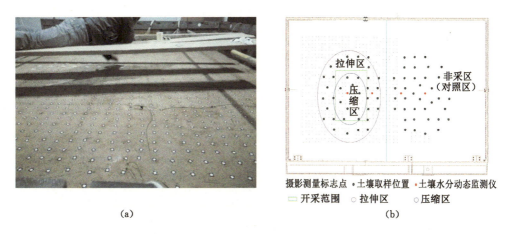

图 4-29　摄影测量标志点与监测样点布局

料铺设均匀，本次试验采用分层铺设，并在每层铺设完毕后在其上铺撒云母片，保证岩层层理分明。试验区与对照区同步铺设，以保证两者的初始条件尽量相同；而且在铺设每一层相似材料时应尽快完成，以防止相似材料结块，影响层间的匀质性。

（二）三维模拟开采沉陷移动变形分析

通过对相似模型表面移动变形连续监测发现，开采 17 d 后地表达到稳沉状态。根据摄影测量获取的标志点坐标，利用 ArcGIS 软件生成沉陷区的下沉等值线及倾向水平变形等值线图，结果如图 4-30 所示。由图 4-30 可以看出，最大下沉等值线发生了向下偏移，可能与某个标志点意外移动有关。本次试验主要进行倾向主断面的分析。由倾向水平变形等值线图可以看出,在两个压缩区中间存在一段水平变形为零的区域,即中性区,说明倾向方向达到充分采动。该结论与达到充分采动条件的经验值相符(工作面推进距离达到1.2~1.4倍采高)。通过量取主断面上的影响范围,可以得到本次开采模拟的影响范围为走向1.45 m,倾向2.06 m。模拟的开采范围为走向开采0.70 m,倾向开采1.09 m。据此可计算得到走向开采影响边界角为66.3°,比神东大柳塔矿区开采沉陷影响边界角的范围(53.7°~63.2°)略大;倾向开采影响边界角为60.4°,位于该地区开采沉陷影响边界角的范围内。

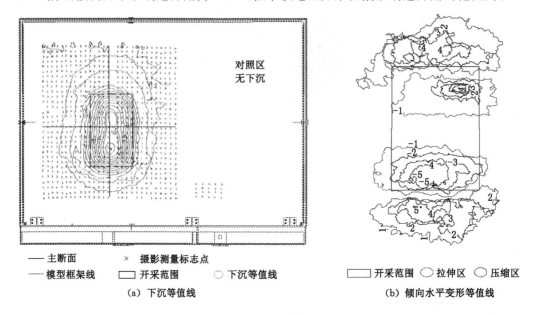

图 4-30　开采下沉等值线及倾向水平变形等值线图

　　本书主要针对表层土壤含水率、容重两个关键土壤物理性质的影响规律进行研究,因此更注重地表移动变形的模拟结果。由图4-30所示的两个主断面可以看出,走向和倾向主断面分别位于摄影测量标志点的第15行和第15列。根据水平移动和水平变形的定义,获得了倾向主断面水平移动和水平变形值,并绘制成散点图,如图4-31所示。水平变形正值表示拉伸变形,位于拉伸区域,即相邻土壤颗粒受拉伸相邻距离增加;负值表示压缩变形,位于压缩区域,即相邻土壤颗粒处于压缩状态。从图4-31中可以看出,开采区中心处水平移动接近0 mm,水平变形值基本接近0 mm/m,且出现了水平移动值几乎相等的连续几个点,并在编号6和21处达到峰值,说明倾向方向达到了充分采动,本次相似模拟试验基本符合开采沉陷学规律。

　　(三)沉陷移动变形对土壤水分的影响

　　开采沉陷对土壤含水率和田间持水能力的影响,是沉陷区植物生境变化的重要影响方式之一。因此,找出沉陷移动变形对土壤含水率影响作用关系,对预测沉陷对地表生态环境的影响具有重要价值。本试验通过环刀取样测定表层土壤含水率,得到以下结果:压缩区的土壤含水率平均值为9.62%,标准差为0.79;拉伸区土壤含水率平均值为8.68%,标准差为0.98;对照区土壤含水率平均值为10.21%,标准差为0.67。结果表明,开采沉陷降

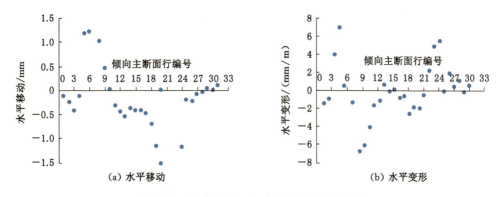

图 4-31 倾向主断面水平移动和水平变形图

低了压缩区和拉伸区的土壤含水率,增加了其离散程度。通过单因素方差分析推断开采沉陷使得拉伸区土壤含水率受影响程度大于压缩区土壤含水率受影响程度。

为减小相似模型的系统误差,将对照区土壤含水率与沉陷区土壤含水率的差值作为土壤含水率变化值进行分析。这里需要说明的是,压缩区和拉伸区土壤含水率变化值均为正值,即开采沉陷同时降低了压缩区和拉伸区的土壤含水率。用土壤含水率差值和水平变形的绝对值分析更容易看出两者之间的关系。图 4-32 为压缩和拉伸区土壤含水率差值与水平变形绝对值散点关系图。从图 4-32 中可以看出,压缩区和拉伸区土壤含水率差值均随变形值增加而增加,即随着水平变形绝对值增大,土壤含水率逐渐降低。另外,在拉伸区水平变形绝对值出现明显的拐点时,土壤含水率差值并没有出现突变的情况,这说明在一定水平变形范围内,土壤含水率变化趋势均匀。

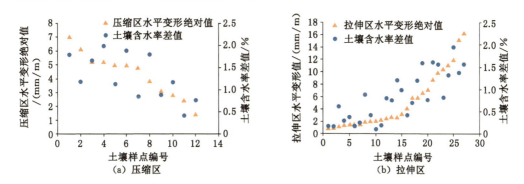

图 4-32 压缩区和拉伸区土壤含水率差值与水平变形绝对值散点关系图

对压缩区和拉伸区水平变形绝对值和土壤含水率差值进行影响关系拟合,结果显示压缩区土壤含水率差值与压缩变形量之间的决定系数较低,为 0.411。其主要原因是在压缩变形时,土壤孔隙作为影响土壤水动力学性质和溶质运移的主要因素被挤压减小,从而降低土壤含水率,加之压缩变形幅度较小,因此土壤含水率受压缩变形影响的随机性较大。拉伸区土壤含水率差值与拉伸变形量之间的决定系数为 0.670。总体上看,整个沉陷区土壤含水率差值与水平变形绝对值呈正相关关系,也即水平变形绝对值越大,土壤含水率降低幅度越大。

第四节 开采沉陷对土壤物理性质影响的现场试验

一、沉陷对黄土区土壤关键物理性质的影响

（一）现场试验设计与样点插值分析

通过开采沉陷等值线图，对地表影响范围进行预测分区，并将拉伸区细分为外拉伸区和内拉伸区两部分，共得到内拉伸区（NLS）、外拉伸区（WLS）、压缩区（YS）、中性区（ZX）及非采区（FC），如图 4-33 所示。在 5 个区域布置样点，对同一样点进行开采前后两次取样测试。开采前后两次土壤取样的现场地表情况如图 4-34 所示，图中开采后地表已经出现了小的地裂缝，说明地表已经出现了沉降。样点为格网式布设方式，以提高土壤取样数据的克里金插值精度。取样间距设计为 20 m 左右，样点数目为 30 个。样点布设选择在植被覆盖、土壤类型、坡度均质的地方，以减少这些因素对土壤物理性质和试验结果的影响。具体样点布设如图 4-35 所示，图中样点 FC1～FC6 位于非采区内，WLS1～WLS6 位于外拉伸区内，NLS1～NLS6 位于内拉伸区内，YS1～YS6 位于压缩区内，ZX1～ZX6 位于中性区内。

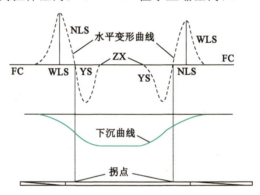

图 4-33 采动对地表影响区域的分区

（a）开采前 （b）开采后

图 4-34 开采前后两次土壤取样的现场地表情况

每个样点开采前后各取一组土壤样品进行测试，每组为 4 环刀土，因此开采前为 30 组土壤样品；由于开采后 ZX6、YS6 和 WLS3 样点土壤数据的破坏，有效样本为 27 组。浅层

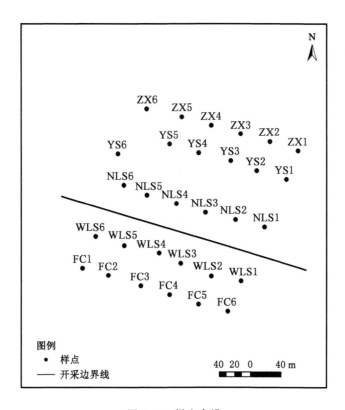

图 4-35 样点布设

土壤是植物、微生物等活动剧烈的场所,在该区域内探寻开采对土壤物理性质的扰动影响,对矿区生态环境修复和水土流失防治具有重要意义,而取样现场 0～0.10 m 土层内含有石砾以及植物根系,两者均对土壤内摩擦角和黏聚力的影响较大,以致无法在该土层内进行取样。因此,选定取样深度为 0.10～0.15 m。

土壤样品的测试指标包括容重、干密度、天然含水率、天然孔隙比、有机质含量、内摩擦角和黏聚力。土壤容重、干密度、天然含水率和天然孔隙比采用环刀法进行测定;有机质含量采用高温外热重铬酸钾氧化-容量法测定;内摩擦角和黏聚力采用低压下固结慢剪实验测定,剪切仪为四联剪切仪,压力等级分别为 0 kPa、12.5 kPa、25 kPa、37.5 kPa,剪切速率为 0.01 mm/min。

利用 SPSS 软件对取样数据进行 Kolmogorov-Smirnov 正态分布检验,表明土壤物理性质开采前、开采后及开采后前差值(开采后减去开采前的差值)均服从正态分布,取样数据满足克里金插值条件。针对开采前后土壤物理性质进行差异性显著分析,采用 SPSS 软件单因素方差分析功能进行检验。通过式(4-9)计算得到离散程度变化率 R 来分析开采前后土壤离散程度的变化情况。

$$R = \frac{C_{v1} - C_{v2}}{C_{v2}} \times 100\% \tag{4-9}$$

式中 C_{v1}——开采后的变异系数,用来表征开采后土壤物理性质的离散程度;

C_{v2}——开采前的变异系数,用来表征开采前土壤物理性质的离散程度。

根据 Wilding 划分标准,变异系数值为 0～15% 时为弱离散,为 16%～35% 时为中等程度离散,大于 36% 时为强离散。

另外,采用地统计学理论和 ArcGIS 插值相结合的方法,分析开采前后半方差函数块金效应变化情况及开采后前土壤物理性质差值的克里金插值预测图,以研究开采对土壤物理性质扰动的空间变异规律。半方差函数须满足二阶平稳或者至少满足固有假设。

(二)开采对土壤物理性质扰动的统计变化规律

对样本进行统计特征计算,并进行开采前后在显著性水平为 0.05 时的土壤物理性质单因素方差检验,结果如表 4-7 所示。

表 4-7 开采前后土壤物理性质统计变化及平均值的显著性差异检验表

物理性质	A[前(后)]	F	sig_1	C_{v2}	C_{v1}	$R/\%$
天然含水率	12.00%(9.07%)	5.30	0.022	36.4	56.98	56.67
容重	1.64 g/cm³(1.60 g/cm³)	5.20	0.027	2.7	5.19	91.51
干密度	1.46 g/cm³(1.47 g/cm³)	0.05	0.816	3.6	6.20	72.22
天然孔隙比	0.84(0.84)	0.18	0.676	8.2	14.44	76.74
有机质含量	0.43%(0.31%)	2.96	0.092	56.4	41.68	−26.14
内摩擦角	28.78°(31.26°)	12.83	0.001	7.6	8.40	10.53
黏聚力	20.97 kPa(10.81 kPa)	32.84	0.000	23.6	63.40	168.53

注:前(后)表示开采前(开采后);A 表示平均值;F 代表针对开采前后各土壤物理性质平均值的单因素(开采)方差分析检验值;sig_1 为检验的显著性。

由表 4-7 单因素方差分析可知,开采后相比于开采前,天然含水率、容重和黏聚力的平均值显著减小($p<0.05$),分别减小 24%、2% 和 48%;内摩擦角平均值显著增大($p<0.05$),增大幅度为 9%;干密度、天然孔隙比和有机质含量平均值没有显著变化($p>0.05$)。

依据 Wilding 变异强度划分标准,开采前有机质含量和天然含水率具有强离散度,黏聚力具有中等离散度,容重、干密度、天然孔隙比及内摩擦角具有弱离散度。有机质含量、天然含水率及黏聚力三个变量具有较强离散度主要是因为受地形、植被覆盖等因素影响较大。开采后,天然含水率、有机质含量以及黏聚力具有强离散度,其他变量均具有弱离散度。通过对比发现,开采前后仅仅黏聚力的离散度由中等离散度变为强离散度。但从各个变量的离散程度变化率 R 来看,开采前后各个土壤物理性质离散程度变化十分显著:有机质含量的离散程度显著减小 26.14%,天然含水率、黏聚力、天然孔隙比、干密度、容重等参数的离散程度增大,增幅达 50% 以上,内摩擦角增幅为 10.53%。

(三)开采对土壤物理性质扰动的空间变异规律

容重、干密度和天然孔隙比开采后前差值的块金效应均为 1,说明三个变量的空间异质性由随机性因素引起,这与三个变量在采前和采后均为弱空间依赖性有关。天然含水率、有机质含量、内摩擦角及黏聚力开采后前差值的块金效应分别为 0.585、0、0.371、0.593。有机质含量开采后前差值在空间上具有很强的空间自相关性,天然含水率、内摩擦角及黏聚力均可视为具有中等强度空间自相关性。因此,天然含水率、有机质含量、内摩擦角及黏聚力四个变量开采后前差值的空间异质性更多是由结构性因素引起,而这种结构性因素只能由煤炭开采引起。因此,煤炭开采是引起天然含水率、有机质含量、内摩擦角及黏聚力空间异质的结构性因素。

为了进一步探寻煤炭开采对土壤物理性质的空间影响规律,对具有中高强度空间自相关性的天然含水率、黏聚力、内摩擦角及有机质含量开采后前差值进行插值预测,得到四个变量的插值预测图,如图4-36所示。

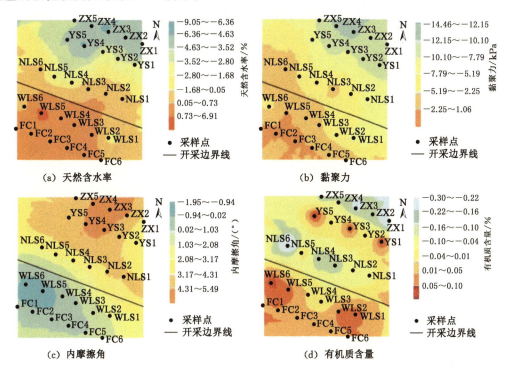

图4-36　天然含水率、黏聚力、内摩擦角以及有机质含量开采后前差值的插值预测图

开采后前天然含水率差值的插值预测图[图4-36(a)]中,除外拉伸区点WLS5外,在非采区和外拉伸区开采后前天然含水率差值几乎为零,而内拉伸区、压缩区以及中性区开采后前差值都小于零,并且由内拉伸区向中性区方向(与开采边界向工作面中心方向相同),差值越来越小。因此,开采对天然含水率的影响具有空间规律性,在非采区以及外拉伸区对天然含水率的影响不大,但在内拉伸区、压缩区以及中性区均降低了天然含水率,并且由内拉伸区向中性区方向降低越来越明显。

开采后前黏聚力差值的插值预测图[图4-36(b)]中,从影响的趋势来讲,开采对黏聚力的影响与对天然含水率的影响具有相似的空间变化规律,这主要是因为天然含水率在15%以下时,黏聚力随天然含水率的降低而降低。但是开采对黏聚力的降低从外拉伸区开始,并向中性区方向降低越来越显著。开采后前内摩擦角差值的插值预测图[图4-36(c)]中,开采对内摩擦角的影响与对天然含水率的影响具有相反的空间变化规律,在非采区和外拉伸区范围内,开采对内摩擦角几乎没有影响,而在内拉伸区、压缩区以及中性区均增大了内摩擦角,并且由内拉伸区向中性区方向增大越来越明显。这是因为天然含水率的减少增加了内摩擦角。虽然开采后前有机质含量差值在空间上具有很强的空间自相关性[图4-36(d)],但并不像天然含水率、黏聚力、内摩擦角那样具有明显的规律性。

二、沉陷对风积沙区土壤物理性质的影响

在风积沙区 52302 工作面分别于 2015 年 5 月（采前）、10 月（采中）对开采工作面上方的不同影响区域[非采区（FC）、外拉伸区（WLS）、内拉伸区（NLS）、压缩区（YS）和中性区（ZX）]布置样点，如图 4-37 所示。图中样点 FC1～FC7 位于非采区内，WLS1～WLS7 位于外拉伸区内，NLS1～NLS7 位于内拉伸区内，YS1～YS7 位于压缩区内，ZX1～ZX7 位于中性区内。测试指标主要包括土壤含水率、土壤紧实度和取样测试土壤粒径等，以研究土壤参数在空间上的变异规律；对于不同开采阶段，针对不同影响区域的土壤指标进行比较，以研究风积沙区煤炭开采对土壤物理参数的扰动影响。

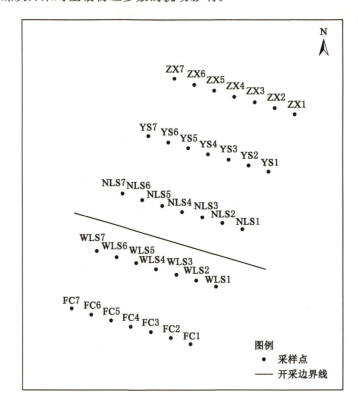

图 4-37　风积沙区样点布设图

（一）开采沉陷对土壤粒径与持水性的影响

为研究开采对土壤粒径分布及其对土壤持水效果的影响，通过对采前、采中各个影响区域的样点进行土壤含水率的测定和取样测试土样平均粒径分布（图 4-38～图 4-40），对土壤含水率和土壤平均粒径进行线性拟合。通过土壤含水率和土壤平均粒径的拟合关系，得出土壤含水率与土壤平均粒径呈负相关关系，即土壤含水率随土壤平均粒径的增大而减小。结合风积沙区土壤基本性质的测试分析结果：坡度影响土壤粒径的分布，粒径的大小影响土壤的持水性，较小颗粒土壤对水分的吸持能力较强，会延缓水分的下渗。因此，煤炭开采沉陷附加坡度引起的土壤粒径再分布是影响表层土壤含水率变化的途径之一。

图 4-38　土壤参数现场测试情况

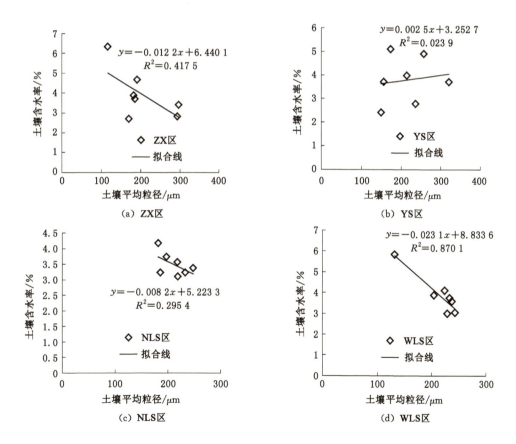

图 4-39　风积沙区 5 月土壤含水率与土壤平均粒径关系

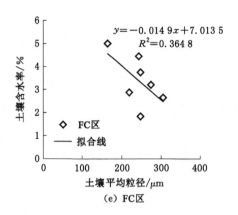

（e）FC区

图 4-39 （续）

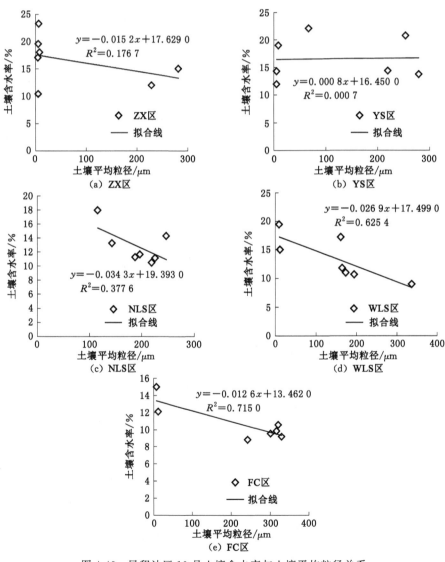

图 4-40　风积沙区 10 月土壤含水率与土壤平均粒径关系

（二）开采沉陷对土壤紧实度变化的影响

土壤紧实度是指土壤颗粒间隙的大小，是衡量土壤土体致密程度的一个参数。一般而言，土壤紧实度是评价土壤耕作条件、衡量土壤耕作质量的重要指标。但是土壤紧实度与沙尘暴的发生也有密切联系。土壤紧实度在一定时期内变化不大，地表土壤越紧实，地表沙粒越不易被风吹起；反之，地表比较松散时，沙粒就易被风吹起，从而成为沙尘暴发生的有利条件。选取风积沙沉陷区的中性区、压缩区、内拉伸区、外拉伸区和非采区进行试验，对 5 个区域 35 个样点的土壤紧实度进行测定，本次试验使用 TJSD-750-Ⅲ数显土壤紧实度测量仪测定 0～40 cm 土壤的紧实度。

5 月土壤紧实度结果显示，各个区域土壤紧实度在 0～10 cm 范围内随深度的增加增大较快，之后随深度增加增大趋势稍下降，10 月采后测试结果显示，土壤紧实度整体减小，0～10 cm 范围内紧实度较 5 月变化较大，分析原因为，10 月受降雨天气影响，浅层土壤紧实度因土壤含水率的增大而减小，5 月内蒙古风沙大，表层土壤易受风沙侵蚀，土壤紧实度增加。因此，初步得出风积沙区的土壤紧实度相比黄土区的较小，土壤较松散，在风季更容易发生沙尘暴，受开采沉陷影响后土壤紧实度整体减小。通过将 0～10 cm 范围内土壤平均紧实度与土壤含水率进行拟合，发现在该范围内土壤平均紧实度随土壤含水率的增加而增大，但规律不明显，具体规律还需进一步研究。

（三）开采沉陷对土壤入渗特性变化的影响

从各个样点入渗情况来看，不同影响区域样点之间入渗情况差异性较小，个别样点差异性稍大。将土壤导水率与土壤含水率进行线性拟合，初步得出，土壤导水率与土壤含水率呈负相关关系，即土壤含水率越高，土壤的导水能力越低，反之，导水能力越强。通过土壤导水率与土壤平均粒径的拟合关系，可初步得出土壤导水率随土壤粒径的增大而降低，即大粒径土壤持水性比小粒径土壤持水性差。分析原因，土壤颗粒直径越大，细粒物质（黏粒、粉粒、有机质等）含量越低，对空间的填充能力越弱，土壤分形维数就越小，不利于形成毛细管孔隙。同时，土壤质地松散，大孔隙多，持水孔隙缺乏，土壤的入渗性能较好。比较 5 月和 10 月两次入渗试验，风积沙区每个区域的土壤入渗的重现性较好，两次试验的土壤导水率相差不大，表明开采沉陷对风积沙区土壤入渗性能的影响不大。开采前后风积沙区两次入渗试验导水率比较如图 4-41 所示。

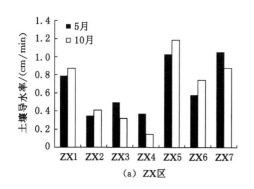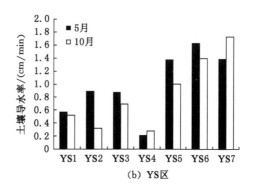

图 4-41　开采前后风积沙区两次入渗试验导水率比较

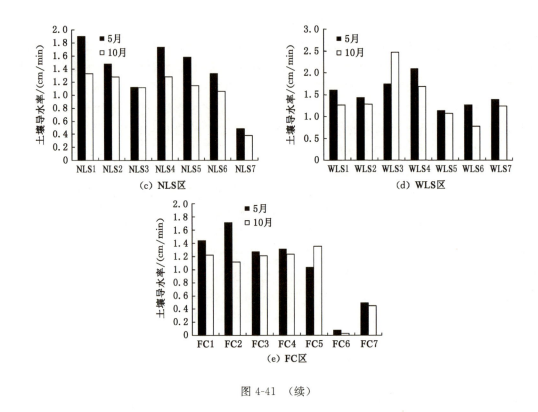

图 4-41 （续）

综上所述：矿区开采导致样点间土壤粒径差异性增加，质地均匀性变差；土壤含水率与土壤平均粒径呈负相关关系；采后引起了土壤紧实度整体降低，0～10 cm 范围内紧实度比采前变化幅度大；将土壤导水率与土壤含水率进行线性拟合，初步得出土壤导水率与土壤含水率呈负相关关系；比较采前和采后两次入渗试验，发现开采沉陷对风积沙区土壤入渗性能的影响不大。

第五节　开采沉陷对土壤化学性质与微生物的影响

研究区选择神东大柳塔矿区范围内的沉陷（2 年）区与未沉陷区（R 区）。区域内生态环境相似，植被地质地貌特征接近。沉陷区内沿地裂缝区域为地裂缝区（SC 区），沉陷区内的地裂缝外区域为沉陷对照区（SR 区）。未沉陷区、地裂缝区和沉陷对照区分别沿坡度自上而下分为上坡、中坡、下坡。在未沉陷区沿坡度自上而下分别设 RU、RM、RL 3 个样点，每个样点水平方向上取 5 个样品。在地裂缝区和沉陷对照区亦自上而下分别设 SCU、SCM、SCL 和 SRU、SRM、SRL 3 个样点，每个样点水平方向上取 5 个样品。取样时间为 2015 年 5 月。研究区划分示意如图 4-42 所示。

一、开采沉陷对土壤化学性质的影响

各样点土壤基本化学性质如表 4-8 所示。根据表 4-8 的结果可以看出，开采沉陷尤其是地表裂缝的形成对土壤有机碳、全氮、有机氮、速效磷和速效钾含量有较大影响。沿地裂

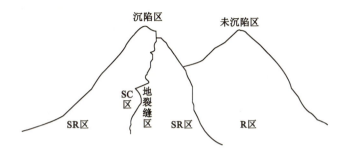

图 4-42 研究区划分示意

缝区从上而下土壤的有机碳含量明显低于沉陷对照区和未沉陷区的,而沉陷对照区的中、下部土壤有机碳含量也要明显低于未沉陷区的。土壤全氮和有机氮含量在未沉陷区也要明显高于沉陷对照区,尤其是地裂缝区中、上部的全氮和有机氮含量显著低于未沉陷区的,比沉陷对照区的也要低一些。全磷含量在所有样点变化不大,只有地裂缝区上部的全磷含量显著低于沉陷对照区下部的。而速效磷的含量在各样点之间变化较大,地裂缝区的速效磷含量显著低于未沉陷区的,而沉陷对照区的速效磷含量基本介于两者之间,越往斜坡下方差异越大。全钾含量在各组之间基本没有显著性差异,但是速效钾的含量变化较大,地裂缝区的速效钾含量要显著低于沉陷对照区和未沉陷区的。综上可知,开采造成的地表沉陷严重影响了土壤中的元素和养分的分配和迁移,尤其是地裂缝的形成加速了开采沉陷区土壤养分(尤其是土壤有机质、氮元素、速效磷和速效钾)的流失。

表 4-8　土壤基本化学性质

样点	有机碳含量 /(g/kg)	全氮含量 /(g/kg)	有机氮含量 /(g/kg)	全磷含量 /(g/kg)	全钾含量 /(g/kg)	速效磷含量 /(mg/kg)	速效钾含量 /(mg/kg)
SCL	4.083 ± 0.129^b	0.452 ± 0.073^{ab}	0.446 ± 0.072^{ab}	0.368 ± 0.069^{ab}	16.931 ± 1.604^a	0.596 ± 0.104^b	82.050 ± 12.887^{bc}
SCM	2.957 ± 0.410^a	0.338 ± 0.031^a	0.332 ± 0.030^a	0.321 ± 0.055^{ab}	17.398 ± 1.589^a	0.172 ± 0.044^a	61.006 ± 9.561^{ab}
SCU	2.379 ± 0.326^a	0.295 ± 0.046^a	0.289 ± 0.046^a	0.299 ± 0.056^a	14.810 ± 2.849^a	0.047 ± 0.029^a	47.000 ± 11.911^a
SRL	7.291 ± 0.591^d	0.623 ± 0.055^{bc}	0.616 ± 0.052^{bc}	0.435 ± 0.107^b	18.256 ± 1.529^a	1.042 ± 0.148^c	134.500 ± 7.786^e
SRM	6.051 ± 0.663^{de}	0.568 ± 0.065^{bc}	0.563 ± 0.065^{bc}	0.390 ± 0.035^{ab}	18.336 ± 1.396^a	0.711 ± 0.109^b	100.724 ± 14.048^{cd}
SRU	4.321 ± 0.778^{bcd}	0.455 ± 0.081^{ab}	0.450 ± 0.080^{ab}	0.397 ± 0.065^{ab}	16.991 ± 1.176^a	0.170 ± 0.049^a	79.084 ± 11.757^{bc}
RL	7.642 ± 0.411^e	0.769 ± 0.044^d	0.762 ± 0.044^d	0.414 ± 0.042^{ab}	17.196 ± 1.079^a	1.351 ± 0.231^d	144.500 ± 12.550^e
RM	6.255 ± 0.236^d	0.639 ± 0.036^c	0.633 ± 0.036^c	0.404 ± 0.054^{ab}	16.823 ± 0.363^a	1.140 ± 0.155^{cd}	116.500 ± 13.181^{de}
RU	5.385 ± 0.370^{cd}	0.525 ± 0.012^b	0.518 ± 0.012^b	0.349 ± 0.070^{ab}	16.406 ± 2.466^a	0.750 ± 0.113^b	85.000 ± 24.044^{bc}

注:a、b、c、d、e 为不同样点间的多重比较(Tamhane 多重比较,不同字母表示差异显著)。

二、开采沉陷对土壤微生物群落的影响

取表层 0~5 cm 土壤,每个样点取 5 个样品制成混合样。在每个样点的 5 个样品中随机抽取 3 个用于土壤微生物群落分析。称 0.5 g 土壤,使用 E. Z. N. A. Soil DNA 试剂盒抽提基因组 DNA。DNA 浓度采用 NanoDrop-2000 微量分光光度仪定量并检测纯度,再用 1%琼脂糖凝胶检测 DNA 完整度。将纯化后的 DNA 作为模板,利用细菌通用引物 515 F

（5′-GTGCCAGCMGCCGCGG-3′)/907R（5′-CCGTCAATTCMTTTRAGTTT-3′）扩增16S rRNA。上下游引物均由上海美吉生物医药科技有限公司提供合成。PCR 反应在 ABI GeneAmp®9700 型仪器（Applied Biosystems, Foster City, USA）内进行。PCR 产物在纯化和质检过后,在上海美吉生物医药科技有限公司 Illumina Miseq PE250 platform 进行高通量测序。Miseq 测序得到的 PE reads 首先根据 overlap 关系进行拼接,同时对序列质量进行质控和过滤,区分样品后进行 OTU(operational taxonomic units)聚类分析和物种分类学分析,基于 OTU 可以进行多样性指数分析和 OTU 聚类分析。

（一）群落多样性分析

以 97％相似性水平为标准划分 OTU,然后依据 OTU 聚类结果进行 α 多样性分析,计算各组样品多样性指数（Chao1、Ace、Shannon 和 Simpson,见表 4-9）,以此估计样品中细菌的物种丰富度和多样性。

表 4-9　土壤细菌多样性指数分析（97％相似性水平）

样点	Ace	Chao1	Shannon	Simpson	Coverage
SCL	3 679.875±214.805	3 686.041±238.629	6.517±0.154	0.006±0.003	0.979±0.002
SCM	3 139.608±336.053	3 128.994±299.914	6.276±0.238	0.012±0.007	0.980±0.007
SCU	1 794.269±978.396	1 781.800±1 026.912	3.219±1.568	0.282±0.223	0.990±0.005
SRL	3 630.259±132.081	3 620.003±163.356	6.411±0.121	0.006±0.001	0.976±0.003
SRM	3 517.418±53.953	3 486.479±76.218	6.418±0.116	0.005±0.001	0.977±0.008
SRU	3 604.526±65.619	3 595.502±74.011	6.671±0.021	0.003±0.001	0.976±0.004
RL	3 601.221±231.322	3 609.754±199.842	6.510±0.163	0.004±0.001	0.975±0.003
RM	3 577.092±118.166	3 617.411±145.623	6.518±0.111	0.006±0.001	0.978±0.005
RU	3 416.707±367.823	3 442.534±392.319	6.405±0.037	0.009±0.001	0.977±0.002

由表 4-9 可见,测序深度指数 Coverage 指数在各组样品中均大于 0.970,说明各组样品文库的覆盖率较高,样品中序列未被检出的概率较低,该测序结果较好地代表了样品的真实情况。SCU 组（即地裂缝区的上部）菌群丰度指数 Chao1 和 Ace 指数比其他组的要低得多,说明地裂缝区上部细菌物种数要明显少于其他区的。同时 SCU 组中的 Shannon 指数值也明显低,说明地裂缝区上部细菌群落物种多样性也要比其他区的低。Simpson 指数也反映了相同的问题,SCU 组中的 Simpson 指数明显高于其他各组的。通常情况下,Simpson 指数值越高,说明群落多样性越低。这些说明地裂缝区上部的细菌总数少,同时多样性也差。

试验采集的 9 组土壤样品的细菌 16S rRNA 基因经过高通量测序和聚类分析后,共获得细菌 21 个门（图 4-43）,其中主要包括 Proteobacteria(变形菌门)（23.4％）、Acidobacteria(酸杆菌门)（19.7％）、Actinobacteria（放线菌门）（19.4％）、Firmicutes（壁厚菌门）（13.1％）、Planctomycetes(浮霉菌)（7.4％）、Chloroflexi(绿弯菌门)（6.0％）,总共占所有土壤样品测得序列总数的 89.0％。Proteobacteria、Acidobacteria、Actinobacteria、Firmicutes 和 Planctomycetes 等在研究区土壤细菌群落结构中占主导地位,是该区域土壤中的优势细菌类群,而这与多数报道结果基本一致,说明这些菌群对环境具有广泛的适应性,在生态系统中具有重要作用。此外,在所有样品中大约有 0.5％的序列(Bacteria_unclassified)未被分归到任何现存的门类中去,说明该区域土壤中尚存有未被认知的菌种资源。

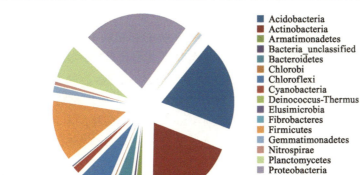

图 4-43　全部样品土壤细菌群落结构

通过对 9 组样品中的细菌群落结构和相对丰度(图 4-44)进行分析,发现 SCU 组的细菌群落结构和其他组有较大的差别,该组中的 Firmicutes 的相对丰度要显著高于其他组的,而 Acidobacteria、Actinobacteria、Proteobacteria 和 Planctomycetes 的相对丰度则显著低于其他组的。这说明在地裂缝区上部,由于地裂缝的存在和自然的侵蚀使土壤环境发生了巨大的变化,相应的微生物群落结构也发生了巨大的变化。

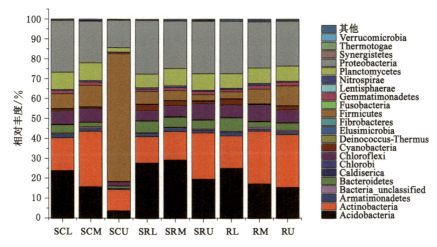

图 4-44　不同土壤样品中的细菌群落结构和相对丰度

Firmicutes 属革兰氏阳性菌,能够通过产生内生孢子来抵抗环境胁迫,近些年的研究表明 Firmicutes 门的细菌常存在于一些极端环境,甚至是某些冻土环境的优势菌群。研究人员在对深层土壤的研究中也发现 Firmicutes 门中的厌氧菌集中分布在深层土壤中。在我们的研究中地裂缝的形成和自然的侵蚀使部分原来位于深层的土壤暴露出来,造成在地裂缝区上部侵蚀比较严重的区域 Firmicutes 成为优势菌种,相对丰度约占到 64%。而土壤中较为常见的 Acidobacteria、Actinobacteria、Proteobacteria 和 Planctomycetes 在地裂缝区上部土壤中总共占不到 30%。这些菌种在自然界中扮演重要角色,起到协助元素循环、能量转换以及调节土壤微环境等作用。

（二）细菌群落聚类分析

应用聚类分析法构建细菌群落聚类树状图,来描述未沉陷区、地裂缝区和沉陷对照区土壤的细菌群落结构的相似性和差异关系。聚类树状图显示,所有样品土壤细菌群落结构聚为两大簇。其中,SCU 单独聚成一簇,其他样品聚为另一大簇,而较大的这一簇又可分为两簇,SCM、RU、RM、SRU 为一簇,SRL、SRM、SCL、RL 为一簇。此结果和群落结构分析结果基本一致,说明地裂缝区上部土壤中的细菌结构与其他区域的有明显区别,剩下的基本上是位于斜坡上方的群落结构比较相似,而斜坡下方的群落结构比较相似,位于斜坡中间的细菌群落结构在两簇中都有出现。

群落多样性分析结果表明地裂缝区上部土壤细菌种类少,多样性差。群落结构分析、聚类分析以及 PCA 分析的结果也都表明地裂缝区上部的土壤中细菌群落和其他区域的存在明显差异,同时斜坡上部和斜坡下部的细菌群落也存在一定差异。结合土壤化学分析结果,推断是在地裂缝的形成以及自然侵蚀的共同作用下造成地裂缝区上部的土壤特性与其他区域的存在较大差异,与之相适应的土壤微生物群落也有较大不同。

（三）土壤特性主成分分析

对土壤样品中的细菌 OTUs 矩阵进行主成分分析,结果如图 4-45 所示。第一轴能够解释所有变量的 83.4%,第二轴能够解释所有变量的 12.2%,累计贡献率达 95.6%。第一轴把地裂缝区上部（SCU 组）3 个土壤样品与其他样品明显区分开,SCU 组样品在第一轴方向上与其他样本明显分离。而第二轴基本把斜坡上部样本和斜坡下部样本区分开来。结果表明地裂缝区上部的土壤中细菌群落和其他区域的明显不同,同时斜坡上部和斜坡下部的细菌群落也存在明显差异,这与上面的聚类分析结果以及群落结构组成分析结果相一致。

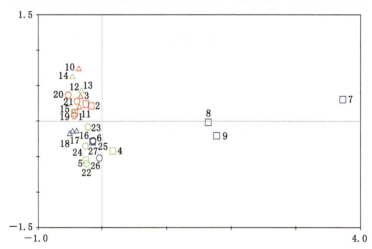

图 4-45　土壤样品中的细菌 OTUs 矩阵主成分分析

注:方形代表地裂缝区,三角形代表沉陷对照区,圆形代表未沉陷区;
蓝色、绿色、红色分别代表上坡、中坡和下坡;一共 9 组,每组 3 个重复。

采用冗余分析对土壤特性与微生物群落结构关系进行分析（图 4-46）,发现土壤水分含量、有机质含量、总氮、总磷、有效钾以及 pH 值都会影响土壤微生物群落结构,在本试验中水分含量、总氮、总磷的影响最为明显(R^2分别为 0.902 4、0.699 8、0.630 8)。

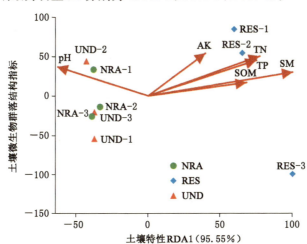

NRA—沉陷未治理区;RES—人工种植区;UND—未开采扰动区。

图 4-46　土壤特性与微生物群落结构关系的冗余分析

第六节　本章小结

黄土沟壑区,坡中土壤砂粒含量较高,土壤比重和天然孔隙比较小,但大孔隙占比较高,入渗速率较高,坡中土壤水更易蒸发。坡顶土壤相较于坡中和坡底土壤受风蚀影响更为严重,黏粒、粉粒等小颗粒发生迁移现象,坡顶土壤的持水能力降低。在相同基质势下,坡中土壤的含水率相较于坡顶和坡底土壤的含水率低,其持水能力较弱,坡顶土壤的含水率明显小于坡中和坡底土壤的含水率。

风积沙区,在 0～60 cm 范围内,土壤含水率随深度增加而增加,随坡度的减小而增大。土壤有机质含量较低,平均值为 0.45%。0～20 cm 土层土壤有机质含量明显高于 20～60 cm 土层土壤有机质含量。壤质砂土中砂粒、粉粒和黏粒的平均含量分别为 80.50%、9.77% 和 9.73%,质地松散,大孔隙多,持水孔隙缺乏,土壤入渗性能更好,土壤持水性较差。

土地沉陷相似模拟试验与现实土壤观测表明,整个沉陷区土壤含水率差值与水平变形绝对值呈正相关关系,也即水平变形绝对值越大,土壤含水率降低幅度越大。沉陷区土壤质量表现出显著的空间异质性,沉陷土地损伤主要发生在工作面中性区与拉伸区。沉陷中性区、地裂缝区、沉陷区坡中和坡顶土壤水分更易流失;开采沉陷附加坡度引起的土壤粒径再分布和质地均匀性降低是影响表层土壤含水率变化的一种途径。地裂缝加速了沉陷区土壤有机质、氮元素、速效磷、速效钾等养分的流失,与之相对应的是土壤细菌种类少、多样性差。

第五章　井工煤矿开采对潜水和土壤水的影响

地下水与土壤水是干旱半干旱地区社会经济发展和维持生态环境的关键。然而,地下煤炭开采引起上覆岩层运移破断极易引起地下水位变化,同时地表沉陷还易引起根系层土壤水变化。本章结合实测与数值模拟分析了导水裂隙带发育规律,以及地下潜水位和土壤水的变化特征,以认识地下资源开采对半干旱环境的影响机理,指导矿区保水开采和植被修复。

第一节　井工开采对导水裂隙带高度的影响

一、多工作面导水裂隙带发育高度实测分析

通过神东矿区逐个矿井观测资料收集与现场实测相结合,得到了补连塔、大柳塔、锦界矿、活鸡兔、乌兰木伦、石圪台等矿井不同采高、采宽条件下的导水裂隙带发育实测高度,如表5-1所示,为研究风积沙区浅埋煤层工作面导水裂隙带发育高度提供了重要的基础科学资料。

表 5-1　神东矿区主要矿井导水裂隙带发育高度实测基础数据表

井田名称	开采煤层	开采方法	顶板类型	采厚/m	工作面宽度/m	采深/m	推进速度/(m/d)	实测高度/m	经验高度/m
活鸡兔井	12上煤	综采	中硬度	3.70	299.8	125.00	10.0	48.09	38.87
乌兰木伦煤矿	31煤	综采	中硬度	4.20	300.3	150.32	8.0	48.65	40.70
柳塔煤矿	12上煤	综采	中硬度	3.30	255.0	110.00	10.0	53.00	37.16
乌兰木伦煤矿	12煤	综采	中硬度	3.00	300.2	115.82	8.0	66.58	35.71
锦界煤矿	31煤层	综采	中硬度	3.20	266.0	110.00	20.0	44.00	36.70
锦界煤矿	31煤层	综采	中硬度	3.15	222.0	105.00	20.0	46.00	36.46
锦界煤矿	31煤层	综采	中硬度	3.20	242.9	110.00	20.0	47.00	36.70
石圪台煤矿	22煤	综采	中硬度	2.20	254.8	87.00	7.3	87.00	30.90
石圪台煤矿	31煤	综采	中硬度	4.00	355.2	135.00	7.0	135.00	40.00
大柳塔井	52煤	综采	中硬度	7.00	280.5	177.00	10.0	137.32	47.30
补连塔矿	12煤	综采	中硬度	4.00	325.5	230.00	3.6	140.50	40.00
石圪台煤矿	31煤	综采	中硬度	2.80	335.8	143.00	8.4	143.00	34.65

根据《建筑物、水体、铁路及主要井巷煤柱留设与压煤开采规范》中的顶板导水裂隙带

高度预计公式计算得到的神东矿区主要矿井的导水裂隙带高度大都低于或远低于实测导水裂隙带发育高度（表 5-1）。许家林等（2012）的研究分析表明这主要取决于覆岩关键层位置对导水裂隙带发育高度的影响，尤其是当覆岩主关键层位于临界高度 7～10 m 以内时。这里主要侧重于基于工作面开采强度或尺寸的角度进行分析。根据表 5-1 实测导水裂隙带发育高度来看，总体上发育高度与工作面宽度具有较高的正相关关系，与工作面的采深总体也呈较高的正相关关系，然而与经验认知的导水裂隙带发育高度取决于工作面采厚的认识差异显著，这可能是由这些实测导水裂隙带高度所处的开采地质条件差异引起的，具体原因还需要进一步研究。神东矿区主要矿井导水裂隙带发育高度与工作面宽度、采深、采厚的关系如图 5-1 所示。

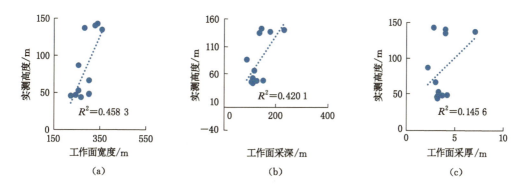

图 5-1　神东矿区主要矿井导水裂隙带发育高度与
工作面宽度、采深、采厚的关系

　　表 5-2 为神东矿区采厚平均在 3.3 m 情况下导水裂隙带发育高度与工作面开采情况，可以较明显地看到，在较相似的地质条件与采深条件下，工作面宽度与导水裂隙带发育高度呈正相关关系，但采宽对导水裂隙带发育高度的影响并不明显。这主要是由于这些工作面采宽都达到了充分采动的尺寸条件。此外，工作面开采速度对导水裂隙带发育高度具有控制作用，速度越快导水裂隙带发育高度越低。但部分导水裂隙带发育高度与煤层开采厚度呈负相关异常现象，需深入研究。平均 3.3 m 采厚条件下导水裂隙带发育高度与工作面宽度、开采速度的关系如图 5-2 所示。

表 5-2　神东矿区部分工作面采厚平均 3.3 m 时导水裂隙带发育高度实测

井田名称	开采方法	顶板类型	采厚/m	工作面宽度/m	采深/m	推进速度/(m/d)	实测高度/m	经验高度/m
锦界煤矿	综采	中硬度	3.20	266.0	110.00	20.0	44.00	36.70
锦界煤矿	综采	中硬度	3.15	222.0	105.00	20.0	46.00	36.46
锦界煤矿	综采	中硬度	3.20	242.9	110.00	20.0	47.00	36.70
活鸡兔矿	综采	中硬度	3.70	299.8	125.00	10.0	48.09	38.87
柳塔煤矿	综采	中硬度	3.30	255.0	110.00	10.0	53.00	37.16
乌兰木伦矿	综采	中硬度	3.00	300.2	115.82	8.0	66.58	35.71

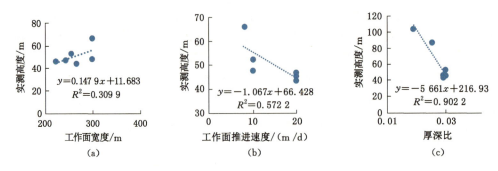

图 5-2 平均 3.3 m 采厚条件下导水裂隙带发育高度与工作面宽度、开采速度、厚深比的关系

二、采宽对导水裂隙带高度影响的数值模拟

为分析特定开采条件下工作面开采宽度对导水裂隙带发育高度的影响,现采用理论分析、数值模拟以及现场实测的方法研究了大柳塔矿 7.0 m 特大采高综采面导水裂隙带高度演化规律。模型中岩石的赋存情况、岩性、厚度参照大柳塔煤矿 52304 工作面切眼附近的 269 钻孔柱状。该计算模型长 1 000 m,高 270 m。共布置两层煤,其中:5^{-2} 煤层厚 7 m,2^{-2} 煤层厚 1 m,均为近水平煤层;5^{-2} 煤层埋深 220 m,底板厚 50 m,松散层厚 32 m。模型中各岩层岩性、厚度、力学参数参考实验室岩石的测试结果。模型中 5^{-2} 煤层的块体划分为 7 m×5 m,直接顶块体大小为 2 m×2 m。模型边界条件采用位移固定边界,两侧边界为单向约束,底部边界为双向约束,模型本构关系采用莫尔-库仑模型。5^{-2} 煤层在一定埋深条件下,采高、面宽是影响采动导水裂隙带发育高度的主要因素。考虑到 52304 工作面的小面宽度为 150 m,长面宽度为 300 m,且初采期的采高较小,为 6.2~6.5 m,后期正常采高为 6.5~7.0 m,因此,确定的模拟计算方案如表 5-3 所示。

表 5-3 数值模拟方案

方案	1	2	3	4	5
采高/m	6.5	6.5	7.0	7.0	7.0
面宽/m	100	150	200	250	300

目前在导水裂隙带的数值模拟中,导水裂隙的判据主要有水平变形、塑性区、应力等。为了定量描述和预测导水裂隙带演化规律,采用水平变形作为判据。如果水平变形绝对值大于零,表示在 A、B 两点之间产生了相对位移,则可能产生裂隙。由于岩层结构自身有一定塑性变形,同时,如果产生的裂隙十分微小不能达到导水的程度,则利用水平变形 $|\varepsilon_{AB}| \geqslant$ 5~7 mm/m 作为标准判别是否产生导水裂隙。

由图 5-3 可知,面宽加大后,采动裂隙带的分布范围不断加大。当工作面宽度为 150 m 时,导水裂隙带中部高度约为 70 m,此时通过水平变形等值线图反演出合适的导高判据,经对比分析发现水平变形值为 7 mm/m,即针对大柳塔煤矿 5^{-2} 煤层开采条件,以水平变形值 7 mm/m 作为参考标准判别导高与实测结果较为接近。因此,采用 7 mm/m 作为导水裂隙带判别依据:水平变形值大于 7 mm/m 时,认为岩层处于导水裂隙带内;水平变形值小于 7 mm/m 时,认为岩层即使破断也没有贯通。据此,绘出不同面宽时的导高轮廓线如图 5-3

所示,并得出不同面宽时引起的导水裂隙带发育高度特征见图 5-4。

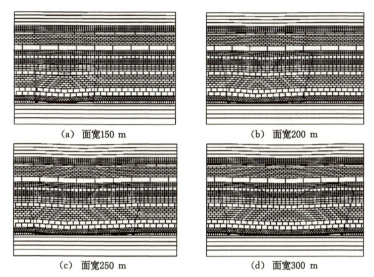

| (a) 面宽150 m | (b) 面宽200 m |

| (c) 面宽250 m | (d) 面宽300 m |

图 5-3　不同面宽时对应的导水裂隙带轮廓图

由图 5-4 得出:当工作面宽度为 150 m 时,导水裂隙带轮廓总体呈马鞍形,最大高度位于开采边界正上方,距顶板 91 m 处,此时,马鞍形中部高度为 68 m;当工作面宽度为 200 m 时,导水裂隙带最大高度为 117 m,位于主关键层下方,裂隙中部高度为 75 m;当工作面宽度为 250 m 时,导水裂隙带最大高度为 118 m,裂隙中部高度为 83 m;当工作面宽度为 300 m 时,导水裂隙带最大高度为 120 m,此时,导水裂隙发育到主关键层底界面,裂隙中部高度约为 90 m。

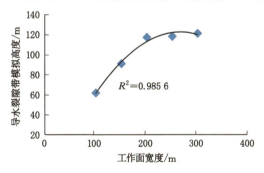

图 5-4　导水裂隙带发育高度与工作面宽度的模拟关系

从上述模拟结果可以看出:当工作面宽度小于所能达到充分采动的尺寸时,导水裂隙带发育高度随工作面宽度呈线性显著增加,即工作面是否达到充分采动的程度对导水裂隙带发育高度的影响规律非常明显;当工作面宽度超过充分采动所需的宽度条件(宽>1.2d=264 m,d 为采深)后,导水裂隙带发育的高度基本趋于稳定,工作面宽度对导高的影响显著降低。

综上所述,在对神东矿区的导水裂隙带发育高度估算过程中,首先应判断工作面采宽所能达到对应地质条件下的充分采动程度,若未能达到充分采动,则宜考虑工作面采宽对导水裂隙带发育高度的显著影响。神东矿区大多属于浅埋煤层、大尺寸高强度开采工作面,工作面基本都能达到充分或超充分采动条件,采宽的增加对导水裂隙带发育高度的影响并不显著。原有导水裂隙带高度估算方法对神东矿区浅埋煤层开采导水裂隙带高度估算的误差太大,宜主要考虑煤层与覆岩主关键层的相对距离关系,以及工作面宽度、采动程度和推进速度对导水裂隙带发育高度的影响,以提高估算精度。

第二节　西部高强度开采对地下潜水位的影响

西部地区地下水与生态环境关系密切,具有十分重要的生态价值。由于煤层埋藏浅,基岩厚度变化大,其上部富水性较强的萨拉乌苏组含水层极易受采动导水裂隙影响而破坏,使地下水位下降,造成一系列生态环境问题,因此神东矿区生态退化应关注地下水位变化的影响。

2013—2015年期间,对神东矿区27个水井的地下水位变化进行逐月观测统计(表5-4)。三年中,补连塔矿的水井点地下水位多数呈上升趋势,少数在下降;石圪塔矿与哈拉沟矿的16个水井点地下水位三年变化整体趋势是下降,其间都有一定的波动;上湾矿1个水井点地下水位先上升后下降,1个水井点水位上升。水位埋深变化值大部分在10 m内,少数大于10 m,最大的变化值达到约25 m(下降),变化幅度大的水井多在石圪塔矿,其原因是受开采影响在一个月期间大幅下降,具体原因还需继续探究。

表5-4　2013—2015年间水井点实测水位埋深统计

矿井	水井点	平均值/m	最大值(MAX)/m	最小值(MIN)/m	差值(MAX−MIN)/m	变化趋势
补连塔	BKS3	25.49	33.90	20.42	13.48	水位上升
	BKS5	19.19	21.40	15.30	6.10	水位下降
	BKS9	1.03	2.99	0.43	2.56	水位上升
	S16	16.42	17.57	15.19	2.38	水位上升
	SH1	2.95	3.01	2.85	0.16	水位上升
	SH2	2.17	2.99	0.85	2.14	水位上升
	SW2	23.40	26.80	19.49	7.31	水位下降
	BK41	22.30	22.44	22.06	0.39	水位下降
	BK82	28.46	28.55	28.32	0.23	水位下降
石圪塔	KB31	10.24	11.72	8.71	3.01	水位下降
	KB34	29.16	30.69	27.75	2.94	水位下降
	KB38	22.00	29.21	16.59	12.62	水位下降
	KB39	19.83	34.12	9.21	24.92	水位下降
	KB180	12.76	16.73	10.83	5.90	水位下降
	SS46	27.68	34.70	14.42	20.28	水位下降
	KB179	37.89	41.64	36.11	5.53	水位下降
	KB184	13.01	15.70	10.79	4.91	水位下降
	KB188	15.99	31.25	7.28	23.97	水位下降
	水井2	21.35	31.58	14.21	17.37	水位下降

表 5-4(续)

矿井	水井点	平均值/m	最大值(MAX)/m	最小值(MIN)/m	差值(MAX−MIN)/m	变化趋势
哈拉沟	Hs5	7.85	8.38	7.10	1.28	水位下降
	D26	27.26	27.69	26.77	0.93	水位下降
	H39	19.75	20.71	19.06	1.65	水位下降
	H121	14.98	16.15	12.17	3.98	水位下降
	H159	4.55	8.37	3.20	5.17	水位下降
	H158	3.73	10.41	1.54	8.87	水位下降
上湾	R25	28.84	29.00	28.44	0.56	先上升后下降
	swk2	31.27	34.34	30.46	3.88	水位上升

地下开采对地下水的影响模式可概括为:在开采准备阶段,地下水主要受人为的疏排水措施影响,而与岩层破坏无关,受其影响地下水位下降幅度极其显著;在开采阶段,地下水除受疏排措施影响之外,同时还受岩层赋存结构改变与导水裂隙的发育程度影响,地下水运动方式改变为以垂向渗漏到采空区为主;在采后的恢复阶段,地下水主要受邻近区域补给与人为对采空区积水利用的影响,水位恢复过程缓慢,此时潜水空间分布受基岩起伏影响明显。地下水埋深决定了地下水补给根系层土壤水的能力,观测期内该区域地下水位相对地表的埋深的变化特征主要有减小稳定生态型、先增后稳恢复型、缓增持续恶化型、突增无恢复稳定型、突增恶化干涸型。

(1)减小稳定生态型是由于开采沉陷降低了地面的高度,而覆岩破坏后并未引起上覆地下水的渗漏,地下水位高程仍与采前基本一致,使得地下水位的埋深在地表沉陷影响期内出现了减小,后期水位埋深基本稳定不变。如图 5-5(a)所示为 BKS3 点位水位埋深变化。这种变化类型发生的前提是地下水不受开采明显影响,而且有利于补充地表生态用水。

(2)先降后稳恢复型与前一种类型较为相似,在开采初期受井下疏排水的影响,局部区域地下水埋深明显降低,以保证井下安全生产,当工作面推过停止强排水后,由于受周边地下水位的补给,该区域的地下水埋深逐渐恢复,由于地表高程的降低,甚至地下水埋深相比采前更小,更有利于补充饱气带土壤水。如图 5-5(b)所示为矿井富水厚基岩区采后观测井水位的变化过程。尽管前期受到强排水的影响水位埋深迅速下降,但由于该井基岩厚度达到了 230 m,远远大于导水裂隙带的高度,地下水位受疏排影响扰动后迅速恢复到了采前状况。

(3)缓增持续恶化型是指由于开采后地下水资源的渗漏、地下水位的持续降低,引起了相邻区域未开采区地下水埋深持续增大,降低了地下水对土壤水的补充能力,如图 5-5(c)所示。这种变化类型主要受区域地下水位总体影响,变化幅度缓慢。

(4)突增无恢复稳定型是指受到覆岩破坏,导水裂隙发育,导致局部区域地下水位迅速降低,后期由于周边地下水位的持续降低,导致地下水难以恢复,且由于入水通道中软弱砂岩体在破断过程中形成的细碎颗粒对于裂隙空间的充填作用使得入水通道很难通畅,甚至在这一过程中被堵死,松散层水难以大量渗漏到工作面,加之基岩面越低洼越容易持水,使采后水位埋深稳定在一定范围,且不受周边地下水位降低发生明显变化,如图 5-5(d)所示。

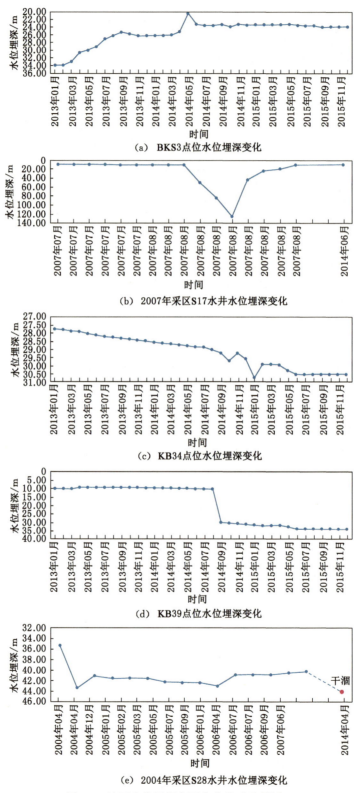

(a) BKS3点位水位埋深变化

(b) 2007年采区S17水井水位埋深变化

(c) KB34点位水位埋深变化

(d) KB39点位水位埋深变化

(e) 2004年采区S28水井水位埋深变化

图 5-5　地下水位埋深主要变化类型示例图

（5）突增恶化干涸型是指受覆岩破坏，导水裂隙发育，导水通道持续存在，使得受损覆岩上方地下水持续渗漏，且无地下水补给，最终出现干涸，如图 5-5（e）所示。

前两种地下水埋深变化类型主要发生在厚基岩、降雨易入渗、地势较低、地下水量较大的风积沙区，但并不常见；而后三种类型则在神东矿区经常发生。

第三节　西部煤矿开采沉陷对土壤水的影响

一、沉陷区土壤水动态变化特征

干旱缺水的地区集中大规模井工开采将会导致环境问题，使得某些环境要素进一步恶化；其中，对地表土壤水的影响是对区域生态环境影响的一个重要表现，对其进行研究有助于生态脆弱区植被的重建。采煤对土壤水的影响主要是扰动了土体，改变了土体的理化性质和土壤的持水能力，从而引起土壤水的变化；而西部矿区井工开采具有高强度、高产的特点，且埋深较浅，对地表土体扰动尤为显著。已有研究表明，受采煤影响沉陷范围内土壤容重、孔隙比、机械组成等物理性质发生不同程度变化，这也导致了土壤渗透系数、潜水补给条件以及地表蒸发能力的改变，从而影响土壤含水率；同时由于井工开采方式会导致覆岩从下至上发生冒落、裂隙和弯曲下沉，使地表产生大量裂缝，增大土壤水蒸发面积，进一步降低了土壤水含量。因此，就目前研究来看，对于西部矿区土壤水的研究主要集中在沉陷区和非沉陷区对比、采前采后对比差异分析，缺乏沉陷区内不同区域（中性区、拉伸区、压缩区）以及时序监测结果分析。本节将对沉陷区内特定区域采前、采中、采后的土壤水进行时序监测，以研究土壤水受采煤影响整个过程中的连续变化情况。

（一）观测方法

本节选取的 52303 工作面地面位置位于大柳塔矿井田的东南区域三盘区，工作面长 4 547.6 m，宽 301 m，煤层平均厚度 6.94 m，煤层倾角 1°～3°，平均埋深 235.0 m，属于典型的超大工作面开采。地表大部分为第四系松散沉积物覆盖，平均厚度 30.0 m，上覆基岩主要由粉砂岩、细砂岩组成，平均厚度 205.0 m，地表土壤类型主要为沙土、栗钙土、黄土。根据开采进度表在掘进方向前方还未受开采影响的区域选取监测点（图 5-6），测点位于压缩区，地形较平坦，土壤类型为硬梁地。通过对该区 100 cm 深度内土壤水的动态连续监测，并对测得结果取平均值，了解该区域在受开采影响不同阶段土壤水的变化情况，以期对整个工作面不同变形区域土壤水的变化研究提供一定基础，以利于整个矿区的植被重建。

利用英国 PR2（Profile Probe type PR2）土壤剖面水分速测仪［图 5-6（b）］进行连续监测，每 30 min 监测一次，可以分别监测到 10 cm、20 cm、30 cm、40 cm、60 cm 和 100 cm 深处土壤体积含水率的变化；监测时间区间为 3 月 16 日到 6 月 3 日，即监测点受地下开采影响前至沉陷相对稳定后一段时间，获得了监测点在受到地下开采影响前后 10～100 cm 不同深度土壤含水率的数据。同时利用旁边已有的地表沉陷观测站，监测地表下沉情况，从而分析不同下沉阶段土壤含水率变化情况。

（二）观测结果与分析

1. 测点地表沉陷监测结果

这里主要是通过对走向观测站的监测结果来判定测点位置的地表沉陷情况。观测站

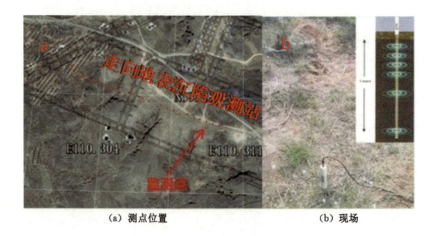

(a) 测点位置　　　　　　　　　　　　　　(b) 现场

图 5-6　测点位置及现场

的监测结果如图 5-7 所示。由图可知,测点位置在 3 月 26 日之前就已经受到开采影响而开始下沉,4 月 5 日还未达到最大下沉值,之后处于下沉活跃期,到 4 月 26 日已经处于相对稳沉状态。

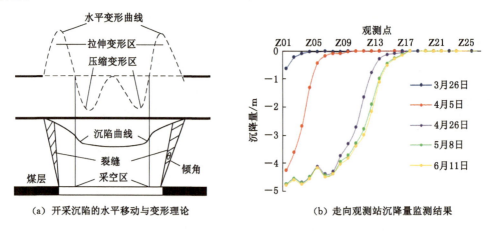

(a) 开采沉陷的水平移动与变形理论　　　　(b) 走向观测站沉降量监测结果

图 5-7　开采沉陷的水平移动与变形理论以及走向观测站沉降量监测结果

2. 土壤水监测结果

本次土壤水监测时间区间为 2014 年 3 月 16 日至 2014 年 6 月 5 日,即采前、采中以及采后一段时间,土壤含水率的变化趋势如图 5-8 所示。根据地表沉陷观测结果(图 5-7)以及该工作面推进进度表可知 3 月 26 日之前测点已经受到开采影响而开始下沉,3 月 29 日左右地下开采到达测点的正下方,从图 5-8 可以看出 4 月 3 日之前土壤含水率的变化较平稳,变化幅度不大,随时间的推移有规律地在一定范围内波动;之后的一段时间,受开采和降雨影响,土壤含水率变化幅度较大。因此,可将监测结果划分为 4 月 3 日之前的土壤水未扰动期和之后的扰动期进行采前和采后对比分析。

3. 未扰动期土壤水分变化分析

土壤水未受地下开采影响的观测时间是从 3 月 16 日至 4 月 3 日,将这段时间监测数据与气象数据进行对比分析,研究气象条件对土壤含水率的影响。根据气象数据,这段时间

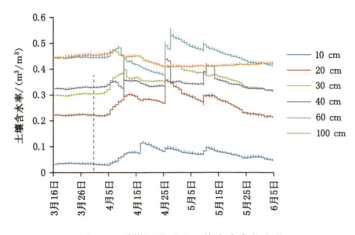

图 5-8　采煤沉陷过程土壤含水率的变化

没有降雨，所以不存在降雨对土壤含水率监测数据的影响，因此分析温度与土壤含水率变化的关系，在同一坐标中作出趋势图如图 5-9 所示。根据图 5-9 可以看出，该段时间内不同深度土壤水变化不随温度的变化而发生改变，因此温度变化对土壤含水率影响不大。根据开采进度表推算，地下开采于 3 月 29 日到达监测点正下方；根据观测站观测结果可知，该点在 3 月 26 日左右就受到地下开采的影响而下沉，直到 4 月 3 日不同深度土壤水变化幅度都非常小（表 5-5），变化值都在 1% 以内，且变异系数均较小，表明地表下沉初期对土壤含水率影响不明显，具有一定滞后性，滞后时间为地下开采到达测点正下方之后 4～5 d。这主要是由于地表下沉初期不活跃，对于土体扰动较小，导致土壤含水率变化不明显。

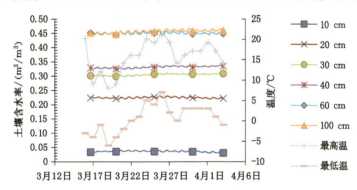

图 5-9　3 月 16 日至 4 月 3 日温度变化与土壤含水率变化对比图

表 5-5　未扰动期不同深度土壤含水率变化幅度

深度/cm	10	20	30	40	60	100
标准差	0.002	0.003	0.003	0.003	0.003	0.006
变异系数/%	6.4	1.1	1.0	1.0	0.7	1.2

4. 扰动期土壤水分变化分析

由图 5-8 可知，土壤含水率变化在 4 月 3 日之后趋于明显，对于该段时间内不同深度土壤含水率变化进行相关性分析(表 5-6)发现,除 60 cm 和 100 cm,各相邻层土壤水变化都具有较强的正相关性,说明各层土壤含水率在受地下开采以及降雨影响下的变化具有一定关联性;而 100 cm 处由于受降雨影响小,且受开采影响较早进入稳定期,因此和其他各层之间存在负相关性。

表 5-6　不同深度土壤含水率相关性分析

	10 cm	20 cm	30 cm	40 cm	60 cm	100 cm
10 cm	1.000	0.747**	0.476**	0.507**	0.062**	−0.387**
20 cm		1.000	0.858**	0.770**	0.499**	−0.403**
30 cm			1.000	0.722**	0.744**	−0.501**
40 cm				1.000	0.553**	−0.274**
60 cm					1.000	−0.506**
100 cm						1.000

注:**相关性在 0.01 水平显著(双边检验)。

通过查找气象数据,发现各层出现土壤含水率突变值是由于降雨影响造成的。而 4 月 9 日之前,在未受到降雨影响的情况下,各层都出现了土壤含水率上升的阶段(图 5-8),这说明在受地下开采扰动地表沉陷活跃期间,土壤含水率并非立即下降,而是在初期先有个上升过程,在无外来降雨补给的情况下,其补给源只能来源于土壤含水率较高的地层,且补给量大于损失量,土壤含水率上升表明了这一阶段土壤持水能力上升。而从扰动程度看,通过对各层土壤含水率变化程度进行分析,结果如图 5-10 所示,由图可知,随着深度的增加,土壤含水率变异系数在减小,说明开采对表层土壤含水率的扰动要大于对深层土壤含水率的扰动。

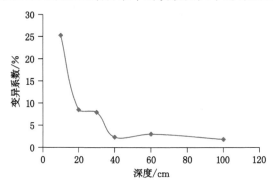

图 5-10　土壤含水率上升阶段各层变异系数

土壤持水性能主要受土壤总孔隙度、毛管孔隙度、土壤容重、土壤有机质、土壤颗粒组成的影响。由上述相关性分析发现,相邻土壤层之间含水率的变化具有较强相关性,这里为了分析该现象,且由于采煤对表层土壤含水率影响较大,因此取测点周围 10～20 cm 处开采前后土样进行分析。通过对采样结果分析发现,土壤粒径减小(表 5-7),这在一定程度上导致采后土壤孔隙比相对于采前减小,从而使容重增加,而有机质含量变化不显著($p<$ 0.05)(图 5-11)。已有研究表明,土壤孔隙大小不同所起作用也不一样,团粒内部毛管孔隙(小孔隙)能保持水分,而团粒间非毛管孔隙(大孔隙)则能保持通气。土壤受压缩作用时,

团粒间大孔隙的容积减低,中等大小孔隙的容积却有所增加。根据冯杰等人的研究,受扰动后原状土的中等孔隙发育,在低吸力段持水性较好;因此土体在受煤矿开采沉陷影响时,由于挤压作用使得土壤团聚体间的大孔隙减小,中等孔隙发育,土壤含水率出现一个上升阶段。而随着沉陷加剧,由于土体非连续移动,地表出现裂缝,增加了土壤水蒸发面积,从而使土壤含水率下降。

表 5-7　开采前后土壤粒径变化情况

粒径/mm	0.5～0.25	0.25～0.075	0.075～0.005	<0.005
采前/%	0.5	56.4	39.4	3.7
采后/%	0.3	54.6	36.7	8.4

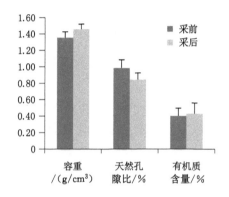

图 5-11　开采前后孔隙比、容重、有机质含量变化

而从整个过程看,土壤含水率受降雨影响较大的时间为 4 月 10 日、4 月 25 日和 5 月 9 日,对这 3 个降雨过程土壤含水量变化速率(即每小时土壤含水率变化程度)进行分析,由于 60 cm 处只在 2 月 25 日受到降雨影响,100 cm 处在整个监测过程中受降雨影响都较小,因此选取 10 cm、20 cm、30 cm 和 40 cm 处土样进行分析,结果如图 5-12 所示。由图可知,10 cm 处土壤含水率变化速率较小,基本平稳,这是由于 0～10 cm 处为沙土,雨水下渗速度较快,因此该层土壤含水率变化速率基本平稳。而其他 3 层在这 3 次降雨过程中土壤含水率变化速率在减小,说明这 3 层土壤渗透速度降低。这主要是由于在地表下沉过程中挤压作用使得土壤团聚体间的孔隙减小,土壤导水率降低。

总体来看:对于半干旱区地下开采引起的土壤含水率变化规律研究,是对该区域植被重建和生态恢复的一个基本前提。通过对地表土壤含水率连续监测结果的分析,了解土壤含水率随开采过程的变化情况,主要结论有以下几点:

(1)未扰动期各层土壤含水率变化幅度不大,温度对土壤含水率的影响较小,地下开采对测点的影响在初期不明显,对土壤含水率影响存在一定滞后性,其影响在地下开采到达测点正下方之后 4～5 d 趋于明显。

(2)开采扰动期间,在测点达到最大下沉值的过程中,压缩区各层土壤含水率受不同程度影响,且表层土壤含水率受影响程度较深层大;由于沉陷引起的土体扰动,导致土壤粒径

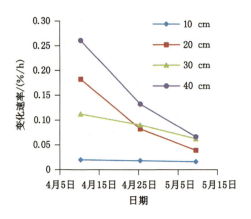

图 5-12　3 次降雨过程土壤含水率变化速率

减小,容重增加,孔隙比降低,土壤持水能力增强,而裂缝的产生以及雨水补给能力的降低是土壤含水率降低的主要原因。

二、沉陷区地裂缝对土壤水的影响模拟

利用 HYDRUS-3D 软件针对地裂缝附近土壤含水率进行动态模拟,以深入认识地裂缝对植被的影响。通过逐一调整各参数,细致分析了地裂缝处于不同土壤环境条件以及不同规模的地裂缝对土壤含水率的具体影响过程和影响规律,并通过矿区实地实测数据验证模型模拟的准确性。模拟壤土条件下地裂缝对土壤含水率影响结果三维视图如图 5-13 所示。

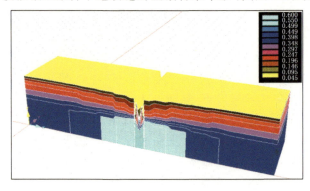

图 5-13　模拟壤土条件下地裂缝对土壤含水率影响结果三维视图

地下采煤引起的地表移动和变形导致了变形区域内土壤性质的改变。由于变形区内土壤组成成分和质量都未发生改变,地表移动和变形主要是改变了土壤的孔隙度,因此,地裂缝附近土壤孔隙度的变化趋势可以通过地表变形移动规律反映。本节利用概率积分法预测地表变形移动,得到某点处土壤孔隙度变化趋势公式(5-1):

$$\Delta n = 1 - \frac{-2\pi \dfrac{qm'\cos\alpha}{r}\left(\dfrac{x}{r}\right)e^{-\pi\left(\frac{x}{r}\right)^2}D\Delta y\Delta z}{m} \tag{5-1}$$

式中　q——下沉系数;

　　　α——煤层倾角;

m——土壤质量;

m'——煤层采厚;

r——主要影响半径。

在研究地裂缝对土壤孔隙度影响时,D、q、α、m、m'均为固定值,Δz影响不计,孔隙度变化趋势主要与x有关,即只与距开采边界距离有关。

沉陷区大量的地裂缝将会引起裂缝周围浅层土壤水变化,进而影响植被的生长。从总体趋势来看,一方面,随着与裂缝距离的增加,土壤含水率也呈上升趋势;另一方面,裂缝密度越高,土壤含水率越低。也就是说,离裂缝越近,土壤孔隙增大,土壤水蒸发加剧;距裂缝距离越远,土壤水受到的影响越小。在不同土壤条件下,地裂缝对其附近土壤含水率的影响程度和影响范围均不同:土壤越紧实,地裂缝对其附近土壤含水率的影响程度越大,影响范围越小;土壤越松散,地裂缝对其附近土壤含水率的影响程度越小,影响范围越大。地裂缝发育的宽度与深度对土壤含水率的影响程度与影响范围也不同:地裂缝的宽度主要决定地裂缝的影响范围,宽度越大,影响范围越大;地裂缝的深度主要决定地裂缝的影响程度,深度越大,影响程度越大。不同宽度、深度的地裂缝对土壤水影响的模拟分析如图5-14所示。

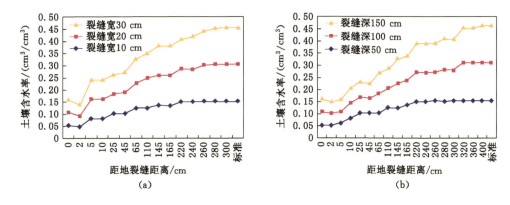

图5-14 不同宽度、深度的地裂缝对土壤水影响的模拟分析

对所建立的地裂缝附近土壤水分3D预测模型模拟结果与现场数据进行了实证对比。通过折线图(图5-15)和模拟效率系数可以发现,模拟结果与实测数据的变化趋势基本一致。中间段出现较大偏差主要是受该区域有较多植被的影响。实证表明,模型在地表环境较为复杂的条件下,仍能反映出真实的土壤水分变化趋势。

三、遥感尺度矿区土壤水时空变化

(一)土壤水反演方法

随着神东矿区开采规模的日益扩大,由此引发的环境问题已成为社会各界关注的热点而被大量研究。然而现有研究以现场采集数据、关注局部尺度为主,缺乏多尺度长时间序列角度对荒漠化矿区土壤含水率的分析研究。本研究在原有真实热惯量模型的基础上,通过引入地表温度的正弦拟合函数,借助M模型中对于土壤含水率与热惯量的关系算法,实现了模型不受卫星过境频率的限制,极大地扩展了模型应用范围,并提高了反演结果的空间分辨率。通过改进的真实热惯量模型,利用Landsat TM/OLI数据分别研究了2001—

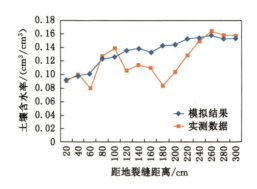

图 5-15　地裂缝附近土壤水变化模拟结果与实测数据对比

2015 年神东矿区和大柳塔矿井两个尺度的表层土壤含水率时空演变规律。研究采用的方法流程如图 5-16 所示,矿区尺度和矿井尺度的空间分布示意图如图 5-17 所示。

（二）不同尺度土壤水空间特征

将 2001—2015 年神东矿区内采区与非采区的土壤含水率进行了比较（表 5-8）,发现位于采区内的土壤含水率略低于非采区,但是这个差别非常小。

表 5-8　矿区尺度下的采区与非采区的平均土壤含水率

日期	平均土壤含水率/％		平均含水率差值（采区－非采区）/％
	采区	非采区	
2001 年 4 月 21 日	7.679 5	7.784 0	−0.104 5
2003 年 4 月 11 日	7.958 2	8.062 8	−0.104 6
2005 年 5 月 2 日	8.033 1	8.160 5	−0.127 4
2007 年 4 月 6 日	9.808 2	9.938 3	−0.130 1
2009 年 11 月 5 日	10.933 1	11.060 5	−0.127 4
2014 年 11 月 3 日	12.661 4	12.800 5	−0.139 1
2015 年 3 月 11 日	12.762 4	12.899 1	−0.136 7

为了研究地下开采对工作面上方土壤含水率的影响,同时避免相邻工作面的扰动,选择大柳塔矿 22617 相对独立的工作面作为矿井尺度的研究对象。在这里我们分析土壤含水率在采前和采后的空间分布情况。由于该工作面于 2011 年开采,将 2009 年的土壤含水率作为采前数据,2014 年的土壤含水率作为采后数据。依据开采沉陷水平移动变形理论对 22617 开采工作面地表影响范围进行分区,如图 5-18（a）所示,地表影响区由中性区、压缩变形区、内拉伸变形区、外拉伸变形区和非采区组成。为了分析这些采矿扰动区域的影响,使用 ArcGIS 软件将工作面设为边界,每隔 20 m 向外建立 3 个缓冲区,向内建立 4 个缓冲区。通过计算可知每个缓冲区大致对应于特定的采矿扰动区,如图 5-18（b）所示。

22617 工作面采前和采后各缓冲带的平均土壤含水率如图 5-19 所示。从图中可以看出,与采前相比,采后各缓冲区的平均土壤含水率的空间分布呈现一定的规律性,即由非采区向中性区依次减少。

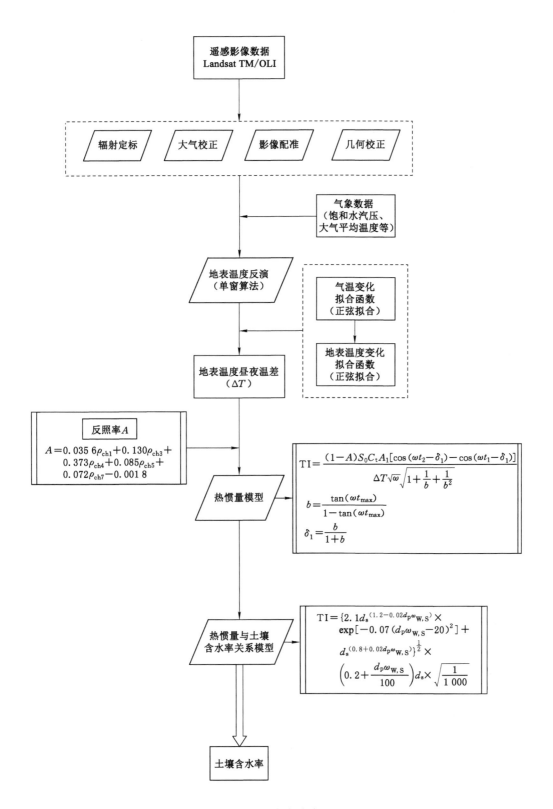

图 5-16　研究方法流程图

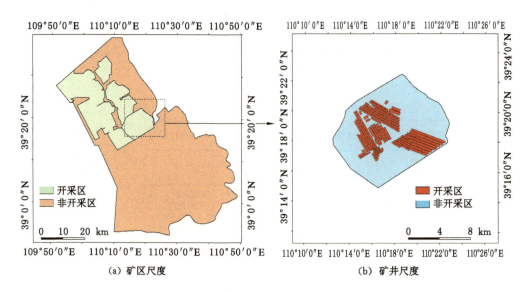

图 5-17　矿区尺度和矿井尺度的空间分布示意图(包含每个矿区采区与非采区的空间分布)

（三）土壤含水率时间演变特征

图 5-20(a)显示了 2001—2015 年两个尺度的平均土壤含水率的年际变化,如图所示,在整个研究期间土壤含水率呈现逐年增长的趋势。如图 5-20(b)所示,随着采矿规模的扩大,采区与非采区的差异也在逐渐增加,但是这种增加程度比较微小。然而,当考虑整个研究期间土壤含水率的年际变化时,这种开采的影响可以忽略,这表明与地下开采活动相比,可能存在其他因素驱动了土壤含水率的年际变化。

在研究区内,除了地下开采活动,土壤含水率可能还与近地表气温和降水量有关。为了探索土壤含水率与气候因子之间的关系,比较了 2001—2015 年土壤含水率(矿区尺度面积平均土壤含水率)和气候因子(降水和近地表气温)的年际变化趋势,见图 5-21。由图 5-21 可知,土壤含水率与降水量存在非常近似的变化趋势,随着降水量的增加而增加。用简单的线性回归方法进一步分析土壤含水率与气候之间的相关性,发现土壤含水率与气候因素之间存在正相关关系。与气温相比($R=0.907\,4$, $p<0.01$),土壤含水率与降水有着更为显著的相关性($R=0.971\,6$, $p<0.01$)。因此,降水是土壤含水率在大尺度长时间序列上的主要气候影响因子。

为了分析地表土壤水的逐年变化情况,利用一元线性回归模型分析每个像元的线性倾向,拟合相关变量相对于年份的直线方程,计算 2001—2015 年间的变化斜率,即倾向值(SLOPE),计算公式为式(5-2)和式(5-3):

$$\mathrm{SMC}=\mathrm{SLOPE}\times \mathrm{year}+b \tag{5-2}$$

$$\mathrm{SLOPE}=\cfrac{\displaystyle\sum_{i=1}^{n}\mathrm{SMC}_i T_i-\displaystyle\sum_{i=1}^{n}\mathrm{SMC}_i\times \cfrac{\displaystyle\sum_{i=1}^{n}T_i}{n}}{\displaystyle\sum_{i=1}^{n}T_i^2\cfrac{\left(\displaystyle\sum_{i=1}^{n}\mathrm{SMC}_i\right)^2}{n}} \tag{5-3}$$

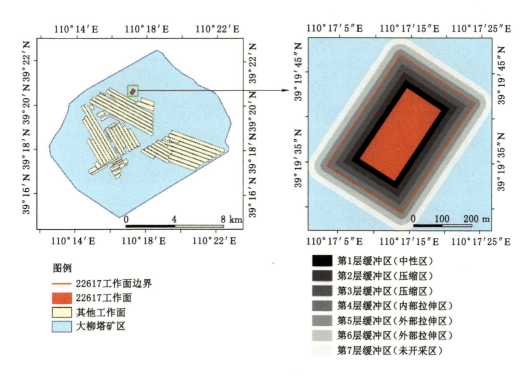

（a）大柳塔22617工作面缓冲区示意图

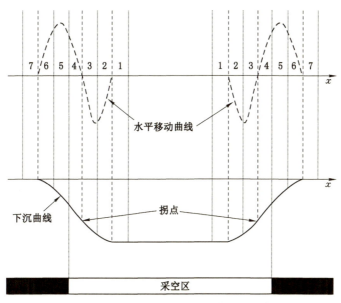

（b）采动对地表影响区域的分区及对应缓冲区示意图

图 5-18 大柳塔 22617 工作面缓冲区示意图与
采动对地表影响区域的分区及对应缓冲区示意图

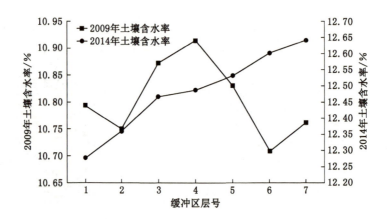

图 5-19 大柳塔矿 22617 工作面缓冲带各层平均土壤含水率

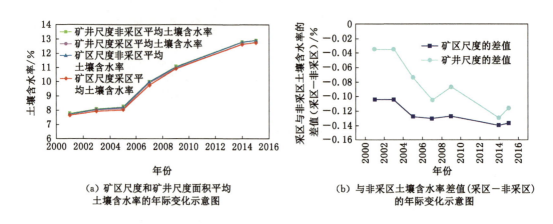

(a) 矿区尺度和矿井尺度面积平均
土壤含水率的年际变化示意图

(b) 与非采区土壤含水率差值(采区－非采区)
的年际变化示意图

图 5-20 2001—2015 年矿区尺度和矿井尺度面积平均土壤含水率的年际变化示意图以及
与非采区土壤含水率差值(采区－非采区)的年际变化示意图

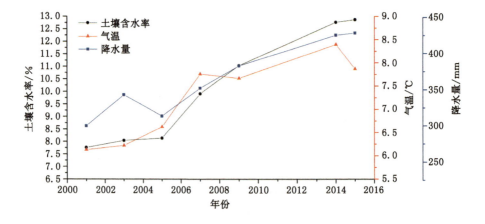

图 5-21 土壤含水率与降水量和气温的年际变化示意图

式中　n——总年份数；

　　　T_i——第 i 年（2001 年为第一年）；

　　　SMC_i——第 i 年对应的土壤含水率。

如果倾向值大于 0，说明在过去 15 年间，随时间的增加，地表土壤水呈变湿趋势；若倾向值小于 0，则说明过去 15 年间地表土壤水随时间的增加呈变干趋势。

如图 5-22 所示，整个研究区域在过去 15 年中的土壤含水率的变化倾向值存在强烈的空间异质性。总体来说，变干趋势明显的地区主要分布在乌兰木伦河水域周边部分采区内以及东南地区。如图 5-23 所示，为研究开采对土壤含水率的影响，计算了干湿像元比率。对于矿区尺度来说，无论是采区还是非采区变湿的面积比例相对更大，也与前面提到的时间演变趋势相吻合，说明在这个尺度上气候因子的驱动影响更显著。对于矿井尺度来说，

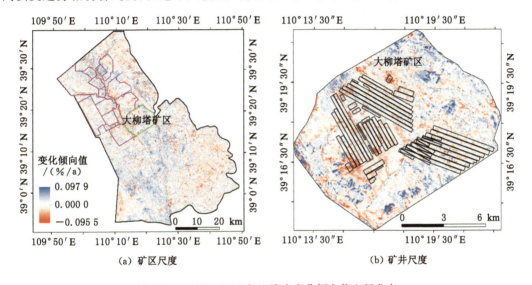

（a）矿区尺度　　　　　　　　　　　　　（b）矿井尺度

图 5-22　2001—2015 年土壤水变化倾向值空间分布

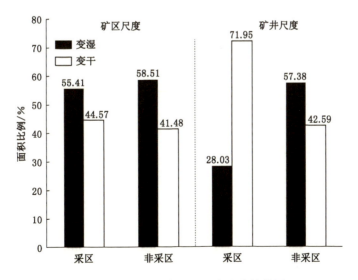

图 5-23　干湿变化倾向的面积比率柱状图

采区内的具有变干趋势的面积比例是非采区的 1.69 倍,说明开采对土壤含水率的局地影响更为强烈,是土壤变干趋势的可能驱动力之一。

综上所述:在矿区尺度上,地下开采对于土壤含水率的影响并不显著,而气候因素可能是土壤含水率变化的主要驱动力。然而在矿井尺度上,地下开采对土壤含水率的局部影响较为明显。与采前相比,采后工作面周围的土壤含水率从外拉伸区向中性区逐渐减少,说明开采影响具有一定的空间规律性。尤其结合 15 年来土壤含水率的变化趋势,发现位于采区的土壤含水率呈现下降趋势的面积要远远多于非采区。

第四节 本章小结

数值模拟与实际观测表明,工作面达到充分采动的程度对导水裂隙带发育高度的影响规律非常明显,导水裂隙带发育高度与工作面宽度具有较高的正相关关系,与工作面的采深总体也呈较高的正相关关系;当工作面宽度达到充分采动后,导水裂隙带发育的高度基本趋于稳定。地下潜水位连续观测表明,受岩层赋存结构、基岩起伏、导水裂隙带发育程度的影响,采后地下水位埋深的变化类型多样,主要有减小稳定生态型、先增后稳恢复型、缓增持续恶化型、突增无恢复稳定型、突增恶化干涸型。

在矿区尺度上,地下开采对于土壤含水率的影响并不显著,而气候因素可能是土壤含水率变化的主要驱动力。在工作面尺度,沉陷区土壤含水率相比于周围非采区呈现下降趋势。地下开采对土壤含水率影响存在一定滞后性,其影响在地下开采到达测点正下方之后 4~5 d 趋于明显。压缩区表层土壤含水率受影响程度较深层大,土壤粒径减小,容重增加,孔隙比降低;拉伸区地裂缝发育是该区土壤含水率降低的主要原因之一;沉陷区地表土壤含水率具有一定程度的自恢复。

第六章 井工煤矿区植被损伤扰动演替规律

干旱半干旱区自然环境较弱,气候条件较差,而大规模、高强度资源开发使生态环境更加恶化,其中植被是自然环境变化最直观的表征。植被具有涵养水源、改良土壤、增加地表覆盖度、防治水土流失、减少土壤养分流失等作用,特别是植被的根系可以有效改善水土流失环境。植被是生态系统进行能量交换与物质循环的重要枢纽,是防治生态环境恶化的物质基础。因此,矿区植被生长与覆盖度的变化直接关系到整个矿区生态环境质量的好坏,掌握开采扰动下植被损伤演替规律是矿区生态环境保护与修复恢复的基础。

第一节 沉陷地裂缝对根系的损伤影响与评价

一、植物根系损伤特征及其细观力学机制

在干旱缺水矿区,煤炭开采导致地表出现大量裂缝,一方面引起土壤特性变化,破坏植物生长环境,间接影响植被生长发育,具体表现在植被各项生长指标的波动;另一方面,沉陷过程中土壤的拉伸和压缩变形造成植物根系拉伤,直接破坏植物主体结构。以神东矿区为背景,通过调研总结地表沉降、根系赋存及变形破坏特征,提出采动诱发根系损伤的应变控制和应力控制两类现象。本节建立了等径单根界面剪切脱黏模型,分析开采扰动后根土界面的"弹性—滑移—脱黏"三阶段受力过程,得出根土界面剪应力-应变关系,揭示 3 种典型损伤的细观力学机制,并将矿区优势植物沙柳和沙蒿简化成全长锚固单元和根土复合层,采用 FLAC³ᴰ研究采动后全长锚固单元和根土复合层宏观响应的受力变形区划特征。

（一）采动诱发根系典型损伤情况

由于根系弹性模量大于周边地层弹性模量,在开采沉陷引起的土体沉陷与拉伸变形过程中,不同延展形态的根在受力作用下变直,将受力转为拉伸力。采动诱发根系损伤主要存在以下 3 种情况(图 6-1):

（1）根系拉断:当根系强度低于根系-地层界面强度时出现,通常发生在地层变形量过大或者裂隙发育处,这种情况较少出现。

（2）根系与地层滑移:当根系强度高于根系-地层界面强度时出现,工程方面原因是工作面的推进影响地层内部裂隙发育程度,致使根系周围地层压缩-膨胀弹性模量波动频繁,现场揭露时根系表面会沾染一层非均质的土壤。

（3）根系与地层整体变形破坏:这种情况发生概率较低,通常发生在低强度地层中。

同时还存在上述 3 种形式的某几种复合损伤形式。

（二）等径单根界面剪切脱黏模型

沙柳、沙蒿等主要以细根分布为主,代表根的径级在 0.5～2 mm。取一段等径单根进

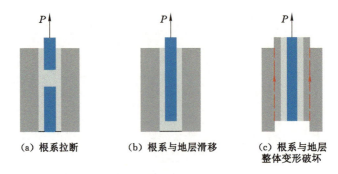

（a）根系拉断   （b）根系与地层滑移   （c）根系与地层
整体变形破坏

图 6-1　采动诱发根系损伤 3 种典型情况

行受力分析。本节研究的重点是第二种情况，参考全长锚固模型，采用统计损伤力学分析如下。开采扰动后，将根土界面的受力过程分为 3 个阶段：弹性阶段、滑移阶段和脱黏阶段。

（1）弹性阶段：开采沉陷使根系受拉伸力，界面微元变形处于弹性阶段，界面微元上的剪切位移随着剪切力的增大而按比例增大。该阶段界面微元未受到损伤，根系拉力随着土壤的变形而增长，剪应力-应变关系表述为式(6-1)：

$$\tau = ku \tag{6-1}$$

式中　τ——剪应力；

　　　k——界面极限黏结强度指标；

　　　u——剪切位移。

k 取决于 3 部分：① 黏结力：根系与周围地层界面之间的黏结力；② 嵌固力：根系外表凹凸不平以及微型根系、根毛等的存在，使根系与土壤产生嵌固力；③ 摩擦力：当根系与周围地层产生位移时，在根土界面产生摩擦力。

（2）滑移阶段：随着根系荷载的加大，超过极限黏结强度后，界面微元将处于软化-滑移阶段，开始发生损伤。当完全损伤时，根土界面仍存在残余黏结强度。将界面上任意一个微元视为一个质点，根据勒迈特应变等价性原理，界面剪切损伤本构关系可由式(6-2)表示：

$$\tau = \tau^* (1 - D) + \tau_r D \tag{6-2}$$

式中　τ^*——界面微元未损伤部分所受剪应力；

　　　D——界面剪切损伤因子；

　　　τ_r——残余黏结强度。

界面微元未损伤部分的剪应力与剪切位移呈线弹性关系，即：

$$\tau^* = ku^* \tag{6-3}$$

式中　u^*——未损伤部分的剪切位移。

由于界面微元损伤部分和未损伤部分紧密混杂在一起，由变形协调关系可知未损伤部分剪切位移 u^* 与界面微元总体剪切位移 u 一致，则等径单根界面剪切损伤模型如式(6-4)表示：

$$\tau = ku(1 - D) + \tau_r D \tag{6-4}$$

采用莫尔-库仑破坏准则建立等径单根界面微元强度 F 的度量方程如式(6-5)所示：

$$F = \frac{ku(\tau - \sigma_n \tan \varphi)}{\tau} - c \tag{6-5}$$

式中　　c 与 φ ——界面的黏聚力与内摩擦角。

假设等径单根界面微元破坏是随机的,并且服从韦伯分布。当 $F \leqslant 0$ 时,界面微元不会破坏,则界面微元破坏的随机概率密度函数为式(6-6):

$$P(F) = \frac{m}{F_0} \left(\frac{F}{F_0} \right)^{m-1} e^{-\left(\frac{F}{F_0} \right)^m} \tag{6-6}$$

式中　　m 与 F_0 ——韦伯分布的参数。

等径单根界面微元损伤因子 D 即为微元破坏的统计概率,则其损伤演化模型可表示为式(6-7):

$$D = \begin{cases} 0 & (F \leqslant 0) \\ \int_0^F P(x)\,\mathrm{d}x = 1 - e^{-\left(\frac{F}{F_0} \right)^m} & (F > 0) \end{cases} \tag{6-7}$$

将式(6-7)代入式(6-4),得到滑移阶段界面剪切损伤方程为式(6-8):

$$\tau = ku\,e^{-\left(\frac{F}{F_0} \right)^m} + \tau_r \left(1 - e^{-\left(\frac{F}{F_0} \right)^m} \right) \tag{6-8}$$

(3)脱黏阶段:如果根系持续荷载,则土壤和根系界面的相对位移将超过两者保持黏结的极限位移,界面发生剥离破坏进入脱黏状态。该阶段根系与土壤之间仅存在摩擦阻力。根系径向弹性张力所产生的正应力 p 是引起摩擦力(即残余黏结强度 τ_r)的主要原因。结合温克尔假定,残余黏结强度可由式(6-9)表示:

$$\tau_r = fK\sigma \tag{6-9}$$

式中　　f ——根土接触摩擦系数;

K ——地层弹性抗力系数;

σ ——压向地层的变形量。

如图 6-2 所示,根系拉应力-应变曲线在阴影区以内时,根系极限抗拉强度低于根土界面剪应力,此时根系有可能被拉断,即采动诱发根系损伤第一种情况。根系拉应力-应变曲线在阴影区以外时,根系极限抗拉强度高于根土界面剪应力,且根土界面黏聚力低于土壤黏聚力,此时有可能发生采动诱发根系损伤第二种情况;根土界面黏聚力高于土壤黏聚力,此时有可能发生采动诱发根系损伤第三种情况。

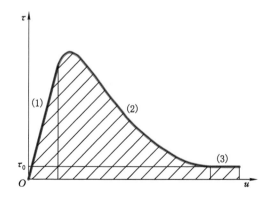

图 6-2　根土界面剪应力-应变关系示意图

（三）采动诱发根系损伤规律模拟

为了研究根在地层联动下的受力和变形规律,最佳方法是严格按照实际情形来模拟,但由于根系的形态非常复杂,本研究将其部分简化处理,按照根系形态不同,采用两类根土耦合模型。根的约束力 σ_R 相当于在地层侧向施加了一个侧压 $\Delta\sigma_3$,所以水平浅根可以根据准黏聚力理论用根土复合单元表示(图 6-3)。垂直根系深而粗,所以根据锚固理论用锚杆单元表示。

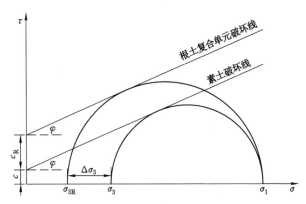

图 6-3　根土复合单元莫尔-库仑破坏准则

通过沙柳、沙蒿根系形态的研究,如表 6-1 所示,将沙柳、沙蒿主根系简化成等效1.50 m全长锚固单元,株行距 1 m×1.5 m。结合沙柳、沙蒿的根系分布特点,可以把根系简化成以主根为轴向、侧根为分支的全长黏结型锚杆。同时把土中沙柳、沙蒿的须根系视为加紧纤维的分布,且为三维加筋。依据加筋土理论,将 0~1.50 m 厚根土单元采用莫尔-库仑破坏准则。

表 6-1　矿区优势植物根系分布

植物种属	根系分布/m	根系密集层分布/m
	0.20~1.40	0.20~1.40
沙柳	0~1.73	1.43~1.73
	0~1.50	0.62~1.46
沙蒿	0~1.50	0~1.50

实验表明,素土黏聚力为 7.36 kPa,根土单元黏聚力最大为 10.22 kPa,内摩擦角较素土无显著差异。沙柳和沙蒿单根最大弹性模量分别可以达到 0.8 GPa、0.21 GPa,单根抗拉强度分别为 12~23 MPa、2~6 MPa。根土界面黏聚力约 5.33 kPa,抗剪强度约 82 kPa。表土层弹性模量 0.1~0.2 GPa,黏聚力约 6.73 kPa。

根据实验力学测试结果,本研究采用 FLAC^{3D} 建立了采动诱发根系损伤响应力学模型,如图 6-4 所示。模型尺寸 $x \times y \times z = 300$ m×200 m×83 m,全长锚固单元数目为 39 601 个。开挖尺寸为 210 m×80 m×6 m。

如图 6-5 所示,在采空区边界附近受拉应力形成环形膨胀区,根土复合表层体积膨胀大于底层,随着工作面继续推进将形成 O-X 破断,甚至台阶式下沉。由于碎胀的岩石在其自重和外加载荷作用下渐趋压实,采空区上覆地层有一定程度收缩。

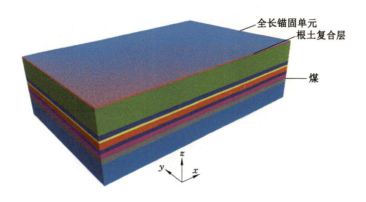

图 6-4　采动诱发根系损伤宏观响应数值模型

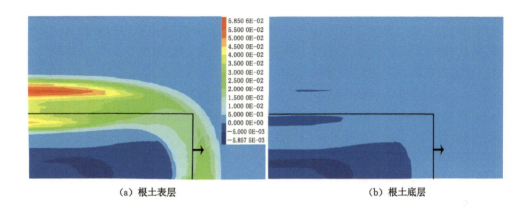

（a）根土表层　　　　　　　　　　　　　　　（b）根土底层

图 6-5　开采后根土复合层体积应变分布

按照莫尔-库仑准则，根土复合层的强度问题实质上是其抗剪强度问题。从图 6-6 和图 6-7 可以看出，煤层开采后在采空区上方形成高剪应力区和高压应力区，而且根土复合底层应力水平高于表层。根土复合层塑性区分布也表明，采空区上方处于剪切塑性状态，也就意味着是压剪破坏。所以根土复合底层更容易形成大面积的压剪损伤区。

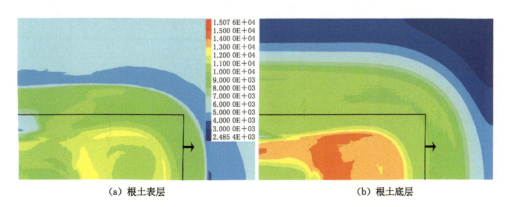

（a）根土表层　　　　　　　　　　　　　　　（b）根土底层

图 6-6　开采后根土复合层最大剪应力分布

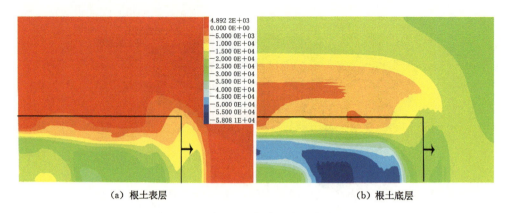

（a）根土表层   （b）根土底层

图 6-7   开采后根土复合层水平应力分布

（四）植物根系力学特性测试

通过观测表明根与其依附的土壤产生了相对滑动，使得根免于损伤断裂，地裂缝形成后及时进行填埋可以保护住这些裸露的根系；而部分根在与土壤产生分体之前，由于抗拉力与抗变形能力较弱，根已经发生断裂损伤，即使在裂缝形成后立即填埋也不能实现断损根系的愈合。在开采沉陷引起的土体沉陷与拉伸变形过程中，不同延展形态的根在受力作用下变直，将受力转为拉伸力。因此，各种植物根系所能承受的抗拉强度与抗拉伸应变能力是定量评价开采地裂缝对植被根系损伤影响机理的基础。

选择该研究区主要水保树种沙柳、柠条、沙蒿、沙棘和杨树根系为研究对象（图 6-8），结合开采沉陷学与根力学研究地裂缝对植被根系的影响。采用微机控制电子万能试验机进行根系的力学特性测试。试验时候选取表皮完好无损，直径变化不大的根。在试验过程中，认为根断裂处明显远离夹具的试验为成功试验，数据有效。应适当取较长的根缠绕在两端。测试前利用游标卡尺量取各组根系（带皮）的根端和根中 3 个部位直径，取平均值作为该根的直径，以及根有效受力的初始长度，并设定测试移动速度为 5 mm/min。试验得到的结果参数包括最大抗拉力 $F(\mathrm{N})$、单根抗拉强度 $P(\mathrm{MPa})=4F/(\pi D^2)$、最大应力 $\sigma(\mathrm{MPa})$、单根拉伸时的伸长量 $\Delta L(\mathrm{mm})$、根的原始长度 $L(\mathrm{mm})$。

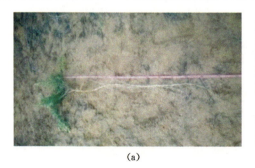   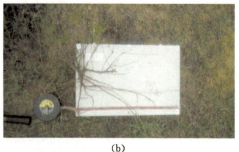

（a）   （b）

图 6-8   柠条和油蒿根系形状图

图 6-9、图 6-10 所示为几种乔灌植物单根承受的最大抗拉力、极限应变与直径的关系，可以看出几种乔灌植物根系的最大抗拉力与根的直径呈显著的线性正相关关系，极限应变与根直径呈线性关系，可用式（6-10）计算。

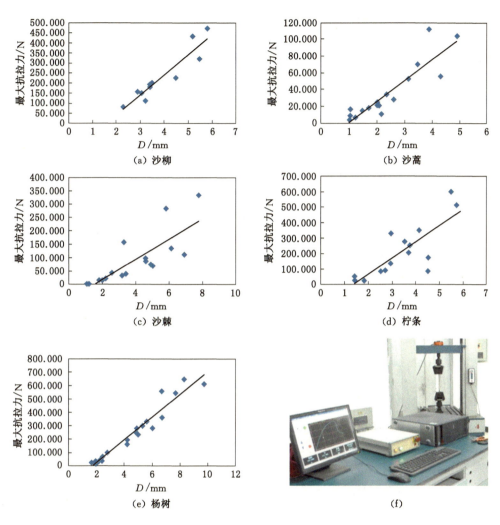

图 6-9　5 种主要乔灌植物单根最大抗拉力与根直径的关系

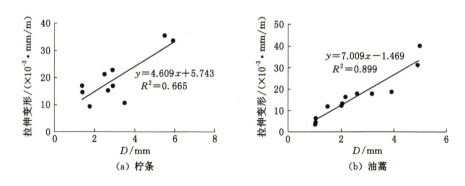

图 6-10　柠条和油蒿极限拉伸变形与根直径的关系

$$\varepsilon_g = kD + c \qquad (6\text{-}10)$$

式中　ε_g——不同种类植被的极限应变，mm/m；

　　　D——对应植物根的直径，mm；

k 与 c——常数，取决于不同的植物种类。

结合地表所能达到的最大拉伸应变(ε_t)、地表容许极限拉应变($\bar{\varepsilon}$)与植物单根极限应变(ε_g)3 种应变即可判断地裂缝的发育及其对植物不同直径根系的损伤状况。主要有以下几种情况：

情形 1：$\varepsilon_t > \bar{\varepsilon} > \varepsilon_g$，地表产生裂缝，根损伤、植被生长受到威胁；

情形 2：$\varepsilon_t > \bar{\varepsilon} > \varepsilon_g$，地表能产生裂缝，根损伤、植被生长受到影响；

情形 3：$\varepsilon_g > \varepsilon_t > \bar{\varepsilon}$，单根生长不受到影响，地表能产生裂缝；

情形 4：$\varepsilon_t < \bar{\varepsilon} < \varepsilon_g$，单根不会受到损伤，且地表不产生裂缝。

因此，在掌握不同植被生长状况与根系损伤量之间的关系基础上，即可根据不同直径根系占总根质量的比例，并参照《建筑物、水体、铁路及主要井巷煤柱留设与压煤开采规程》中建筑物下采煤抗变形技术规范（由于曲率、倾斜对植被根系的影响相对较弱，这里主要考虑导致地裂缝产生的主要影响——水平变形），提出保护植被根系的地表沉陷抗变形参考标准。

基于开采扰动后根土界面"弹性-滑移-脱黏"3 个阶段受力过程，得出根土界面剪应力-应变关系，揭示 3 种典型损伤的细观力学机制，发现采空区边界及以外根土复合表层拉应力水平高于底层，更容易形成拉伸损伤区。结合开采沉陷学与根力学，分析了开采沉陷地表变形、地裂缝与植物根系抗变形损伤特性的耦合机制，筛选出了最大光化学效率作为受损植物的植被胁迫状态指示的生理参数；建立了沉陷区植物根系损伤量估算模型以及植被生长胁迫状态影响评价体系。研究意义在于形成了评价开采沉陷直接影响地表植被生长的理论框架，可为建立特定区域植被保护的多级开采沉陷控制标准体系提供指导。

二、根系损伤后植物胁迫状态诊断与评价

（一）不同损伤程度植物最大光化学效率变化

图 6-11 为柠条和油蒿不同根系保有量的最大光化学效率 F_V/F_M 变化图。由图可知，随着根系损伤量（以生物量为基础）的增加，F_V/F_M 的下降趋势更加明显。如图 6-11(a)所示，柠条在根系保有量为 12% 时，根系受损伤后第 2 天 F_V/F_M 开始出现下降，直至第 5 天植物死亡；而当根系保有量为 30% 和 50% 时，F_V/F_M 在第 4 天后才出现明显下降，分别下降了 83.9% 和 58.7%；根系保有量为 95% 和 100% 时，F_V/F_M 则比较稳定。也即对于柠条来讲，当根系损伤量超过 50% 时，植物将逐渐失去光合能力趋向死亡。

由油蒿不同根系保有量 F_V/F_M 变化图[图 6-11(b)]可知，随着根系损伤量的增加，油蒿 F_V/F_M 下降速度加快：在根系保有量为 20% 和 50% 时，根系受损伤后第 3 天 F_V/F_M 出现明显下降，其中 20% 根系保有量植株在第 6 天出现死亡，50% 根系保有量植株 F_V/F_M 下降了 41.2%；根系保有量为 67% 时，F_V/F_M 在第 4 天出现明显下降，至第 6 天下降了 17.9%；根系保有量为 85% 和 100% 时，F_V/F_M 则比较稳定。

通过对两种植物根系损伤下 F_V/F_M 连续监测发现，在根系保有量相近情况下，油蒿 F_V/F_M 下降程度较柠条小，说明油蒿具有更强的生命力。

（二）根系损伤量与叶绿素荧光参数定量关系

通过上述研究发现，柠条和油蒿根系损伤使得植物所需水分、养分等供给减少，导致植

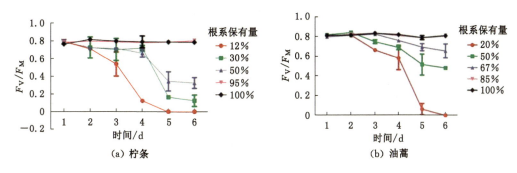

图 6-11　柠条与油蒿不同根系保有量 F_V/F_M 变化

物光合作用组织受损,叶绿素荧光参数和光合作用速率发生逆向改变,抑制植物生长。因此,研究不同根系损伤量与其生理响应定量关系,有助于矿区植被生长状况的预测、选择性修复以及采煤强度的控制。已有研究表明,根系保有量与植物光合作用速率之间存在关系如式(6-11)所示:

$$A = a(P+b)/(P+c) \tag{6-11}$$

式中　A——光合作用速率;

　　　P——根系保有量;

　　　a、b、c——常数。

　　而本研究中 A 为净光合作用速率,即存在光合作用补偿点,光合作用与呼吸作用相当时 A 为零,因此在原有模型基础上增加常数,结果如图 6-12 所示。

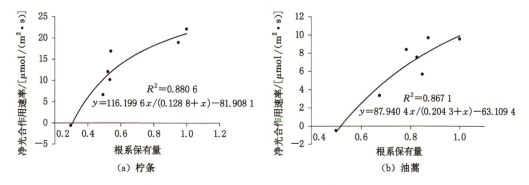

图 6-12　柠条和油蒿根系保有量与净光合作用速率之间的关系

　　如图 6-12 所示分别为柠条和油蒿根系保有量与净光合作用速率之间的关系。由图可知,柠条和油蒿根系保有量与净光合作用速率曲线拟合效果较好,拟合度分别达到了 0.880 6 和 0.867 1。根据曲线拟合结果发现,随着根系损伤量增加,柠条和油蒿净光合作用速率降低的幅度也增加,例如柠条在根系保有量由 1 减少为 0.8 时,净光合作用速率降低了 14%,而根系保有量由 0.8 减少为 0.6 时,净光合作用速率降低了 22.2%。

　　为了研究根系保有量与最大光化学效率 F_V/F_M 之间的关系,在上述模型基础上分析净光合作用速率与 F_V/F_M 之间的关系。图 6-13 为两种植物净光合作用速率与最大光化学效率 F_V/F_M 之间的关系图。由图可知,两者之间线性关系明显,柠条和油蒿线性拟合度分别达到了 0.864 和 0.796,因此同样可以利用上述模型对 F_V/F_M 进行拟合。

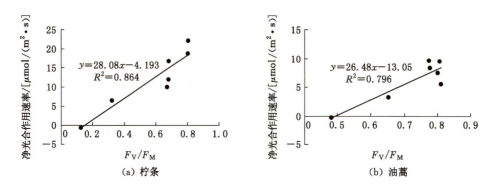

图 6-13 柠条和油蒿净光合作用速率与最大光化学效率 F_V/F_M 的关系

图 6-14 为柠条和油蒿根系保有量与 F_V/F_M 之间的关系图。由图可知,柠条和油蒿根系保有量与植物叶片最大光化学效率曲线拟合效果较好,拟合度分别达到了 0.780 7 和 0.987 2,而根据曲线拟合结果发现,随着根系保有量降低,F_V/F_M 减小的幅度也随之增加,例如柠条根系保有量由 1 减少到 0.8 时,F_V/F_M 减小了 4.8%,而根系保有量由 0.6 减少到 0.4 时,F_V/F_M 减小了 29.3%。这与上述净光合作用速率拟合结果一致。

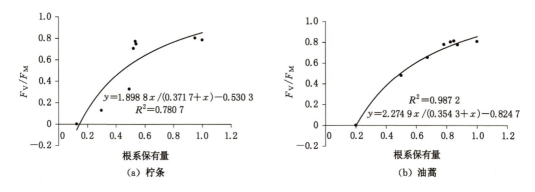

图 6-14 柠条和油蒿根系保有量与最大光化学效率 F_V/F_M 之间的关系

三、沉陷地裂缝区根系损伤评价体系构建

本研究结合开采沉陷学与根力学,揭示了开采沉陷地表变形、地裂缝与植物根系抗变形损伤特性的耦合规律;根据地裂缝分布规律得到了煤矿开采对沉陷区植物根系损伤的定量评价模型,从而找到了评价预测不同煤矿开采地质条件下地表植被受损程度的理论基础。煤炭资源开采诱发的地表变形和地裂缝极易使乔灌植物根系断裂,影响植物的生长发育,其主要过程如图 6-15 所示。

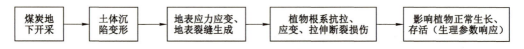

图 6-15 开采沉陷变形引起地裂缝与根系损伤的简要过程

地裂缝的发育往往是竖直向下延伸的，因此地裂缝可以看成是一个圆柱体 D 的一部分，可以用四合木组成的圆锥体 C 的底面（圆面）与圆柱体 D 相交为基础来计算四合木根系的损伤量（下文中的圆柱、圆锥就是指地裂缝和根系分布的简化模型）。C 的底面圆与 D 的截面圆相互关系的主视图和俯视图如图 6-16 所示。

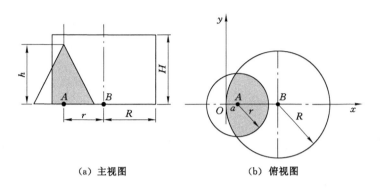

| (a) 主视图 | (b) 俯视图 |

图 6-16　根系简化模型及其与沉陷土体拉伸应力切割关系

根据现场开挖的根系分布情况，建立了式（6-12）所示的根系简化模型。通过对拉伸应力的圆柱体模型和根系圆锥体方程式的推导计算得到了两个几何体相交部分即可建立单株根系损伤体积量 V_1。

$$V_1 = \int_{-y_0}^{y_0} \mathrm{d}y \int_{R-\sqrt{R^2-y^2}}^{\sqrt{r^2-y^2}+a} \mathrm{d}x \int_0^{-\frac{h}{r}\sqrt{(x-a)^2+y^2}+h} \mathrm{d}z \tag{6-12}$$

式中　r——根系底部的半径；

　　　x,y,z——根系所在坐标系的值；

　　　y_0——圆锥底与圆柱的交点的 y 轴取值；

　　　a——A 点相对于坐标原点 O 的偏移量，$a=R-AB$，其中 AB 为两个圆心间的距离；

　　　R——地裂缝分布模型圆的半径；

　　　h——总根系的高度。

根系损伤体积 V_1 随着变量 a 的变化而发生变化。

区域植被根系的总损伤量 $V_总$ 的数学模型如公式（6-13）所示：

$$V_总 = \sum_{i=1}^{n} V_i \times K_i \times S \times P_i \tag{6-13}$$

式中　S——开采沉陷区域面积，m^2；

　　　i——沉陷区的不同树种；

　　　n——沉陷区树种数；

　　　P_i——所有地裂缝占地表下沉盆地的面积百分比，可根据基本顶的周期破断步距确定地裂缝的数量；

　　　K_i——研究区某类树种的密度，株/m^2，可通过株行间距计算得到，或通过高分遥感图像解释获取。

在煤炭开采中控制减轻地表变形和裂缝发育对植被的影响，可根据开采沉陷理论预计煤炭开采引起的土体拉伸变形应力的强度及空间分布范围,再结合不同植物根系的力学特性以及不同粗细根占总根系的质量比例以及植株分布密度,预测不同的煤炭开采方式引起的土体变形对区域植物根系损伤量,再进一步根据根系损伤量与植物生理响应或退化关系,进行研究区植被退化范围和影响程度评价,如图 6-17 所示。所提出的一套植物根系损伤评价方法,还可参照《建筑物、水体、铁路及主要井巷煤柱留设与压煤开采规程》建立针对特殊植物保护的多级沉陷控制标准,优化开采参数,控制开采沉陷强度。

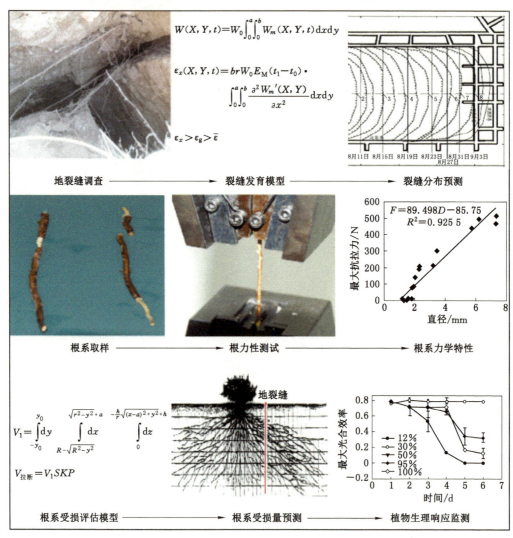

图 6-17　沉陷地裂缝对植物生长的影响评价体系

第二节　采煤沉陷区典型植物个体损伤机理

植物个体对采煤沉陷扰动的响应反映了宏观响应所隐含的微观生态学机制,是进行大尺度煤炭开采植被扰动规律研究的基础。但是采煤沉陷如何影响地表植物个体生长?何为影响干旱区植被生长的关键土壤环境要素？煤炭开采沉陷对这些关键土壤环境要素有何影响？为了解决上述问题,本节将通过叶绿素荧光诱导技术结合光合生理指标对沉陷区植物损伤进行诊断,筛选影响矿区植被生长的主要环境因子,通过控制实验获取关键环境要素阈值,研究半干旱区采煤沉陷对典型植被个体损伤机理。

一、叶绿素荧光诱导诊断植被损伤的基本原理

叶绿素荧光诱导技术作为光合作用的经典监测方法,已经成为植物生理生态研究领域功能最强大、使用最广泛的技术之一,被称为是植物受胁迫状态的有效探针,能够快速获取光系统Ⅱ(PSⅡ)光化学活性和电子传递的信息。快速叶绿素荧光诱导动力学曲线分析技术(JIP-test)已经成为研究逆境胁迫对植物光合机构影响的有力工具。一般来说,叶绿素荧光主要来源于PSⅡ在常温常压下的叶绿素a(Chla),而PSⅡ则处于整个光合作用过程的上游,因此,光合作用过程中的大部分变化,包括光反应和暗反应,都会反馈给PSⅡ,从而引起Chla荧光的变化。叶绿素荧光的变化几乎可以反映光合作用过程的所有变化。叶绿素荧光诱导技术具有简便、快捷、可靠、能对植物进行无损监测等特点,是野外条件下进行植物体内光合作用机构运转状况诊断、分析植物对逆境响应机理的重要技术方法,该方法也在国际上得到了广泛的认同与应用。

1931年,德国科学家Kautsky和Hirsch用肉眼观察并记录了叶绿素荧光诱导现象,将暗适应的绿色植物突然暴露在可见光下之后就会观察到植物绿色组织发出一种强度不断变化的暗红色荧光,荧光随时间变化的曲线称为叶绿素荧光诱导动力学曲线。植物发出的荧光强度随时间而变化,在从暗适应到暴露在光下时,荧光强度先上升然后下降。一般情况下,刚暴露在光下时的最低荧光定义为O点,荧光的最高峰定义为P点,快速叶绿素荧光诱导动力学曲线指的就是从O点到P点的荧光变化过程(图6-18),主要反映了PSⅡ的原初光化学反应及光合机构的结构和状态等的变化,而下降的阶段主要反映了光合碳代谢的变化,随着光合碳代谢速率的上升,荧光强度逐渐下降。在分析快速叶绿素荧光诱导动力学曲线时,为了便于观察曲线荧光的变化,通常把代表时间的横坐标进行对数转化,结果得到O—J—I—P诱导曲线[图6-18(b)]。

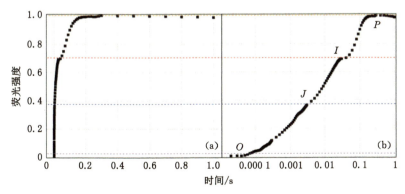

图6-18　典型的快速叶绿素荧光诱导动力学曲线

典型的快速叶绿素荧光诱导动力学曲线有O、J、I、P等相[图6-18(b)],植物接收光化光后,PSⅡ捕光色素将捕获的光量子传递给反应中心(P680),使P680受激发转变为第一激

发单线态(P680*)，P680*很不稳定，将受激发产生的 e⁻ 传递给 P680 受体侧去镁叶绿素(Pheo)，生成 $P680^+ Pheo^-$，然后 $Pheo^-$ 将 e⁻ 传递给 PSⅡ 的电子受体侧：初级醌受体(Q_A)、次级醌受体(Q_B)及质体醌(PQ)等，最后经质兰素(PC)传到 PSⅠ 反应中心(P700)，生成的 $P680^+$ 可以从 P680 的供体侧夺取 e⁻，并最终导致 H_2O 的裂解。P700 受光激发后，生成 P700*，P700* 将受激发产生的 e⁻ 传递给铁氧还蛋白，生成 $P700^+$，并最终由铁氧还蛋白-$NADP^+$ 还原酶把 $NADP^+$ 还原为 NADPH，用于光合碳的还原，$P700^+$ 又可以接受从 PSⅡ 传来的 e⁻，形成可持续的 e⁻ 传递。e⁻ 传递的过程伴随着质子的传递和跨膜质子梯度的生成，并最终偶联 ATP 的生成。在光合机构捕获光能发生 e⁻ 传递的同时，还有一部分能量以热和荧光的形式耗散掉(图 6-19)。

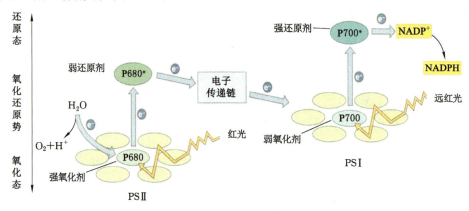

图 6-19　光合作用系统电子传递示意图

植物叶片在经充分暗适应后，PSⅡ 的电子受体：Q_A、Q_B 及 PQ 等均完全失去 e⁻ 而被氧化，这时 PSⅡ 的受体侧接受 e⁻ 的能力最大，PSⅡ 反应中心可最大限度地接受光量子，即处于"完全开放"状态，此时叶片受光后发射的荧光最小，处于初始相 O。当对叶片照以强光时，PSⅡ 反应中心被激发后产生的 e⁻ 经由 Pheo 传给 Q_A，将其还原，生成 Q_{A-}。此时，由于 Q_B 不能及时从 Q_{A-} 接受电子将它氧化，造成 Q_{A-} 的大量积累，荧光迅速上升至 J 点。Q_B 能够从 Q_{A-} 接受电子，形成 Q_{B2-}，导致 Q_A 和 Pheo 完全进入还原状态，此时 PSⅡ 反应中心完全关闭，不再接受光量子，荧光产量最高，即出现 P 点。在电子从 Q_{A-} 向 Q_B 传递过程中出现的 I 点反映了 PQ 库的异质性，即电子传递过程中快还原型 PQ 库先被完全还原(J—I)，随后才是慢还原型 PQ 库被还原(I—P)。当 PSⅡ 的供体侧受到胁迫时，经过极短的时间(在 J 点之前)，叶绿素荧光强度就会上升，出现 K 点(照光后大约 300 μs 处的特征位点)，多相荧光 O−J−I−P 变为 O−K−J−I−P，因此，K 点的出现可以作为 PSⅡ 供体侧放氧复合体 OEC 受伤害的特殊标记，通过 K 点荧光强度的变化差异程度，可以得出放氧复合体 OEC 受破坏的程度。

二、采煤沉陷区典型植物损伤诊断分析

(一)实验方法

依据大柳塔矿 5² 煤层开采计划与进度，结合现场调查情况，选取大柳塔矿井 52302 工作面作为实验场地。工作面走向为东西向，10 年前首次开采，本次开采属于多煤层二次采

动区,煤层赋存条件呈现出浅埋深、厚煤层以及近水平等特点,地表被厚松散层覆盖,采用长壁开采、垮落式管理顶板的开采方式,推进速度可达 12 m/d 左右,属于典型的高强度、超大工作面开采。在超大工作面高强度开采条件下,地表沉陷剧烈且移动变形集中,在地表快速形成大面积沉陷裂缝或者下沉盆地。近年来,矿区大规模的煤炭开采对地表环境造成了明显的影响,如地表沉陷、产生地裂缝群、水土流失、耕地退化、生产力降低等,势必会对矿区地表植物的生长造成影响。52302 工作面走向长 4 484 m,倾向长 300 m,地面高程 1 162.4~1 255.3 m,地面标高 985.13~1 020.99 m,煤层平均厚度 7 m,地面水平移动系数 0.26,最大裂缝宽度 42 cm,倾角 1°~3°,表层土壤厚 30 m,下沉系数 0.76,最大下沉值 4 833 mm,煤炭开采速度 10 m/d,开采深厚比 33.57。通过对走向观测站的监测结果(图 6-20)来判定测点位置的地表沉陷情况。测点位置在 3 月 26 日之前就已经受到开采影响而开始下沉,4 月 5 日还未达到最大下沉值,之后处于下沉活跃期,到 4 月 26 日已经处于相对稳沉状态。通过工作面开采沉陷等值线图,对沉陷影响范围进行预测分区,共得到拉伸区、压缩区、中性区及对照区,如图 6-20(b)所示,其中对照样地与采区样地地貌植被基本一致,海拔在 1 256.32~1 254.52 m,坡向为东南坡,坡度 1°~3°。

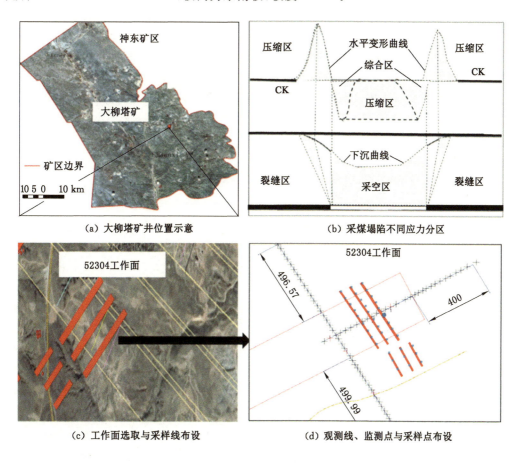

(a) 大柳塔矿井位置示意 (b) 采煤塌陷不同应力分区

(c) 工作面选取与采样线布设 (d) 观测线、监测点与采样点布设

图 6-20　开采沉陷的水平移动与变形理论以及走向观测站沉降量监测结果

　　由于人类活动的影响,矿区原始植被早已破坏殆尽,代之以人工修复物种。工作面植

被类型主要有干草原型、落叶阔叶灌木丛型和沙生类型。以油蒿、柠条、杨树为代表的沙生植被组合主要生长于半固定沙地、固定沙地和沙地沙丘间低地,其中,油蒿和柠条是大柳塔矿区重要的生态修复植物物种,研究其在煤炭开采条件下叶绿素荧光响应特征具有重要意义。通过现场调查发现,杨树在采煤沉陷区乔木中具有明显的数量优势,种群密度较其他植物大。因此,这里分别从具有代表性的半灌木、灌木、乔木角度选取受采煤影响较大的油蒿(半灌木)、柠条(灌木)以及优势物种杨树(乔木)作为监测对象。

利用 OSP330+便携式叶绿素荧光仪测定选定植物叶片的快速叶绿素荧光诱导动力学曲线,并进行 JIP-test 分析,计算光系统Ⅱ(PSⅡ)反应中心参数。测定时间为 9 时至 11 时 30 分,测定前先将标记的叶片用叶夹暗适应 20 min,然后将分析探头置于叶夹上的测试孔,确保探头与暗适应夹紧密接触,无光线进入,按紧探头与叶夹,打开叶夹遮光板后,仪器自动进行测定 10 μs～1 s 的高分辨率间隔荧光信号并记录保存。测定时叶面温度为 19.8～25.4 ℃,周围环境温度为 18.9～25.6 ℃,实验期间无降雨。ΔK、ΔJ 和 ΔI 分别为 300 μs、2～3 ms、30 ms 处测定的荧光强度差异值。

为了分析土壤理化性质对植物叶片 JIP-test 参数和光合参数的影响,在进行植物叶片叶绿素荧光与光合参数测定时,需要对沉陷区被选定植被根部土壤进行同步采集,采样点的位置由便携式全球定位系统(GPS)记录。在采样前清除土壤表面的凋落物,然后对表层 0～30 cm 土壤进行采集,每个采样点采集 3 个样品,以 3 个样品的平均值作为最终测定结果。采集的土壤样本(约 50 g)保存在密封袋中,并做好标记,带回实验室检测。本次测定的土壤理化性质主要有土壤含水率(SWC)、土壤有机质含量(OM)、总氮含量(TN)、总磷含量(TP)、铵态氮含量(AN)、硝态氮含量(NN)、土壤容重(BD),利用 ML3X 土壤水分速测仪野外现场测定土壤体积含水率,采用环刀法测定土壤容重。

(二)沉陷区植物叶片 O—J—I—P 响应差异

利用快速叶绿素荧光诱导动力学曲线分析技术对拉伸区、压缩区、中性区及对照区中杨树、柠条和油蒿荧光响应特征进行监测。快速叶绿素荧光诱导动力学曲线(O—J—I—P)能够提供植物 PSⅡ的光化学信息,准确快捷反映光反应中 PSⅡ供体侧、受体侧及 PSⅡ反应中心电子氧化还原状态,由此探知开采沉陷对植物叶片光合机构的响应特征的影响。图 6-21 为沉陷拉伸、压缩区、中性区及对照区杨树、柠条、油蒿相对可变荧光诱导动力学曲线。

根据开采沉陷理论,井工煤炭开采引起工作面上覆岩层应力失衡,导致岩层断裂和移动,进一步引起地表沉降与变形,根据地表沉陷变形不同表现形式可以划分为中性区、压缩区、拉伸区,在工作面的不同沉陷区位,植物叶片相对可变荧光诱导动力学曲线呈现出空间异质性。从图 6-21 不同沉陷区位 3 种植物的相对可变荧光诱导动力学曲线来看,与对照区相比,拉伸区、压缩区、中性区杨树、柠条、油蒿叶片的相对可变荧光诱导动力学曲线上各点数值均存在不同程度的异质性,拉伸区曲线变化程度最大,压缩区次之,中性区曲线变化程度最小。相对于压缩区、拉伸区,中性区植物曲线变化程度小得多。因此,根据不同沉陷区位植物相对可变荧光诱导动力学曲线变化响应程度差异,应当优先考虑对压缩区、拉伸区受损植物进行恢复引导。

此外,从本实验结果来看,不同植物物种应对采煤沉陷引起的胁迫时表现出不同的抗逆性。从整个 OKJIP 曲线来看,K—J—I 段相对荧光值有不同程度的升高,其中油蒿相对

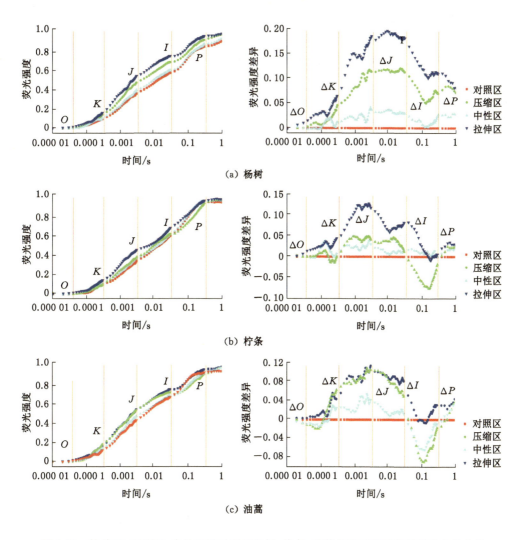

图 6-21　拉伸区、压缩区、中性区及对照区杨树、柠条、油蒿相对可变荧光诱导动力学曲线

荧光值的升高幅度最小,柠条次之,杨树最大;杨树相对可变荧光值变化幅度最大。由此可见,油蒿、柠条这类叶片小、根系深的灌木具有更强的抗逆性,更适合作为矿山植被恢复的备选物种。比较相对可变荧光强度的差异可以分析植物放氧复合体(OEC)和 PSⅡ复合物单元对采煤沉陷扰动的响应,ΔK 可以作为 PSⅡ供体侧 OEC 受伤害的特殊标记,通过 K 点荧光强度的变化差异,可以得出 OEC 受破坏的程度;ΔJ 反映的是在 J 点被还原初级醌受体 Q_A^- 到次级醌受体 Q_B 的电子传递受抑制,导致 Q_A^- 明显累积。本实验结果中,相对于对照区,压缩区、拉伸区杨树、柠条、油蒿叶片相对可变荧光诱导动力学曲线中 ΔK、ΔJ 均明显升高,说明在采煤沉陷扰动下,压缩区、拉伸区 3 种植物叶片 OEC 受到破坏,且破坏程度高于中性区和对照区,J 点被还原初级醌受体 Q_A^- 到次级醌受体 Q_B 的电子传递受抑制,导致 Q_A^- 明显累积,最终影响植物叶片的光合作用效率。

（三）沉陷区植物叶片 JIP-test 参数差异

对快速叶绿素荧光诱导动力学曲线的信息进行数学解析,可得到一系列的荧光参数。

本书主要对拉伸区、压缩区、中性区及对照区杨树、柠条、油蒿叶片 JIP-test 参数 ABS/RC、TRo/RC、DIo/CS、ETo/RC、ETo/TRo、ETo/ABS、TRo/ABS、F_0/F_M、F_V/F_M、PI、Mo、DF$_{(abs)}$进行对比分析,进一步揭示采煤沉陷对典型植物叶片光合机构的深刻影响。由于上述各参数值处于不同的量级,为了消除各参数的量级影响,需要进行数据标准化处理,原始数据经过数据标准化处理后,均处于[0,1]之间。图 6-22 是拉伸区、压缩区、中性区及对照区杨树、柠条、油蒿叶片 JIP-test 参数标准化后的结果(以对照区为参照)。

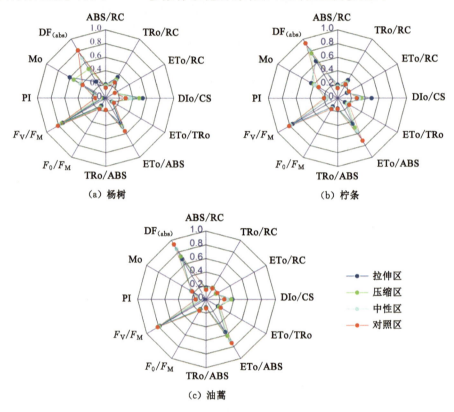

图 6-22　拉伸区、压缩区、中性区及对照区杨树、柠条、油蒿叶片 JIP-test 参数对比

JIP-test 参数中,ABS/RC、TRo/RC、DIo/CS、ETo/RC 指示 PSⅡ反应中心 RC 的能量变换状况,ETo/TRo、ETo/ABS、TRo/ABS、F_0/F_M指示 PSⅡ受体侧能量分配状况。从图 6-22 可知,和对照区相比,以 RC 为基础,在采煤沉陷影响下,单位活性中心吸收的光能(ABS/RC)、捕获的光能(TRo/RC)和热耗散的光能(DIo/CS)有明显升高,而用于电子传递的能量(ETo/RC)、电子传递到电子传递链中 Q_A- 下游的电子受体的概率(ETo/TRo)、用于电子传递量子产额(ETo/ABS)、PSⅡ最大量子效率(TRo/ABS)明显减少。植物叶片减少用于电子传递能量份额,电子传递逐渐受到抑制,光反应活性逐渐降低,导致过剩光能积累,通过增加热耗散方式减轻采煤沉陷引起的胁迫伤害。因此,可以认为这是植物对胁迫环境的一种生理适应调节,有利于保护光合机构结构和功能。

根据快速叶绿素荧光诱导动力学曲线诊断植物损伤的基本原理,当最大光化学效率(F_V/F_M)<0.80 时,意味着植物受到的胁迫,而 F_V/F_M 越小,则意味着植物受到的胁迫越严重。本书 JIP-test 参数分析结果中:拉伸区、压缩区、中性区杨树叶片 F_V/F_M 分别为

0.727、0.746、0.785,柠条叶片 F_V/F_M 分别为 0.753、0.783、0.798,油蒿叶片 F_V/F_M 分别为 0.779、0.787、0.801。由此可见,相较于对照区和中性区,在拉伸区和压缩区杨树、柠条、油蒿受到采煤沉陷胁迫程度更大。根据同等胁迫程度下 F_V/F_M 值的大小,可判断 3 种植物的抗逆性从大至小依次为:油蒿＞柠条＞杨树。同时,这也证明了采煤沉陷引起的土壤立地条件的破坏确实会对地表植物生长造成损伤。

（四）沉陷区植物叶片光合参数差异

沉陷区植物叶片快速叶绿素荧光诱导动力学曲线和 JIP-test 参数的变化是植物叶片光合系统应对采煤沉陷扰动的反应体现,为了进一步分析采煤沉陷对植物光合系统的扰动,有必要对植物光合作用指标进行检测分析,图 6-23 为采煤沉陷条件下 3 种植物叶片光合作用参数的变化。

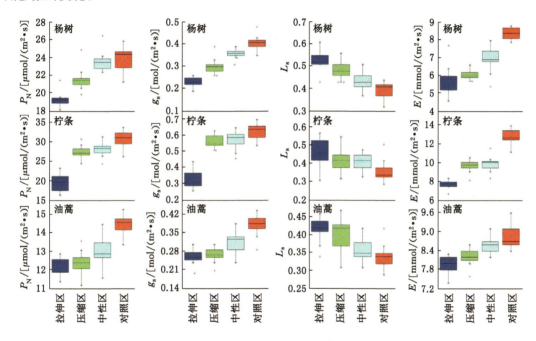

图 6-23　拉伸区、压缩区、中性区及对照区杨树、柠条、油蒿叶片光合作用参数对比

植物叶片气孔导度在一定程度上反映了植物体内的代谢情况,其灵敏度是植物体内受胁迫的一个重要表征。通过对不同沉陷区位 3 种植物叶片 g_s 和 L_s 对比发现,从对照区到中性区、压缩区和拉伸区 3 种植物叶片 L_s 依次升高、g_s 则表现为依次降低。气孔是植物与大气进行水气交换的主要通道,是吸收空气中 CO_2 的入口,也是水蒸气逸出叶片的主要出口,气孔导度的开放程度直接影响植物的蒸腾与光合作用速率。从图 6-23 可知,与对照区相比,从中性区到压缩区和拉伸区 3 种植物叶片 E 和 P_N 依次降低,这与叶片气孔的开放程度有密切联系。植物根系吸收的水分一部分通过叶片蒸腾作用散失,一部分参与植物的生理活动,蒸腾作用对于植物维持体内水分平衡具有重要意义。本实验结果中采煤沉陷区植物叶片 E 和 g_s 均明显降低,说明在采煤沉陷区植物为了维持其正常的生理活动,减少植株体内水分散失,意味着沉陷区植物很可能受到干旱的胁迫。光合作用是植物将光能转化为化学能合成有机质的生物过程,光合作用强度可以通过 NDVI 精确地反映。采煤沉陷区植物

叶片 g_s 降低,一方面减少了叶片水分的散失,同时也降低了空气中 CO_2 的吸收量。CO_2 作为植物光合作用中光化学反应必需的原料之一,其浓度的降低直接会影响植物叶片的光合作用速率,进而影响采煤沉陷区植物的生物量和覆盖度。

三、采煤沉陷对典型植物个体损伤机理

采煤沉陷对植物个体损伤传递过程涉及采空区上方岩层破断与运动、土体沉降变形、植物生长立地条件改变和植物叶片光合生理特征改变等几个重要过程。

(一)采区上覆岩层运移到土体沉陷变形过程

井工煤炭开采是从地层内部沉积岩获取煤炭资源。沉积岩是指分层堆积的沉积物固结而成的岩层,表现为不同强度与厚度层状岩体的叠加。煤炭开采在地底形成大面积采空区,破坏岩层应力的平衡状态,引起岩体内部应力重新分布,导致岩层破断和运动,但是各岩层的破坏具有不一致、不同步的特点。随着工作面推进,软岩层破断和运动形式表现为同步断裂,而对于硬岩层,其岩层破断和运动形式表现为间断式断裂。断裂后硬岩层形成的块体重新分布,势必会影响到采空区整个上覆岩层初始状态。因此,硬岩层破断形成的块体主导着岩层采空区上覆岩层运动,硬岩层也被称为关键层。随着采空区硬岩层破断与关键层破断为岩块,上覆岩层运动最终形成图 6-24 所示的关键层主导的采动覆岩运动概貌,通常在采空区上方形成垮落带、裂隙带和弯曲下沉带。当关键层岩块破断后岩层运动重新趋于平稳时,岩层裂隙将重新闭合,形成重新压实区;岩层发生剧烈运动,矿压、裂隙与沉陷剧烈变化区域称为裂缝发育区。

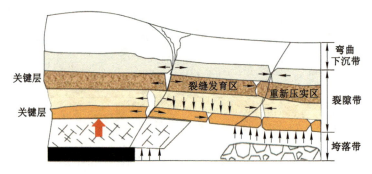

图 6-24　采空区上覆岩层运动分区(钱鸣高 等,2019)

伴随着岩层破断和运动过程之后的是地表土体沉陷变形过程,通常在采空区上方地表形成大范围的沉陷盆地。根据开采沉陷学理论,沉陷盆地中不同区域的下沉程度不同,一般将下沉盆地划分为拉伸变形区、压缩变形区和中性区。“三区”的形成原因以及对土体结构的影响有所差异:对于下沉盆地中间区被称为中性区,该地表下沉值最大,一般先会出现临时性裂缝,煤炭开采过程中随工作面的推进同时发育,当工作面推过裂缝后,该区破断后岩层运动重新趋于平稳,大部分裂缝将逐步闭合,其相对移动和变形值较小;下沉盆地内边缘区被称为压缩变形区,该区位于采空区边界附近到最大下沉点之间,地表移动向盆地中心方向倾斜,土体产生压缩变形,一般会出现挤压型裂缝;移动盆地外边缘区被称为拉伸变形区,该区位于采空区边界到盆地边界之间,地表下沉不均匀,地面移动向盆地中心方向倾斜,土体产生拉伸变形,当拉伸变形超过极限抗拉强度后,地面将产生拉伸裂缝,其特点

为发育宽度、深度大，难以自恢复，破坏原始土地结构，对表土水分保持以及植物生长的影响较大，是沉陷区植被恢复需要重点采取工程措施加以整治的区域。

（二）土体沉陷变形到植物立地条件变化过程

随着采空区土体沉陷变形，地表植物生境条件发生改变，主要表现为地形地貌条件、地下水位埋深、表土含水率、土壤理化性质等的改变。地下煤炭开采对地下水的影响为：一方面，在采前准备阶段，为了防止发生工作面溃水事故，通常对地下水进行抽排、疏放，这必然会大幅降低工作面地下水位，影响地下水对土壤水的补给；另一方面，采空区上方岩层破断与运动产生的裂隙为地下水提供了运移通道，导致地下水流失与水位下降。地下水位埋深对土壤含水率有重要影响：当潜水埋深较小时，表土主要受到毛细管水的补给而保持在相对较高且稳定的含水率；当地下水位埋深增加时，表土受到毛细管水的补给减少，且土壤水分蒸发量较大，导致土壤含水率降低，当土壤含水率不能满足植物生理活动需要时，会对植物生长形成干旱胁迫。由此可见，地下水位埋深同样对土壤含水率有重要影响，是控制半干旱矿区地表植被生长状况的又一重要关键决定因素，本章将会对地下水位埋深与矿区植物生长关系进行分析。

地下煤炭开采对土壤水分的影响在不同沉陷区位存在异质性。中性区位于地表下沉盆地的中心，沿开采工作面倾向上其地形往往呈"两边高，中间低"状，该地形有利于地表径流的汇集，导致中性区土壤含水率高于压缩区、拉伸区。压缩区土体被挤压，土壤孔隙度降低、硬度升高、入渗能力降低，不利于土壤水分保持，所以相较于中性区，压缩区土壤含水率通常较低。拉伸区地表存在永久性裂缝，在一定程度上改变了地表径流方向和汇水条件，当地表裂缝与采空区直接连通时，地表径流将直接流进采空区。此外，永久性裂缝还会导致土壤水分的蒸发面增加，土壤水的蒸发散失速度加快，而裂缝周边的土体受拉伸作用导致结构破坏，也会增大土壤的孔隙比，不利于土壤水分保持，地表水分流失进一步加重。采煤沉陷对植被生长立地条件变化过程示意图如图 6-25 所示。

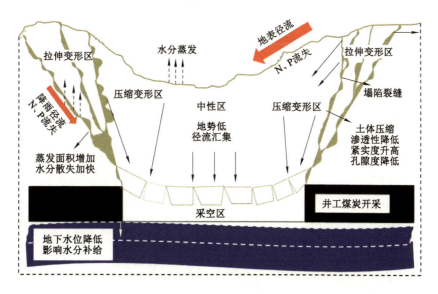

图 6-25　采煤沉陷对植被生长立地条件变化过程示意图

（三）立地条件变化对叶片光合生理要素影响过程

植物叶片光合生理要素会随着植物生长立地条件变化而变化。根据前面分析得知，拉伸变形区、压缩变形区和中性区土体变形过程与最终存在形式不同，开采沉陷后上述生境条件在这"三区"呈现出一定的空间异质性，"三区"植物生长对于生境变化的响应同样具有空间差异性。本书通过对沉陷区植物光合生理参数与土壤环境因子相关性分析结果得到 SWC 与除 Mo 和 TRo/ABS 外的光合生理参数均具有较高的相关性，相关系数最高达到0.84，除 SWC 外的其他土壤环境因子仅与植物叶片的少部分光合参数有一定的相关性，说明 SWC 是影响沉陷区植物光合生理参数的关键土壤要素（图 6-26）。根据前述土体沉陷变形对"三区"土壤含水率的影响分析得到，中性区 SWC＞压缩区 SWC＞拉伸区 SWC。

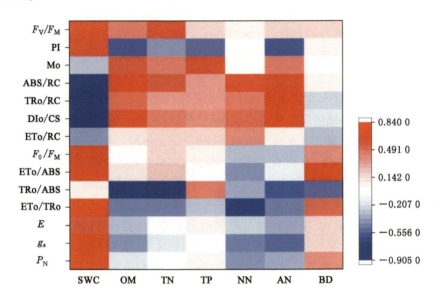

图 6-26　植物光合生理参数与土壤环境因子的相关性

对于黄土高原半干旱矿区而言，土壤水分无疑是植物生长最重要的限制因素。王力等利用稳定同位素分馏原理对神东矿区植物水分来源进行研究，结果表明该区域植物生长所需的水分主要来源于土壤水。植物叶片光合生理参数会对土壤含水率的变化作出响应，本书对"三区"及对照区油蒿、柠条、杨树叶片叶绿素荧光与光合生理参数进行综合对比分析发现：相较于对照区，从中性区到拉伸区 3 种植物的气孔限制值依次升高，气孔导度、光合速率和蒸腾速率均依次降低；快速叶绿素荧光诱导曲线由 $O—J—I—P$ 均变形为 $O—K—J—I—P$ 曲线；通过 JIP-test 参数分析得到，采煤沉陷影响下植物叶片减少用于电子传递的能量份额，电子传递逐渐受到抑制，植物叶片的光合作用效率逐渐降低。王振兴等研究发现，植物在受到干旱胁迫时会导致叶绿素荧光诱导动力学曲线中 K 相的出现。由此可见，本书植物光合生理参数的变化与"三区"土壤含水率的变化规律也具有极高的一致性。

综上分析，得到半干旱区采煤沉陷对植物生长影响传递过程如图 6-27 所示。

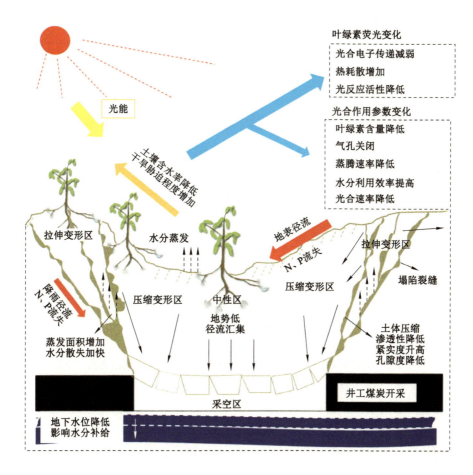

图 6-27 半干旱区采煤沉陷对植物生长影响传递过程示意图

第三节 采煤沉陷区植物损伤空间异质特征

对塌陷地表不同应力区典型植物的叶绿素含量和高光谱特征进行研究有利于采用遥感等方式对植物叶绿素含量进行反演。为区分采煤对地表植物的影响，在非采区设置对照组（control check，CK）。依据采煤塌陷机理，在地表采煤塌陷不同应力区：中性区（neutral zone，NZ）、拉伸区（drawing zone，DZ）、压缩区（compression zone，CZ），选择典型植物糙隐子草（Cleistogenes squarrosa，CS）、油蒿（Artemisia ordosica，AO）、油松（Pinus tabuliformis，CP）、柠条（Caragana korshinskii，CM）、杨树（Populus davidiana，PT）的健康、成熟叶片，采用美国 ASD 生产的 FieldSpec 3 高性能地物光谱仪与 SPAD-502 叶绿素仪同步测量 4 个样区植物叶片光谱与叶绿素含量，每个样区每种植物测量叶片 50 片。光谱波长范围为 350～2 500 nm。测量选择风力小于 3 级的晴朗天气进行，时间为 11 时至 14 时。测量人员身着深色服装。传感器探头垂直向下，测量前用白板光谱标定，并定时进行系统优化，每个样本重复测量 10 次，同时用叶绿素仪对该样本不同位置测量 5 次。将每种植物叶片 10 次测量的光谱数据及 5 次测量的 SPAD 值取均值作为该样本的光谱反射率与叶绿素含量。为减少噪声干扰，选取 350～

1 350 nm 波段进行光谱分析。将预处理过的数据导入 Excel 与 Matlab 2012a 软件中进行计算与分析。

一、沉陷区典型植物不同叶绿素含量光谱差异

将所测植物样本按 SPAD 值大小以 5 为单位进行划分,同一单位样本所对应的光谱反射率取均值,获得 4 个样区植物不同叶绿素含量光谱变化曲线如图 6-28 所示。总体上看,可见光波段随着 SPAD 值升高,非采区样本光谱曲线变化规律较强,压缩区、中性区、拉伸区样本规律性较弱;780~1 350 nm 波段,相较于非采区,压缩区不同单位 SPAD 值样本反射率分异更大,而拉伸区与中性区光谱曲线更为密集。具体表现如下:① 糙隐子草非采区与压缩区、中性区与拉伸区样本在可见光波段 SPAD 值不同光谱曲线变化规律分别相似,SPAD 值低于 30 的样本特征参数有不同程度缺失,中性区最明显;其余波段,受应力影响的样本不同 SPAD 值对应反射率与非采区差异较大。② 油蒿非采区与压缩区、拉伸区与中性区样本在可见光波段 SPAD 值不同反射率变化规律分别相近,非采区所测波段反射率最高。③ 柠条非采区在可见光波段,SPAD 值小于 20 的样本 SPAD 值越低反射率越高且绿峰缺失,SPAD 值为 21~30 时绿峰宽度增加并红移,SPAD 值高于 30 时 SPAD 值越高反射率越高,受应力影响的样本随着 SPAD 值变化光谱特征不明显;其余波段,不同应力区 SPAD 值低于 30 的样本光谱曲线变化剧烈。④ 杨树样本在可见光波段,SPAD 值为 0~35 的峰值均在 632 nm 左右,但不同区域光谱密度与反射率高低情况不同,780~1 350 nm 波段,SPAD 值不同,不同样区反射率高低差异较大。

采空区上方地表塌陷不同应力区植物 SPAD 值不同光谱变化规律相异,可见光波段差异较大,其余波段受应力影响区域样本 SPAD 值不同光谱曲线变化更为剧烈。非采区糙隐子草、柠条、杨树、油蒿 SPAD 值非常低的样本绿峰缺失,随着 SPAD 值升高,绿峰出现但位置红移,当 SPAD 值在 30 以上时,蓝谷、绿峰、红谷、红边光谱特征值明显,油松样本 SPAD 值越高绿峰峰值越小;受应力影响的 SPAD 值低的样本谷、峰、边特征值缺失更多,光谱特征无序。

二、沉陷区植物叶绿素高低组光谱变化差异

为进一步识别不同应力区典型植物相同水平叶绿素含量的光谱特征,根据所测 4 种植物的 SPAD 值范围分为 SPAD 值较高组(high,H)与较低组(low,L)。所测植物 SPAD 值在 0~50 之间时,0~25 为 L,26~50 为 H;SPAD 值范围为 0~25 时,0~10 为 L,11~25 为 H。将归属于各组下的植物样本反射率取均值,制成典型植物沉陷不同应力区 SPAD 值高、低组光谱曲线变化图,如图 6-29 所示。

由图 6-29 可见,在整个所测波段,相较于非采区,受应力影响的糙隐子草、油蒿、柠条样本 SPAD 值较高组与较低组的同波段反射率差值增大,杨树样本差值减小,同时不同波段变化存在一定差异性:① 350~700 nm 波段,4 个样区糙隐子草、油蒿、油松、柠条样本 SPAD 值较高组反射率显著低于较低组,杨树变化相反;② 700~1 350 nm 波段,糙隐子草、柠条样本 SPAD 值较高组反射率显著高于较低组,其余样本相反;③ 700~1 350 nm 波段,拉伸区的糙隐子草、非采区的油蒿和柠条、压缩区的杨树样本 SPAD 值高、低组不同时反射率差异小,光谱曲线几近重叠。

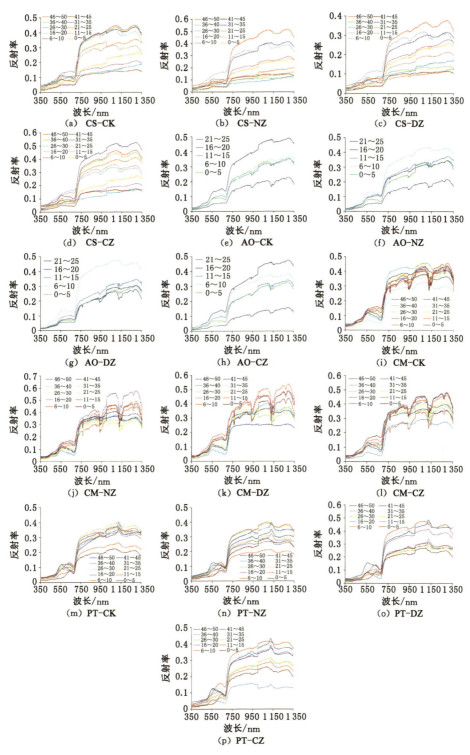

CS—糙隐子草;AO—油蒿;CM—柠条;PT—杨树;

NZ—中性区;DZ—拉伸区;CZ—压缩区;CK—对照区。

图 6-28 4 个样区植物不同叶绿素含量光谱变化曲线

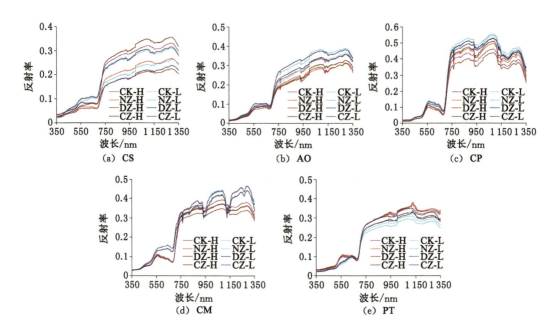

图 6-29　不同应力区植物 SPAD 值高、低组光谱曲线变化

三、沉陷区扰动植被生长损伤空间异质特征

(一) 无人机监测方案与数据处理

依据实验设计,实验开展采用分层调查取样方法,整体上无人机飞行路线覆盖沉陷不同应力区,垂直飞行线布设高光谱和光合生理原位观测点。同时,为了进行对比分析,同步在非采区进行采样和观测。具体的实验流程如图 6-30 所示。

研究选取神东矿区补连塔矿井 22308 工作面。该工作面位于井田西南处的三盘区,南接 22309 综采工作面,北邻 22307 工作面。工作面长 2 480 m,宽 321 m,主采煤层为 22 煤层,平均煤厚 6.86 m,倾角 1°～3°,整体地势比较平坦。

无人机的灵活机动性使得无人机遥感应用范围广泛,同时其飞行高度低的特点可以为研究提供高时间分辨率及高空间分辨率的影像数据。鉴于此,基于无人机的遥感技术近年来逐渐应用于植被的生态监测研究中。本实验基于无人机获取采煤沉陷后不同应力区植被损伤监测数据,探索采煤沉陷区植被损伤特征。实验依据工作面开采速度及开采超前距,在距离推进线 160 m 处(预计 20 d 后开采到该区域),垂直于工作面走向设置 821 m× 120 m 实验飞行区域。综合考虑影像精度及飞行成本,实验选取大疆无人机,设置飞行高度 100 m、旁向重叠度＞60%、航向重叠度＞75% 的最终飞行方案。实验运用 Matlab 及 PhotoScan 软件,基于直接线性变换(direct linear transformation,DLT)模型,对影像数据进行校正,进而提取相关植被指数进行植被损伤分析。

无人机影像数据处理流程:首先将每一期监测得到的约 450 张照片数据,通过 PhotoScan 读取相片中的坐标参数,依据摄影测量学中的共线方程及数据定向等基本原理,根据最新的多视图三维重建技术,自动计算相片的位置、姿态等相片参数,并结合相机校正

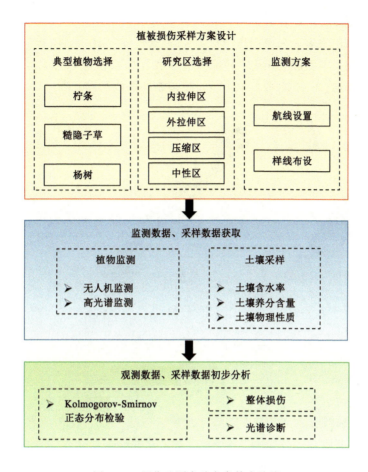

图 6-30 原位监测实验方案技术路线

参数对相片进行校正,生成疏点云,再根据疏点云及相片像素的几何特点进行疏点云的加密,形成密点云,然后对密点云进行自动网格化。

在此基础上依据网格及相机照片的位置关系进行自动贴图,其中网格模型用于生成数字正射影像[DOM,图 6-31(a)]和空间分辨率约为 0.04 m 的高精度数字表面模型[DSM,图 6-31(b)],纹理用于辅助地表植被类型的识别。

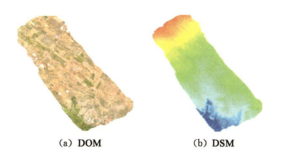

(a) DOM   (b) DSM

图 6-31 无人机数据预实验结果

（二）植被盖度提取

植被指数可以用来表征区域内植被数量，因此多应用于基于遥感数据的植被生长及空间分布特征的研究。本实验利用无人机获取的影像数据，计算提取了 EXG 指数［式(6-14)］用以区分植被与裸地［图 6-32(a)］，为下一步植被盖度提取奠定基础。

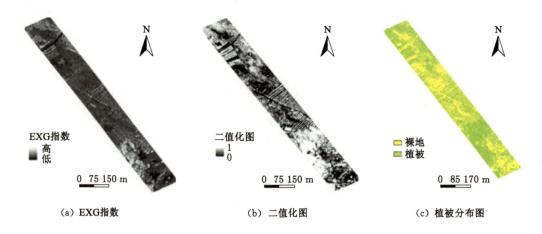

（a）EXG指数   （b）二值化图   （c）植被分布图

图 6-32　预实验 EXG 指数与植被盖度空间分布图

$$EXG = 2G - R - B \tag{6-14}$$

式中　G——绿色波段；

　　　R——红色波段；

　　　B——蓝色波段。

实验分析表明 EXG 指数能够很好地区分植被与裸地，为提取植被盖度指数还需要应用二值法分割实现植被与非植被的分离［图 6-32(b)］，计算公式如式(6-15)所示：

$$\partial_x = \frac{\sum_{i=1}^{N-1} y_i}{N-1} \tag{6-15}$$

式中　∂_x——所求像素 x 的植被覆盖度；

　　　y_i——值为 0 或者 1，指示该像素是否为植被；

　　　N——以所求像素 x 为中心的 1 m^2 面积所包含的像素个数。

根据计算结果进一步绘制植被覆盖图［图 6-32(c)］。

EXG 与 NDVI 对比如图 6-33 所示。

（三）植被类型指数提取

实际研究表明植物光谱数据在时间域上存在同谱异物及同物异谱的现象。为了提高植被类型区分的精度，研究将无人机影像转换到 HSL(hue,saturation,lightness)颜色空间，选取相应植被指数以便更好地区分植被类型。HSL 相关计算公式如下：

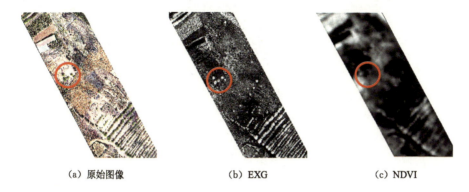

(a) 原始图像　　　　　　(b) EXG　　　　　　(c) NDVI

图 6-33 EXG 与 NDVI 对比图

$$H = \begin{cases} 0, \max = \min \\ 60 \times \dfrac{G-B}{\max - \min} + 0, \max = R \text{ 且 } G \geqslant B \\ 60 \times \dfrac{G-B}{\max - \min} + 360, \max = R \text{ 且 } G < B \\ 60 \times \dfrac{B-R}{\max - \min} + 120, \max = G \\ 60 \times \dfrac{B-R}{\max - \min} + 240, \max = B \end{cases} \tag{6-16}$$

$$S = \begin{cases} 0, \dfrac{\max + \min}{2} = 0 \text{ 或 } \max = \min \\ \dfrac{\max - \min}{\max + \min}, 0 < \dfrac{\max + \min}{2} \leqslant 0.5 \\ \dfrac{\max - \min}{2 - (\max + \min)}, \dfrac{\max + \min}{2} > 0.5 \end{cases} \tag{6-17}$$

$$L = \frac{\max + \min}{2} \tag{6-18}$$

式中，$\max = \text{MAX}(R,G,B)$，$\min = \text{MIN}(R,G,B)$。

　　研究预实验表明，HSL 颜色模式中，H(hue，色调)分量和 S(saturation，饱和度)分量常用于植被与裸地区分，H 分量和 S 分量在处理无人机影像数据时对阴影部分的处理效果不如预选的 EXG 指数，而 L(lightness，明度)分量能够对植被种类进行一定程度的区分。由此，研究选取皮尔逊相似系数，基于 L 分量提取影像中的物种。

　　针对同一影像中的不同物种，考虑除数据边缘部分外，各像素均有 8 个相邻像素，因此取相邻像素的平均相似系数作为中心像素 x 的相似值，计算公式如式(6-19)所示：

$$\sigma_x = \frac{\sum\limits_{i}^{8} \sigma_{xy_i}}{8} \tag{6-19}$$

　　σ_x 的值越大说明 x 像素与周围像素的相似性越高，可判断为同一物种像素；反之，则说明该像素为不同物种像素。

　　针对同一物种不同时段影像，相应皮尔逊计算公式如式(6-20)所示：

$$\sigma_{xy} = \frac{N\sum_{i}^{N}X_iY_i - \sum_{i}^{N}X_i\sum_{i}^{N}Y_i}{\sqrt{\sum_{i}^{N}X_i^2 - \left(\sum_{i}^{N}X_i\right)^2}\sqrt{\sum_{i}^{N}Y_i^2 - \left(\sum_{i}^{N}Y_i\right)^2}} \tag{6-20}$$

式中　x,y——不同时段影像上任意两个像素对；

　　　N——x,y 像素时间序列的波段数；

　　　X_i,Y_i——像素 x,y 在第 i 个时间节点的 L 分量值；

　　　σ_{xy}——对应像素对的皮尔逊相似系数值,该值越大说明像素变化越相似,可判断为同一物种像素,反之则为不同物种像素。

　　研究选取实验区油蒿、柠条、杨树、沙柳等优势物种,应用上述公式,得出各物种 L 分量在时序影像上的变化(图 6-34),结果表明 L 分量可以较好地区分不同物种及物种随沉陷时序的变化,即同一物种的 L 分量随采煤沉陷时间呈现波动变化特征,同时不同物种的 L 分量之间也表现出明显的差异。

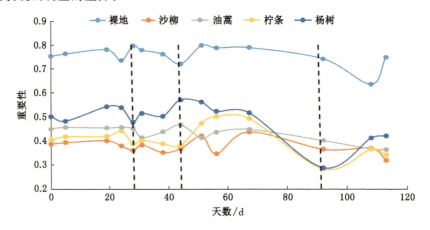

图 6-34　典型植物在 L 分量时间序列上的变化形式

　　无人机影像数据具有多空间尺度和多时间尺度的特征,不同尺度数据所表达的信息密度有很大的差异。为解决不同地物空间尺度差异的问题,研究采用面向对象分类方法,结合实地调查和影像样本采集,对影像数据进行多尺度分级分割,多尺度分割技术流程如图 6-35 所示。

　　对实验区无人机高空间分辨率遥感影像进行分类时,利用经验知识结合野外实地调查,将实验区裸地、建筑、水域、耕地、乔木、灌木和草本最优分割尺度分别设为 70 m、40 m 和 20 m,根据各地类的属性特征和形态特征,依次建立不同尺度的分类规则,各尺度下的分类规则相互独立(表 6-2),分割单元大小和属性也不同。研究采用 eCognition 软件,采用面向对象分类的多尺度分割技术,应用"对象完整面积个数最多"分割方法,按照已建立的各地物分类规则,由大分割尺度向小分割尺度分级逐步进行分类,得到各个地物的空间分布图。需要注意的是,小分割尺度的植被类型划分应在大分割尺度类型划分的基础上进行,即小分割尺度分类以大分割尺度的分类结果进行掩膜分析,在此基础上将不同分割尺度的分类结果进行合并,最终得到实验区内植物种类的空间分布图(图 6-36)。

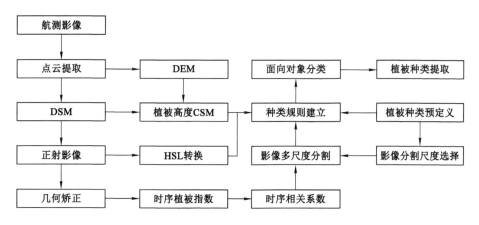

图 6-35　植被物种多尺度分割技术流程图

表 6-2　植被分类尺度及对应分类规则

尺 度	植 被 类 型			
	裸地	建筑	水域	乔木
70 m	$0.56 \leqslant L \leqslant 0.73$	$0.74 \leqslant L \leqslant 0.93$	$0.41 \leqslant L \leqslant 0.58$	$0.31 \leqslant L \leqslant 0.40$
	$-14.50 \leqslant EXG \leqslant 17.79$	$-15.52 \leqslant EXG \leqslant 6.01$	$6.85 \leqslant EXG \leqslant 41.18$	$62.13 \leqslant EXG \leqslant 150.10$
	耕地	沙棘	沙柳	灌木
40 m	$-9.34 \leqslant L \leqslant 8.87$	$0.44 \leqslant L \leqslant 0.50$	$0.29 \leqslant L \leqslant 0.41$	$0.33 \leqslant L \leqslant 0.40$
	$-36.81 \leqslant EXG \leqslant 10.90$	$10.27 \leqslant EXG \leqslant 60.79$	$23.64 \leqslant EXG \leqslant 71.52$	$50.70 \leqslant EXG \leqslant 73.06$
	草地	果树	油蒿	
20 m	$0.64 \leqslant L \leqslant 0.84$	$0.30 \leqslant L \leqslant 0.52$	$0.24 \leqslant L \leqslant 0.64$	
	$-2.64 \leqslant EXG \leqslant 33.68$	$49.4 \leqslant EXG \leqslant 149.0$	$-9.71 \leqslant EXG \leqslant 86.35$	

（四）沉陷区植物空间异质特征

研究应用正交经验分解,对提取后的物种数据分不同应力区进行时空分解,具体的计算公式如式（6-21）所示:

$$PC = \boldsymbol{V}^T \times X \tag{6-21}$$

式中　PC——主成分（principal component）;

　　　X——不同物种数据;

　　　$\boldsymbol{V}$——X 方差的特征向量,按照特征根从大到小排列而成;

　　　T——时间。

主要指标的实际意义如下:每一列 $\boldsymbol{V}$ 值代表一个时间段,也称为经验正交函数分解（EOF,empirical orthogonal functions）。每列 $\boldsymbol{V}$ 值对应一行 PC 值,代表植被指标在空间上的分布及其大小,其值越大,植被指数越大。EOF_1 即第一列 $\boldsymbol{V}$ 值,又称第一主成分,代表采煤沉陷扰动的主要时间段,对应的 PC_1 即为第一主成分在空间上的分布。

研究首先应用正交经验分解法,对整个沉陷区与对照区植被指数进行分析,得到不同物种的 PC_1 值[图 6-37（a）],结果表明:总体上看,沉陷区典型物种的 PC_1 均值均低于对照区同类物种,表明在相同气候条件背景下,采煤沉陷扰动确实对植被造成损伤。进一步分析

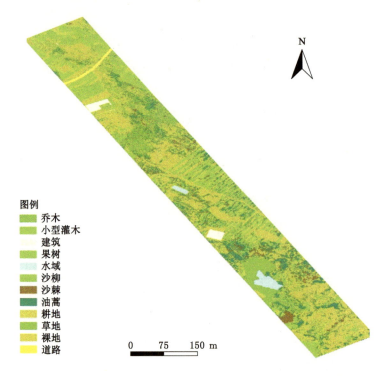

图 6-36　实验区植被类型图

表明,油蒿、柠条、沙柳、沙棘、杨树的 PC₁ 变化幅度较大,即采煤沉陷对乔木和灌木的生长影响较大,而对糙隐子草等草本植物的影响较小,其中耕地主要受人为因素影响,采煤对其影响很小。结合 PC₂ 值[图 6-37(b)]变化进行深入分析,可以看出采煤沉陷对植被生长的影响表现出相同的特征,即采煤沉陷扰动对乔木和灌木生长影响明显,对草本植物影响不明显。

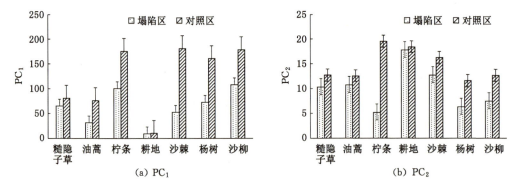

图 6-37　不同物种的 PC₁ 和 PC₂ 值

依据上述研究结果,分别选取研究区受采煤扰动较显著的优势物种——杨树、油蒿和糙隐子草作为乔木、灌木和草本植物代表性植物,统计其在不同沉陷应力区的植被指标进行正交经验分解,进一步分析采煤扰动下植被损伤的空间差异性,结果如图 6-38~图 6-40所示:① 总体上看,相比对照区,沉陷不同应力区的杨树、油蒿和糙隐子草生长所受损伤表现出空间差异性,其中杨树和油蒿受损空间差异较为明显;② 进一步分析不同沉陷应力区

杨树 PC_1 均值变化可以看出,中性区和压缩区的杨树生长受损严重(图 6-38),拉伸区杨树生长受损相对较轻;③ 不同沉陷应力区油蒿 PC_1 均值变化(图 6-39)表明,油蒿生长受损程度表现为压缩区＞中性区＞拉伸区;④ 不同应力区糙隐子草受损空间差异较小(图 6-40)。

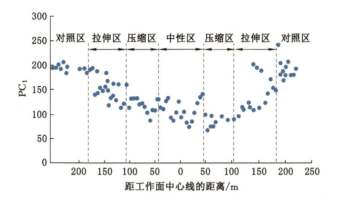

图 6-38　不同沉陷应力区杨树 PC_1 均值

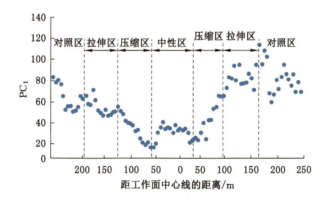

图 6-39　不同沉陷应力区油蒿 PC_1 均值

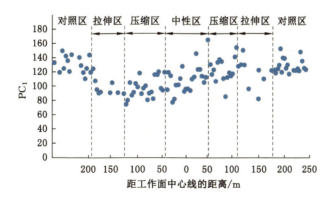

图 6-40　不同沉陷应力区糙隐子草 PC_1 均值

第四节　采煤沉陷区植物物种群落变化规律

植物群落演替和物种更新是植被生态系统恢复和重建的重要途径,矿山植被生态修复必须遵循群落演替规律。依据矿区植被生态系统恢复力内涵及恢复演替驱动机制,基于鲁棒性、抵抗性和恢复性,选择表征恢复力综合指数的恢复力属性指标因子,采用静态演替分析法,基于沉陷后1年、2年、3年、4年、6年、8年、10年、12年、16年群落样方调查数据和土壤采样数据,结合冗余分析(RDA)排序方法,从外部扰动因子、内部生态过程、稳态转换机制方面,对神东矿区大柳塔矿采煤沉陷区植被物种环境响应及群落恢复演替特征进行了定量研究,揭示开采沉陷对矿区植被的影响过程与机制。

一、开采沉陷对植物物种分布的影响特征

采用静态演替样方调查法,按照沉陷后恢复1年、2年、3年、4年、6年、8年、10年、12年、16年的时间梯度,分别在每个年限对应的工作面采空区正上方(图6-41),各选取5块海拔、地形和土壤类型相近的区域作为采样地,并在非采区设立对照样地,各样地内随机设置3个10 m×10 m的乔木调查样方、3个5 m×5 m的灌木调查样方、3个1 m×1 m的草本调查样方,同步对样方内灌木、半灌木和草本进行植物群落调查。此次调查共记录74种不同植物物种,根据数据减缩原则,剔除出现频度小于5%和盖度小于5%的偶见种后,剩余21个物种,以不同沉陷年限的21个物种重要值作为植物群落结构响应变量,构成群落灌草两层物种重要值矩阵进行去趋势排序分析,同时结合蒙特卡罗检验,剔除未通过置信检验的土壤全氮、全磷、全钾和pH等初步遴选的植被生境因子,最终选择沉陷年限、土壤含水率、速效磷和有机质含量为植物群落演替的解释变量,利用植物群落调查的植物相对盖度、相对频度、相对密度数据测算样方内各物种的重要值。

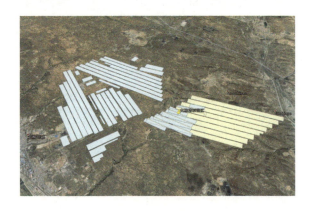

图6-41　神东大柳塔矿区植被调查区

利用物种重要值与土壤因子进行RDA排序,构建物种重要值-环境因子双序图(图6-42),由图可以看出采煤沉陷扰动下不同物种的响应变化:① 一年生草本植物猪毛菜、狗尾草与开采沉陷时间和土壤水分、有机质、速效磷相关性小,受开采沉陷扰动影响小,表现出较好的稳定性,扰动后变化不大。② 半灌木黑沙蒿和菊科多年生草本阿尔泰狗娃花仅

主要受沉陷时间(正相关)和土壤水(负相关)影响,而受土壤有机质影响不大,即植物耐旱性较好,恢复力较强,受沉陷扰动影响不大,且随着沉陷时间增加而逐渐恢复。③ 多年生草本针茅受土壤有机质影响不大,主要受沉陷时间(负相关)和土壤水(正相关)影响,即植物耐旱性差,恢复力差,受沉陷扰动影响大且难以恢复,与群落调查中原生针茅零星分布状况相符。④ 多年生草本植物硬质早熟禾、一年生草本植物雾冰藜与开采沉陷时间呈显著正相关关系,且与土壤水、速效磷呈显著负相关关系,表明物种可在资源贫瘠的生境生长,忍耐恶劣环境的能力强,修复力强。⑤ 小半灌木亚洲百里香、多年生草本植物糙隐子草受土壤水、速效磷和有机质影响较大,且与沉陷后恢复更新时间呈显著负相关关系,即物种适于生长在资源丰富的环境下,耐旱耐贫瘠性差,沉陷扰动后恢复力差,随开采沉陷年份增加物种重要值逐渐减小,有被其他物种取代的可能性。

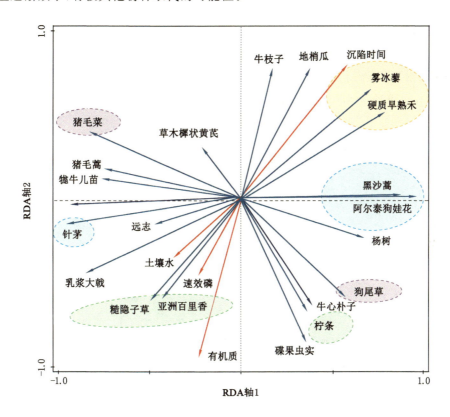

图 6-42　基于 RDA 的物种重要值-环境因子双序图

备注:① 图中红色箭头线代表环境因子。② 图中蓝色箭头线表示物种。
③ 环境箭头连线和排序轴的夹角代表着该环境因子与排序轴的相关性大小,即夹角越小相关性越高;
环境与物种箭头连线之间的夹角大小代表环境因子与物种之间相关性的大小,即夹角越小
相关性越大;环境箭头连线越长说明对应因子对物种影响越大。④ 粉色椭圆内为耐旱性和
抗干扰性较好的猪毛菜、狗尾草,蓝色椭圆内为受沉陷扰动影响不大随着恢复更新时间的
增加而逐渐恢复的黑沙蒿、针茅和阿尔泰狗娃花,橙色椭圆内为恢复较快的硬质早熟禾、
雾冰藜;绿色椭圆内为植物恢复力较差,受开采沉陷影响较大且难以恢复的亚洲百里香、糙隐子草。

上述研究结果表明,植物物种在排序轴空间的分布格局不仅因植物种类、生物学习性

有明显差别,而且沉陷年限对其分布也有较大影响。研究结合 R—C—S 对策模型,进一步将物种响应类型归为 3 类,即:R——对策种(先锋种):阿尔泰狗娃花、猪毛菜等受沉陷影响小,稳定性好但修复力较差;针茅等稳定性、耐旱性和自修复能力差。S——对策种(耐胁迫种):黑沙蒿、狗尾草、硬质早熟禾、雾冰藜等受沉陷影响小,适应性较好,耐贫瘠性强,自恢复力强。C——对策种(竞争种):亚洲百里香、糙隐子草等受沉陷扰动影响大,物种耐贫瘠性、自修复能力均较差。研究结果可为预测开采沉陷特定环境条件下哪些物种能成为优势种提供一定的判断依据,进而为矿山植被生态修复物种选择提供参考。

二、开采沉陷对植物群落结构的影响特征

为进一步分析不同恢复年限梯度上群落构成特征,利用植物的物种重要值进行去除趋势分析(DCA 排序分析),构建基于 DCA 的样方散点图(图 6-43),样方间距离代表样方结构的相似性,距离越近相似性越高,距离越远相似性越低。分析结果表明,采煤沉陷后植被群落受到扰动,沉陷后 1 年植被群落构成变化不大,沉陷后 2 年群落结构与 CK 差异较大,沉陷后 4 年逐渐恢复到沉陷后 1 年的状态,沉陷后 8 年逐渐恢复到 CK 状态,沉陷后 10 年到12 年植被进入新的演替循环。

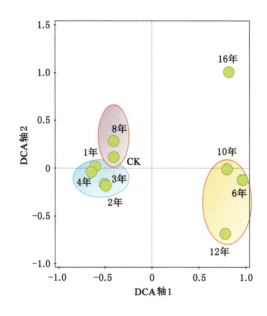

图 6-43　基于 DCA 的样方散点图
(注:图中绿色圆点代表不同沉陷年限群落样方,旁边标注的数字为其沉陷年限)

为了进一步分析不同恢复阶段植被物种更新与构成,依据不同恢复年限区物种的重要值,利用 R 语言中的 hclust 函数进行聚类分析,并利用欧氏距离矩阵绘制聚类热图(图 6-44)。依据分类结果,可以看出物种主要聚为 4 个区块[图 6-44(a)],即分为 3 种类型。结合多维标度进一步对聚类结果进行分析,绘制分级图。根据分级图[图 6-44(b)],可以将植被恢复演替状态分为初级、中级和高级 3 个层次。

结合植被调查数据,结果表明:采后 1 年、2 年、3 年和 4 年植被处于扰动恢复期,植被物

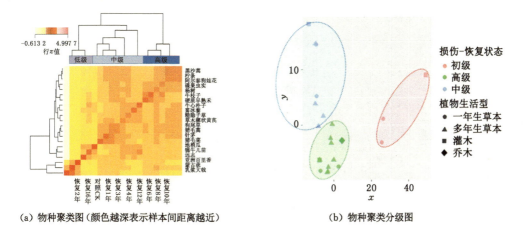

(a) 物种聚类图（颜色越深表示样本间距离越近）　　　　(b) 物种聚类分级图

图 6-44　不同恢复年限物种聚类图

种数量增加,物种类型以糙隐子草、阿尔泰狗娃花等多年生草本为优势物种,同时亚洲百里香等少数半灌木出现;采后 8 年植被处于群落改善期,群落结构与功能逐渐恢复到对照(CK)水平,植被物种数最多,类型更加丰富,物种结构包括虫实、狗尾草等一年生草本、硬质早熟禾等多年生草本和黑沙蒿等灌木;沉陷后 6 年、10 年和 12 年群落处于稳态系统的中间状态,群落构成介于恢复期和改善期之间;采后 16 年为退化期,群落进入新一轮演替循环,植被物种构成简单,主要是猪毛菜、雾冰藜等一年生草本。

三、影响植被系统自恢复的关键环境因子

为进一步分析影响矿区植被群落恢复力的关键环境因子,根据矿区植被生态系统恢复力内涵及恢复演替驱动机制,基于鲁棒性、抵抗性和恢复性,选择表征恢复力综合指数的恢复力属性指标因子,并对恢复力属性指标与环境因子进行 RDA 排序,结果如图 6-45、图 6-46 所示,清楚地反映了沉陷环境胁迫下群落恢复演替状态变化。同时结合表 6-3 可以看出,矿区植被生态系统恢复力状态的阶段性变化特征与植被生态系统土壤水变化呈现出基本趋同的变化趋势,影响矿区植被群落恢复演替的第一关键环境因子是土壤水。土壤水和有机质是影响矿区植被生态系统抵抗性和恢复性的主要环境胁迫因子,开采沉陷时间和速效磷(AP)是限制系统鲁棒性的主要因素。

通过对开采沉陷区植物群落演替规律研究发现:

(1) 物种尺度上,研究结合 R—C—S 对策模型,进一步将沉陷区物种扰动响应类型归为 3 类,即:R——对策种(先锋种):阿尔泰狗娃花、猪毛菜等受沉陷影响小,稳定性好但修复力较差;针茅等稳定性、耐旱性和自修复能力差。S——对策种(耐胁迫种):黑沙蒿、狗尾草、硬质早熟禾、雾冰藜等受沉陷影响小,适应性较好,耐贫瘠性强,自恢复力强。C——对策种(竞争种):亚洲百里香、糙隐子草等受沉陷扰动影响大,物种耐贫瘠性、自修复能力均较差。研究结果可为预测开采沉陷特定环境条件下哪些物种能成为优势种提供判断依据。

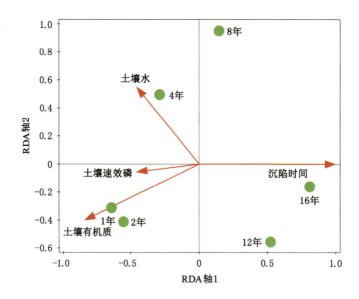

图 6-45　植被群落样方恢复力综合指数-环境因子 RDA 双排序

（注：图中红色箭头线代表环境因子；图中绿色圆点代表不同沉陷年限群落样方恢复力综合指数，旁边标注的数字为其沉陷年限；群落样方恢复力综合指数垂直环境因子的垂点距离环境因子箭头越近，表示该样方恢复力综合指数与该类生境因子的正相关性越大，处于另一端的则表示与该类环境因子具有负相关性）

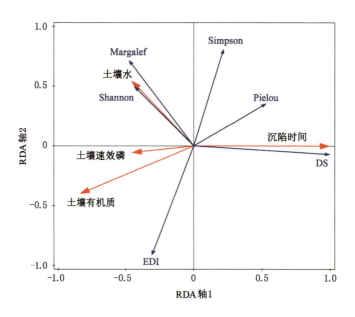

图 6-46　恢复力属性指标-环境因子 RDA 双排序

（注：图中蓝色箭头线表示恢复力综合指数的属性指标因子，旁边标注该指标的英文名称；环境因子与恢复力指标因子箭头连线之间的夹角大小代表两者之间相关性的大小，即夹角越小相关性越大）

表 6-3　群落尺度 RDA 排序环境因子与排序轴相关系数

环境因子	加权平均值	标准差	方差膨胀因子
土壤水	10.900 0	6.908 9	1.659 5
土壤有机质	5.781 7	1.147 7	4.116 5
土壤速效磷	5.617 5	0.882 8	1.916 7
土壤沉陷时间	7.166 7	5.428 8	6.248 2

（2）群落尺度上，研究基于聚类分析和 RDA 分析，对矿区植被结构、恢复阶段性特征与生态系统恢复力关键环境影响因子进行了研究，发现开采沉陷扰动对植被生态系统影响具有滞后性，在沉陷后 1 年影响表现不明显，沉陷 1～2 年影响凸显，沉陷后 1～4 年是群落恢复阶段，沉陷后 4～8 年是群落构成完善阶段。

（3）影响塌陷区植被群落恢复演替状态的关键环境因子是土壤水，同时基于恢复力综合指数的植被群落演替与土壤水变化趋势基本相同，同时研究发现土壤水和有机质是影响矿山植被生态系统抵抗性和恢复性的主要环境胁迫因子，开采沉陷时间和速效磷是限制系统鲁棒性的主要因素。

第五节　本章小结

本章分析了开采沉陷地表变形、地裂缝与植物根系抗变形损伤特性的耦合机制。采动诱发根系损伤主要存在根系拉断、根系与地层滑移、根系与地层整体变形破坏 3 种情况，根土界面主要经历了弹性、滑移、脱黏 3 个阶段的受力过程。各种植物根系所能承受的抗拉强度与抗拉伸应变能力是定量评价开采地裂缝对植被根系损伤影响机理的基础。结合开采沉陷学与根力学，建立了沉陷区植物根系损伤量估算模型以及植被生长胁迫状态影响评价体系。

采煤沉陷对植物个体损伤传递过程涉及采空区上方岩层破断与运动、土体沉降变形、植物生长立地条件改变和植物叶片光合生理特征改变等几个重要过程。本书筛选出了最大光化学效率作为受损植物的植被胁迫状态指示的生理参数。沉陷盆地拉伸区、压缩区、中性区受损植物呈现差异化的光谱响应特征，植物生长也呈现出空间异质分布规律。

植物群落演替和物种更新是矿山植被生态系统恢复和重建的重要途径，矿山植被生态修复必须遵循群落演替规律。一年生草本植物对开采沉陷相对生态环境的适应性较好，受采煤沉陷引起的土壤水分、有机质、速效磷变化影响较小，自修复较快；土壤水、速效磷和有机质含量是影响小半灌木种群重要值的主要环境因子。影响沉陷区植被群落自修复的关键生态因子是土壤水，其次是开采沉陷年限，影响大小依次为土壤水＞沉陷年限＞速效磷＞有机质。

第七章　井工煤矿区水土流失诱发规律

水土保持是西部煤矿区面临的主要生态环境问题之一。煤炭开采产生的地表沉陷与大量地裂缝将引起坡度坡长因子、土壤理化性质等变化,进而诱发新的水土流失,改变生态过程,破坏原有生态平衡。本章将沉陷地裂缝和地表沉陷加入水土流失数值模拟中,揭示开采沉陷对矿区地表径流过程及水土流失的影响规律,为防治矿区水土流失提供理论基础。

第一节　煤矿开采对地表径流的影响

一、地表分布式水力联系模型

井工矿区采煤造成的地面扰动间接引起地表径流的连通格局变化,具体表现为:由于地面沉降地表径流汇集到采煤工作面的中心,从而形成沉陷积水区,并且随着煤炭开采,积水区面积不断扩大;在工作面边缘产生地裂缝,导致部分地表水沿裂缝下渗汇入深层地下水,地表水流失严重,地表径流断开;由于植被的破坏,其原有对水资源的调节作用丧失,导致地表水的流动相关参数发生变化。这些影响对当地的生产和生活造成了严重困扰,同时也关系到煤矿区的地表水体、地下水、土壤及整个生态系统的生态过程。因此,如何从水文连通的角度来分析煤矿区域降水产生的径流的流通机制和分布格局,是分析矿区水土流失与土壤水再分布的关键。

按流域单元划分思路将研究区划分为各个地表单元,测算地表单元的土壤地形指数来表示地表单元产生径流的潜力,借助 ArcGIS 中的距离分析工具计算每个单元到达汇集点的最小累积阻力,在此基础上运用重力模型计算汇集点的水力联系,即地表单元的水力联系。将每个地表单元依次作为汇集点计算可达性,最终得到整个区域的水力联系分布格局。

(一)土壤地形指数

土壤地形指数(soil topography index,STI)是在地形湿度指数的基础上考虑土壤的渗透能力改进而来的,主要用于研究土壤的敏感程度。土壤地形指数类似于山坡上的一个点产生径流的倾向,即产生径流的可能性。土壤地形指数公式包括两个部分:地形湿度指数和土壤导水系数,公式如下:

$$\mathrm{STI} = \ln\left(\frac{\alpha}{\tan\beta}\right) - \ln(K_s D) \tag{7-1}$$

式中　α——单位等高线上地表水所流经的上游流域的汇水面积,m²;

β——该点处的坡度,(°);

$\tan\beta$——水力坡降;

K_s——土壤饱和导水率,cm/s;

D——不透水层以上土层厚度,cm。

K_s 的计算公式为:

$$K_s = \frac{D}{\sum\limits_{i=1}^{n} \frac{D_i}{K_i}} \tag{7-2}$$

式中　D_i——第 i 层土壤厚度,cm;

　　　K_i——第 i 层土壤的饱和导水率,cm/s。

土壤地形指数的计算借助 ArcGIS 中的空间分析模块完成。单位等高线上的汇水面积根据水系提取中的流量分析得出,坡度在 ArcGIS 中对 DEM 数据进行表面分析得到。最终得到大柳塔矿的土壤地形指数范围为 2.168 7~20.869 8,如图 7-1 所示。

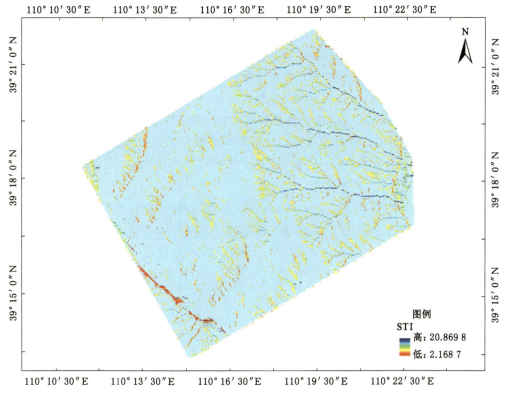

图 7-1　大柳塔矿土壤地形指数分布

(二)最小累积阻力模型

最小累积阻力模型(minimum cumulative resistance model,MCR)是由荷兰生态学家 Knaapen 等人提出的,最开始用于研究物种扩散,目前主要应用于景观生态安全格局领域,在国内最早被俞孔坚等人运用在城市扩张趋势的分析和预测,逐渐在景观格局优化等社会生态领域做尝试。在景观格局分析中,该模型通过统计不同生态单元的阻力值来评价整个生态区域的安全程度,可以直观地表征生态脆弱区和生态安全区的空间位置。公式如下:

$$\text{MCR} = f\left(\min\sum_{j=n}^{i=m}(D_{ij} \times R_j)\right) \tag{7-3}$$

式中　MCR——最小累积阻力模型;

f——反映区域内的任意一点到"源"关于阻力和距离正相关的函数;

D_{ij}——源 i 和景观单元 j 之间的空间距离,即地表径流连通路径的距离;

R_j——对应的景观单元阻碍物种移动的阻力系数;

min——对景观单元 j 移动到 i 时选取最小阻力值。

整个公式是表示单元 j 和源 i 之间所穿越的空间距离以及阻力的累积。

阻力因子的选取是 MCR 模型的核心内容。阻力因子是指阻碍地表径流流动的自然或人为干扰因素。对于水资源来说,高程的影响起决定性的作用。由于地球存在重力,水资源流动存在单方向性,即水资源只能从高处流向低处。在自然条件下,植被覆盖情况、坡度、河流是影响水资源流动方向的重要因子。选取坡度、植被覆盖度、景观类型共 3 个阻力因子来构建最小累积阻力模型。模型的计算可以借助 ArcGIS 的成本距离分析工具,不仅分析考虑"源"之间的累积成本,还能将地表起伏程度即高程的影响考虑在内。

在生态景观格局研究中,"源"是指在生态系统中对物种迁移、能量流动、信息传递等活动有重要生态功能的区域,所提取的"源"是指在降水之后区域内土壤达到饱和状态时产生径流所汇集的景观单元。根据以往学者的研究,对于"源"的提取,主要是依据人为主观的判断与选择,此过程存在一定的主观性。由于所研究的是区域单元汇集地表水的能力,因此划分的每一个斑块单元都能作为"源",主要考虑不同"源"之间水力联系的差别。

(三)地表分布式水力联系模型

本章所分析的水力联系(G_i)是地表水在景观单元之间的流动,因此可以在土壤地形指数和最小累积阻力模型的基础上,借助重力模型测算各景观单元的水力联系。需要改进的地方是,地表径流的流动以及流向与公路网车流量和景观廊道之间的连通存在性质上的差别,地表水的流动具有单向性和方向性,因此在使用上述公式时,设定前提条件:如果 i 斑块的平均高程高于 j 斑块,则可达性为 0。具体公式如下:

$$G_i = \sum_j \frac{\ln\left(\frac{\alpha}{\tan\beta}\right) - \ln(K_s D)}{f\left(\min\sum_{j=n}^{i=m}(D_{ij} \times R_j)\right)} \tag{7-4}$$

二、采煤工作面地表径流变化分析

以大柳塔矿 52304 工作面为例进行分析。由于工作面范围较小,且井工开采基本不影响地表的土地利用类型,假设开采前后景观类型和植被覆盖度不发生变化,主要探讨地表沉陷以及地裂缝对水力联系的影响,即依据坡度等级构建综合阻力面。开采前后 52304 工作面阻力面变化如图 7-2 所示。

依据综合模型的计算公式,对 52304 工作面开采前后的地表单元汇水的最小累积阻力以及土壤地形指数进行测算,得到各地表单元的可达性即水力联系。计算结果与 GIS 成图如图 7-3 和图 7-4 所示。图中红色区域代表水力联系好,绿色区域相反。由图可见,在开采之前各地表单元的水力联系大致遵循按高程由高到低递减的规律。在开采 6 m 之后,位于

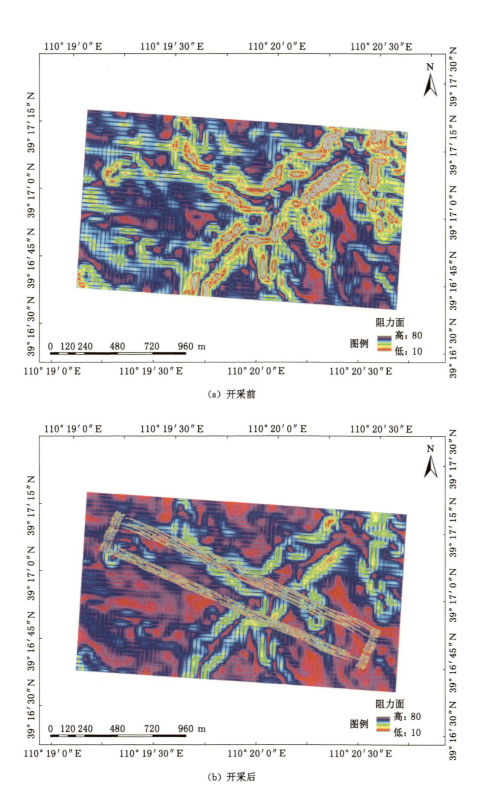

（a）开采前

（b）开采后

图 7-2　52304 工作面开采前后阻力面变化

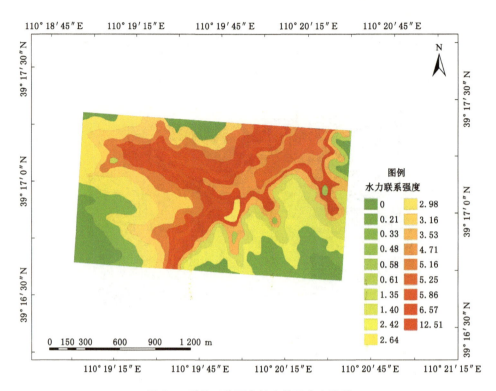

图 7-3　采前工作面各地表单元水力联系

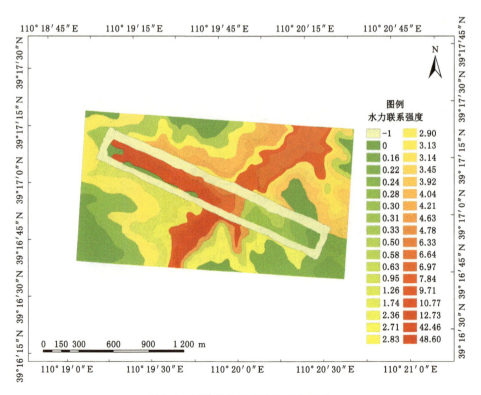

图 7-4　开采后各地表单元水力联系

沉陷区地表单元的水力联系明显发生了变化。图中浅橙色区域代表的是裂缝区,汇入地裂缝的地表水将沿裂缝下渗进入地下与地下水汇合或者进入采区对开采工作造成干扰。裂缝阻碍了两侧的地表径流的连通,导致原本水力联系较好的单元不能接受外界的水资源补充。裂缝区内侧区域是开采沉陷区,根据计算数据统计得知,开采后沉陷区最大水力联系高于开采前工作面的最大水力联系,意味着沉陷导致区域地表坡度变大,水力联系增强。但是从生态保护的角度看,沉陷区的水力联系增强会导致地表积水,水资源流通被抑制,从而不能得到充分利用。

通过统计得知,尽管开采后沉陷区内部分区域的水力联系增强了,但是工作面整体的水力联系降低,其根本原因在于采煤所引起的地裂缝和地表沉陷等地表问题影响了沉陷区域的地表水流动,从而改变了区域的地表径流分布格局,并将改变沉陷区的生态过程。

第二节　井工煤矿区水土流失诱发机制

水土流失是一种自然现象,普遍理解为土壤在内外营力作用下,被分散、剥离、搬运和沉积的过程。工作面四周分布的大量地裂缝,宽度大,发育深,并且难自愈,不仅改变了地表坡长,同时增加了泥沙运移通道。水力侵蚀运移并汇聚于地裂缝区,这种特殊形式的径流和土壤流失相当于所在流域水土流失。因此,可以说这是矿区水土流失的一种特殊形式。因此,作者认为矿区水土流失总量包括原自然坡面流失到所在流域出口的量,以及流入地裂缝中的水土流失量这两大部分。引起矿区水土流失变化的直接原因包括地表沉陷导致的附加坡度、裂缝发育对原有坡面坡长的打断、沉陷盆地以及裂缝周边土壤性质的变化等。其中附加坡度对于水土流失的预测在各种水土流失预测模型中都可直接应用。尽管地裂缝对周边土壤性质产生了一定的影响,但土壤性质的变化程度与影响范围相对较小。因此,重点研究地裂缝的存在及其与地表沉陷耦合作用下引起的水土流失变化规律。

水土流失是水流和土壤相互作用的复杂物理过程,而水流是水土流失的主要动力,因此,分析坡面水流的动力学特性是进一步研究水土流失规律的基础。水土流失过程遵循物质与能量守恒定律,国内外学者关于坡面流能量的多项研究表明,在坡面任意时刻的任意位置,水流所具有的动能和产生的径流量之间关系密切,水流具有的动能之和越大,其产生的径流量则越多。

在 Wischemier 提出的通用土壤流失方程(USLE)中,坡长与坡度被归并为地形因子,并以 LS 的形式出现,地形因子 LS 的计算公式如下:

$$LS = \left(\frac{L}{22.1}\right)^{x^{\frac{0.43+0.30J+0.043J^2}{6.574}}} \tag{7-5}$$

$$x = \begin{cases} 0.5 & J > 4\% \\ 0.4 & J = 4\% \\ 0.3 & J < 4\% \end{cases} \tag{7-6}$$

式中　L——坡长;

　　　J——坡度。

从上式中可以看出,坡长与坡度是一对具有交互作用的组合因子,两者很大程度上会影响坡面侵蚀量。如图 7-5 所示,假定边界条件的沿程不变,坡面流沿程的变化率不变,当

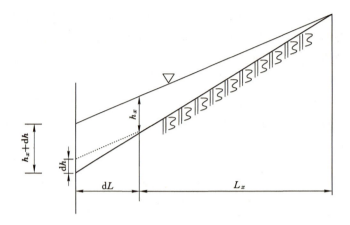

图 7-5 坡长与坡面流水深关系概化

离分水岭 L 距离的径流深为 h 时,则径流深度的递增率可用式(7-7)表示:

$$Z = \frac{\mathrm{d}h}{\mathrm{d}L} \tag{7-7}$$

对任意一点 x 处,坡长 L_x 的径流深度 h_x 表示为式(7-8)。可以看出在坡度一定的条件下,随着坡长的不断增加,径流深将不断增加,从而使径流所具有的能量随之增大,带来的冲刷量也将增大。

$$h_x = \frac{\mathrm{d}h}{\mathrm{d}L} L_x \tag{7-8}$$

针对矿区煤炭开采的特殊环境,地裂缝的存在重新分割了原有的坡面,假设一种较为理想的情况:两个完全相同的坡面 A 和 B,A 坡面完整,B 坡面的中间位置有一条裂缝水平分割开了整个坡面。现在对两个坡面同时进行足够强度的降雨:对于 A 坡面,雨水冲刷产生径流后会直接流到坡底;对于 B 坡面,上半段水流产生的径流进入裂缝中,下半段径流为独立一段,最后流到坡底。若不考虑能量的损耗,从能量的角度分析 A 坡面到达坡底的水流动能之和与 B 坡面两段水流动能之和的关系。坡面示意图如图 7-6 所示。

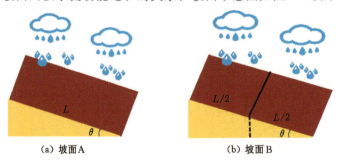

　　　　(a) 坡面A　　　　　　　　　　　　(b) 坡面B

图 7-6 坡面示意图

设单宽径流在坡面顶端具有的势能为:

$$E_p = \rho q g L \sin \theta \tag{7-9}$$

式中　ρ——水的密度;

　　　q——坡面水流量;

g——重力加速度；

L——坡面长度；

θ——坡面坡度。

动能为：

$$E_m = \frac{1}{2}\rho q v^2 \tag{7-10}$$

式中 v——坡顶水流流速。

理想情况下，对于坡面 A，水流到坡底时的能量应表示为：

$$E_T = \rho q g L \sin\theta + \frac{1}{2}\rho q v^2 \tag{7-11}$$

对于坡面 B，上半段流到裂缝处的能量应为：

$$E_C = \rho q g \frac{L}{2}\sin\theta + \frac{1}{2}\rho q v^2 \tag{7-12}$$

计算整个坡面任意位置的能量之和，对式(7-11)和式(7-12)进行坡长上的积分：

$$\sum E_T = \int_0^L (\rho q g l \sin\theta + \frac{1}{2}\rho q v^2)\,\mathrm{d}l \tag{7-13}$$

$$\sum E_C = 2\int_0^{\frac{L}{2}} (\rho q g l \sin\theta + \frac{1}{2}\rho q v^2)\,\mathrm{d}l \tag{7-14}$$

经计算：

$$\sum E_T = \frac{1}{2}\rho q g L^2 \sin\theta + \frac{1}{2}\rho q L v^2 \tag{7-15}$$

$$\sum E_C = \frac{1}{4}\rho q g L^2 \sin\theta + \frac{1}{2}\rho q L v^2 \tag{7-16}$$

说明当裂缝存在时，单个坡面坡长变短，两段坡面的能量之和 $\sum E_C$ 小于一段坡面总能量 $\sum E_T$，对应的径流量之和也小于一段坡面径流量。同样，将裂缝数目增多，推导结果同上。因此，裂缝的存在改变了坡面的长度，在一定坡度范围内，裂缝越多，坡长相对越短，坡面产生的径流量相对越少。这一结论会在后期模拟中进行验证与说明。当然，现实中坡面产生径流时沿程会有能量的损耗，坡面的形态、土壤的类型及水流的大小都会在很大程度上影响水土流失的结果，因此很多理论模型仍需要实验模拟来进行证明。

在水土流失量方面，矿区水土流失量至少包括坡面产生的流失量和裂缝中的流失量两部分。为了统计裂缝中的流失量，可以将裂缝视为一种特殊形式的沟道，裂缝中的流失量可以认为是沟道流失量。在一块区域中，任何一条沟道都不是孤立存在的，它总会与一定的水文网系统相关联，或者与其他侵蚀沟具有规律性的联系，不同类型的沟道共同构成了侵蚀沟系统。系统的主干可称为主沟或干沟，由主沟产生的分支称为支沟，再往下可分为二级支沟，依次类推。

因此，矿区的水土流失是区域内水流及所挟泥沙由坡面汇集进入裂缝这种特殊沟道内，裂缝中流失量由沟道系统的支沟汇入主沟，再汇同主沟中的流失量流到出口的一种过程。总的水土流失量包括坡面的产流量和裂缝中的汇入量，当裂缝存在时，主要改变了汇流的通道，随矿区裂缝长度的增加，沟道汇入量逐渐增多，矿区的水土流失总量理论上是增加的，具体结果需要通过模拟来说明。

第三节　开采强度与坡度坡长因子的关系

修正通用土壤流失方程(RUSLE)模型的主要影响因子有降雨侵蚀力因子、土壤可侵蚀因子、坡长因子、坡度因子、植被覆盖因子、水土保持措施等。煤炭井工开采沉陷直接引起地形改变,导致采前的坡度坡长因子发生变化,而地形的改变在短期内不会引起当地气候条件变化,且对植被产生影响较小。目前,对煤炭开采对矿区水土流失的影响以及不同开采强度与地表生态环境破坏程度关系方面均有研究,但关于不同井工煤炭开采强度(采高、采宽、开采速度、日开采体积、深厚比等)对水土流失关键因子(坡度坡长因子)的影响研究较少。因此,本书选取坡长因子和坡度作为水土流失关键影响因子,通过结合现场地表移动监测数据和开采沉陷概率积分模型结果,探讨井工煤炭工作面开采强度(采高、采宽、开采速度、日开采体积、深厚比等)对坡度坡长因子的影响规律。

一、开采参数与坡度坡长因子

开采强度通过开采高度、开采宽度和开采速度三者综合体现,煤炭日开采体积通过开采高度、开采宽度、开采速度三者的乘积计算,能够直观地反映出开采强度。深厚比(煤层埋深与开采高度之比)是体现煤炭开采条件与开采强度相协调的重要指标之一,对开采强度设计具有较高的指导作用,因此也可以作为分析指标。本书选择预计参数较为完整且开采强度具有梯度差异的工作面作为研究对象,包括布尔台 22103-1 工作面、寸草塔 22111 工作面、哈拉沟 02201工作面、补连塔 12406 工作面、补连塔 31401 工作面、大柳塔 52304 工作面、补连塔 32301 工作面和韩家湾 2304 工作面。以上工作面均已达到充分开采,具体开采强度见表 7-1。

表 7-1　各工作面开采强度参数

工作面名称	布尔台 22103	寸草塔 22111	哈拉沟 02201	补连塔 12406	补连塔 31401	大柳塔 52304	补连塔 32301	韩家湾 2304
采高/m	3.4	2.9	4.8	4.5	4.2	6.94	6.1	4.1
采宽/m	360	300	240	300.5	265	301	301	268
开采速度/(m/d)	8.3	7.2	9.75	12	13	7.4	9.2	9
日开采体积/m³	10 159.2	6 264	11 232	16 227	14 469	15 458.1	16 892.1	9 889.2
深厚比	86.76	106.90	26.04	44.44	63.15	33.86	30.10	32.93

工作面地表存在明显自然地形起伏,影响开采沉陷盆地的坡面发育,因此不能准确反映由于井工开采导致的坡度坡长因子改变的问题。概率积分法在预计开采沉陷盆地时默认地表平整,可以很好地剥离地表原本地形不平整对沉陷盆地坡面发育的影响,且在现场地表移动监测数据的支持下准确性大大提高。因此,首先采用现场地表移动监测数据和概率积分法预计结果计算坡度和坡长,在此基础上利用 RUSLE 模型计算坡度坡长因子,具体步骤如下。

(1)基于现场地表移动监测数据计算坡度与坡长。现场地表移动监测可获取最大下沉值、边界角正切和沉陷盆地倾向主断面长度等数据,直接反映开采沉陷后地表坡度、坡长的变化情况,并据此计算坡度坡长因子。本次实验利用最大下沉值计算平均坡度作为坡度因子。坡度(θ)的计算方式为:

$$\theta = \arctan(W_0/U) \times 180/\pi \tag{7-17}$$

$$U = [2(H/\tan \beta) + D]/2 \tag{7-18}$$

式中　W_0——实测最大下沉值;

U——沉陷盆地倾向主断面长度的一半;

H——煤层埋深;

$\tan \beta$——倾向边界角正切;

D——采宽。

通常,下沉值小于 10 mm 处被认为是沉陷盆地边界。

坡长 λ 的计算方式为:

$$\lambda = \sqrt{W_0^2 + U^2} \tag{7-19}$$

(2)基于开采沉陷概率积分法计算坡度与坡长。利用现场获取的煤层倾角、下沉系数、水平移动系数、主要影响角正切等参数,通过概率积分法计算下沉盆地的最大下沉值和下沉区范围作为计算坡度因子、坡长因子的基本参数。利用中国矿业大学自主研发的开采沉陷预测及参数选定一体化系统进行预计。

(3)基于 RUSLE 模型计算坡度坡长因子。修正通用土壤流失方程(RUSLE)中坡度坡长因子的基本表达式为:

$$\text{LS} = \left(\frac{\lambda}{20}\right)^m \left(\frac{\theta}{10}\right)^n \tag{7-20}$$

式中　LS——坡度坡长因子(无量纲);

λ——坡长;

θ——坡度;

m、n——修正系数,根据研究区选择相应的修正系数,此处 $m=0.28$、$n=1.45$。

二、监测与模拟坡度坡长因子的差异分析

根据现场地表移动监测数据获取参数,利用概率积分法计算坡度坡长因子的变化情况。将实测数据计算得到的坡度坡长因子与概率积分法计算得到的坡度坡长因子作对比,具体结果如图 7-7 所示,可见现场数据计算值与概率积分法计算值有明显差异,说明采前的自然地形对沉陷盆地坡度坡长因子变化具有重要的影响。这是由于采前地表自然起伏坡向随机分布,与采后地表沉陷形成的附加坡度不同条件的耦合,可能造成采后坡度坡长因子增加,也可能减小,也即坡度坡长因子与煤炭开采强度的相关性会被采前自然起伏地形掩盖。因此,在基于现场地表移动监测数据分析时,可进行开采前地形调查,结合沉陷盆地发育情况,预计修正通用土壤流失方程中坡度坡长因子的增加或减少。

三、开采参数与坡度坡长因子相关关系

开采强度参数(采高、采宽、开采速度、日开采体积、深厚比等)与坡度坡长因子相关关系如图 7-7 所示。经统计发现,基于现场地表移动监测数据计算出的坡度坡长因子与采高和开采速度呈正相关关系,相关系数 R 分别为 0.648 5($p=0.115$)和 0.743 9($p=0.055$);

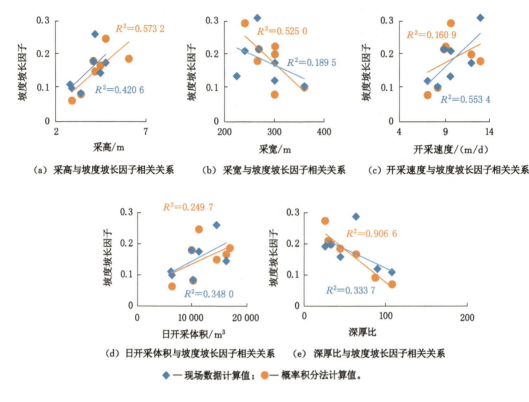

（a）采高与坡度坡长因子相关关系　（b）采宽与坡度坡长因子相关关系　（c）开采速度与坡度坡长因子相关关系

（d）日开采体积与坡度坡长因子相关关系　（e）深厚比与坡度坡长因子相关关系

◆—现场数据计算值；●—概率积分法计算值。

图 7-7　现场监测和概率积分法所得坡度坡长因子的差异

与日开采体积、采宽和深厚比呈弱相关关系。然而，基于概率积分法计算出的坡度坡长因子与采高呈正相关关系，相关系数 $R=0.757\,1(p=0.049)$，与采宽和深厚比呈负相关关系，相关系数 R 分别为 $-0.724\,5(p=0.066)$ 和 $-0.952\,2(p=0.001)$，与开采速度、日开采体积呈弱相关关系。根据开采沉陷预计相关理论，采高越高沉陷盆地的最大下沉值越大，坡度、坡长也随之增大，坡度坡长因子增大。深厚比越大，表示在相同采高条件下，煤层埋深越深；或煤层相同埋深条件下，采高越小。上述两种情况均会导致沉陷盆地最大下沉值的减小，坡长可能增加或减小。但经验公式中修正因子 $m=0.28$、$n=1.45$，弱化了坡长的影响，坡度的影响更为显著。已有研究结果表明，坡长因子的修正系数 m 一般相较于坡度因子的修正系数 n 较小，因此坡长改变对土壤侵蚀的影响小于坡度改变带来的影响。

　　研究所选工作面长度（即采宽）均达到充分采动，沉陷盆地最大下沉值不会因工作面长度的增加而增加。因此在已达到充分采动的条件下，坡度坡长因子与采宽的相关性不强。开采速度的不同不会影响沉陷盆地的最大下沉值及其范围，即不会导致坡面的坡度、坡长发生改变，故开采速度与坡度坡长因子相关性不强。日开采体积受到采高、采宽和开采速度的综合影响，其中采宽和开采速度与坡度坡长因子相关性较弱，导致日开采体积与坡度坡长因子相关性不强。利用概率积分法计算坡度坡长因子，可很好地剥离原本地形对沉陷盆地发育的影响，直观地表现开采强度与坡度坡长因子的相关关系，适用性广泛。但该方法也与现场地表移动监测数据具有一定的差异性，需在地形起伏较大的地区进行修正。

第四节 开采沉陷对水土流失影响的数值模拟

一、地裂缝对矿区水土流失的影响规律分析

地裂缝是煤炭开采后地表破坏的形式之一,也是造成矿区水土流失的主要影响因素之一。煤炭开采后地表会产生动态裂缝和边缘裂缝。动态裂缝随时间变化逐渐消失,对矿区的水土流失影响较小;边缘裂缝又称为永久性裂缝,这些裂缝不会随时间变化而消失,对矿区水土流失造成严重影响。现以大柳塔矿区 52304 工作面为主要研究区域,改进运用水力侵蚀预测模型 GeoWEPP,结合实地调查的结果,研究工作面内裂缝总长的变化对矿区水土流失的影响,通过改变裂缝总长度,研究矿区工作面的水土流失变化情况,揭示永久性地裂缝对矿区水土流失的影响规律。

(一)地裂缝分布与模拟

以大柳塔矿区 52304 工作面为主要研究区域,分析工作面开采后产生的永久性裂缝对水土流失的影响。设计 9 组模拟实验,分别是无裂缝存在以及 8 组不同梯度裂缝长度下的模拟方案。研究区域为 52304 工作面,走向长度 2 117.31 m,倾向长度 301 m,总面积 63.73 hm²。结合矿区裂缝实测数据及永久性裂缝分布与产生的规律,方案一在工作面设置均匀分布在 4 条边界内的一组梯度裂缝,总长度约为 3 906.47 m,余下 7 组方案的裂缝总长依次成倍增加,总计 8 组,以此研究工作面内裂缝总长的变化对矿区水土流失的影响。

在设计模拟的裂缝时,基础的依据是现场实际监测的数据,主要考虑裂缝的分布范围、主要的形态特征、裂缝的数量等特点;其次,设计出与现场的裂缝分布最相似的一组,并在此基础上成倍地增加和减少裂缝的数量,从而形成多组试验组,同时,保证一组无裂缝存在的数据作为对照,以此研究永久性裂缝对矿区水土流失的影响规律;最后,将设计的裂缝与现场监测的裂缝进行比较,保证设计的合理性和客观性。

模拟裂缝的实现是借助 AutoCAD 中的绘制功能,结合现实中永久性裂缝的分布特征进行绘制,通过 ArcGIS 进行数据格式的转换,最后利用 ENVI 中的波段运算功能在原始 DEM 中裂缝分布的位置生成裂缝,为了结合 GeoWEPP 对沟道的识别能力,综合分析后将裂缝所在区域的高程降低一定高度,最后将改变后的地形数据转换成 GeoWEPP 模型所需的数据格式。裂缝设计的分布图如图 7-8 所示。

(二)GeoWEPP 水土流失模拟方法

GeoWEPP 模型是 GIS 与水力侵蚀预测模型 WEPP 的有机结合,既可以表现自然界下垫面的复杂性、降雨与侵蚀产沙的时空不均匀性,也可以描述侵蚀的动态变化和泥沙输移、沉降过程的时空变化。GeoWEPP 的产生和应用为流域的径流模拟、土壤侵蚀产沙和水土保持措施的优化提供了强有力的技术支持。

Renschler(2003)将 GIS 和基于物理过程的 WEPP 模型相结合,发布了通过灵活的图形用户界面(GUI)开发的 GeoWEPP 模型。GeoWEPP 的开发提出了一种框架和理论,为开发过程模型的地理空间界面提供了一种实用的方法。它能与非现场数据相匹配,通过输入 DEM 数据和模型参数步骤,来提取地形参数,而后再对各种参数进行检验。随后,美国

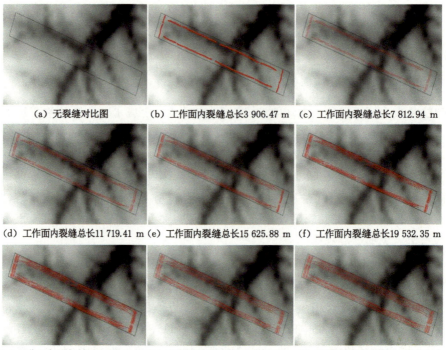

（a）无裂缝对比图　　（b）工作面内裂缝总长3 906.47 m　（c）工作面内裂缝总长7 812.94 m

（d）工作面内裂缝总长11 719.41 m（e）工作面内裂缝总长15 625.88 m　（f）工作面内裂缝总长19 532.35 m

（g）工作面内裂缝总长23 438.82 m（h）工作面内裂缝总长27 345.29 m（i）工作面内裂缝总长31 251.76 m

图 7-8　无裂缝分布与 8 组模拟试验裂缝分布图

农业部在多个部门和组织联合研发的基础上,推出了基于 ArcGIS9. X 版本的 GeoWEPP 模型。Baigorria 等(2007)将 GIS 和 WEPP 模型结合,研发出一个新的工具 GEMSE (Geospatial Modelling of Soil Erosion)来评价秘鲁某一流域侵蚀严重的地区,该模型由于缺少流域总径流量和总侵蚀产沙量数据,未能对该流域的土壤侵蚀进行定量预测。2013 年 10 月,基于 ArcGIS10. X 的最新版 GeoWEPP 模型发布,数据输入界面如图 7-9 所示。

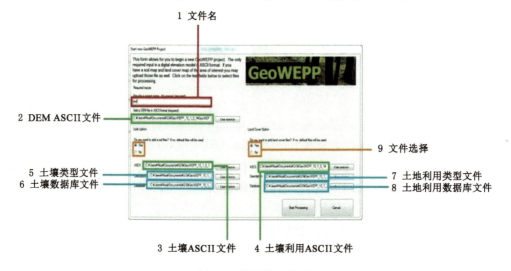

图 7-9　数据输入界面

GeoWEPP 模型由 3 个模块构成，分别是 CLIGEN（climate generator）、TOPAZ（topographic parameterization tool）和 TOPWEPP。气候生成器 CLIGEN 是 GeoWEPP 处理气候数据的附带模块，可以生成模型所需的气候文件。TOPAZ 根据输入的 DEM 提取地形数据，并将地形数据参数化，同时创建山坡剖面文件，GeoWEPP 的模拟结果受到 DEM 数据精度、分辨率等的影响。TOPWEPP 是能够从土壤数据、土地利用数据及管理因子中提取 WEPP 所需信息的一个重要模块，其中包括土壤的性质、土地利用类型、植被等信息。水文数据与获取的数据相结合，共同组成了侵蚀模型的数据库，并在 TOPWEPP 模块中运行，最终可获得径流、产沙以及输移量等数据信息。GeoWEPP 模型技术框图如图 7-10 所示。

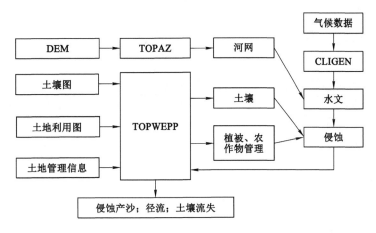

图 7-10　GeoWEPP 模型技术框架

（三）沟道的分布与变化分析

矿区水土流失量至少包括坡面产生的流失量和裂缝中的流失量两部分。在数值模拟中，为了统计裂缝中的流失量，可以将裂缝视为一种特殊形式的沟道，裂缝中的流失量可以认为是沟道流失量。因此，沟道的分布与变化很大程度上会影响矿区水土流失量的计算。

在现实中，任何一条沟道都不是孤立存在于某一区域，它总会与一定的水文网系统相关联，或者与其他侵蚀沟具有规律性的联系，不同类型的沟道共同构成了侵蚀沟系统，因此，流入沟道的这部分流失量应该统计为矿区的水土流失量。随着裂缝数量的增加，理论上流入沟道内的流失量是不断增加的，这一点需要在后期的数值模拟中进行分析。总之，模型对沟道的识别对于后期的数值模拟有很大影响，只有将裂缝识别为沟道，才能进一步计算裂缝中的水土流失量。

利用水土流失模拟软件 GeoWEPP 模拟研究区沟道分布情况。输入不同裂缝总长度下的 DEM 图，GeoWEPP 模型中的地形参数化软件（TOPAZ）根据水流流向算法（D8 算法）并结合 DEM 生成研究区的沟道网络。无裂缝沟道分布与 8 组模拟试验沟道分布图如图 7-11 所示。

当研究区工作面没有设置裂缝时，沟道的分布符合自然的水系网结构；当工作面内有一组裂缝存在时，工作面内的沟道分布出现了明显的变化，由于永久性地裂缝主要沿工作面边界分布，因此可以明显地看出工作面的形态；随着裂缝数量的不断增加，工作面内裂缝

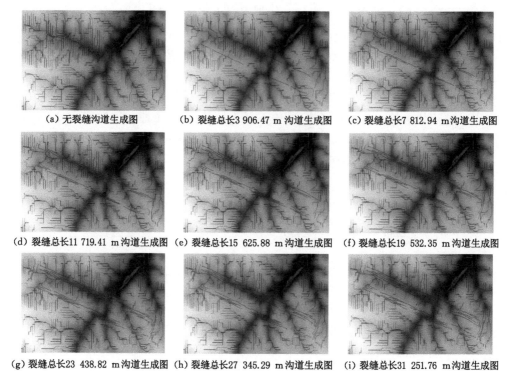

（a）无裂缝沟道生成图	（b）裂缝总长 3 906.47 m 沟道生成图	（c）裂缝总长 7 812.94 m 沟道生成图
（d）裂缝总长 11 719.41 m 沟道生成图	（e）裂缝总长 15 625.88 m 沟道生成图	（f）裂缝总长 19 532.35 m 沟道生成图
（g）裂缝总长 23 438.82 m 沟道生成图	（h）裂缝总长 27 345.29 m 沟道生成图	（i）裂缝总长 31 251.76 m 沟道生成图

图 7-11　无裂缝沟道分布与 8 组模拟试验沟道分布图

的密度逐渐增大,裂缝基本能被识别表现出来。统计了 9 组试验中所有沟道的总长度,分析研究区沟道总长度与工作面内裂缝总长度的关系,如图 7-12 所示。

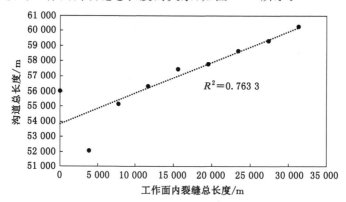

图 7-12　沟道总长度与裂缝总长度关系图

　　通过沟道总长度与工作面裂缝总长度的拟合关系,可以得出沟道总长度与裂缝总长度呈正相关关系,相关系数 R 为 0.873 7,相关性很高,即沟道总长度随裂缝总长度的增加而增加,设计的裂缝能被模型识别出来,对于后期的水土流失模拟起到关键作用。同时也初步说明,裂缝的存在连通了沟道,改变了研究区沟道网络的分布,重新连接了原有的水力联系,将对水土流失模拟产生影响。

（四）地裂缝对水土流失的影响

在 9 组试验方案研究区的相同位置利用 GeoWEPP 生成模拟区域，对各区域的水土流失情况进行模拟。GeoWEPP 模型可以模拟研究区多年的水土流失状况，但选用的 DEM 精度为 3 m×3 m，数据量较大，考虑到模型的运行能力，主要进行了一年降雨后的水土流失模拟，模拟结果如图 7-13 所示。

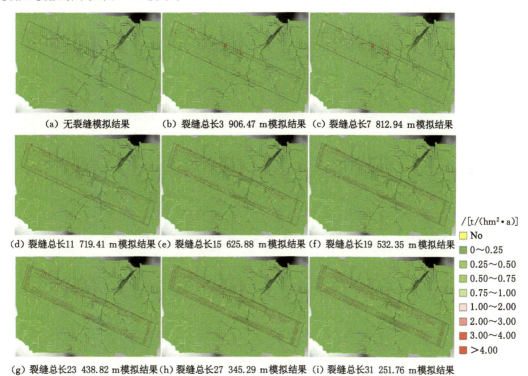

图 7-13 无裂缝与 8 组裂缝条件下水土流失模拟结果图

图 7-13 表示的是 9 组设计试验的水土流失模拟结果，图中标出了工作面和裂缝的具体位置，模拟结果中栅格颜色由绿色到红色表示流失量逐渐加重，红色越深，水土流失量越严重，由图例可以看出流失量的范围。由图可以看出，当工作面没有裂缝产生时，工作面边界内水土流失现象相对均衡；当工作面出现一组地裂缝时，裂缝周边的位置出现了明显的水土流失加重的区域，这些区域的水土流失量可以达到 $3 \sim 4$ t/(hm² · a)，流失严重的区域甚至可以达到 4 t/(hm² · a)以上的流失量；随着裂缝数量的增加，裂缝周围流失严重的区域发生了更明显的变化，说明裂缝对矿区的水土流失产生了影响，改变了原本的生态平衡。

为了更好地分析裂缝存在对矿区水土流失的影响，将工作面内不同裂缝总长度水土流失模拟结果分别与无裂缝的初始模拟结果作差值分析，灰色区域为水土流失无变化或好转区域，其余为水土流失加重区域，数值越高，流失现象越严重，结果如图 7-14 所示。

由图 7-14 可以看出，将 8 组裂缝条件下水土流失模拟试验结果与无裂缝条件下水土流失模拟结果作差值处理后，在工作面裂缝周围出现了明显的颜色变化，由绿色到红色表示变化等级越来越高，即水土流失现象越来越严重。针对模拟的结果，可以确定流失严重的区域在矿区的实际位置，从而对矿区水土流失现象的治理提供一定的指导意义。

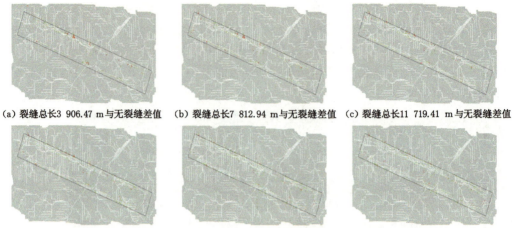

(a) 裂缝总长3 906.47 m与无裂缝差值　(b) 裂缝总长7 812.94 m与无裂缝差值　(c) 裂缝总长11 719.41 m与无裂缝差值

(d) 裂缝总长15 625.88 m与无裂缝差值　(e) 裂缝总长19 532.35 m与无裂缝差值　(f) 裂缝总长23 438.82 m与无裂缝差值

水土流失变化等级
0
1
2
3
4
5
6
7

(g) 裂缝总长27 345.29 m与无裂缝差值　　(h) 裂缝总长31 251.76 m与无裂缝差值

图 7-14   8 组裂缝条件下水土流失模拟结果与无裂缝时水土流失模拟结果差值图

1. 径流量与地裂缝的关系

GeoWEPP 模型将研究区划分成了多个坡面,统计各组模拟试验中坡面的总个数,研究模拟结果中坡面总数目与工作面内裂缝总长度的关系,同时统计了各组模拟试验中坡面总径流量与工作面内裂缝总长度的关系,如图 7-15 和图 7-16 所示。

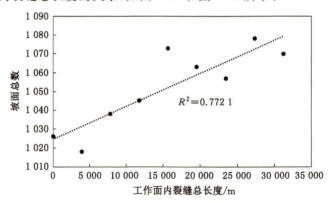

图 7-15   坡面总数目与裂缝总长度关系图

9 组试验方案在相同位置生成了模拟区域,图 7-15 表示模拟结果中坡面总数目与工作面内裂缝总长度的关系,对坡面总数目与工作面内裂缝总长度进行回归分析,结果表明:坡面总数目与裂缝总长度呈正相关关系,相关系数 R 为 0.878 7,相关性很高,即坡面总数目

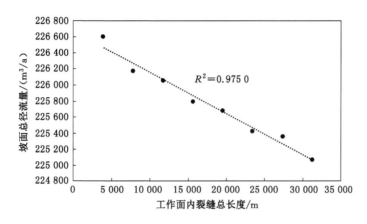

图 7-16　坡面总径流量与裂缝总长度关系图

随裂缝总长度的增多而增加,说明随着工作面内裂缝总长度的增加,研究区坡面总的个数增加,单个坡面的坡长是减少的。图 7-16 表示模拟结果中坡面总径流量与工作面内裂缝总长度的关系,对坡面总径流量与工作面内裂缝总长度进行回归分析,结果表明:坡面总径流量与裂缝总长度呈负相关关系,相关系数 R 为 0.987 4,相关性很高,即坡面总径流量随裂缝总长度的增多而减少。

　　两者综合分析表明,研究区坡面的数目随着工作面内裂缝总长度的增加而增加,单个坡面的坡长减少,总的坡面径流量也是减少的,这与前期理论分析结果一致,说明模拟试验的结果是可靠的,可以用来分析水土流失量与永久性地裂缝的关系。

　　2. 水土流失量与地裂缝的关系

　　通过分析坡面径流量与工作面内裂缝总长度的关系,发现坡面总径流量随裂缝总长度的增多而减少,根据已有的研究,坡面总径流量与坡面流失量应该有一致性的变化趋势,因此,分析了模拟结果中坡面总流失量与工作面内裂缝总长度的关系,如图 7-17 所示。

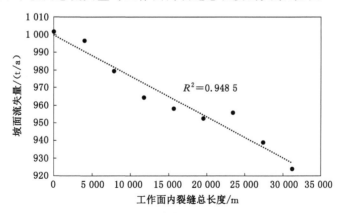

图 7-17　坡面总流失量与裂缝总长度关系图

　　图 7-17 表示坡面的水土流失总量与工作面内裂缝总长度的关系,对坡面流失量与工作面内裂缝总长度进行回归分析,结果表明:坡面总流失量与裂缝总长度呈负相关关系,相关系数 R 为 0.973 9,相关性很高,即坡面总流失量随裂缝总长度的增多而减少,与坡面径流

量的变化趋势一致,再次印证了模拟结果的可靠性。

然而,地裂缝的存在是研究矿区水土流失中不可忽视的重要因素,研究矿区特殊环境下的水土流失量同样包含两个部分,即坡面水土流失量和裂缝中的水土流失量。因此,统计了坡面和沟道的水土流失总量来研究矿区水土流失的变化,其与裂缝总长度的关系如图 7-18 所示。

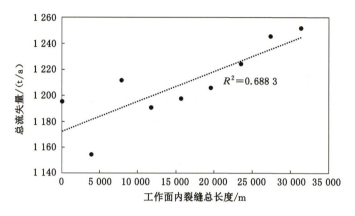

图 7-18   水土流失总量与裂缝总长度关系图

图 7-18 表示模拟结果中坡面和沟道总流失量与工作面内裂缝总长度的关系,对总流失量与工作面内裂缝总长度进行回归分析,结果表明:总流失量与裂缝总长度呈正相关关系,相关系数 R 为 0.829 6,相关性较高,即水土流失量随裂缝总长度的增多而增加,说明地裂缝的存在重新连接了原有的水力联系,改变了原有的地形地貌,永久性地裂缝的存在加剧了矿区的水土流失,对矿区的生态环境产生了重要影响。因此,合理控制地裂缝的产生,减少对原有地形的破坏,才能有效减少矿区环境下的水土流失,保护生态环境。

总体来看:矿区水土流失总量应至少包括原自然坡面流失到径流区出口的量以及流入地裂缝中的水土流失量这两大部分。当裂缝存在时,主要改变了汇流的通道,随矿区裂缝长度的增加,沟道汇入量逐渐增多。水土流失的模拟结果表明:随着裂缝数量的增加,裂缝周围流失严重的区域发生了明显的变化。研究区坡面总径流量和流失量与裂缝总长度呈负相关关系,相关系数 R 分别为 0.987 4 和 0.973 9,相关性很高,即坡面总径流量和流失量随裂缝总长度的增多而减少。研究区总的水土流失量与裂缝总长度呈正相关关系,相关系数 R 为 0.829 6,相关性较高,即水土流失量随裂缝总长度的增多而增加,说明地裂缝的存在改变了原有的地形地貌,加剧了矿区的水土流失,对矿区的生态环境产生了重要影响。

二、开采强度对矿区水土流失的影响规律分析

本研究采用开采沉陷预计系统进行沉陷盆地下沉点的预测。开采沉陷预计系统主要有 3 个功能部分,分别是工程信息数据管理、沉陷预计计算和沉陷分析。工程信息数据管理负责建立沉陷预测工程、获取并管理存储相关数据;沉陷预计计算负责利用获取的数据生成预计文件,并计算生成预计区域的下沉数据文件,实现绘制下沉等值线、水平移动和水平变形等值线、曲率和倾斜等值线的 CAD 图形;沉陷分析则主要实现沉陷区域的面积、体积和积水区等内容的分析处理。

开采沉陷预计系统借助 CAD 平台,利用参数化输入法,可以快速有效地进行沉陷区域的预计计算,并能够方便快捷地管理和存储工程信息,同时可以将计算成果在 CAD 上显示出来,包括各种等值线图、变形曲线图和三维视图。输入的参数方面,主要是开采时的地质采矿条件,主要有地表特征参数、工作面参数、下沉系数、水平移动系数、拐点偏移距、预计点坐标和方向等,系统利用概率积分法预计出任意点的移动和变形值,具有强大的后期处理功能,对于开采沉陷的预测方便可靠。

以神东矿区大柳塔矿的 52304 工作面为主要研究对象。52304 工作面走向长度3 000 m,开采时达到充分采动,符合沉陷盆地的研究要求。基于现场监测数据,52304 工作面实测采高 6.94 m,走向线最大下沉值 4 403 mm,倾向线最大下沉值 4 268 mm。将各开采参数输入开采沉陷预计软件,开采沉陷预计最大下沉值 4 239 mm,预计结果与实测数据的误差较小,沉陷预计效果较为理想,可以用来进行不同采高下的下沉模拟。

大柳塔矿的部分煤层厚度达到 8 m 以上,综合考虑开采技术和现实条件,设计了 6 组模拟试验。通过改变开采参数中采高的设置,设计了工作面 3 m 采高、4 m 采高、5 m 采高、6 m 采高、7 m 采高、8 m 采高下的 6 组模拟试验的预计方案。以 6 m 采高下的沉陷预计部分数据为例,见表 7-2。

表 7-2　6 m 采高下沉陷预计结果表(部分)

点序号	X/m	Y/m	下沉/mm	……	水平变形/(mm/m)
1	441 059	4 347 658	0		0
2	441 059	4 347 678	0	……	0
3	441 059	4 347 698	0		0
……					
7 124	442 979	4 348 038	3 255		−17.5
7 125	442 979	4 348 058	3 525	……	−10.9
7 126	442 979	4 348 078	3 623		−4.5
……					
9 544	443 619	4 349 078	0		0
9 545	443 619	4 349 098	0	……	0
9 546	443 619	4 349 118	0		0

(一)沉陷盆地的生成

将开采沉陷预计软件中得到的工作面下沉点数据导入 ArcGIS 中,通过插值的方式生成沉陷盆地的 DEM。克里金插值法也称为空间局部插值法,是通过一组具有 z 值的分散点生成估计表面的高级地统计过程。开采沉陷导致了地形变化,而克里金插值法能较好地反映这种变化,并且经过生成数据子集、数据分析和创建表面等步骤实现下沉点的空间插值,因此选用了该插值方法。当然,克里金插值法也存在一定的误差和局限性,且插值过程中部分参数的设置同样会影响插值结果,出于研究的侧重点不同,未能进行充分的考虑和分析,今后仍需完善。插值的结果以 6 m 采高下的沉陷盆地为例,见图 7-19。

在 ArcGIS 中采用克里金插值法生成沉陷盆地的 DEM,将原始地形与不同采高下沉陷

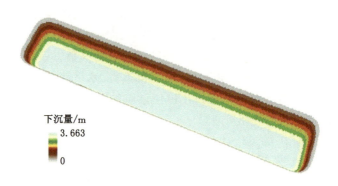

图 7-19　6 m 采高下沉陷盆地三维效果图

盆地的 DEM 叠加，以此得到开采后的地形数据。不同采高下的沉陷盆地在 DEM 上的范围如图 7-20 明亮区域所示。

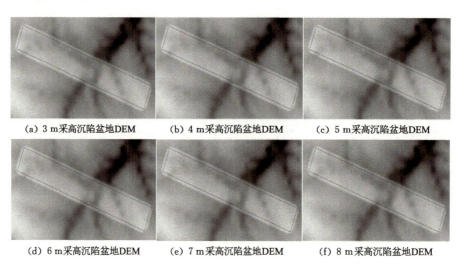

(a) 3 m 采高沉陷盆地DEM　　(b) 4 m 采高沉陷盆地DEM　　(c) 5 m 采高沉陷盆地DEM

(d) 6 m 采高沉陷盆地DEM　　(e) 7 m 采高沉陷盆地DEM　　(f) 8 m 采高沉陷盆地DEM

图 7-20　6 组采高下沉陷盆地 DEM 结果图

(二) 沉陷盆地对矿区水土流失影响规律分析

1. 水土流失模拟

将计算得到的开采后的地形数据转换为 GeoWEPP 模型所需的格式，同时输入模型所需的气象数据、土壤数据和土地利用数据等，保证其他各项参数与前期研究设置的相同，在 6 组试验方案研究区的相同位置利用 GeoWEPP 生成模拟区域，对各区域的水土流失情况进行模拟，研究沉陷盆地对矿区的水土流失影响规律。模拟结果如图 7-21 所示。

图 7-21 表示的是 6 组设计试验的水土流失模拟结果，图中标出了工作面的具体位置，模拟结果中栅格颜色由绿色到红色表示流失量逐渐加重，红色越深，水土流失量越严重，由图例可以看出流失量的范围。将 6 组试验模拟结果对比发现：随着沉陷盆地范围的改变，研究区水土流失的分布状况产生了局部变化。部分流失加重区域的水土流失量可以达到 3～4 t/(hm²·a)，但流失量在 4 t/(hm²·a) 以上的区域较少，相对于裂缝存在下的流失状况较

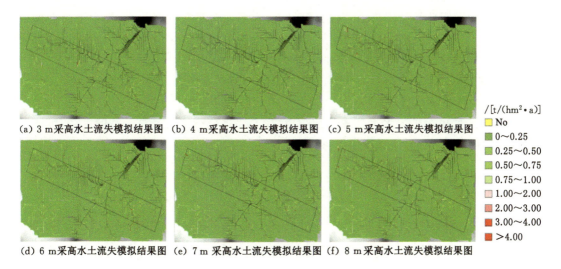

/[t/(hm²·a)]
☐ No
■ 0~0.25
■ 0.25~0.50
■ 0.50~0.75
■ 0.75~1.00
■ 1.00~2.00
■ 2.00~3.00
■ 3.00~4.00
■ >4.00

(a) 3 m 采高水土流失模拟结果图　(b) 4 m 采高水土流失模拟结果图　(c) 5 m 采高水土流失模拟结果图

(d) 6 m 采高水土流失模拟结果图　(e) 7 m 采高水土流失模拟结果图　(f) 8 m 采高水土流失模拟结果图

图 7-21　6 组沉陷盆地水土流失模拟结果图

好。在工作面边界区域,主要是沉陷盆地的斜坡面上,水土流失发生了显著变化,主要原因在于该区域开采后地形变化较大,地势坡度增加,因此水土流失量明显增加;相比之下,工作面的中间位置处于沉陷盆地的中心区域,开采前后地形变化不大,水土流失状况较为稳定。从总体上而言,矿区开采产生的沉陷盆地改变了原有的地表形态,对矿区的水土流失产生了一定的影响,原有的生态平衡发生了变化。

2. 差值处理

为了更好地分析沉陷盆地对矿区水土流失的影响,将工作面内不同沉陷盆地水土流失模拟结果分别与无沉陷时的初始模拟结果作差值分析,如图 7-22 所示,灰色区域为水土流失无变化或好转区域,其余为水土流失加重区域,数值越高,流失现象越严重。

(a) 3 m 采高与未开采模拟结果差值　(b) 4 m 采高与未开采模拟结果差值　(c) 5 m 采高与未开采模拟结果差值

(d) 6 m 采高与未开采模拟结果差值　(e) 7 m 采高与未开采模拟结果差值　(f) 8 m 采高与未开采模拟结果差值

图 7-22　6 组沉陷盆地水土流失模拟结果与无沉陷模拟结果差值图

由图 7-22 可以看出,将 6 组模拟试验结果与无沉陷模拟结果作差值处理后,在工作面边界周围出现了明显的颜色变化,由绿色到红色表示变化等级越来越高,即水土流失现象越来越严重。针对沉陷盆地模拟的结果,可以确定流失严重的区域在矿区的实际位置,能够在一定程度上对矿区水土流失问题的治理提供帮助。

3. 结果分析

(1) 流失量与采高的关系

研究沉陷盆地对矿区水土流失的影响规律,主要是分析流失量与采高的关系,统计了6组模拟试验中总流失量与采高的关系,如图 7-23 所示。

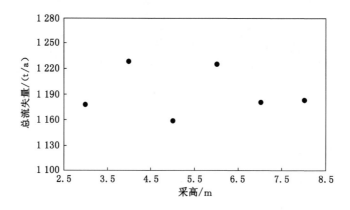

图 7-23　水土流失量与采高关系图

图 7-23 表示模拟结果中水土流失量与采高之间的关系,研究发现总流失量与采高之间不存在明显的相关性,说明开采强度中采高改变引起的沉陷盆地的变化对矿区的水土流失没有明显的影响。因此,合理地控制采煤厚度对缓解矿区的水土流失效果作用并不明显,应考虑更为有效的方式治理矿区的水土流失现状。

(2) 流失变化区域面积与采高的关系

模拟结果表明水土流失量与采高之间没有明显的相关性,为了进一步说明其中的原因,分别分析了沉陷盆地周围流失加重区域面积和流失减少区域面积与采高的关系,如图 7-24 和图 7-25 所示。

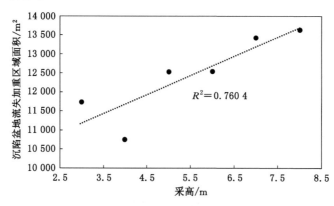

图 7-24　沉陷盆地流失加重区域面积与采高关系图

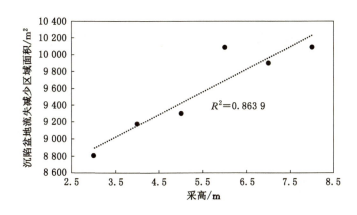

图 7-25　沉陷盆地流失减少区域面积与采高关系图

图 7-24 表示沉陷盆地周围流失加重区域面积与采高的关系,由图可见,沉陷盆地周围流失加重区域总面积与采高呈正相关关系,相关系数 R 为 0.872 0,相关性很高,说明随采高增加,工作面上方水土流失加重区域的面积增加,采高的大小对矿区水土流失有一定影响。图 7-25 表示沉陷盆地周围流失减少区域面积与采高的关系,由图可见,沉陷盆地周围流失减少区域总面积与采高同样呈正相关关系,相关系数 R 为 0.929 5,相关性也很高,说明随采高增加,工作面上方水土流失减少区域的面积同样增加。综合比较两者结果,发现随采高的改变,工作面上水土流失加重与减少的区域同时在改变,因此导致总水土流失量与采高不存在相关性,沉陷盆地对矿区水土流失的影响规律不够明显。

三、开采方位对矿区水土流失的影响规律分析

（一）不同开采方位沉陷盆地的设计与生成

开采产生的沉陷盆地改变了原有的地形结构,影响了矿区的水土流失。当工作面开采方位改变时,沉陷盆地的位置会随之改变,同样会影响矿区的水土流失状况。因此,研究不同开采方位下的水土流失状况,寻找对矿区水土流失影响最小的开采方位,可以为矿区生态环境的治理提供一定的指导和帮助。

以大柳塔矿 52304 工作面的实际开采情形为基础,沿顺时针方向,以 15°为间隔,依次旋转工作面,设计 12 组模拟试验,模拟工作面旋转 0°、15°、30°、45°、60°、75°、90°、105°、120°、135°、150°、165°下的水土流失情况。由于 52304 工作面范围较大,进行旋转模拟时会超出原有的研究区,因此对工作面进行了一定的裁剪处理。对试验的方案设计,首先计算各个开采方位下的参数值,利用开采沉陷预计软件生成工作面不同方位的各个点下沉值,在 ArcGIS 中采用克里金插值法得到下沉 DEM,生成各个开采方位下的沉陷盆地,并计算得到开采后的地形数据。以开采后的 DEM 数据为背景,不同方位下的沉陷盆地位置如图 7-26 明亮区域所示。

（二）开采方位改变对矿区水土流失影响分析

在 12 组试验方案研究区的相同位置利用 GeoWEPP 生成模拟区域,对各区域的水土流失情况进行模拟,模拟结果如图 7-27 所示。

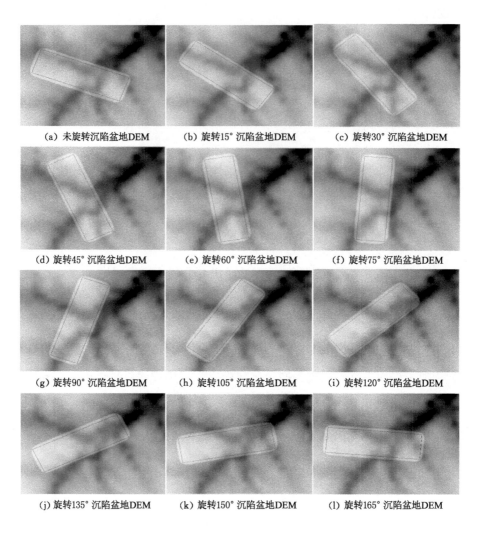

<table>
<tr><td>（a）未旋转沉陷盆地DEM</td><td>（b）旋转15°沉陷盆地DEM</td><td>（c）旋转30°沉陷盆地DEM</td></tr>
<tr><td>（d）旋转45°沉陷盆地DEM</td><td>（e）旋转60°沉陷盆地DEM</td><td>（f）旋转75°沉陷盆地DEM</td></tr>
<tr><td>（g）旋转90°沉陷盆地DEM</td><td>（h）旋转105°沉陷盆地DEM</td><td>（i）旋转120°沉陷盆地DEM</td></tr>
<tr><td>（j）旋转135°沉陷盆地DEM</td><td>（k）旋转150°沉陷盆地DEM</td><td>（l）旋转165°沉陷盆地DEM</td></tr>
</table>

图 7-26   工作面不同方位沉陷盆地 DEM 结果图

图 7-27 表示的是 12 组设计试验的水土流失情况模拟结果，图中标出了工作面的具体位置，模拟结果中栅格颜色由绿色到红色表示流失量逐渐加重，红色越深，水土流失量越严重，由图例可以看出流失量的范围。将 12 组试验模拟结果对比发现：随工作面布置方向的改变，水土流失的分布状况发生了明显变化，开采方位对原有的地形产生了重要影响。

为了寻找最优的开采方位，统计了工作面不同方位下的水土流失总量，结果见表 7-3。

表 7-3 表示 52304 工作面不同开采方位下模拟一年后的水土流失量，由模拟结果可以看出各个方位下的水土流失结果有一定的差别，将 52304 工作面顺时针旋转 150°，即走向方位角为 80°时流失量最少。因此，这种方位下开采后的效果较好，开采后形成的地表形态水土流失量较少，对矿区土地损伤程度较小。因此，在条件允许的情况下，矿区采煤工作面的布置方向可以通过提前预测，选取一种矿区水土流失较小的方式。

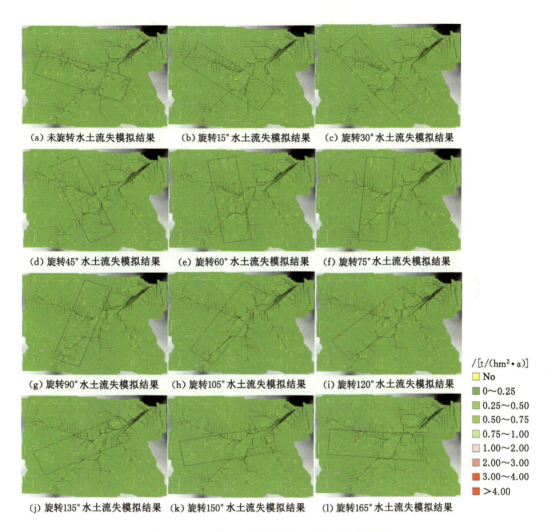

（a）未旋转水土流失模拟结果　　（b）旋转15°水土流失模拟结果　　（c）旋转30°水土流失模拟结果

（d）旋转45°水土流失模拟结果　　（e）旋转60°水土流失模拟结果　　（f）旋转75°水土流失模拟结果

（g）旋转90°水土流失模拟结果　　（h）旋转105°水土流失模拟结果　　（i）旋转120°水土流失模拟结果

（j）旋转135°水土流失模拟结果　　（k）旋转150°水土流失模拟结果　　（l）旋转165°水土流失模拟结果

图 7-27　工作面不同方位水土流失模拟结果图

表 7-3　不同开采方位下水土流失模拟结果统计表

方位	0°	15°	30°	45°	60°	75°	90°	105°	120°	135°	150°	165°
总流失量/(t/a)	677.8	672.9	659.8	673.8	671.8	663.4	660.2	655.6	654.0	657.4	652.0	660.5

四、裂缝与沉陷对矿区水土流失的综合影响

通过前期的模拟分析,发现地裂缝和沉陷盆地对矿区水土流失均有影响,因此综合分析两者与矿区水土流失变化之间的关系。由于同时研究地裂缝和沉陷盆地的组合试验次数过多,不便于操作,因此结合正交试验法,选取具有代表性的组合进行研究。正交试验是研究多因素多水平的一种设计方法,它是根据正交性从所有试验中挑选出部分有代表性的点进行试验,是一种效率高且经济方便的试验设计方法。

结合正交试验法,选取了不同组合下的 6 组具有代表性的组合研究矿区的水土流失变化情况,6 组组合分别为:采高 3 m,工作面内裂缝总长 7 812.94 m;采高 4 m,工作面内裂缝总长 15 625.88 m;采高 5 m,工作面内裂缝总长 23 438.82 m;采高 6 m,工作面内裂缝总长 27 345.29 m;采高 7 m,工作面内裂缝总长 31 251.76 m;采高 8 m,工作面内裂缝总长 31 251.76 m。对于地形数据的处理,即在预计沉陷盆地的同时,加入地裂缝的设计,两者共同改变地形。将计算得到的开采后的地形数据转换为 GeoWEPP 模型所需的格式,同时输入模型所需的气象数据、土壤数据和土地利用数据等,保证其他各项参数与前期研究设置的相同,在 6 组试验方案研究区的相同位置利用 GeoWEPP 生成模拟区域,对各区域的水土流失情况进行模拟,研究地裂缝与沉陷盆地对矿区的水土流失影响规律。试验方案模拟结果如图 7-28 所示。

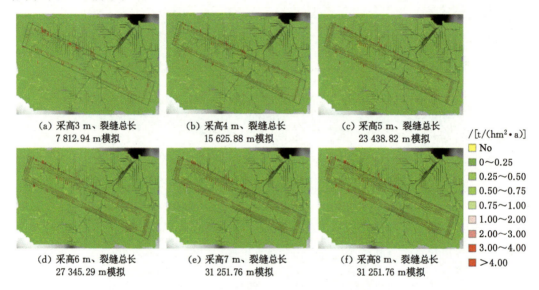

(a) 采高3 m、裂缝总长 7 812.94 m模拟

(b) 采高4 m、裂缝总长 15 625.88 m模拟

(c) 采高5 m、裂缝总长 23 438.82 m模拟

(d) 采高6 m、裂缝总长 27 345.29 m模拟

(e) 采高7 m、裂缝总长 31 251.76 m模拟

(f) 采高8 m、裂缝总长 31 251.76 m模拟

/[t/(hm²·a)]
No
0～0.25
0.25～0.50
0.50～0.75
0.75～1.00
1.00～2.00
2.00～3.00
3.00～4.00
>4.00

图 7-28 6 组组合水土流失模拟结果图

图 7-28 表示不同组合下的水土流失模拟结果,图中标出了工作面和裂缝的具体位置,模拟结果中栅格颜色由绿色到红色表示流失量逐渐加重,红色越深,水土流失量越严重,由图例可以看出流失量的范围。将 6 组试验模拟结果对比发现:随着地裂缝长度和沉陷盆地范围的改变,研究区水土流失的分布状况产生了明显变化。大部分流失严重区域的水土流失量可以达到 3～4 t/(hm²·a),流失量达到 4 t/(hm²·a)以上的区域也远远多于单一因素下的水土流失模拟状况,尤其在地裂缝的附近和工作面的边界处水土流失量变化最为明显,随地裂缝长度的增加和沉陷盆地范围的增大,水土流失量严重的区域有所增加,开采产生的地裂缝和沉陷盆地对矿区的水土流失产生了明显影响。

为了更好地分析地裂缝和沉陷盆地对矿区水土流失的影响,将预计的不同采高与单位面积裂缝总长组合模拟结果分别与未开采的初始模拟结果作差值分析,结果如图 7-29 所示,灰色区域为水土流失无变化或好转区域,其余为水土流失加重区域,数值越高,流失现象越严重。

由图 7-29 可以看出,将 6 组组合水土流失模拟结果与未开采模拟结果进行差值处理后,在地裂缝和工作面周围出现了明显的颜色变化,由绿色到红色表示变化等级越来越高,即水土流失现象越来越严重。差值结果说明,采高与单位面积裂缝总长同时改变,对研究区水土流失变化有显著影响。

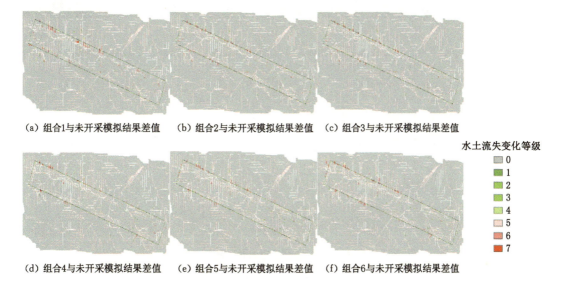

（a）组合1与未开采模拟结果差值　　（b）组合2与未开采模拟结果差值　　（c）组合3与未开采模拟结果差值

水土流失变化等级
0
1
2
3
4
5
6
7

（d）组合4与未开采模拟结果差值　　（e）组合5与未开采模拟结果差值　　（f）组合6与未开采模拟结果差值

图 7-29　6 组组合水土流失模拟结果与未开采模拟结果差值图

　　研究地裂缝和沉陷盆地对矿区水土流失的影响规律，主要是分析模拟结果中水土流失量与不同采高和工作面裂缝总长组合之间的关系，如图 7-30 所示。

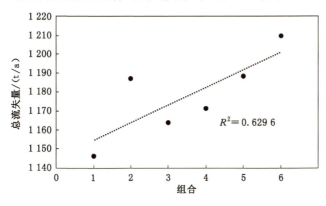

图 7-30　水土流失量与组合关系图

　　图 7-30 表示模拟结果中水土流失量与组合试验之间的关系，结果表明：总流失量与各组合之间呈正相关关系，相关系数 R 为 0.793 5，相关性较高，说明随采高与裂缝总长度的同时增加，总流失量会明显增加。地裂缝和沉陷盆地的同时存在，会加重矿区的水土流失现象，破坏原有的生态平衡。

　　为了进一步说明流失量与组合模拟关系的正确性，同时分析了沉陷盆地周围流失加重区域面积与不同组合之间的关系，如图 7-31 所示。由图可知，沉陷盆地周围流失加重区域总面积与各组合呈正相关关系，相关系数 R 为 0.915 4，相关性很高，说明随裂缝总长和采高的增加，工作面上方水土流失加重的面积会明显增多，进一步说明流失量和组合之间拟合的关系是正确的，地裂缝长度的增加和采高的增大会加重矿区水土流失，结合前期的研究，地裂缝应该在其中起到了主要的作用，其对矿山环境的影响不容忽视，合理控制地裂缝的产生,降低沉陷盆地的影响范围,才能有效地缓解矿区的水土流失状况,尽快恢复矿区原有的生态平衡。

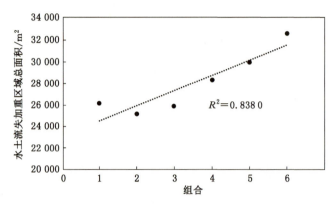

图 7-31　水土流失加重区域面积与组合关系图

五、矿区水土流失参数现场降雨模拟测试

在大柳塔矿沉陷区坡面设置了两个径流监测点,每个监测点设对照、水保措施各 1 个径流小区,每个小区 5 m×20 m,其参照标准径流小区建设。实时监测产流量、水流含沙量、降雨量、降雨历时、降雨雨强等参数。监测设备拟选用 ZN17-QYJL006 便携式地表坡面径流测量仪,共配置 2 台。该设备配置的多参量数据采集器既可采集径流测量仪的径流量及泥沙含量等数据,配备的称重式雨量计又可同时采集雨量、雨强、降雨历时等数据,实现水土流失的实时远程监控。

2014 年 6 月,对示范区 4 个径流站进行了野外降雨模拟试验,水土流失降雨模拟现场如图 7-32 所示。每次降雨模拟前,在试验场地中以 S 形测量方式多次获得土壤的初始含水率,从而求算降雨模拟的平均初始含水率。在通过降雨模拟器的主面板设定好降雨强度及降雨历时等参数后,开始进行降雨模拟试验,同时在试验场地的溢流口处用 ZN17-QYJL006 地表坡面径流测量仪收集地表径流及泥沙含量。等一次降雨结束后,待地表径流

图 7-32　水土流失降雨模拟现场

下渗稳定后,进行第二次降雨试验。两次时间间隔为 40 min。待 4 个径流小区进行上述同样的降雨模拟试验过程。

图 7-33 所示为径流站 2 的径流流量和泥沙浓度随时间变化图。总体表现的规律为:降雨初期,由于土壤含水率低,入渗能力强,导致径流量较小,但随着降雨时间的推进,径流量逐渐增大;对泥沙含量来说,降雨初期,由于地表土壤含水率低,导致土壤抗剪强度小,即临界水力剪切应力很小,因此,初始径流中泥沙浓度很高,随着降雨时间的推进,表层土壤大量被剥离,次表层土壤的含水率适中,临界水力剪切应力较大,使得径流泥沙浓度逐渐降低。

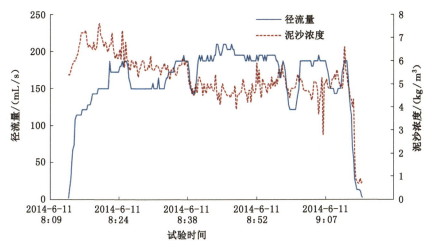

图 7-33　径流站 2 试验情况(6 月 11 日第 1 次)

图 7-34 所示为径流站 4 的径流流量和泥沙浓度随时间变化图。径流站 4 受开采沉陷影响出现了地裂缝,其除了具有上述径流站 2 出现的规律以外,初期泥沙浓度可以达到 12 kg/m³ 以上,而径流站 2 的初始泥沙浓度仅为 8 kg/m³ 左右。这是由于地裂缝的出现导致土壤临界水力剪切应力显著降低,相比于未沉陷的径流站 2,泥沙浓度大幅度提高。

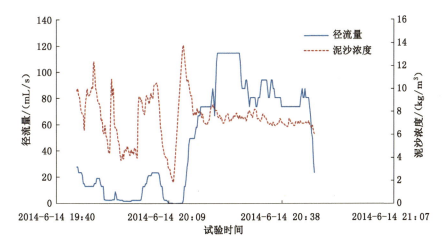

图 7-34　径流站 4 试验情况(6 月 14 日第 4 次)

第五节　本章小结

在对高强度开采引起的地表沉陷、地裂缝发育、土壤关键物理性质改变、地表径流汇水条件变化等矿区环境岩土要素损伤机理研究基础上确定了西部矿区水土流失的主要影响因子。井工矿区采煤造成的地表沉陷、地裂缝引起了地表径流的连通格局变化。本章构建了分布式水力联系模型,以定量描述矿区地表水文过程变化规律及其环境效应。结果表明,开采后沉陷区的水力联系增强,周边区域水力联系降低,开采工作面整体的水力联系降低,进而改变了沉陷区土壤水补给能力以及水土流失的发育程度。

通过沉陷区不同开采强度参数、工作面布置方向的水土流失数值模拟研究发现,水力侵蚀运移并汇聚于地裂缝深处,引起了所在流域地表径流和土壤流失,这是井工开采沉陷区的一种特殊形式的水土流失途径。因此,沉陷区总的水土流失量应包括坡面的产流量和地裂缝中的汇入量。地裂缝的存在加重了矿区水土流失,水土流失量随工作面内裂缝长度增加而增多;地裂缝的存在减少了坡面沉积,增加了水土流失的途径;复杂地形区地表沉降没有造成矿区水土流失的显著增加;相比沉陷而言,地裂缝对水土流失的影响更为显著。本研究成果为矿区水土流失的预测与防治提供了新的认识。

第八章　引导型矿山生态修复理论与方法

"以自然恢复为主,与人工修复相结合"作为生态修复的基本原则,其引出的关键科学问题是,如何认知并利用自然恢复能力、如何协同人工干预与自然恢复。本章重点分析了引导型矿山生态修复的基本原理和方法,以破解人工干预和自然恢复之间的争议和困惑,更好地处理两者之间的关系。引导型矿山生态修复的关键问题就是明确何时干预、何处干预、如何干预、干预到何种程度。引导型矿山生态修复强调了人工干预的针对性、及时性、持久性和有效性,以减少人工过度修复的人力、物力成本和能量消耗,是符合"双碳"目标的。

第一节　引导型矿山生态修复理论基础

一、自然修复与人工修复的思辨

生态系统是指在自然界的一定的空间内,生物与环境构成一个统一整体,生态系统中生物与环境之间相互影响、相互制约,并在一定时期内处于相对稳定的动态平衡状态(稳态)。生态系统的结构和功能能保持相对的稳定状态(具有稳定性)是因为它本身具有一定的自我调节能力,即自修复力(也称恢复力)。生态系统的自修复能力是有限的,外界干扰超出了一定的范围,生态系统就可能受到破坏。生态系统自我调节的限度称为"生态阈限"。在阈值概念模型研究的基础上,依据外界扰动对系统造成的破坏程度,可采取两种不同的退化生态系统恢复模式:① 生态系统受损在生态阈限范围内,压力和干扰去除后,系统恢复可以在自然过程中发生,即自然修复;② 生态系统受损超出生态阈值范围,系统发生不可逆的变化,仅靠自然力已很难或不可能使系统恢复到初始状态,必须依靠人为干预措施才能使其发生逆转,即人工修复。

矿山生态系统与一般生态系统一样,其要素包括大气、植被、地形、地下水、地表水、岩层结构、植物、动物、微生物等多方面,也存在着物质、能量与信息流动,具有结构与功能、复杂性、动态性、稳定性等特征,并提供生态服务功能。这些要素间的关联构成了系统运行及应对扰动能力的基础。当对系统的扰动发生后,系统某个变量或参数发生变化,从而使得系统脱离平衡状态,系统根据内部组分及其关系进行自我调节,重新向平衡状态演化,使得矿山土地生态系统在面临扰动时体现出对扰动的应对能力。依据生态系统理论,生态系统的结构和功能之所以能够保持相对的稳定状态,即具有稳定性,是因为它本身具有一定的自我调节能力,即自修复力(也称恢复力)。这种生态系统固有的、动态变化的自修复力维持着生态系统健康及其更新。当然,系统的这种应对扰动的能力是有限度的,即自修复力是有限度的。矿山土地生态系统同样具有自修复力,利用其固有的自修复力进行环境要素修复与生态功能恢复,这种生态恢复方式称为自然恢复。

因此,矿山生态系统自然恢复是指,煤炭开采及沉陷造成的外界干扰消失后,依靠生态系统本身的自修复力,或辅以外界人工调控行为,使受损的环境要素与生态系统恢复到相对健康的状态,最终实现区域煤炭资源可持续开采利用和对生态环境的保护。受损生态系统能否依靠自然恢复取决于生态系统受损程度和生态修复的内部与外部条件。其主要优点是采矿后几乎无须人为投入,可大量节约矿山生态恢复的成本,并且遵从原有生态环境特征与自然演替规律,与相邻自然生态系统可以较好地融合,具有可持续性;其缺点是受到生态系统受损程度的限制,其恢复过程可能非常缓慢,甚至长达百年,一些严重的生态环境破坏损伤,如重金属污染、露天采坑、永久地裂缝等几乎不可能自我修复。

迄今为止,关于西部煤炭开采生态损伤与自然修复的研究较少,已有的少量研究都是对一些自修复现象的描述,对煤矿区生态自然修复的概念还较模糊,缺少明晰的定义和概念界定,关于自修复力的定量测度研究也较少。我国学者对生态自然修复的概念提出了一些独到的见解。韩霁(2007)认为,自然修复是依靠自然力恢复植被的一种环境修复方式;胡振琪等(2014)研究指出,生态系统的自修复、自我修复可统称为自然修复,两者都是依靠自然的力量实现,同时提出矿区生态环境的自修复是指采矿驱动力在对地表生态环境造成损毁的过程中,自动修复部分生态损毁的现象和过程;李超(2015)认为,生态自然修复指生态系统对外界干扰的抵御和恢复,即在环境条件允许的前提下,系统通过生产者自然生长、繁殖、传播,重新恢复遭到破坏的自然生境;张绍良等(2017)研究指出,自然修复不是绝对排除人的主观能动性,而是强调由人主宰到辅助角色的转变。

长期以来,由于人工修复具有目的性强、速度快、效率高的特点,被广泛应用于生态恢复实践中。相比之下,自然修复虽然具有低成本的优势,但由于恢复时间长、受环境制约的特点而饱受质疑。关于自然修复和人工修复的争论由来已久,一方面,Lee等(2013)认为作为自然实体应出于道德义务对人类活动造成的损害进行恢复;洪双旌(2004)指出应通过合理的人为干预加速生态修复的进程。另一方面,Maria(2014)研究指出,外界开采活动停止后采区可自发、快速地形成与非采区组成结构相似的植物群落;孙猛(2010)认为应充分利用自然力修复生态系统。随着研究的深入,越来越多的学者逐渐认识到自然修复和人为修复并不矛盾,两种修复模式各有所长,适用范围不同。刘震指出,生态自我修复与人工治理都是促进人与自然和谐相处的重要手段,通过人工治理与生态自我修复的有机结合,可促进人与自然的和谐发展。针对西部矿区干旱少雨的特点,韩霁研究指出自然修复符合物种选择的自然法则,修复后形成的植物群落比较稳定,因此适用于人为活动较少、降水稀缺的干旱地区。

在矿山,一个典型例子就是矿山植被-土壤连续体在采矿扰动后朝成熟、高级方向自然演替。如我国平朔露天煤矿复垦林地的林木蓄积量、土壤各环节因子都呈现 S 形曲线增长;美国俄亥俄州采矿复垦林地的表层土壤(0~5 cm)C 和 N 库 25 年增长了近 300%,增长过程符合倒立二次函数曲线;德国 Lusatia 矿区人造的 Chicken Creek 小型流域中,土壤 SO_4^{2-}、EC 整体呈降低趋势但伴随年际波动,而植物物种数、土壤动物群丰富度整体呈升高趋势但伴随年际波动。矿山的很多自恢复、自然恢复现象也表现系统组分是关联的。如我国神东矿区土壤水(地下 10 cm 处)被裂缝扰动后,在 8 d 内从 4.4%下降到 3.2%,但 17 d 后又恢复到原有水平,这主要是裂缝闭合,蒸发减少,降雨或周边土壤水分侧向补给,这表明不同空间单元的地下水组分是关联的,土壤水、土壤及气候组分间的反馈关系起了作用;

我国黄土高原地表裂缝在多年后开始愈合,自然营力(水力、风力、重力)、人类或动物活动是驱动因素,这体现出土壤、地形、水文、气候、人文组分间的关联在裂缝恢复中发挥了作用。Bradshaw(2000)指出利用自然过程恢复受扰动的矿山自然环境要素,并分析了利用自然过程恢复矿山生态系统的主要方式;Fernández 等(2014)研究指出开采扰动停止后采区植物群落组成结构可自然恢复;韩霁(2007)指出在干旱少雨的中国西部采取自然恢复,可以形成更为稳定的植物群落。

人工措施始终面临着成本与效益的权衡,而且人工干预的效果并非始终优于自发修复,研究表明采矿迹地的自发演替为两栖动物创造了更好的栖息地。生态系统时刻进行的自发演替体现出一种自我修复的能力。Bradshaw(2000)提出利用自然过程恢复受扰的采矿迹地,我国学者关注到采矿压力下一些生态要素的自修复现象。Gould(2012)指出矿山生态修复逐渐频繁地以创造自维持系统为目标,而对于这一目标的实现路径产生了一些新的争论,如积极与消极恢复、恢复新型还是旧型生态系统。矿山生态恢复正在遭受一些挑战,如恢复缺乏后期管护和监测、恢复没有足够的制度和资金保障、大量采矿迹地被遗弃。

二、矿山生态系统自恢复特征

越来越多的人意识到生态修复必须依靠生态系统自身的能力,任何干预措施都必须建立在系统自身能力的基础上。只有先回答生态系统为什么存在自修复、自修复的机制如何,才能开发合理的干预措施。矿山土地生态系统是受人类活动较强干扰的一种特殊生态系统,与其他生态系统相似同时具有抵抗力与自修复力。煤炭开采后对矿区生态系统产生强烈干扰性,原有生态系统结构和功能遭到破坏,生态环境因子相应发生变化,如地下水位下降、岩层结构破坏、土壤含水率下降、土壤速效氮流失、土壤孔隙增大、植被受损、景观生态系统发生变化等。同时,也有越来越多的专家、学者关注到地下开采扰动后矿区生态环境要素的自然恢复特征。掌握这些土壤参数、地裂缝、地下水位等生境要素自然恢复的时间、空间、过程特征,有助于判别采取矿山生态自然恢复的前提与可行性,并识别其自然恢复的限制因素或阈值条件,以便于通过适度的人工干预促进矿山土地生态系统自然恢复。

(一)干扰因子的自消除

1. 地裂缝的闭合

地裂缝分为采动过程中的临时性裂缝和地表稳沉后的永久性裂缝两种类型。采动过程中的临时性裂缝一般发生在工作面的正上方,随着工作面的推进同时发育,当工作面推过裂缝后,大部分裂缝将逐步闭合。其对矿井安全生产的威胁较大,尤其是当裂缝与采空区贯通时,容易发生漏风、溃水、溃沙等安全事故,为保证安全生产,必须采取随时监测、现场掩埋等措施。需要注意的是,为防止漏水、漏气而采取的临时裂缝整治措施同时需要考虑后期地面的生态恢复工程。相比之下,稳沉后的永久性裂缝一般发生在工作面的开切眼、终采线附近,其特点为宽度大、发育深、难以自愈,对地表生态的影响更大,水土流失、植被退化等问题更为明显,是生态修复需要重点采取工程措施加以整治的。

以神东矿区大柳塔矿 22201 工作面为研究区域分析临时性地裂缝自恢复特征。22201 工作面平均日进尺 9.6 m,据地表移动观测,22201 工作面地表最大下沉值 2.833 m,下沉系数为 0.76。高强度开采在造成了地表沉陷的同时,大量的地裂缝发育,其整体形态呈现与工作面推进方向相反的倒"C"字形,与基本顶的"O"形圈破断形态相似,在工作面中心位置与工作面推进方向垂直,至采空区边界逐渐演变为平行于工作面推进方向,如图 8-1 所示。

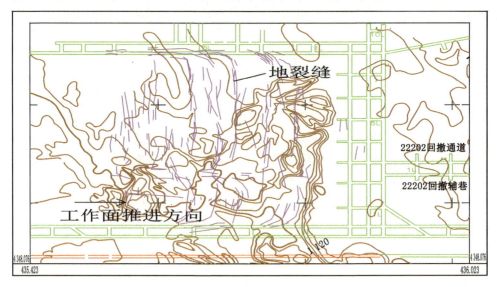

图 8-1 临时性地裂缝在工作面的分布情况

通过对工作面上方发育的地裂缝进行持续动态监测,获取了裂缝自开裂到增大直至完全闭合的全部阶段。图 8-2 给出了 22201 工作面两条典型裂缝的宽度、落差和深度的动态发育过程。

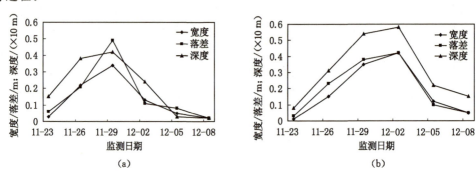

图 8-2 采动地裂缝动态发育曲线

监测结果表明在工作面正上方大量沉陷型裂缝发育,地表出现台阶状下沉,且随着工作面的逐渐推进,大部分裂缝逐渐愈合。从图 8-2 可以看出,地裂缝发育呈现以下特征:① 随着工作面的推进,地裂缝经历了"开裂—扩展—闭合"的完整发育过程,表征裂缝发育的宽度、落差和深度 3 个基本要素均呈现先增大后减小的规律;② 从时间尺度来看,动态裂缝发育周期为 15 d,扩展期和闭合期经历时间基本上相等,呈现较为明显的临时性裂缝发育与自恢复规律。因此,临时性地裂缝的治理不同于地表稳沉后的永久性地裂缝的治理,主要可利用地裂缝的自恢复特征进行,以减少治理成本。当然,为防止地表风积沙、积水灌入工作面,以及井下通风等情况下需要积极采用"就地取材—填平裂隙—平整土地"等人工修复措施。

2. 土体结构恢复

相关研究发现在风积沙区采煤沉陷土壤具备一定的自修复能力,风积沙区采煤沉陷后2～7年,土壤含水率可自然恢复至75%左右,土壤孔隙度可完全恢复,土壤 N、P 元素含量在沉陷后12～17年才能逐步恢复。上述研究表明,采煤沉陷后短期内土壤水含量、氮含量、孔隙度、容重都显著下降,从长时间序列来看土壤孔隙和土壤水自修复能力较强、恢复较快,而土壤 N、P 恢复需要经历较长的时期。

图 8-3 采用探地雷达对神东矿区大柳塔矿 5^2 煤某工作面硬梁地土体采前、采后两个月、采后三年进行变化监测,初步发现采后两个月时间无论中性区、压缩区还是拉伸区,土体性质都因沉陷变形影响而变化,并呈现不连续非均匀扰动,且扰动主要出现在 2～6 m 深度(根系层)范围,最深可达 11 m。然而沉陷后三年探测到的沉陷区扰动土体除局部存在较大的变形区,大部分区域基本恢复正常,体现出了土体结构的自恢复性,也即植被根系层土体物理性质部分自然恢复到了较为均质的状态。

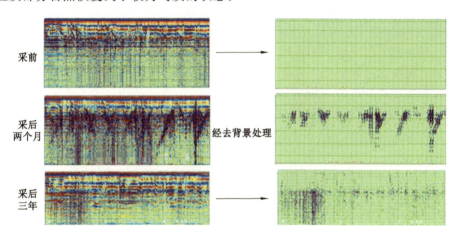

图 8-3　采前、采后两个月、采后三年土壤剖面 GPR(100 MHz)信号

(二) 生态要素的自恢复

1. 地下潜水恢复

采后潜水位的高低不仅取决于所处基岩厚度与导水裂隙带高度的关系,同时还取决于基岩面高度,基岩面越低洼越容易持水。当工作面推过停止抽排之后,地下水位受周边的补给出现了少量的回升。图 8-4(a)所示为神东某矿井富水厚基岩区采后观测井水位的变化过程。由于该井基岩厚度达到了 230 m,远远大于导水裂隙带的高度,地下水位受疏排影响扰动后,迅速恢复到了采前状况。而图 8-4(b)所示为富水薄基岩,该区域基岩厚度(67 m)与导水裂隙带高度相近,地下水位受采前疏排、裂隙渗漏和采空区地下水的持续抽排利用,出现了水位的迅速下降与缓慢恢复。缓慢恢复原因在于:一是"三带"中的弯曲下沉带在该段地层起到了隔水作用,煤层采空后,由于上部软弱岩层厚度大,关键层破断后移动空间较小,下沉幅度较小,关键层上部砂泥质岩层受到的破坏程度更小,裂隙未大面积波及上部松散含水层;二是松散含水层水在进入工作面的过程中,由于入水通道中软弱砂岩体在破断过程中形成的细碎颗粒对于裂隙空间的充填作用使得入水通道很难通畅,甚至在这一过程中被堵死,松散层水难以大量渗漏到工作面;三是随着采后地下水位的降低,潜水的流经范围缩小到沿基岩面低洼区流动。

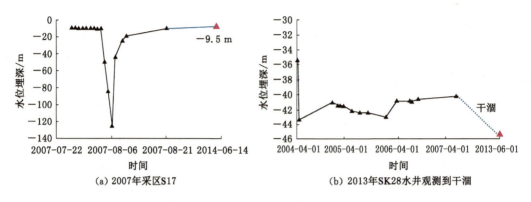

(a) 2007年采区S17　　　　　　　　(b) 2013年SK28水井观测到干涸

图8-4　某矿井厚基岩区与薄基岩区受采动影响的观测井水位埋深变化

2. 土壤水分恢复

煤炭开采沉陷对采空区地表土壤含水率产生强烈的扰动,作为该矿区植被生长的关键影响因素,土壤水分的恢复状况对于半干旱矿区植被系统恢复具有引导性意义。因此,理解沉陷后不同沉陷区位土壤水的自恢复特征对于理解半干旱矿区植被恢复的人工干预方式与程度具有重要的指导意义。为此,于2016年6月21日到2017年9月7日,在大柳塔矿52302工作面沉陷中性区、压缩区、拉伸区表土50 cm深处分别埋设4个土壤含水率传感器,对"三区"开采前后土壤含水率时序变化状况进行监测(图8-5)。

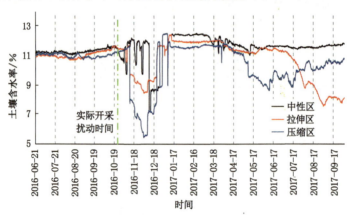

图8-5　开采前后不同沉陷区位土壤水分时序变化

从图8-5可知,受到开采沉陷影响,采后1个月中心区、压缩区、拉伸区土壤含水率开始出现了较为明显的降低,尤其是永久性裂缝大量发育的拉伸区土壤含水率下降最为明显,从采前的11.8%最低降至5.5%;压缩区土壤含水率从采前的11.9%最低降至8.4%;中性区随着临时性裂缝产生与自恢复,土壤含水率呈波动状,在7%～12.1%之间上下波动。采后半年"三区"土壤含水率表现出恢复趋势,但是升高幅度有所差异,其中,中性区土壤含水率基本恢复到了采前水平,拉伸区土壤含水率自然恢复至采前的75.4%左右。上述结果表明,尽管短期内采煤沉陷会导致土壤含水率大幅降低,但从长时序变化来看土壤含水率具有较强的自恢复能力,恢复速度较快。对于中性区,其地表临时性裂缝自动愈合后,采后半年土壤含水率即可恢复至采前水平;如果及时对拉伸区永久性裂缝进行填充治理,将大大提高拉伸区土壤含水率的自恢复能力。当土壤含水率高于8.91%时,植物生长所受到的干旱胁迫将消除,受损植物生长将可以自行恢复。

3. 沉陷区植物种群恢复

物种的重要值(species important value,SIV)是利用植物群落样方调查的植物相对盖度、相对频度、相对密度数据测算的综合数量指标,用来表征植物物种在群落中的相对重要性。研究表明一年生草本植物猪毛菜、狗尾草对开采沉陷相对生态环境的适应性较好,乔木杨树、半灌木、灌木亚洲百里香和柠条、多年生草本糙隐子草随自修复年限增加,物种重要值逐渐减少,有被其他物种取代的可能;多年生草本植物硬质早熟禾、一年生草本植物雾冰藜受开采影响大但恢复较快;半灌木黑沙蒿、多年生草本植物针茅和阿尔泰狗娃花随着自修复年限的增加而逐渐恢复(图8-6)。

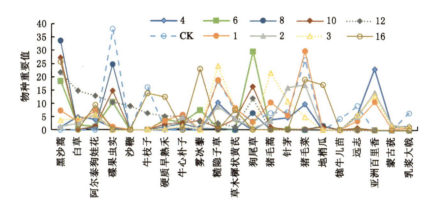

图8-6 沉陷后不同年期物种重要值变化

三、引导型矿山生态修复的基本原理

矿山生态系统即特定矿山区域内生物与环境构成的综合体,是一种受人类活动高强度干扰的受损生态系统。土壤、植被、水文、大气是核心的系统要素,四者通过相互关系耦合在一起,如图8-7所示。矿山生态系统与一般生态系统一样,能提供生态服务功能;在外部扰动下,矿山生态系统内部通过复杂互馈作用,使系统维持在某种特定的稳定状态。这种使得系统保持稳定状态的特性表现为对采矿扰动的抵抗力和恢复力。矿山生态系统抵抗力即系统抵抗开采干扰的能力,或矿山生态系统受开采扰动后保持在平衡点的能力;恢复力是指生态系统遭受外界干扰破坏后,系统恢复到原有状态的能力,是生态系统的一种内在能力。Babak等(2021)提出恢复力可以通过引入Fokker-Planck方程,计算出系统退出任何一个吸引域的平均预期时间,作为其定量评价方法。

Gunderson等(2002)提出恢复力"杯球模型",认为当受到适度调控、合理建设及有效修复等正向驱动时,系统则可从初始吸引域(稳态)转移到较高级吸引域(稳态);而当受到过度扰动、严重污染等负向驱动时,系统则会经过逆行演替由初始吸引域转移到退化吸引域。其概念示意如图8-8所示。具体地,当开采扰动强度在系统的抵抗力和恢复力承受范围内时,系统将维持在原有的稳定状态,充填、源头减损保护性开采的井工矿区可能会出现这种情况。当系统的抵抗力和恢复力较低,不能承受开采的扰动强度时,系统将突破突变点进

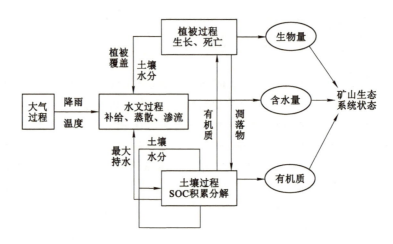

图 8-7　简化的矿山生态系统的动力学架构

入退化吸引域。这种变化的后果是严重的,特别是对生态脆弱矿区,生态退化往往难以逆转。当修复干预时,若系统抵御恢复干预的能力过强或者干预程度不够,则无法突破生态阈值进入较高系统表现的吸引域。这种情况表现出土地复垦和生态修复难度大、不易成功的特点。

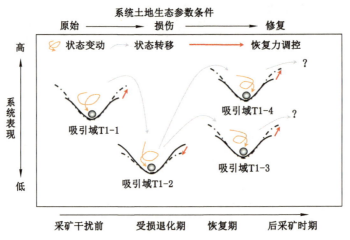

图 8-8　基于"杯球模型"隐喻的矿山生态系统演变过程

因此,引导型矿山生态修复的理论原理就是立足于矿山生态系统固有的恢复能力,通过科学的引导促进矿山生态系统从退化吸引域向初始吸引域或更高级的吸引域转变;其核心任务是掌握采矿扰动与生态恢复机制,明确关键生态阈值和修复标准,科学实施干预措施,带动受损生态系统通过自身的主动反馈不断自发地走向恢复和良性循环。引导型矿山生态修复主要是对关键限制性因子或关键因素进行调控,其总体思路是使采矿扰动/恢复干预后参数值离阈值的函数距离更大,即扰动后参数远离阈值,包括调控干扰、调控特定参数、调控函数关系、调控阈值4种途径。需要说明的是,引导型矿山生态修复并不是一种全新的矿山生态修复模式,它是在系统性修复、NbS 等新的思维和原则下,强调自然恢复与人工修复的有机结合,是对传统人工修复模式的发展升级;其进步主要体现在利用生态系统固有的恢复能力,其修复对象更加明确、人工干预程度更加合理、修复成本有效降低、修复系统自维持能力提升等方面。

引导型矿山生态系统恢复演替的方向、速率、结构和功能主要取决于其受损程度、自身所拥有的自然地理环境条件,以及引导干预的方式和程度。井工开采和露天开采是矿产开发的主要方式,其对生态环境的扰动影响差异明显。因此,两者所采用的引导修复的方式和干预程度也不一样。井工矿山开采扰动影响是由岩层破断向地下水、土壤、植物生境影响的传递过程,具有明显的井上下联动性、空间异质性、局部有限性,而且各生态环境要素呈现较强的自恢复特征。因此,井工矿山生态系统的引导修复可主要依靠其固有的恢复力,辅以适当的人工干预,快速促进其恢复到相对健康的状态。露天矿山由于大规模的岩土剥离堆排,地层、地貌、土壤、植被等关键环境要素都产生了"翻天覆地"的变化。因此,露天矿山引导型生态修复的难度及其所需的人工干预投入将明显大于井工矿区,需要实施近地层重构、地貌重塑、土壤重构、植被重建、水文重建、景观重现与生物多样性恢复等一系列环节。

在矿山土地生态系统的演变过程中,有几种管理者不期望的事件:

(1)系统对采矿扰动没有抵抗能力,系统表现突破突变点进入较低水平的吸引域,系统表现降低。这种变化的后果是严重的,特别是对生态脆弱矿区,生态退化往往难以逆转。

(2)当复垦干预时,系统抵御恢复干预的能力过强,无法突破突变点进入较高系统表现的吸引域。这种事件在矿山退化场地中经常出现,表现出土地复垦和生态修复难度大、不易成功的特点,即自修复能力较弱。

(3)对于土地复垦与生态恢复完成后的系统,系统抵御后采矿时期扰动能力不足,系统表现突破突变点进入较低表现水平的吸引域。

矿山生态系统恢复力是指生态系统在面临采矿扰动或其他变化时,保持其状态的能力。恢复力是一种动力学属性,可以被理解为系统的一种内在能力,这种能力表现为:生态系统在面临扰动时,通过自组织使得系统的平衡解和定性结构不发生改变,从而保持系统的状态、结构和功能。因此,自修复必须是通过一定程度的干预措施,使得系统能够提高自身恢复能力,也就是提高恢复力,使得系统能够抵抗扰动不发生状态转移,且能够尽快通过自组织恢复。无论是自然恢复还是人工修复都各有优缺点,以及使用的前提。自然恢复普遍存在于各种生态修复模式中,即使完全人工重建的生态系统仍然离不开环境要素与生态系统长期的自然变化演替。

当然,完全地采用自然恢复也不是绝对排除人的主观能动性,而是强调人由主宰到辅助的角色转变。因此,只有适度、科学的人工干预引导自然恢复过程才是修复受损矿山生态系统应采取的修复模式。矿山生态系统引导修复模式要求自然恢复与人工干预的结合,其立足于矿山生态系统固有的修复能力,使受损生境通过自身的主动反馈,不断自发地走向恢复和良性循环;人为干预应该重点考虑矿山生态系统的本底环境地质条件、合理的演替方向和修复目标、受损程度及限制条件、可以容忍的演替恢复时间,以及人工干预的成本等。

矿山生态系统引导修复模式应以关键限制性因素及其阈值识别为根本出发点,并以限制因素是否恢复到阈值条件作为矿区植被恢复目标的合理程度判别的基本标准,有效识别影响植被恢复的立地条件中的关键限制因素,并对其进行适度合理的人工干预后,植被便可更加顺畅地进行自然恢复,如图 8-9 所示。

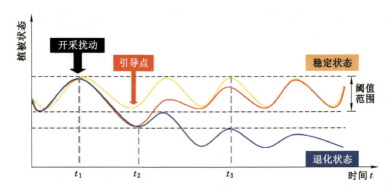

图 8-9   矿山生态系统引导修复过程

第二节   矿山生态系统阈值识别方法

由于生态系统具有高度的异质性，而且采矿带来的干扰也是具有异质性的，并不是所有立地条件的生态系统都需要同等程度的干预措施，也不是所有的生态系统都需要修复到一个统一的状态。合理程度不仅是生态自修复的基本准则，也是基本目标。

一、生态修复目标及其合理程度

实现矿山土地的可持续利用、恢复矿山土地的生产能力已经成为国际上主要矿业国家的发展主旨，然而却不可能形成统一的修复模式与修复目标。现有的矿山生态恢复也并非一定要使受损生态系统的结构和功能恢复到受干扰前的状态。因此，无论是自然恢复、人工修复，还是两者相结合的引导型自然恢复模式，都需要根据受损矿山所处的特定社会、经济、环境复合系统以及人们对采后矿区土地的保护和利用方向，科学制定修复目标，明确修复应达到的合理程度。对于完全人为主导并改变土地利用方式的土地修复的合理程度主要取决于矿区土地修复所能带来的社会、经济与生态综合效益。这些效益评价已有相关的指标体系，但大都取决于矿区土地修复管理者的主观期望值。

本书主要讨论矿山生态系统引导修复目标的合理程度。Bradshaw(1997)指出有效地识别影响极端的土壤条件限制因素，并进行适度合理的人为治理之后，土壤与植被的自然恢复进程会更加顺畅。因此，原有受损土地生态系统一旦完全满足水、肥、气、热等基本需求，矿区生态系统即可进入良好的自修复进程，其难点在于如何把这些影响或阻碍受损生态系统自修复进程的关键限制性因子度量出来。因此，在特定修复目标下，矿山生态系统引导修复模式应以限制性因素及其阈值识别为根本出发点，并以限制因素是否修复到阈值条件作为矿区土地修复目标的合理程度判别的基本标准。取决于不同受损生态系统本底条件，其可能的限制性因素包括地下水位、土壤水、土壤养分、重金属、pH 值、盐分、坡度、温度、多样性、覆盖度等。因此，如何有效识别受损生态系统的关键限制因素及其阈值是矿区生态系统引导修复面临的关键问题之一。

以西部干旱半干旱生态脆弱的神东矿区为例分析生态修复的限制因素。从前面分析可知，土壤水作为该矿区植被生长的关键影响因素，主要受到地下潜水位埋深与降水影响。

如图 8-10 所示,从区域性植被指数与土壤含水率的相互关系来看,生长季土壤含水率 8%是影响该区域植被生长的拐点。当这些限制性条件满足之后,整体气候条件良好稳定的条件下,该区域的植被系统的自然恢复进程将会较顺利地进行。如图 8-11 所示,该矿区的植被与其所在晋陕蒙接壤流域的植被具有非常高的相似性,通过遥感反演该区域多年的生长季平均土壤含水率基本都高于 8%,并呈增加趋势,因此,该矿区总体呈现出受区域降水影响下的植被年周期性变化,也即达到了良好的环境条件,表明近些年该区域植被系统具有了较好的自修复能力。

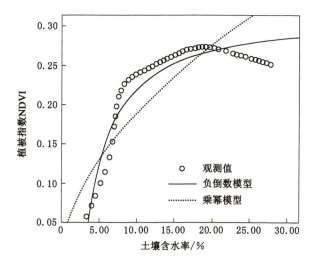

图 8-10 区域植被指数与土壤含水率的关系

图 8-12 所示为大柳塔矿区采用人工种植与自然恢复两种修复模式后植被覆盖度的变化趋势。两种恢复区原有本土物种有油蒿、柠条、胡枝子、杨树、沙柳、沙棘、狗娃花、紫花苜蓿等。人工修复区主要新增的经济物种有文冠果、欧李、油松、长柄扁桃。通过遥感历史反演得到采后恢复区域的土壤含水率都超过了 8%,因此经过 14 年的采后恢复,两种修复区植被覆盖度均表现为先升后平稳的趋势,植被覆盖度几乎达到了 70%以上。尽管人工修复

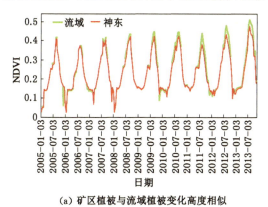

（a）矿区植被与流域植被变化高度相似

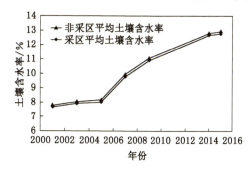

（b）研究区近10年土壤含水率呈增加趋势

图 8-11 矿区植被与流域植被变化高度相似、研究区近 10 年土壤
含水率呈增加趋势、植被 NDVI 与降雨量高度周期性相似

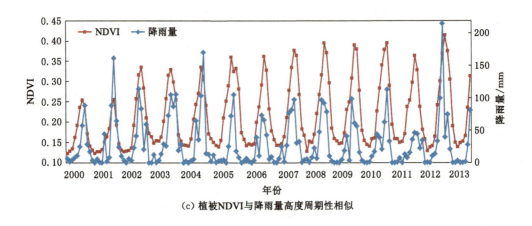

（c）植被NDVI与降雨量高度周期性相似

图 8-11 （续）

模式的植被增加速度与植被覆盖度高于自然恢复区，但两种修复模式下的植被变化总体趋势仍较为相似，而人工修复模式区并不能保证在停止人工干预（如灌溉）后仍能持续保持较高的植被覆盖度。因此，在该半干旱生态脆弱区，作为控制该区域本土植物生长的土壤含水率达到其自然恢复的阈值条件后，无论是人工恢复还是自然恢复都可以达到相似的生态恢复效果。

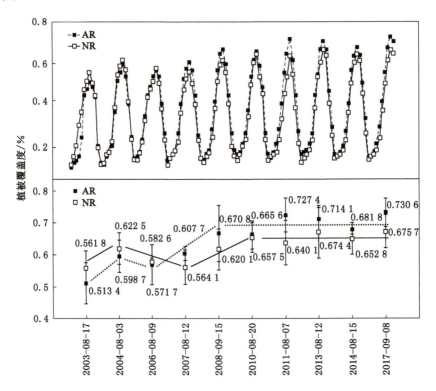

图 8-12　人工恢复区（AR）与自然恢复区（NR）不同年植被覆盖度的变化趋势

二、矿山土地生态系统的阈值效应

阈值为生态系统多稳态之间的一个临界值，穿过这个临界值后，系统状态改变，给状态变量带来突然的较大改变。阈值识别主要有统计分析和模型模拟两种方法。前者基于观测数据，更能体现实际情况。在统计方法中，一方面，可以统计某个变量或参数随时间的变化特性，考察统计指标，如条件异方差、自相关、偏度等，实现对变量突变值的识别。这种方法适用于那些有内源扰动的系统，如水生生态系统。另一方面，可以考察变量对其他变量或者某个参数的响应情况，从而识别变量或者参数的阈值。

对于矿山土地生态系统，主要是考虑采矿及其他外源扰动，因此，讨论变量和参数间的响应情况更有意义。但需要明确的是，阈值是关于系统的某一部分对某一个变量或参数变化的问题。通过单因素的梯度观测、控制实验等方法获取足够样本的数据，一般可以得到一个参数到另一个状态变量的响应曲线。

确定一个感兴趣的状态变量（X）及其参数变量（p），获取在不同水平的 p 下 X 的取值，拟合 p 和 X 之间的函数关系 $X = f(p)$。阈值的响应函数有连续渐变函数（线性或者非线性，无阈值效应）、阶跃变化函数、带时滞的状态变化函数、不可逆变化函数，如图 8-13 所示。

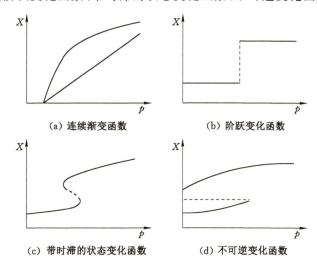

(a) 连续渐变函数　　　　　(b) 阶跃变化函数

(c) 带时滞的状态变化函数　　　(d) 不可逆变化函数

图 8-13　4 种阈值效应

三、基于作用关系的阈值识别方法

确定阈值有如下几个步骤：

第一步，观察响应曲线的形式，确定可能存在的阈值效应形式。

第二步，对响应曲线进行函数拟合，对于非连续的曲线可以采用分段拟合，根据最优的拟合优度 R^2 选取最优拟合函数，整体拟合优度为：

$$R^2 = \frac{\sum (\hat{X}_i - \overline{X}_i)^2}{\sum (X_i - \overline{X}_i)^2} \tag{8-1}$$

式中　X_i——状态变量 X 的第 i 个观测值；

$\hat{X_i}$——估计值；

$\overline{X_i}$——平均值。

R^2选取值越接近 1 越好。

第三步，若穿越阈值前后的状态变量发生较大改变，则考察点 p_0 的左右极限：

$$\lim_{p \to p_0^-} f(p) = f(p_0^-)$$
$$\lim_{p \to p_0^+} f(p) = f(p_0^+) \tag{8-2}$$

若左右极限相等且有且只有一个，则 $X = f(p)$ 为连续函数，不存在参数变化导致状态变量发生较大突变的情况，如图 8-13(a)所示；若左右极限不相等，且 $f(p)$ 在 p_0 的左 $(p_0 - \varepsilon)$、右 $(p_0 + \varepsilon)$ 邻域的多个重复观测值具有显著差异（一般取置信水平 $P = 0.05$），可以视为阈值点，如图 8-13(b)所示的状态变量阶跃变化情况；若左右极限相等且不止一个，则在当前 p_0 处存在可替代的状态，在 p_0 周边具备这一性质的 p 的取值的集合可以视为阈值带，如图 8-13(c)、(d)所示的虚线部分。

此外，除在数学意义上表现出阈值效应的情况，在土地生态管理和评价实践中，通常有人为设定的阈值。如《土地复垦方案编制实务》(2011 版)中指定当坡度大于 25°时，不适宜复垦为耕地，25°即是人为设定的阈值；根据《土壤环境质量 农用地土壤污染风险管控标准（试行）》(GB 15618—2018)，pH 值小于 6.5 的土地二级标准土壤镉元素含量小于等于 0.30 mg/kg，若越过这一人为设定的阈值，则土壤污染状态的等级就发生了变化。

第三节 矿山生态要素耦合关系及阈值

一、地下潜水-植物生活型

植被生长过程中，水资源扮演着举足轻重的角色，而对于生长在半干旱区的植被而言，区域内降水量低，因此地下水位埋深对其生长状态起着至关重要的作用，是控制半干旱矿区地表植被生长状况的又一关键决定因素。

（一）潜水埋深与风积沙区植物类型的关系调查

补连沟属典型风积沙矿区，矿区为相对独立的水文地质单元。补连沟全域常年有水流动，地下水接受大气降水补给，主要为第四系全新统风积层和冲积层潜水含水层。2015 年地下水位略有下降约 8%，但考虑测定时间不同，潜水受大气降雨、季节变化等影响，判定 2014—2015 年跟踪观测期内潜水位稳定。3#~10# 测井均位于 12403—12408 工作面上方，工作面平均采深 157 m，采厚 4.4 m，理论导水裂隙带高度约 67 m，裂缝未沟通第四系含水层与工作面，推断潜水未受到采煤干扰。矿区可采煤层 3 层，未来仍需关注潜水疏排问题，持续对潜水位进行跟踪、加密测定。

地下水位与植物关系研究主要通过野外现场生态监测。垂直于沟壑中心线设置 3 条样线，3 条样线分别位于 12403—12404(2009 年首采)、12405—12406(2011 年首采)、12407—12408(2013 年首采)工作面上方，每条样线布设 7 个样地，每个样地沿等高线均匀布设 5 个样方，总共布设 105 个样方。主要监测的植被指标包括植被类型、多样性、高度、盖度、优势种、生物量等。地下水位观测主要通过地表已有水文观测孔与手工钻孔两种方式测量。

从样方调查结果来看,补连沟区域植被具有明显的空间异质性。该区地表标高在1 218～1 308 m,第四系潜水埋深在0～25 m。垂直于沟壑中心线呈现出湿生—中生—旱生—沙生依次过渡的分带现象(表8-1)。潜水位为0～1.6 m时,沟底湿生植被群落物种20种,优势种为芦苇;潜水位为1.6～3.2 m时,中生植被以柳树、杨树、芨芨草为优势种,物种数约15种;潜水位为3.2～8 m时,旱生植被以柠条、茅草为优势种,物种数约8种;当潜水位大于8 m后,植被生长对地下水的依赖极小,此时沙生植被以沙柳、油蒿为优势种,物种数约5种。此外,不同地质斑块呈现出不同的植被格局,如补连沟南侧冲积沙区域以杨树+柠条+油蒿为主,北侧风积沙区以杨树+沙柳+油蒿为主,弃耕农田以油蒿+艾草群落为主。神东矿区地下水位埋深与植被群落类型的关系如图8-14所示。

表8-1 地下水位与植物多样性的关系

地下水埋深/m	植物种数/种	优势种	植被类型	植物与地下水关系
0～1.6	20	芦苇	湿生植被	依赖
1.6～3.2	约15	柳树、杨树、芨芨草	中生植被	依赖
3.2～8	约8	柠条、茅草	旱生植被	依赖
>8	约5	沙柳、油蒿	沙生植被	不依赖

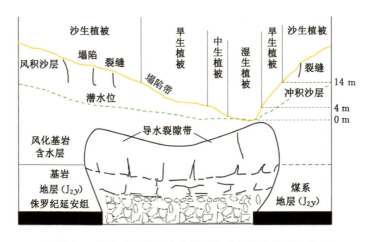

图8-14 神东矿区地下水位埋深与植被群落类型的关系

通过对补连塔风积沙区包气带地质雷达监测解译发现(图8-15),在潜水面上方5～8 m的范围GPR振幅无明显变化,土壤水在此范围与地下水的水力联系微弱。因此风积沙区土壤水若与地下水产生水力联系,潜水埋深至少应小于8 m(风沙区地下水作用临界埋深)。根据植物多样性与地下水位关系以及地质雷达剖面监测得到的土壤水力传导关系,可见风积沙区地下水对植被影响的临界埋深是在8 m范围内。

因此,根据风积沙区煤炭采后地下水位与临界埋深的关系,建立开采后地下水位变化对植被影响的判别准则:① 当采前地下水位小于地下水的临界作用范围或根本就无地下水时,采矿造成的地下水位降低不会对植被产生明显影响;② 采前、采后地下水位都在地下水

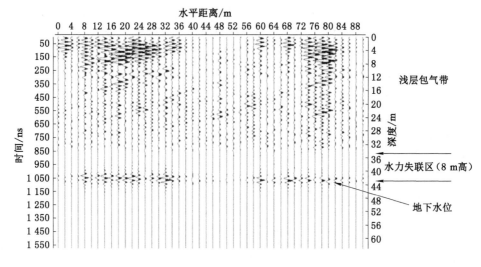

图 8-15　地质雷达测线 M4 剖面信号

的临界埋深之内,但是采后地下水位埋深小于植被根系埋深,或采前初始水位本来就在植物根系深度之外,此时采矿对植被造成的影响程度取决于相对水位的下降幅度;③ 采前初始水位在地下水的临界作用范围之内,采后地下水位则在此范围之外,或采后地下水位埋深大于植物根系的埋深,此时地下水的变化将很可能引起植被的衰退;④ 采前初始水位在植物根系作用范围之内,而采后地下水位则在此作用范围之外,此时的地下水位变化将会引起植被的衰退。

　　受上覆厚基岩影响,采后地下水位无明显变化,因此采矿干扰没有造成植被大规模生态退化,但局部植被破坏不容忽视,未来采矿干扰加强,生态系统仍然有退化风险存在。地表植物多样性及其空间分布与地下水位变化具有密切关系。1.6 m、3.2 m、8 m 分别是湿生、旱生、沙生植被的 3 个阈值,其中 8 m 是风积沙区地下水对植被影响的临界埋深。在该区域后续的煤炭开采过程中应注意地下水位变化范围的保护控制。

　　实际上,植被空间格局的形成受到多方面的原因影响,如气候、土壤、地形、人为因素。植被-环境关系综合分析是解释生态过程、多样性保育的基础。以跟踪监测的 105 个样方数据为基础,采用典范对应分析方法,分析补连沟植被-环境关系,结果如图 8-16 所示。在前两个排序轴中植物与环境的相关性分别为 0.832、0.774。在第一排序轴中,环境因子的影响程度分别为潜水位>土壤钾含量>土壤有机质含量>地形高度;在第二排序轴中,环境因子的影响程度分别为土壤砂粒含量>粉粒含量>黏粒含量。可以看出,研究区植物群落异质性的主要环境影响因子为潜水位和土壤性质。此外,植被的空间分布呈现较强的异质性,并不呈现渐变特征,这与补连沟风积沙区植被格局以零散斑块分布有关,而分布格局又受控于主导环境因子。

　　(二)植被指数(NDVI)对潜水埋深变化的响应

　　干旱半干旱区范围内的植被生长与浅层地下水有着密不可分的联系。为探究地表植被与地下水位埋深的响应规律,这里以 2013—2015 年神东中心矿区 16 个代表性井口(图 8-17)地下水位埋深和植被 NDVI 为数据基础,分析两者之间的关系,确定神东矿区地

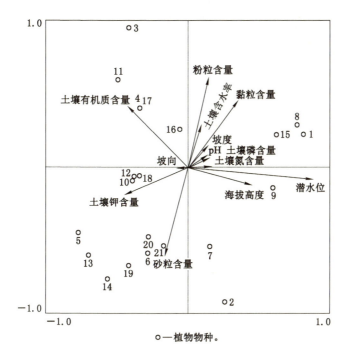

图 8-16 补连沟矿区植被与环境因子的 CCA 排序

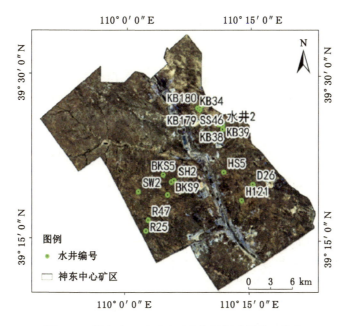

图 8-17 神东中心矿区地下水位埋深观测井口分布

下水位对地表植被影响的阈值。

由于对于特定的水井点其对应的 NDVI 值是其所在像元中心的值,会存在偏差,使得NDVI 与周围值发生很大变化而不具有代表性,因此在数据处理过程中使用缓冲区分析,以水井点为圆心,分别以 50 m、60 m、70 m、80 m、90 m、100 m、120 m、140 m、160 m、180 m 为半径建立缓冲区,对水井点周围的 NDVI 进行缓冲分析,并利用缓冲分析的 NDVI 结果与水井点的水位埋深进行多项式拟合,根据趋势线拟合度 R^2 确定 NDVI 提取的缓冲区范围。在进行多项式拟合时,仅考虑 0~40 m 地下水位埋深与对应缓冲区中 NDVI 的关系,结果见表 8-2。

表 8-2　地下水位埋深与不同缓冲区范围中 NDVI 的拟合关系

缓冲距离/m	拟合度 R^2					
	线性	指数	对数	幂	四次多项式	三次多项式
50	0.059 7	0.047 9	0.272 3	0.196 5	0.508 1	0.296 0
60	0.042 4	0.032 2	0.244 4	0.176 3	0.491 7	0.321 9
70	0.060 5	0.054 2	0.277 1	0.212 8	0.508 5	0.327 2
80	0.047 7	0.042 5	0.245 0	0.185 6	0.464 4	0.307 4
90	0.053 2	0.051 1	0.243 6	0.193 1	0.438 6	0.310 3
100	0.065 1	0.063 2	0.262 0	0.207 4	0.440 2	0.315 4
120	0.047 5	0.048 3	0.218 7	0.179 2	0.393 0	0.297 5
140	0.050 0	0.049 2	0.221 7	0.181 2	0.390 4	0.306 8
160	0.037 4	0.038 7	0.193 0	0.161 6	0.360 5	0.289 6
180	0.024 7	0.027 1	0.149 3	0.141 5	0.334 7	0.280 4

从表 8-2 可知,当缓冲区半径为 70 m 时,四次多项式拟合得到的 R^2 最大,为 0.508 5;当缓冲区半径大于 70 m 时,四次多项式拟合得到的 R^2 依次降低;当缓冲区半径增加到 180 m 时,四次多项式拟合得到的 R^2 为 0.334 7。因此,选择各水井点周围 70 m 的范围作为最佳 NDVI 提取缓冲区,然后利用 ENVI 分区提取研究区植被生长季 6 月、7 月、8 月 70 m 缓冲区范围内的 NDVI 值,对缓冲区的地下水位和 NDVI 值生成散点图,并绘制线性趋势线。由于选择的各个井口地下水位埋深不一且在 0~40 m 区间内,这里分别以 2 m 为一个区间,统计各个区间内地下水位埋深与植被指数 NDVI 线性趋势线拟合度 R^2,根据趋势线拟合度 R^2 探寻地下水位埋深的阈值。

图 8-18 为不同区间段地下水位埋深和地表植被 NDVI 的线性趋势线拟合度 R^2 的变化图。当地下水位为 1 m 时,R^2 值最大,达到 0.498 1。在区间 0~4 m 时,地下水位埋深和地表植被 NDVI 相关性依次降低,在地下水位为 4 m 时,R^2 值达到第一个谷值。通过现场调查发现,地下水位在 0~4 m 范围内对地表根系比较浅的湿生植被分布影响最大,随着地下水位埋深的增加,水位的变化和此类根系较浅的水生植被 NDVI 相关性降低,此时土壤水与地下水之间作用强烈,土壤水饱和与非饱和状态交替频繁,地表湿生植被的生长与地下水的变化密切相关。当地下水埋深在 4~8 m 范围时,这些根系较浅的湿生植被与地下水位埋深之间不再有显著的联系,取而代之的是一些根系较长的旱生植被,随着地下水位埋深的增加,拟合度 R^2 达到第二个谷值。当地下水位埋深在 14 m 时,拟合度 R^2 达到曲线的另一个峰值 0.389 7,此时旱生植被与地下水位埋深相关性达到最高峰,此时地下水和土壤水之间双向联系,两者之间水量交换频繁,地下水仍可以对土壤水进行补给。随着地下水

位进一步变深，地下水位和地表植被两者之间的关系便不再显著，地表植物主要以沙生植被为主，其生长主要依靠的是少量存储在土壤中的大气降水和大气凝结水。

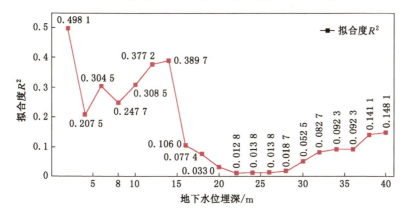

图 8-18　不同地下水位埋深与 NDVI 线性拟合显著度变化趋势

由此可以得到，地下水位影响植被 NDVI 有 3 个重要折点，分别为 4 m、8 m 和 14 m，不同的区段对应着不同种类的植被，而 4 m 和 14 m 是植被类型的分界点。

矿区高强度煤炭开采不仅导致地表沉陷和移动变形，在地表产生大量地裂缝，而且会对半干旱矿区本就十分匮乏的地下水资源造成破坏。煤炭井工开采对地下水的扰动过程大致可分为 3 个阶段：① 在采前准备阶段，地下水受疏排水措施影响，地下水位将会持续显著降低；② 在煤炭开采阶段，地下水在疏排水措施、上覆岩层结构改变以及导水裂隙的发育共同作用下，向采空区渗漏，地下水位进一步降低；③ 在采后的恢复阶段，由于受邻近区域地下水补给，地下水位将会升高，但是恢复过程可能会十分缓慢，此时地下水位的变化与所处基岩厚度、基岩面高度以及导水裂隙带发育高度有关。为此，对 2013—2015 年神东中心矿区观测井 BKS9、HS5 和 KB184 地下水位进行采前、采中、采后时序动态监测，并计算各观测井周围 70 m 缓冲区响应时间段的 NDVI，进一步分析植被 NDVI 对地下水位埋深恢复的响应。

地下水位埋深的变化直接影响地表植被的生长发育，与半干旱区植被的自然恢复有着十分密切的关系。根据地下水位与 NDVI 阈值分析结果，当地下水位大于 14 m 时与地表植被 NDVI 之间的关系不再显著，因此，这里仅对地下水位在 0～14 m 区间的地表观测井周围 70 m 缓冲区植被 NDVI 随地下水位的时序变化情况进行统计分析，其中以 2013—2015 年神东中心矿区各月份植被 NDVI 作为基准线 NDVI（图 8-19）。对 BKS9 而言，随着煤炭开始开采到采煤结束，地下水位埋深从 0.98 m 最大降低至 3.98 m，采后 2 个月地下水位埋深便快速自行恢复至采前水平，直至监测结束水位都比较稳定。其间 NDVI 并没有随着地下水位埋深的降低而较大幅度地降低，反而在地下水位得以恢复一年后 NDVI 明显降低，说明 NDVI 对地下水位埋深的响应具有滞后性，在地下水位降低至最大值一年后 NDVI 才呈现出明显的降低，类似的规律在 HS5 和 KB184 观测井 NDVI 随地下水位的变化上也有体现。

通过对比不同地下水位埋深观测井的 NDVI 时序变化可知，0～4 m 区间内，地下水位埋深降低后植被 NDVI 降低幅度最大，10～16 m 区间内植被 NDVI 随地下水位埋深降低而降低幅度最小，这与不同区间地表植被群落组成对潜水的依赖程度有关，也间接证明了得

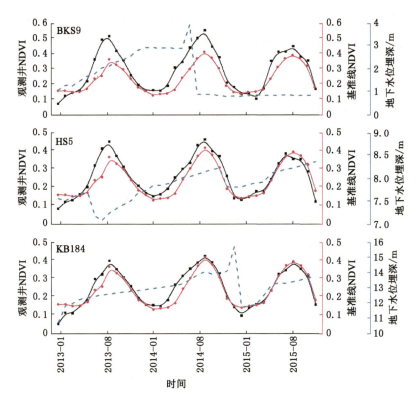

图 8-19　2013—2015 年采后观测井、基准线 NDVI 值以及地下水位埋深变化曲线

到的地下水位埋深阈值的合理性。对于地下水位埋深在 4 m 以内的区域,植被恢复引导主要以降低植被对潜水的依赖为主,如种植抗旱性较强的本底植物、改善植被空间结构等,但是这种工程类尝试还比较少,其可行性还有待进一步研究论证。此外,对采矿引起地下水位变化导致的植被影响评价,必须综合考虑地下水的采前埋深和采后埋深,加强对矿区地下水资源分布的探测,这有利于客观评价、预测采矿对地下水的影响范围与程度,有计划地优先开采无、少地下水的区域,延缓对地下水的破坏。另外,加强对采空区积水的循环利用,避免水资源浪费。

二、土壤含水率-叶片光化学效率

根据采煤沉陷对植物个体损伤的传递过程分析得到,影响采煤沉陷区杨树、柠条、油蒿叶片叶绿素荧光与光合作用参数的关键土壤环境因子为土壤水分含量(SWC)。为进一步揭示半干旱区采煤沉陷对典型植物个体损伤机理,还需对影响矿区植物生长的 SWC 阈值进行分析。为了得到影响矿区植物生长土壤含水率阈值,依据叶绿素荧光诱导曲线诊断植被损伤的基本原理,即:植物在健康生理状态下,叶片最大光合作用效率 F_V/F_M 的变化范围为 0.80～0.85,当 $F_V/F_M < 0.80$ 时,意味着植物受到了胁迫。对前期试验获取的土壤含水率与所对应的不同土壤含水率下的 3 种植物 F_V/F_M 进行分段拟合,结果见图 8-20。

从土壤含水率与 F_V/F_M 关系拟合图可见:当土壤含水率高于 9% 时,F_V/F_M 随着土壤含水率的增加呈缓慢升高趋势,总体在 0.8 到 0.85 之间;当土壤含水率低于 9% 时,F_V/F_M 随

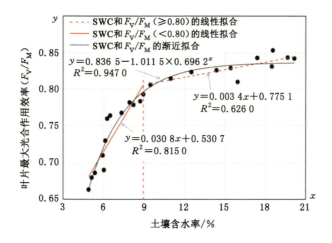

图 8-20　土壤含水率与 F_V/F_M 关系拟合

着土壤含水率的降低急剧降低。基于此,分别对小于 9% 和大于 9% 土壤含水率与 F_V/F_M 关系进行拟合,得到拟合方程分别为:

$$F_V/F_M = \begin{cases} 0.030\ 8SWC + 0.530\ 7, R^2 = 0.815\ 0, x < 9\% \\ 0.003\ 4SWC + 0.775\ 1, R^2 = 0.626\ 0, x > 9\% \end{cases} \quad (8\text{-}3)$$

联立方程组求得土壤含水率为 8.91%,即认为该点为矿区植物生长开始受到胁迫的土壤含水率阈值。当 $F_V/F_M = 0$ 时,得到 SWC = −17.23%,显然 SWC 不可能低于 0%,因此,植物死亡的土壤含水率阈值并不能通过公式(8-3)求得。为了获取植物死亡的土壤含水率阈值,通过室内控制试验,测定不同土壤含水率植物叶片的叶绿素荧光诱导曲线,认为当饱和脉冲打开后得到的每一个叶绿素荧光峰值均与打开饱和脉冲之前记录的荧光值相等时,植物叶片光合机构已经失活,此时的 SWC 即为植物死亡的土壤含水率阈值。

通过对土壤含水率为 8.64%、8.21%、7.52%、6.72%、6.49% 和 4.89% 的植物叶片叶绿素荧光诱导曲线监测得到:随着土壤含水率的降低,F_V/F_M 依次降低,当土壤含水率为 4.89% 时,F_V/F_M 仅为 0.010,此时植物叶片光合机构基本失活,叶绿素荧光诱导曲线变为一条近似直线。通过对上述 SWC 梯度下 F_V/F_M 值进行拟合,结果如图 8-21 所示。

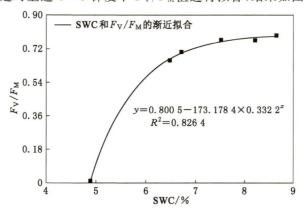

图 8-21　土壤含水率与 F_V/F_M 的关系

得到拟合方程为：

$$F_V/F_M = 0.800\,5 - 173.178\,4 \times 0.332\,2^{SWC}\ (R^2 = 0.826\,4) \tag{8-4}$$

当 $F_V/F_M = 0$ 时，计算得到 SWC=4.87%，由此可以认为：4.87% 即为植物萎蔫的土壤含水率阈值。

三、植物根系-叶片光化学效率

（一）不同损伤程度下柠条和油蒿叶片单位受光面积热耗散 DIo/CS 变化

不同损伤程度下柠条和油蒿叶绿素荧光参数 F_V/F_M 变化如图 6-14 所示。DIo/CS 表示的是单位受光面积热耗散，反映了植物叶片光能利用情况。植物出于自身保护，会将多余未利用的光能以热耗散的形式散发出来，因此通过对该指标的监测可以知道植物光合组织受胁迫情况。图 8-22 为不同根系损伤量柠条和油蒿叶片热耗散变化，通过连续监测发现，随着根系损伤量增加，两种植物叶片单位受光面积热耗散（DIo/CS）变化也越来越明显。其中柠条在根系保有量为 12% 时，DIo/CS 变化最为明显，且在第 4 天后出现死亡；根系保有量为 30% 和 50% 时，DIo/CS 呈增加趋势，其中 50% 根系保有量柠条增加缓慢；95% 根系保有量 DIo/CS 变化幅度较小，且与对照柠条（100% 根系保有量）差异不明显。而油蒿则与柠条有相似的变化趋势，其中 20% 根系保有量油蒿在第 5 天后出现死亡，50% 和 67% 根系保有量油蒿 DIo/CS 分别在第 2 天和第 3 天开始出现上升，而 85% 根系保有量油蒿 DIo/CS 则变化幅度较小，与对照油蒿（100% 根系保有量）差异不明显。

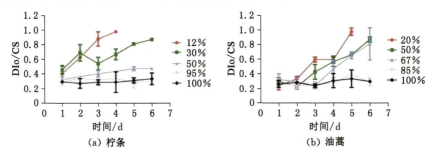

图 8-22　柠条和油蒿不同根系保有量 DIo/CS 变化

（二）不同根系损伤程度下光合作用参数变化

图 8-23 为柠条和油蒿在根系损伤后第 6 天的叶片净光合作用速率。由图可知，随着根系损伤程度增加（根系保有量减少），植物叶片净光合作用速率也随之降低，其中：柠条在根系保有量为 12% 时，植物已经死亡；根系保有量为 30% 时，净光合作用速率为负值，即呼吸作用大于光合作用；根系保有量为 50% 时净光合作用较低；根系保有量为 95% 和 100% 时净光合作用速率差别较小，说明少量的根系损伤对柠条影响不明显。而油蒿在根系保有量为 20% 时出现死亡；根系保有量为 50% 时，净光合作用速率为负值，接近于零，表明此时油蒿呼吸作用与光合作用相当；根系保有量为 67%、85% 和 100% 之间时，油蒿净光合作用速率差别明显，表明油蒿对根系损伤反应较灵敏。

图 8-24 和图 8-25 分别为不同根系损伤量下柠条和油蒿气孔导度和气孔限制值的变化，其中气孔限制值 LS=$(C_a - C_i)/C_a$，其中 C_a 为空气 CO_2 浓度，C_i 为胞间 CO_2 浓度，LS 在

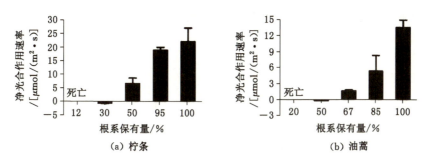

图 8-23　柠条和油蒿不同根系保有量净光合作用速率变化

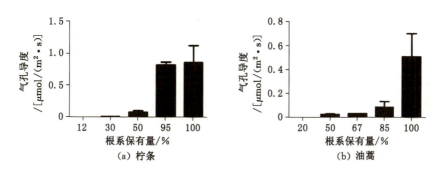

图 8-24　柠条和油蒿不同根系保有量气孔导度变化

一定程度上反映了植物光合作用降低受气孔因素或非气孔因素影响大小。由图 8-24 可知，随着根系损伤量增加，气孔导度降低，这主要是由于根系损伤造成植物供水量减少，叶片气孔受此影响导度降低；而由图 8-25 可知，气孔限制值与根系损伤量之间关系不明显，其中柠条 100% 根系保有量时的气孔限制值较 95% 根系保有量的小，而 30% 根系保有量时的气孔限制值则较 50% 的低，油蒿也出现同样现象，这说明根系损伤量较小时，光合作用速率降低主要受气孔因素限制，而根系损伤量较大时光合作用速率则受非气孔因素限制。

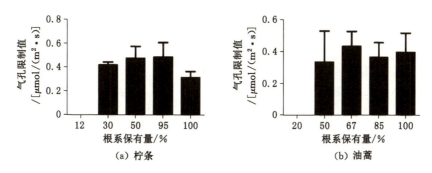

图 8-25　柠条和油蒿不同根系保有量气孔限制值变化

四、植被覆盖变化趋势

（一）不同立地条件下不同植被覆盖度变化趋势空间分布

根据 12 种立地条件分别建立掩膜，然后对大柳塔矿区不同植被覆盖度的时序变化趋势进行掩膜提取,得到 12 种立地条件下不同植被覆盖度的时序变化趋势空间分布图(图 8-26)。

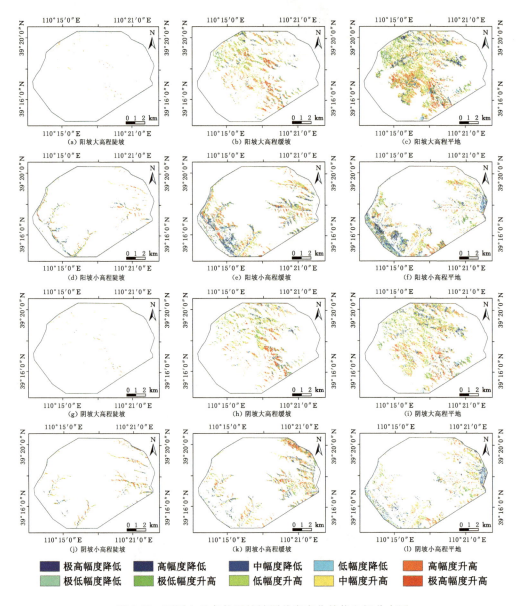

图 8-26　不同立地条件下植被覆盖度变化趋势空间分布图

（二）不同立地条件和不同植被覆盖度变化趋势下植物物种组成及覆盖度

根据图 8-26 提取结果,分别建立不同植被覆盖度变化趋势区掩膜,对典型植物物种组成及覆盖度进行掩膜提取,即可得到不同立地条件和不同植被覆盖度变化趋势下植物物种组成状况,如图 8-27 所示。由于山杏、油松属于研究区外来物种,其能否适应恶劣气候与生长条件以及是否会冲击本土植被种群尚不明确,植物物种组成仅统计研究区本地物种。

从图 8-27 可以发现,不同立地条件和不同植被覆盖度变化趋势下植物物种组成差异较

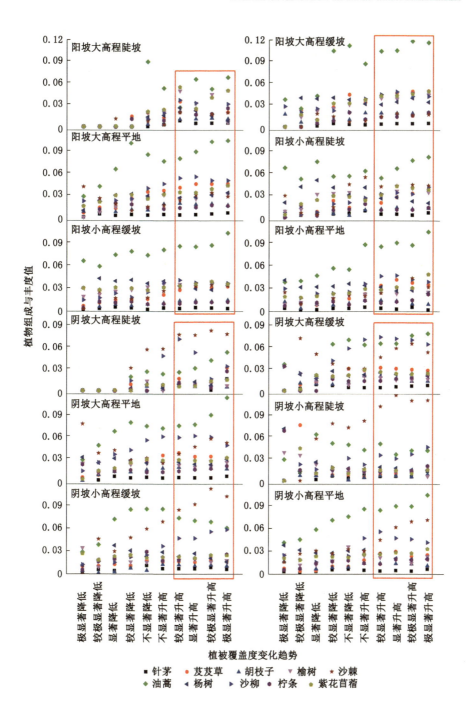

图 8-27 不同立地条件和不同植被覆盖度变化趋势下植物物种组成

大。如:从植被覆盖度极显著降低区到升高区,灌木类植物油蒿、沙棘、沙柳、柠条等平均覆盖度值呈升高趋势,乔木类植物杨树平均覆盖度值呈降低趋势。不同立地条件植物物种组成差异导致植被覆盖度变化趋势不同,假设在相同立地条件和相同植物物种组成情况下植被覆盖度变化趋势一致,这就为矿区受损植被的恢复提供了参考依据,即:当土壤水分状况一致时,针对 12 种立地条件,按照植被覆盖度升高区植物物种组成对植被覆盖度降低区进行植物配置,即可实现矿区受损植被的恢复重建。

以各植被覆盖度升高区(较显著升高、显著升高、较极显著升高和极显著升高)各植物平均覆盖度值为基准,分别计算各立地条件下不同植被覆盖度降低区植物组成覆盖度值与基准值的差异(不同植被覆盖度降低区植物组成覆盖度值减去基准值),计算结果见图 8-28。差异值为负表示该植物物种在该立地条件下低于基准值,在对立地条件下进行植被恢复重建时,需以该差异值为基准增加该植物的覆盖度值。不同立地条件和植被覆盖度变化趋势下各植物物种覆盖度值与基准值差异不同。对于阳坡大高程陡坡、植被覆盖度极显著降低区,由于该区上述 10 种植被覆盖度均接近于 0,因此,该区进行植被恢复重建时,需按照所计算的基准值种植上述 10 种植物;对于阳坡小高程平地,不同植被覆盖度变化趋

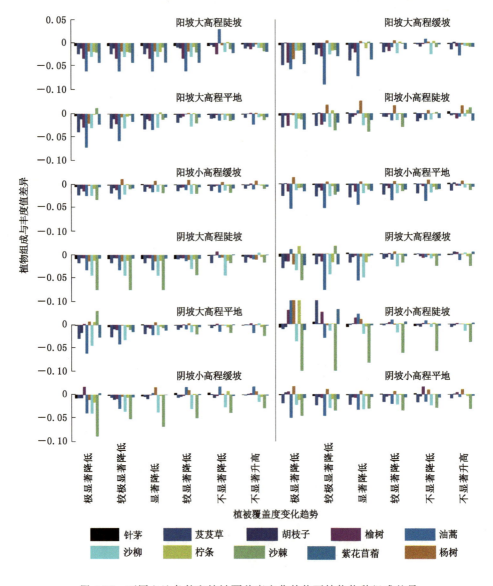

图 8-28 不同立地条件和植被覆盖度变化趋势下植物物种组成差异

势区,杨树覆盖度值与基准值的差异值均大于 0,说明该区进行植被恢复重建时不需要种植杨树。其他立地条件和植被覆盖度变化趋势下植被恢复重建所需种植的植物物种及覆盖度以此类推。此外,综合对比不同立地条件和植被覆盖度变化趋势下植物物种组成差异值可发现,草本植物芨芨草、针茅、紫花苜蓿以及灌木类植物胡枝子、沙柳、油蒿、沙棘等的覆盖度值与基准值的差异值总体小于 0,而乔木类杨树的覆盖度值与基准值的差异值大于 0或者约等于 0,因此,各立地条件和植被覆盖度变化趋势区植被恢复重建需要重点种植草本和灌木类植物。

为得到不同立地条件下植被恢复重建覆盖度阈值,对植被覆盖度变化趋势为升高区(较显著升高、显著升高、较极显著升高和极显著升高)各植物平均覆盖度值进行求和(表 8-3),得到阳坡大高程陡坡、阳坡大高程缓坡、阳坡大高程平地、阳坡小高程陡坡、阳坡小高程缓坡、阳坡小高程平地、阴坡大高程陡坡、阴坡大高程缓坡、阴坡大高程平地、阴坡小高程陡坡、阴坡小高程缓坡、阴坡小高程平地植被恢复重建覆盖度阈值分别为 36.60%、43.31%、45.30%、37.57%、39.89%、40.25%、37.73%、40.81%、41.70%、38.52%、42.02% 和 41.57%,其中陡坡植被恢复重建覆盖度阈值小于缓坡、平地。不同坡度下由土壤水分、氮素和磷素含量的高低共同组成的土壤环境条件决定了地表最适的植被覆盖度阈值。土壤水分是半干旱区植物生长最重要的限制因素。贾海坤等分别对我国半干旱地区0°~40°坡度与土壤水分的关系进行监测与模拟后发现,当地表植被覆盖度、坡向以及高程一致时,土壤含水率随坡度增加递减。坡度对坡面侵蚀泥沙量有重要影响,在相同的降雨强度下坡度越大,坡面侵蚀量越大,随着产流时间的延长,侵蚀表层土壤中氮素和磷素也会随之流失。因此,陡坡相对较差的土壤条件是植被覆盖度阈值小于缓坡、平地的主要原因。有研究指出由于植被生长环境条件的差异性,适宜覆盖度应该是在一定范围内变化,并以某一理想值为中心变化。本研究得到不同立地条件下植被恢复重建覆盖度阈值为36.60%~45.30%,整体在 40% 左右上下波动。

表 8-3　不同立地条件下植被恢复重建覆盖度阈值与植物配置比例

立地条件	覆盖度值/%			总覆盖度值/%	配置比例
	草本	灌木	乔木		草本∶灌木∶乔木
阳坡大高程陡坡	10.00	19.60	7.00	36.60	1.4∶2.8∶1
阳坡大高程缓坡	11.88	22.05	9.38	43.31	1.3∶2.4∶1
阳坡大高程平地	10.91	26.84	7.55	45.30	1.4∶3.6∶1
阳坡小高程陡坡	9.49	20.43	7.65	37.57	1.2∶2.7∶1
阳坡小高程缓坡	9.21	22.44	8.24	39.89	1.1∶2.7∶1
阳坡小高程平地	9.93	23.20	7.12	40.25	1.4∶3.3∶1
阴坡大高程陡坡	8.83	24.17	4.73	37.73	1.9∶5.1∶1
阴坡大高程缓坡	8.29	26.94	5.58	40.81	1.5∶4.8∶1
阴坡大高程平地	9.00	26.35	6.35	41.70	1.4∶4.1∶1

表 8-3(续)

| 立地条件 | 覆盖度值/% | | | 总覆盖度值/% | 配置比例 |
	草本	灌木	乔木		草本：灌木：乔木
阴坡小高程陡坡	6.09	28.06	4.37	38.52	1.4：6.4：1
阴坡小高程缓坡	7.19	29.04	5.79	42.02	1.2：5.0：1
阴坡小高程平地	8.50	27.09	5.98	41.57	1.4：4.5：1

实现半干旱矿区植被恢复,不仅要考虑恢复区植被覆盖度适宜阈值,同时乔木、灌木、草本植物配置比例也对植被恢复效果有重要影响,仅以不同立地条件下各植被覆盖度升高区(较显著升高、显著升高、较极显著升高和极显著升高)中各植物物种平均覆盖度值之比作为乔木、灌木、草本植物配置比例,结果见表 8-3。由于本研究在第五章矿区典型植物物种覆盖度提取时,乔木物种主要包括杨树、榆树,灌木物种主要为柠条、油蒿、沙柳、沙棘、胡枝子等,草本植物主要为芨芨草、针茅、紫花苜蓿,因此得到的乔木、灌木、草本植物配置比例仅基于上述不同类型植被覆盖度值相比得到。其中阳坡大高程陡坡、阳坡大高程缓坡、阳坡大高程平地草本植物、灌木、乔木配置比例分别为 1.4：2.8：1、1.3：2.4：1、1.4：3.6：1;阳坡小高程陡坡、阳坡小高程缓坡、阳坡小高程平地草本植物、灌木、乔木配置比例分别为 1.2：2.7：1、1.1：2.7：1、1.4：3.3：1;阴坡大高程陡坡、阴坡大高程缓坡、阴坡大高程平地草本植物、灌木、乔木配置比例分别为 1.9：5.1：1、1.5：4.8：1、1.4：4.1：1;阴坡小高程陡坡、阴坡小高程缓坡、阴坡小高程平地草本植物、灌木、乔木配置比例分别为 1.4：6.4：1、1.2：5.0：1、1.4：4.5：1。需要指出的是,随着地表土壤及植被状况的变化,不同立地条件下地表最适的植被覆盖度阈值以及植物配置比例也应该是动态变化的。当植被恢复与重建后,土壤环境状况得到改善,地表最适的植被覆盖度阈值可能会升高;当植被生长环境遭到进一步破坏时,地表最适的植被覆盖度阈值可能会降低,对应植物配置比例也随之发生改变。

五、矿山生态系统阈值体系

本节针对半干旱矿区土地退化影响因素多、归因难等问题,研发了矿区土地退化成因识别技术,基于岩层移动—地表沉陷—生境扰动—植被损伤—生态影响 4 大关联过程追踪土地退化的成因及其空间位置,利用因素分解模型识别各项成因的相对作用;针对半干旱矿区退化土地退化程度和合理修复程度判别难题,研发了基于阶跃函数和极限分析的阈值探测技术,发现地下潜水位、土壤含水率、植物生活型、植被覆盖度、根系损伤量、工作面采宽、坡度 7 个关键参数表现为非线性收敛和阶跃阈值:工作面采宽达到 1.2~1.4 倍采深后地裂缝密度和导水裂隙带高度趋于稳定,湿生、旱生和沙生植被的潜水位阈值分别是 4 m、8 m、14 m,植物生长胁迫和死亡的生长季土壤含水率分别是 8.91% 和 4.87%,关键建群种植物枯萎的根系损伤量阈值是30%,植被覆盖度显著降低失稳的阈值是 36.60%~45.30%,坡面土壤侵蚀模数显著增加的植被覆盖度阈值是 35%~45%;提出了不同阈值效应的调控策略,首次建立了适用于晋陕蒙接壤区的半干旱矿区煤矿土地退化阈值体系(表 8-4),实现了土地退化程度诊断从"单因素或多因素相对评价"到"以关键阈值为基准的定量判定"的突破,为土地退化程度的识别、生态保护目标和修复合理程度的判定提供了定量方法和控制准则。研究成果为神东、准格尔等煤炭基地设定矿区生态保护和修复标准、制定矿山开发与生态修复规划提供了科学依据。

表 8-4　半干旱地区大型煤矿生态阈值体系

过程	土地退化参数		关系数量	关系类型	阈值	阈值效应及其调控
岩层移动—沉陷变形	采高、采宽、开采速度、日开采体积	最大水平变形、附加坡度、拉伸区占比、下沉系数	16	线性	无	无明显阈值效应，可通过适度控制敏感参数变量，显著降低土地退化程度
	采高	地裂缝发育宽度	1	指数递增	无	
	地裂缝宽度、采高、开采速度	地裂缝深度、密度、超前距、滞后距	4	线性	无	
	采宽	地裂缝密度	1	非线性收敛	工作面采宽达到1.2~1.4倍采深后稳定	参数低于阈值时，可通过适度控制来显著降低土地退化程度；超过阈值后，提高采宽，土地退化程度稳定
	采宽	导水裂隙带高度	1	非线性收敛		
沉陷变形—生境扰动	地裂缝总长度	沟道总长度、水土流失量	2	线性递增	无	无明显阈值效应，可通过适度控制敏感参数变量，显著降低土地退化程度
	地裂缝总长度	坡面总长度	1	线性递减	无	
	采高、采宽、开采速度、日开采体积、深厚比	坡度、坡长	10	非线性	无	
生境扰动—植被损伤	潜水位	植物生活型	1	阶跃	湿生、旱生和沙生植被的潜水位阈值是4 m、8 m、14 m	可通过采矿源头减损、采后修复来避免负向突破阈值导致植物群落不可逆退化，或引导退化区正向突破阈值实现土地生态系统良性发展
	土壤含水率	叶片光化学效率	1	非线性收敛	植物生长胁迫和萎蔫的生长季土壤含水率分别是8.91%和4.87%	
	根系损伤量	叶片光化学效率	1	阶跃	关键建群种植物枯萎的根系损伤量阈值是30%	
植被损伤—生态影响	植被覆盖度	植被变化速率	1	阶跃	植被覆盖度显著降低失稳的阈值是36.60%~45.30%	
	植被覆盖度	土壤侵蚀模数	1	非线性收敛	坡面土壤侵蚀模数显著增加的植被覆盖度阈值是35%~45%	

第四节　引导型矿山生态修复技术框架

矿山生态系统引导修复模式立足于生态系统恢复力,通过问题诊断、目标识别和系统修复,揭示采矿扰动与生态恢复机制,探明关键生态阈值,科学实施干预措施,促进受损生态系统恢复到自维持状态。在不同的自然区域、开采方式、修复方向、生态问题、修复目标下,引导型矿山生态修复的内容、引导修复的程度、技术措施等都是不一样的;其共性的技术环节包括矿山生态问题调查诊断、引导修复方向设定、引导修复的关键对象或部位的确定、引导修复的合理程度或生态阈值(修复标准)的识别以及引导修复技术措施等。各技术环节涉及的主要内容如图 8-29 所示。

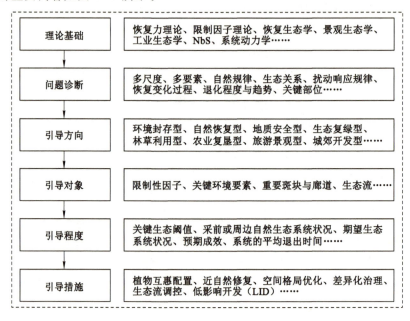

图 8-29　引导型矿山生态修复技术框架

一、生态问题诊断

生态问题调查诊断是矿山生态修复的必要环节,决定了引导型生态修复后续各个环节的科学性。传统矿山生态问题调查易出现为调查而调查的情况,突出表现在调查评估结果对修复工程设计、修复技术筛选和修复标准确立等环节的指导价值低。引导型修复需要依托调查、遥感、测试、统计等多种调查分析手段,诊断影响或阻碍受损生态系统自然恢复进程的关键限制性因子,发现矿山生态环境自然规律、扰动响应规律、生态变化过程、生态要素间相互关系及生态系统或环境要素的生态阈值等深层知识信息,以支撑矿山生态系统引导修复。简而言之,就是要在常规调查监测评价基础之上,进一步识别矿山生态关系、过程、规律等知识信息,为引导修复方向、标准和方案的制定提供科学参考。

二、引导修复方向

我国矿山数量多、分布广,自然、社会、经济条件等存在地域分异特征和一定程度的区域聚集性。因此,不同区域不同类型矿区生态修复方向应该是差异化的。例如,矿区植被恢复并非一定要使受损生态系统的结构和功能恢复到受干扰前的状态。应依据矿山生态系统所处区域的主导生态功能、自然恢复力和社会经济条件等生态修复条件,科学制定恢复目标,划分多个生态修复与环境治理方向,主要包括环境封存型、自然恢复型、地质安全保障型、生态复绿型、林草利用型、农业复垦型、旅游景观型、城郊开发型等。例如:对于社会经济条件较差,自然恢复力较弱的矿区,可以将生态复绿作为修复方向,即在消除地质灾害隐患之后,实施土地复垦和生态修复,恢复水土保持、防风固沙等重要生态系统功能,维持生态安全;为加强矿产资源与土地资源协同开发,实现土地资源可持续利用与经济效益提升,可以加大人工干预,以林草利用或农业复垦为修复方向。不同生态修复方向所需的人工干预的程度是不一样的。当然,这些修复类型方向,只是主导修复类型方向,并不具有明显的排他性,例如徐州矿区的采煤塌陷地就是农业复垦、旅游景观、城郊开发等修复类型的组合。不论哪种修复类型,都需要遵循保护优先、源头过程减损,生态保护与修复并举、自然恢复和人工修复并重,着力提高生态系统自维持能力等基本原则。

三、引导修复对象

引导型矿山生态修复的对象重点包括障碍性或限制性因子、关键环境要素、重要景观斑块与廊道、生态流等方面。矿产开采形成的障碍性因子(如污染物、地裂缝等)或限制性因子(如潜水位、土壤水、坡度等)是采后生态系统受到的主要生态胁迫。Bradshaw(2000)指出生态恢复过程中有效识别影响生态恢复中的关键限制性因子,并对其进行适度合理的人工干预后,自然恢复便可更加顺畅地进行。因此,消除障碍性因子和调控限制性因子也是人工引导修复的关键任务,主要可通过生态环境整治、理化性质改良、生物学修复、系统综合管理等措施为生态系统的自然恢复提供更优的基础条件。图8-30是生态系统在多个不同状态下突破障碍限制因子实现稳态转移的示意图。在生态系统严重破坏区域[图8-30(a)],必须人工强干预,消除非生物等障碍性因子,然后通过改善动植物群落等生物限制性因子[图8-30(b)],促进系统突破生物限制性因子阈值,从而实现生态系统自然恢复和自维持,达到完好状态[图8-30(c)]。例如,采煤引起的沉陷对地表植被扰动的影响并不全是负面的,因此,在矿山植被修复重建时,在明确植被生长扰动源分析的基础上,人为干预引导应该重点考虑矿区受损植被恢复状况较差的地区,有针对性地对影响植被退化的限制性因子进行识别,然后对识别出的退化区域植被进行引导修复。

引导型生态修复对象还应包括关键环境要素、重要景观斑块与廊道、生态流等方面。生态系统的临界转变往往伴随着生态系统空间自组织格局的变化。景观是由相互作用的多个生态系统组成的异质性地理单元。通过修复、创建或重组等手段调整斑块、廊道、生态网络等关键景观组分,有助于景观内各生态系统单元之间的关系调控,改善受损生态系统功能,也有利于规避生态系统临界点的到来,以维持其系统的稳定性。

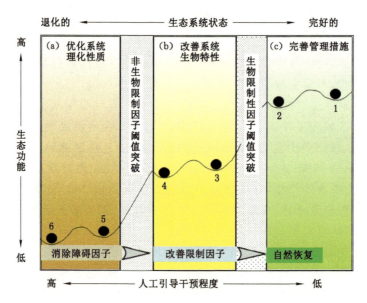

图 8-30　引导系统突破限制性因子实现稳态转移示意图(Bradshaw,2000)

四、引导修复合理程度

确定人工干预的合理程度是引导型生态修复的关键问题之一。在矿区周边未扰动的自然生态系统中,可选定相似合理的参照生态系统作为矿山生态系统人工干预合理程度的判定方式之一。然而,由于矿山生态系统并不一定要修复到采矿前或与周边自然生态系统相同,而且自然生态系统是长期演替形成的,而自然恢复与人工干预相结合的矿山生态修复往往需要一个较长的自恢复、自适应过程,也就是说前期人工引导修复到合理程度后停止人工干预,转为生态系统依靠其自然恢复能力,并经过较长的时期才能达到周边参照生态系统的状态,而不是一蹴而就。因此,选择参照生态系统需要注意其代表性与可行性。

特定区域的生态单元以及生态要素之间往往存在固有的关系、过程。因此,也可以利用周边自然生态系统主要的生态关系来判断引导修复的合理程度。20 世纪 70 年代,Robert 指出生态系统的特性、功能等具有多个稳态,稳态之间存在生态阈值。生态阈值具有阈值点和阈值带两种类型。生态阈值为生态系统多稳态之间的一个临界值,穿过这个临界值后,系统状态变量发生突然的较大改变。因此,生态阈值可以作为人工干预合理程度的判别标准。生态阈值识别,首先需要通过梯度观测、控制实验、模型模拟等方法获取足够的基础数据,来反映生态系统状态变量和控制参数的变动情况,然后通过统计方法考察生态系统状态变量和控制参数的统计学特征和相互关系,从而识别生态阈值。一方面,可以统计生态系统状态变量或控制变量随时间的变化特性,考察统计学指标,如均值、方差、标准偏差、条件异方差、自相关、偏度的异常变化,实现对状态变量或控制变量阈值的识别;另一方面,可以构建生态系统状态变量对控制参数的响应函数,响应函数一般有连续渐变函数、阶跃变化函数、带时滞的状态变化函数、不可逆变化函数 4 种类型,通过分析响应函数的极限、收敛、拐点特征,进而识别生态系统控制参数的阈值。

矿山生态系统的状态变量通常是人们较为关心的生态系统结构、功能、服务等表现指标,如植被覆盖度、水土保持量、生物量、生产力等,控制参数为各类采矿干扰的程度和生态系统基础条件,如采高、采厚、导水裂隙带高度、土壤含水率、潜水埋深、表土层厚度、土壤有机质含量等。矿山生态系统阈值的识别可基于生态调查感知,按照观测、响应函数建立、阈值判别、效应分析 4 个步骤。例如,通过野外梯度观测,可构建半干旱矿区土壤含水率(SWC)和反映植物生理状况的叶片最大光化学效率(F_V/F_M)两者间的关系响应函数(图 8-20),通过分析响应函数,发现存在明显的拐点,即当土壤含水率低于 8.91% 时,F_V/F_M 随着土壤含水率的降低急剧降低,受到胁迫影响。因此,可以得到植物生长开始受到胁迫的土壤含水率阈值为 8.91%。因此,矿区土壤含水率 8.91% 这一阈值可以作为引导型生态修复合理程度的标准。

五、引导修复技术模式

引导型矿山生态修复强调人工修复与自然恢复的有机结合,是对以人工修复为主的传统矿山生态修复模式的升级发展。以干旱半干旱的生态脆弱矿区植被系统重建为例,为减轻采矿对生态环境的负面影响,大多矿区已开展了各种以植被重建为主的生态建设工作。尽管在土壤改良、地裂缝治理、土壤根际环境改善、菌根等植被重建技术方面已取得了重要进展,然而,由于盲目地强调提高植被覆盖度,一些重建技术的成本往往太高,对原有植被种群冲击较大,大量新进灌乔植被的种植所开挖的大量鱼鳞坑直接破坏了原有地表植被,加之部分重建植被成活率低,管护期结束之后,大量新增物种难以适应严酷的气候地理条件,出现生长缓慢,甚至衰亡,形成了环保资金的高投入与植被重建的低效性的矛盾。现有西部矿区人工重建植被系统的可持续性不容乐观。另外,开采引起的地表沉陷对植被的影响并不全是负面的,部分区域的植被覆盖量以及生物多样性相比采前都呈现了增加的情况。从适度干扰理论的角度来看,这些区域由于地势的改变植被呈现出了一种良好的自修复演替现象。当务之急,应严格遵循当地自然生态系统发展规律,识别区域内的植物生长限制因子、生物多样性、先锋树种及主要伴生树种的生态位和现有植物的群落动态和种群空间分布格局,采用引导型生态修复模式,引导受损生态系统自修复进程。

矿山生态修复技术是否适宜,不在于技术水平高低或难度大小,而取决于所筛选修复技术与关键生态问题的针对性与经济性。因此,引导型生态修复和传统生态修复模式所采用的生态修复措施本质上没有差别,不同的是引导型生态修复模式强调的是适度人工干预,也就是要求人工干预必须有针对性、及时性、持久性和有效性。引导型生态修复模式所需的修复技术特点在于,强调各个引导修复技术措施的系统性、接续性、针对性和经济性;一定是针对关键的修复对象、生态问题、生态关系、生态阈值,能降低生态修复成本,带动提升生态系统自维持能力。例如,在西部半干旱地区大型煤炭基地引导型生态修复实践中,采用的一些较适宜的引导修复技术包括:采后覆岩导水裂隙人工化学引导修复,临时性与永久性地裂缝的差异化治理,中性区、压缩区、拉伸区分区治理模式,基于植被演替规律的植物互惠配置,基于空间格局优化和关键物质流调控的景观生态恢复,排土场分布式保水控蚀技术,基于自然地貌特征的近自然地貌重塑技术等。

根据前述半干旱矿区植被恢复基本理念,关键限制性要素阈值决定了植被自恢复能力的下限,只要适当干预受破坏的立地条件中最关键的限制因素,本研究中主要为土壤含水率和地下水位埋深,使其达到能够完全满足植物生长阈值范围内,受损植被便可进入良好的自恢复过程。大部分地区依靠植被系统本身自然恢复力,受损的环境要素与植被系统便可以恢复到相对健康的状态,但是实现矿区植被恢复也不是绝对排除人的主观能动性的影响,特别是部分地表植被损伤比较严重的地区。因此,对半干旱矿区受损植被恢复应采取"自然恢复和人工修复并重,自然恢复为主、人工恢复为辅"的恢复模式。根据不同自然恢复年限植物群落演替规律,沉陷区植被配置应采用"恢复初期灌草先行、恢复后期乔灌草搭配"的模式。选取的灌草类植物应具有"耗水少、对立地条件要求低、生长迅速、繁育再生能力强、成林时间短、根基发达且保水能力强"的特点。

对沉陷拉伸区地表永久性裂缝进行识别和治理,这也是采后沉陷区土壤水分条件恢复的重要前提;地下水位埋深和土壤含水率是控制半干旱矿区地表植被生长的关键限制性要素;植物群落结构改善是植被恢复的重要途径和措施。半干旱矿区生态引导型恢复模式构建时,首先根据生态引导恢复目标、合理程度及关键限制性要素阈值,选取地表裂缝类型、地下水位埋深、土壤含水率等对立地条件进行划分。这里依据采煤沉陷过程中地表裂缝能否自恢复,主要将裂缝类型分为永久性裂缝和临时性裂缝。临时性裂缝随着工作面的推进同步发育,上覆关键岩层破断直至地表开裂而形成,具有形成速度快、动态性、临时性以及自愈性的特点;随着工作面推过裂缝后,地表受到压缩变形,位于下沉盆地中的大部分临时性裂缝将逐步闭合。永久性裂缝通常在工作面地表拉伸变形区发育,自开采初期至开采结束,该类裂缝逐步加大且永久存在,具有宽度大、发育深、难自恢复的特点。地表大量永久性裂缝发育势必造成地表破碎、水土流失以及植被退化等问题,因此,永久性裂缝发育区是矿区生态引导型恢复必须重点采取工程措施加以治理的区域。半干旱矿区生态系统引导修复模式如图 8-31 所示。

根据地下水位埋深影响植被 NDVI 的两个不同的重要阈值 4.0 m 和 14.0 m 对地下水位埋深进行划分。当埋深低于 4.0 m 时,地表植被类型主要以湿生植被为主,土壤水与地下水交换频繁,表土水分补给充足;当地下水位埋深在 4.0 m 与 14.0 m 之间时,地表植被以根系较长的旱生植被为主,地下水仍可以对表土水分进行补给,但是补给量明显降低,并不能保证土壤含水率高于植被受胁迫土壤含水率阈值;当地下水位埋深大于 14.0 m 时,地表植被以抗旱性较强的沙生植被为主,此时地下水对表土含水率几乎没有补给。因此,仅选择地下水埋深大于等于 4.0 m 的区域进行地下水位调控。值得注意的是,地下水位埋深影响植被 NDVI 的阈值是在地下水位埋深小于 40.0 m 的情况下得到的,即所得阈值仅适用于地下水位埋深小于 40.0 m 的区域。就本研究结果而言,当地下水位埋深大于 14.0 m 后,地表植被生长主要受土壤含水率高低的影响。

土壤含水率是影响矿区植被生长最直接的限制性要素,根据前面章节研究结果可知,4.87% 是植物死亡土壤含水率阈值,意味着土壤含水率低于 4.87% 的地区植被可能已经衰退甚至死亡,对这些地区进行植被恢复不但需要对这些地区土壤含水率进行恢复,使之高于植物生长开始受到胁迫时的土壤含水率阈值 8.91%,还需依据"恢复初期灌草先行、恢复后期乔灌草搭配"的模式对该地区进行植被重建;对于土壤含水率在 4.87% 到 8.91% 之间的地区,仅需采取相应措施将土壤含水率提高到 8.91% 以上,消除植被生长受到的干旱胁迫,植被即可实现自恢复,而不需要对这些地区进行植被重建。

生态系统与扰动条件				引导恢复措施				
地裂缝	地下水位埋深GD与植物生活型	导水裂隙带沟通基岩顶界面与否	土壤含水率SWC、植被覆盖度VFC	源头减损	裂缝治理	地下水调控	土壤保水	植被重建
永久性（注：永久裂缝治理区必须进行植被重建）	GD<4.0 m（湿生植物）	沟通	SWC<4.87%	×	●	×	●	●
			8.91%>SWC≥4.87%	×	●	×	●	●
			SWC≥8.91%	×	●	×	×	●
		不沟通	SWC<4.87%	●	●	×	●	●
			8.91%>SWC≥4.87%	●	●	×	●	●
			SWC≥8.91%	●	●	×	×	●
	4.0 m≤GD<8.0 m（旱生植物）	沟通	SWC<4.87%	×	●	●	●	●
			8.91%>SWC≥4.87%	×	●	×	●	●
			SWC≥8.91%	×	●	×	×	●
		不沟通	SWC<4.87%	●	●	●	●	●
			8.91%>SWC≥4.87%	●	●	●	●	●
			SWC≥8.91%	●	●	×	×	●
	GD≥8.0 m（沙生植物）	沟通	SWC<4.87%	×	●	●	●	●
			8.91%>SWC≥4.87%	×	●	●	●	●
			SWC≥8.91%	×	●	●	×	●
		不沟通	SWC<4.87%	●	●	●	●	●
			8.91%>SWC≥4.87%	●	●	●	●	●
			SWC≥8.91%	●	●	●	×	●
临时性	GD<4.0 m（湿生植物）	沟通	SWC<8.91%,且VFC<45.3%	×	×	×	●	●
			SWC<8.91%,但VFC≥45.3%	×	×	×	●	×
			SWC≥8.91%,但VFC<45.3%	×	×	×	×	●
			SWC≥8.91%,且VFC≥45.3%	×	×	×	×	×
		不沟通	SWC<8.91%,且VFC<45.3%	●	×	×	●	●
			SWC<8.91%,但VFC≥45.3%	●	×	×	●	×
			SWC≥8.91%,但VFC<45.3%	●	×	×	×	●
			SWC≥8.91%,且VFC≥45.3%	●	×	×	×	×
	4.0 m≤GD<8.0 m（旱生植物）	沟通	SWC<8.91%,且VFC<45.3%	×	×	●	●	●
			SWC<8.91%,但VFC≥45.3%	×	×	●	●	×
			SWC≥8.91%,但VFC<45.3%	×	×	●	×	●
			SWC≥8.91%,且VFC≥45.3%	×	×	●	×	●
		不沟通	SWC<8.91%,且VFC<45.3%	●	×	●	●	●
			SWC<8.91%,但VFC≥45.3%	●	×	●	●	×
			SWC≥8.91%,但VFC<45.3%	●	×	●	×	●
			SWC≥8.91%,且VFC≥45.3%	●	×	●	×	●
	GD≥8.0 m（沙生植物）	沟通	SWC<8.91%,且VFC<45.3%	×	×	●	●	●
			SWC<8.91%,但VFC≥45.3%	×	×	●	●	×
			SWC≥8.91%,但VFC<45.3%	×	×	●	×	●
			SWC≥8.91%,且VFC≥45.3%	×	×	●	×	●
		不沟通	SWC<8.91%,且VFC<45.3%	●	×	●	●	●
			SWC<8.91%,但VFC≥45.3%	●	×	●	●	×
			SWC≥8.91%,但VFC<45.3%	●	×	●	×	●
			SWC≥8.91%,且VFC≥45.3%	●	×	●	×	●

注："●"为必要恢复措施；"×"为非必要恢复措施

图 8-31　半干旱矿区生态系统引导修复模式

第五节　本章小结

坚持保护优先、自然恢复为主已经成为生态修复的指导原则之一。本章介绍了矿山生态系统的自修复特征，提出了矿山生态系统引导修复的模式与方法，阐明了引导型矿山生态修复的基本原理,其技术框架包括矿山生态问题诊断、引导修复方向的判定、引导修复的关键对象或区位的确定、引导修复的合理程度或生态阈值的识别以及修复技术措施筛选与实施等主要内容,重点分析了基于作用关系的矿山生态系统阈值识别技术,构建了半干旱矿山生态阈值体系;以神东矿区为例,明确了不同生态条件下的关键参数、定量标准、引导恢复措施,构建了修复对象层次化、目标合理化、过程动态化的引导修复模式。

引导型矿山生态修复是"基于自然的解决方案(NbS)、自然为主人工为辅"这些基本生态保护修复理念在矿山领域的具体实践探索。引导型矿山生态修复模式强调的是适度人工干预,即人工干预必须有针对性、及时性、持久性和有效性,是对传统人工修复模式的发展升级。其立足于生态系统恢复力,通过对生态问题和扰动响应机理系统化诊断,揭示采矿扰动与生态恢复机制,探明关键生态阈值,科学实施干预措施,带动促进受损生态系统恢复到自维持状态。

第九章　矿山生态系统引导修复技术

西部煤炭基地生态脆弱,采矿扰动强度大,生态演替复杂度高。西部矿山生态修复理论严重滞后于实践需求,所采取的工程技术措施存在多个单体工程之间关联性不够、缺乏系统性思维、针对性不强、生态修复目标单一、生态修复成本高且可持续能力弱等问题,亟须创新半干旱区生态修复理论和技术。引导型生态自修复强调时空异质性、生态系统自身能力,因此干预措施需要创新,针对不同修复目标、修复对象、退化程度,干预措施也不同。

第一节　引导修复优先区识别

本章针对生态系统自然和人工修复协同难题,立足于生态系统恢复力,基于第八章的生态系统诊断,揭示采矿扰动与生态恢复机制,构建了以阈值为准则的干预模式,研发了基于生态过程调控的系统修复技术体系(图 9-1),科学实施干预措施,促进受损生态系统恢复到自维持状态。

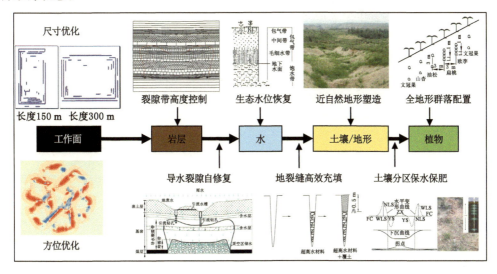

图 9-1　基于生态过程调控的煤炭基地系统修复技术

一、基于植被变化趋势的引导修复优先区识别

在工作面尺度,地表沉陷后将会在拉伸区形成大量永久性地裂缝,在拉伸区与压缩区地形附加坡度显著增加,土壤性质发生变化,而中性区具有较强的自恢复特征。因此,在工作面尺度主要是针对永久性地裂缝与拉伸区开展土壤保水保肥以及乔灌植被的保护与修复工作。在矿井或矿区尺度,煤炭开采沉陷不仅会影响到开采工作面上方生态系统,而且

这种扰动还会通过地上地下水文条件的改变等形式产生空间扩散累积影响,从而对沉陷区周边及其所在矿区或流域的部分敏感区域产生扰动影响。这些受影响的区域同样会出现生态系统的退化。因此,如何在矿区尺度有效地识别这些受长期规模开采影响的区域,也应该是矿区生态系统保护与修复的基础工作,而且也是很容易忽略的地方。

矿区大尺度的生态系统监测多是利用现代遥感技术。然而,现有矿区遥感植被监测方面的研究多是利用单景或少量几景影像进行少量时点植被变化动态检测。尽管获取的这些离散的植被信息能够较好地反映植被的空间分布情况,但是却并不能很好地反映矿区植被在时间上的动态变化情况。由于煤炭开采引起的地表沉陷与水文地质情况的变化过程具有突变性与非线性的特点,因此,必须对区域植被进行采前、采中、采后的连续时序监测分析,以掌握生态脆弱矿区植被在自然气候与资源开采双重扰动下的动态变化特征。由于范围大,生态异质性强,对研究区每个单元开展自恢复力评价还不太现实,但可以通过植被生态系统的时序变化趋势去识别生态系统的稳健性,如植被的衰退、增长、地表荒漠化等变化趋势。

正交经验分解是一个进行时空分解的非常方便的工具,其分解公式如下:

$$\mathrm{PC} = \boldsymbol{V}^{\mathrm{T}} \times X \qquad (9\text{-}1)$$

式中　　X——原始的时间空间数据;

　　　　$\boldsymbol{V}$——X方差的特征向量按特征根大小排列组成的,表征为时间模态;

　　　　PC——空间分布特征。

$\boldsymbol{V}$的每一列代表了一个植被的时序演变方式,又称 EOF。与之相对应的 PC 的行表示这一时间演变方式在空间上的分布。$\boldsymbol{V}$的第一列(EOF$_1$)通常代表了本区域内的主要演变方式,所以又称主成分,其对应的 PC(PC$_1$)表示第一主成分在空间上的分布。研究所采用的时间混合模型为线性时间混合模型,如式(9-2)所示。其中,$\boldsymbol{P}_t$值为像素时间序列,E_1、E_2、$\cdots$、E_d为端元,k为系数。端元 E 确定了植被所具有的演变方式,系数确定了某具体像元的具体演变方式。

$$
\begin{array}{cccc}
\boldsymbol{P}_t & \boldsymbol{E}_1 & \boldsymbol{E}_2 & \boldsymbol{E}_d \\
\begin{vmatrix} X_{1t} \\ X_{2t} \\ \cdots \\ X_{bt} \end{vmatrix} = k_{1t} \times \begin{vmatrix} e_{11} \\ e_{21} \\ \cdots \\ e_{b1} \end{vmatrix} + k_{2t} \times \begin{vmatrix} e_{12} \\ e_{22} \\ \cdots \\ e_{b2} \end{vmatrix} + \cdots + k_{dt} \times \begin{vmatrix} e_{1d} \\ e_{2d} \\ \cdots \\ e_{bd} \end{vmatrix}
\end{array} \qquad (9\text{-}2)
$$

通过正交经验分解可以得到整个研究区域植被的时间演变方式,这些时间演变方式具有比较稳定的时间演变特征。将正交经验分解所得时间模型作为时间混合模型的端元(EOF)、正交分解得到的 PC 作为相应的权重来分析。正交经验分解的不足可以用混合模型来弥补,时间混合模型的不足可以用正交经验分解来弥补,通过以上两种方式的结合,从而得到了可分离提取植被的时间变化特征与空间分布规律的时空正交分解模型。图 9-2 所示为研究区植被演变的前 10 个主要时间变化特征(EOF)以及植被变化特征的空间分布。

图 9-3 所示为晋陕蒙接壤区内植被近些年变化趋势的空间分布情况及其各验证样本点植被变化趋势。从整体空间布局可以看出,在该区域南部为陕西与山西黄土沟壑地区,雨水条件相对较好,植被总体也呈现出增加的趋势;中部与东部相对变化趋势较为稳定;北部与南部地区的植被重建工作的难度与环境条件都是需要客观对待的,而北部风积沙区域植

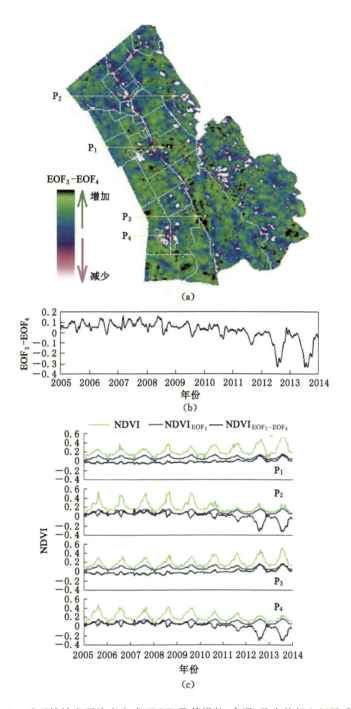

图 9-2　矿区植被主要演变方式（EOF）及其增长、衰退、稳定特征空间异质图

被减少的趋势则较为明显，西北部地区植被建设形势尤为迫切。这些区域应是神东矿区生态修复重点关注的区域，并从整体战略出发提前做好矿区生态修复的空间规划。

　　本书采用时空正交分解模型研究在自然气候与开采扰动双重影响下神东矿区植被的时间变化特征及其空间分布规律，从而可识别出煤炭开采对植被扰动影响的空间区域，为

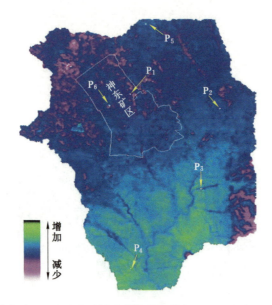

图 9-3　神东矿区所在流域植被变化趋势及其各验证样本点植被变化趋势

评价植被建设区的效果,制定区域生态保护与植被建设规划提供空间信息支撑。因此,矿区生态系统重建应进行空间分区差异化治理,不仅要关注裂缝、拉伸变形区的修复,同时还应在更大尺度上重点关注植被衰退区,推行引导生态修复技术。

二、基于植被演变预测的引导修复优先区识别

植被覆盖类型的转换可作为矿区环境变化和生态系统结构与功能的敏感指示因子,为矿区生态环境保护及其政策制定提供依据。干旱半干旱矿区植被受气候与自然立地条件主要影响的同时受人为扰动与恢复双重作用,其类型为植被状态的一种表现,在众多环境因子耦合作用下表现为多稳态、非线性相关及结果不确定性等特征。传统基于植被演替的理论与空间统计特征的模型用于模拟与预测矿区植被类型的适应性与模型模拟结果准确性受到挑战。因此,构建适用于矿区植被类型退化、更替甚至绝迹的模拟与预测模型成为亟待解决的问题。本书在对矿区范围内植被类型进行划分的基础上,引入随机森林(RF)对CA(元胞自动机)模型中的转换规则进行改进,依据矿区非自然因素作用特点,增加修正参数分别从总植被转换总量与速率方面对模型进行修正,最后对构建的基于限制性 RF-CA 模型用于矿区植被类型转换进行精度验证。

(一)模拟方法

元胞自动机模型(CA)是一种时间、空间、状态都离散的动力学系统,其空间相互作用和时间因果关系都为局部的网络动力学模型,具有模拟复杂系统时空演化过程的能力。因CA 模型具有强大的空间分析能力,常用于自组织系统的演变研究,但传统模型中大部分基于线性模型假设(如 logistics-CA)或完全的非线性黑箱模型(ANN-CA)等,该类模型存在过度拟合问题的同时不适用于非特定分布条件的模拟预测。另外,传统 CA 更多强调空间维度及其微观上的空间相互作用机制,在运行过程中常忽视了复杂系统中各种要素对个体的反馈作用。因此,在利用 CA 模型进行矿区植被类型动态转变过程中有必要对模型进行

改进。

　　针对矿区植被受地下开采、地表开发利用及气候等多因素影响而具备多稳态、非线性、历史依赖性及结果不确定性等特征及当前植被类型模拟预测模型的缺陷,本研究在植被覆盖类型划分基础上,以 RF 模型为转换规则模型,向传统 CA 中引入类型总量与速率的修正因子,构建了限制性 RF-CA 模型对矿区多因子作用下的植被类型进行模拟与预测(图 9-4)。

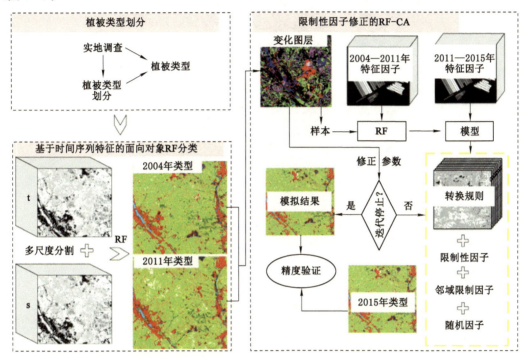

图 9-4　植被覆盖类型的转换模拟方法

　　(二)模型模拟精度

　　基于面向对象的随机森林算法分别提取了 2004 年、2011 年及 2015 年矿区植被类型(图 9-5),2004 年总体精度及 Kappa 系数分别为 93.75%、92.68%,2011 年分别为 93.54%、92.51%,2015 年分别为 93.88%、92.92%。

　　为验证本研究提出的限制性 RF-CA 模型的预测精度,分别以提出的 RF-CA 模型和传统的 CA 模型对 2015 年的植被类型进行预测,比较两种模型的预测精度(图 9-6)。结果显示,RF-CA 模型的预测精度较传统的 CA 模型提高明显。在区域Ⅰ和区域Ⅱ,RF-CA 模型的模拟结果较传统 CA 模型的预测结果与实际结果更为接近,其对草地与灌木林的预测结果明显优于传统 CA 模型。但在区域Ⅲ,两模型对建筑用地的预测结果均出现了一定的偏差,因此限制性 RF-CA 模型在预测建筑用地时仍有一定的改善空间。

　　(三)矿区变化预测

　　以 2015 年影像为基准影像,2011—2015 年指标因子为训练特征因子,模拟 2020 年植被类型转换情况(图 9-7)。结果表明,在当前设置转换总量及转换速率基础上,至 2020 年,林地、灌木林、草地、荒漠化草地、耕地、建设用地、挖损占用地及水域面积分别为

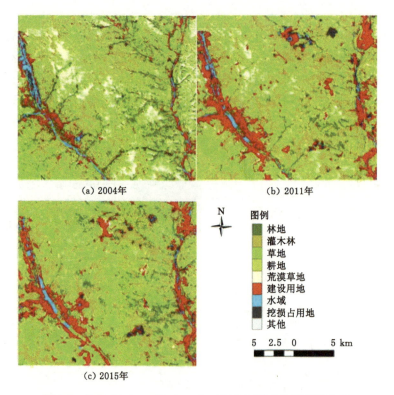

(a) 2004年　　　　　　　　　(b) 2011年

(c) 2015年

图 9-5　2004 年、2011 年、2015 年不同特征下的植被覆被类型

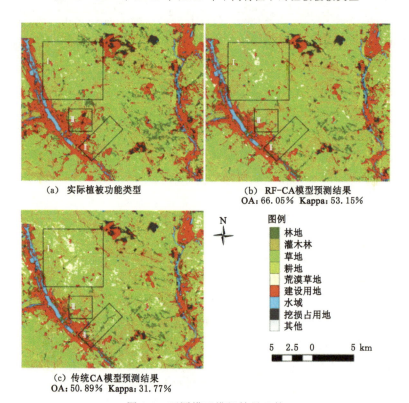

（a）实际植被功能类型　　　　（b）RF-CA模型预测结果
OA：66.05%　Kappa：53.15%

（c）传统CA模型预测结果
OA：50.89%　Kappa：31.77%

图 9-6　不同模型模拟结果比较

22.24 km²、101.83 km²、157.96 km²、0.33 km²、17.48 km²、51.26 km²、8.08 km² 及 6.67 km²。整体上,至 2020 年,矿区植被类型将以灌木林和草地为主,荒漠化草地面积最少,矿区几乎实现零沙地。对比 2015 年,矿区主要表现为废弃地占地、建设用地及沙地减少过程,这与当前矿区内实施的小窑整顿、煤炭产业发展不景气引起的大量煤炭加工处理企业关闭及矿区实施的生态修复等相符。

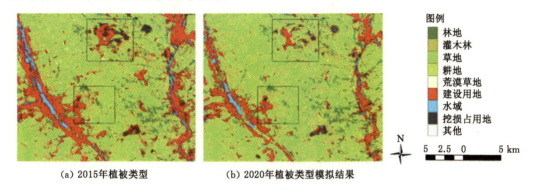

(a) 2015年植被类型　　　　(b) 2020年植被类型模拟结果

图 9-7　基于 RF-CA 的 2020 年矿区植被类型模拟结果

通过引入数量与速率修正参数构建限制性 RF-CA 模型用于模拟以自然气候影响驱动为主、采矿干扰为辅的生态脆弱矿区植被类型,结果表明该模型的预测精度较传统的 CA 模型提高明显,OA 与 Kappa 系数分别提高了 15.16% 及 21.38%。以 2015 年为基准期,2011—2015 年指标因子为训练特征因子,模拟 2020 年植被类型转换情况。结果表明,至 2020 年,矿区植被类型将以灌木林和草地为主,荒漠化草地面积最少,矿区几乎实现零沙地。目前,该模型仅强调了空间维度及其微观上的空间相互作用机制,对植被随时间变化的惯性转移与演替缺乏考虑。因此,后续研究中可将植被的时间序列演变规律的空间竞争关系为主导的 CA 模型结合,以提高模型精度。

第二节　采矿源头过程减损技术

一、工作面布局调控

第七章分析了采煤工作面布置方向的不同会导致沉陷盆地位置的改变,于是开采后新形成的地表形态对矿区土地损伤造成不同程度影响。其本质原因是工作面不同方位布局与原有地形地貌耦合情况下,会形成不同程度的附加坡度,附加坡度破坏了原有地形,并产生不同程度的水土流失。因此,控制开采前后的地形特征可以有效控制矿区的水土流失状况。本节采用情景数值模拟的方法,分别提取大柳塔矿 52304 工作面开采前与 12 组不同开采方位开采后的坡度,并用开采后的坡度减去开采前的坡度,计算由于开采产生的附加坡度。附加坡度为正值表示坡度增大,为负值表示坡度减小。不同开采方位下的附加坡度如图 9-8 所示。图中:栅格颜色为红色表示附加坡度为正,即开采后地形坡度有所增加,红色越深,说明地势越陡峭;蓝色表示附加坡度为负,即开采后地形坡度有所减小,蓝色越深,说明地势越平缓。由 12 组附加坡度结果可以看出,开采后产生的附加坡度为正值的区域明显多于附加坡度为负值的区域，说明开采沉陷确实破坏了原有的地形结构，加重了矿区的水土流失。

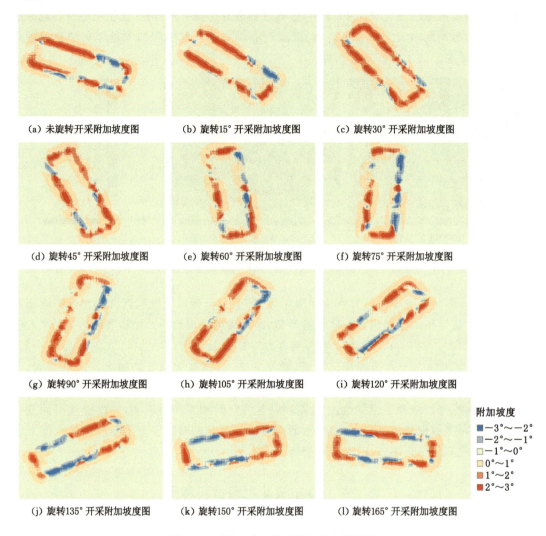

图 9-8 不同开采方位下附加坡度结果图

统计分析研究区整个区域附加坡度的平均值，确实保证了 12 组模拟试验对比的准确性，但整体附加坡度平均值的计算包含了部分地形没有变化的区域，从而导致附加坡度平均值偏低，缺乏对于实际研究的参考价值。因此，只统计开采前后地形发生变化区域的栅格数目和其对应的附加坡度，以此进行附加坡度与水土流失量关系的研究。不同开采方位下地形变化区域的附加坡度平均值见表 9-1。

表 9-1 不同开采方位下地形变化区域附加坡度统计表

方位	0°	15°	30°	45°	60°	75°	90°	105°	120°	135°	150°	165°
附加坡度	0.418 6°	0.370 3°	0.322 6°	0.410 3°	0.583 3°	0.266 7°	0.275 9°	0.138 0°	0.115 7°	0.195 8°	0.068 9°	0.129 5°

由表 9-1 可以看出,去除开采前后地形未改变的区域,不同开采方位下的附加坡度值明显大于原有的统计方式,对矿区环境的治理能提供更大的参考价值。统计发现,将 52304 工作面顺时针旋转 150°,走向方位角为 80°时,开采后产生的附加坡度是最小的,为 0.068 9°,与水土流失模拟的结果相对比,该开采方位对应的流失量也最小,与前期的研究结果相符,进一步说明了这种开采方位下对矿区的地形影响最小,有利于缓解水土流失状况。

同时,将不同开采方位下的附加坡度值从小到大排列,对各个开采方位下附加坡度与其对应流失量进行回归分析,结果如图 9-9 所示,研究结果再次表明:开采产生的附加坡度与总流失量呈正相关关系,相关系数 R 为 0.862 8,相关性较之前更高,相关性更显著,说明水土流失量随附加坡度的增大而增加,不同开采方位开采后产生的附加坡度对矿区水土流失确有一定的影响。因此,在现实条件和开采技术允许的情况下,通过预测模拟和地形分析,能为矿区开采提供一定的参考。选择最为合理的开采方向,可以减小附加坡度的产生,缓解矿区的水土流失状况,从而减轻矿山环境的损伤。

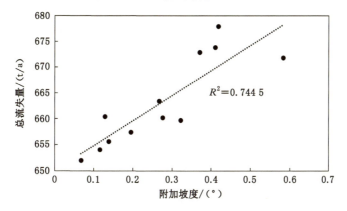

图 9-9　变化区域附加坡度与总流失量关系图

二、开采强度参数优化调控

将与土体变形、水土流失、植物根系损伤等环境影响密切相关的土地沉陷变形指标(地表水平变形、地表附加坡度、下沉系数、拉伸区占变形区比例)进行归一化求和,以表征土地环境受损的综合程度,称之为土体变形损伤指数。结合第七章数据分析,由图 9-10、表 9-2 可知:土地变形损伤指数与采高的正相关性较高,即采高的增加将会明显地引起土地变形损伤;与开采速度呈低负相关性,即随着开采速度的加快土地变形损伤减轻;与工作面的宽

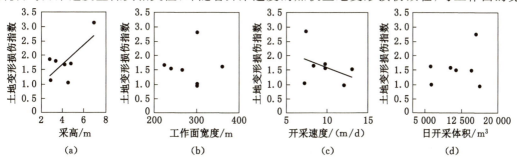

图 9-10　土地变形损伤指数与开采强度参数的关系

度相关性极低,这是由于工作面宽度的 4 个水平变形指标有正面也有负面影响,因此所形成的综合影响极低;与日开采体积呈较低的正相关性,这主要是由于随着采高的主导控制,日开采体积的增加将会一定程度地增大土地变形损伤,但其影响的敏感性远低于采高。

表 9-2 土地变形损伤指数与开采强度参数的相关系数

地表因素	开采强度参数			
	采高/m	工作面宽度/m	开采速度/(m/d)	日开采体积/m³
土地变形损伤指数	0.71	0.01	−0.38	0.36

通过多个工作面现场监测与数值模拟分析,发现采高、工作面宽度、开采速度对地表环境损伤影响的程度并不一致,不能简单地以日开采体积作为强度影响评价依据。土地变形损伤指数与采高具有较高的正相关性,即采高的增加将会显著地引起土地变形与环境损伤;与开采速度呈低负相关性,即加快工作面推进速度有利于减轻土地变形损伤;与工作面的宽度相关性极低,工作面宽度增加对地表环境损伤的影响并不明显,相反有利于减小单位开采面积的拉伸区占比,即有利于减少单位面积地裂缝发育数量,减轻土地拉伸变形产生的土体性质变化,以及减缓沉陷区水土流失。

第三节　沉陷区生态修复技术

一、地裂缝差异化治理技术

采动地裂缝分为采动过程中的临时性裂缝和稳沉后的永久性裂缝两种。临时性裂缝对矿井安全生产的影响较大,一般是随着工作面的推进在采空区正上方同时发育,通常的治理方法为随时监测、临时掩埋、地表推平,其缺点是掩埋不实、治标不治本;永久性裂缝对生态环境的影响最大,在工作面两侧及开切眼、停采线附近发育最为密集。

根据地裂缝的宽度(w)和深度(d)将其划分为大型、中型、小型 3 种地裂缝。大型地裂缝分类标准为 $w>0.4$ m;中型地裂缝为 0.4 m$\geqslant w>0.2$ m;小型地裂缝为 $w\leqslant 0.2$ m。针对小裂缝、宽裂缝、沉陷槽、滑坡等不同的裂缝形式,根据因地制宜、就地取材的基本原则,可采用不同的治理方案;治理过程中都应参照邻近土层结构,进行分层回填,下层设置隔水层,防止水分渗漏,达到适合植被生长的目的。通常的治理方法有沙土灌入、固体废弃物充填等,其缺点在于工艺复杂、成本较高、充填不实、不易保水、留有安全隐患等。常规回填材料以黄土、积沙、泥浆、矸石等为主。对于不同深度的裂缝,总体而言,传统的治理方法成本较高,且难以从根本上消除地裂缝的安全隐患,对西部矿区脆弱生态环境的修复能力有限。

（一）地裂缝深部充填技术

技术一:就地取材,深部流沙、黄土充填,覆土绿化

当裂缝区附近地表有风积沙时,可就近取流沙充填裂缝,有条件可适当配比泥浆;表层覆土厚度$\geqslant 0.5$ m,就近取土充填,每填土 $0.3\sim0.5$ m 夯实一次,夯实土体的干容重达 1.3 t/m³ 以上。在各示范区主要采用该方案,并根据附近条件,具体进行 4 种方式（覆土＋泥浆;流沙＋覆土;流沙＋泥浆;流沙＋泥浆＋覆土）充填治理裂缝,如图 9-11 所示。

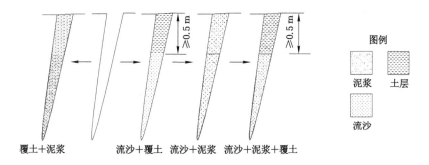

图 9-11 地裂缝 4 种简易充填方式剖面示意图

技术二：采用矸石（优选风化矸石）、风化煤充填深部，表层覆土

针对局部大型地裂缝，可采用小粒径煤矸石配比风化煤充填深部，用泥浆或流沙充填遗留空隙。分别采用 3 种方式各进行 4 条裂缝的治理示范，如图 9-12 所示。浅层覆土厚度 $\geqslant 0.5$ m，就近取土充填，每填 $0.3 \sim 0.5$ m 夯实一次，夯实土体的干容重达 1.3 t/m³ 以上。

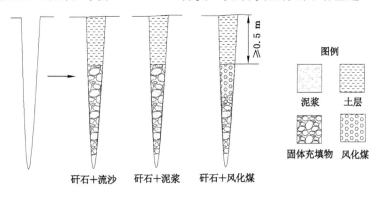

图 9-12 地裂缝固体充填方式剖面示意图

技术三：采用超高水材料充填深部，地表覆土

超高水材料是一种新型矿用充填材料，原材料中 95% 以上为水，已在东部矿区实施采空区充填，解放了大量"三下"压覆的煤炭资源。基于超高水材料的裂缝快速充填技术可以归纳为"深部充填—浅层覆土—植被绿化"三步法（图 9-13），即：第一步，首先利用一些粒径较小的煤矸石与黄土或沙等进行深部充填，当底部裂缝向下通道被封闭后，再采用充填材料（包括黄土、流沙、矸石、超高水材料）充填裂缝至距地表 0.5 m；第二步，填土至地表，并夯实，构建裂缝槽，浅层覆土厚度不小于 0.5 m，就近取土充填，夯实土体的干容重达 1.3 t/m³ 左右；第三步，在裂缝槽内铺设生态草毯或种植绿色植物。其中，超高水材料采用中国矿业大学自主研制的超高水材料地裂缝充填系统（图 9-14）进行充填。超高水材料地裂缝治理前后效果对比如图 9-15 所示。

该技术的具体操作步骤如下：

（1）采用移动式卡车 1 台、柴油机 1 台、空气压缩机 1 台、气动搅拌机 4 个、气动注浆泵 1 台、三通式混合器 1 个、输送管路 3 路，根据充填系统至地裂缝的距离可调节混合管路的长度。为保证 A、B 两种浆液充分混合且不至于在管路内凝结而堵塞管路，混合管路的长度

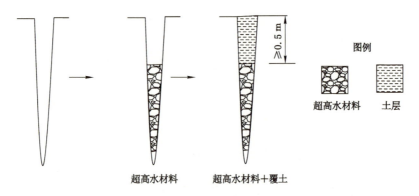

图 9-13　地裂缝超高水材料充填剖面示意图

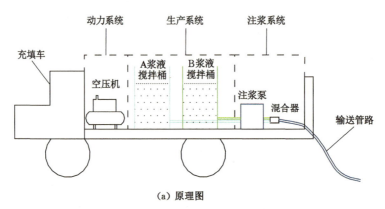

（a）原理图

（b）实物图

图 9-14　超高水材料地裂缝充填系统图

不低于 30 m，不超过 1 000 m。同时配备供水车 1 台，以提供水源，配备便携式台秤 1 台，以称量每个制浆循环所需 AA、BB 两种辅料的质量。

（2）搜集地裂缝治理区域水文地质条件、地形信息，以便将充填车和供水车安置在距离地裂缝 1 000 m 范围以内。启动柴油机及空气压缩机，驱动气动搅拌机，同时分别将 AA（5 kg）、BB（2 kg）两种辅料加入搅拌桶 A1、B1，采用供水车分别在两个搅拌桶内加水各 300 L，同时将 A（50 kg）、B（50 kg）两种主料分别加入搅拌桶 A1、B1，并充分搅拌 3～5 min；打开气动注浆泵阀门开关，用两条吸浆管同时将 A、B 两种单体浆液吸入气动注浆泵，经两

(a) 治理前　　　　　　　　　　　(b) 治理后

图 9-15　超高水材料地裂缝治理前后效果对比

个出浆管排出后进入混合器充分混合,混合后的(超)高水材料水体积约为94%,由混合管路将混合浆液输送至地裂缝内部,充填至距地表≥0.5 m处;4个气动搅拌机分为2组,轮流使用,保证注浆流程不间断。

(3) 进入地裂缝的(超)高水材料混合浆液约3 min反生化学反应,20~30 min后开始凝结,待充分形成固结体,在裂缝内覆土、夯实,夯实土体的干容重为1.3 t/m³,以适宜植被种植,构建裂缝槽,深度以0.1~0.2 m为宜。

(4) 在裂缝槽内铺设生态草毯或种植绿色植物。草毯以稻麦秸秆为基底,铺置草毯前地面撒播草种,草毯厚度约30 mm;绿色植物选择适宜治理区生长的乔灌木植物,由于采动地裂缝发育较多的区域多为西部干旱矿区,可选择抗旱性能较强的沙棘、沙柳、山桃、山杏、油松等。

技术方案三采用超高水材料自动化充填系统,主要优点为操作简单、自动化程度高、充填密实,主要缺点为一次性投入稍高。以充填体积计算,充填裂缝每立方米的空间约需超高水原材料0.12 t,成本为1 080元/t。

3种技术方案综合比较:方案一主要采用流沙、泥浆等材料进行充填,主要优点为取材方便、工艺简单,主要缺点为稳定性稍差。方案二主要采用矸石(白矸)、风化煤等矿区废弃物进行充填,主要优点为充填密实、结构稳定,风化煤与矸石可以为根系土壤提供养分,主要缺点为运输不便、工艺复杂、成本较高。前两种方案充填效果将会受到裂缝底部渗漏通道影响,上部的土或沙将会向底部流失,长时间后将会使表层充填土壤流失,形成冲沟,尤其是在重复采动下,影响治理效果更为明显。方案三主要采用新型的超高水材料,具有快速充填的优势。综合考虑到神东矿区地表黄土、风积沙覆盖的特点及地形、地貌、交通等条件,根据因地制宜、就地取材、便于推广的原则,建议主要采用方案一,同时在具体施工中采用夯实处理,以尽量提高充填的稳定性;少量裂缝采用方案二、方案三进行治理,以进行效果试验对比分析。

(二)地裂缝浅层覆土工程设计

技术一:就地造裂缝槽

对于近似平行于地形等高线的地裂缝,借鉴鱼鳞坑植树的思想,对于深度 $L<0.5$ m的

裂缝,可利用地形坡度直接就地从裂缝两边铲土回填;对于深度 $L>0.5$ m 的裂缝,根据实际条件先进行流沙、矸石或风化煤回填,再就地从裂缝两边铲土回填。浅层覆土厚度≥0.5 m,就近取土充填,每填 0.3~0.5 m 夯实一次,夯实土体的干容重达 1.3 t/m³ 以上。裂缝槽宽 0.5~0.8 m,高 0.4 m。最终形成以裂缝分布为基础的植被建设裂缝回填槽,达到水土保持的目的,如图 9-16 所示。土方开挖时先将裂缝附近 0.4~0.6 m 的熟土铲开堆在一侧,用底土充填裂缝,然后再将表土回填到裂缝表层。

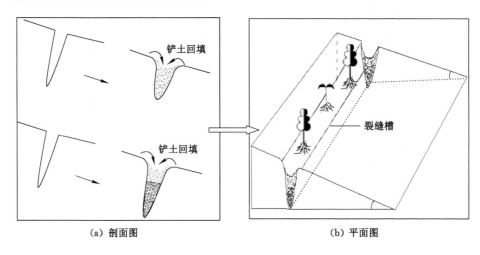

(a) 剖面图   (b) 平面图

图 9-16　地裂缝就地取土造槽剖面与平面示意图

技术二:沿地裂缝铺设草毯

当地裂缝与地形等高线垂直或夹角大于 6° 时,地表积水将会顺地势沿裂缝快速流失,引起局部水土流失加剧,同时也不利于地表土壤蓄水。应对地裂缝先进行深部充填,表层覆土与坡面高度保持一致,覆土上方铺设草毯,如图 9-17 所示。土方开挖时先将裂缝附近 0.4~0.6 m 的熟土铲开堆在一侧,用底土充填裂缝,然后再将表土回填到裂缝表层,在表土上方铺设草毯。该方案可用于地裂缝区块的主要地裂缝治理。

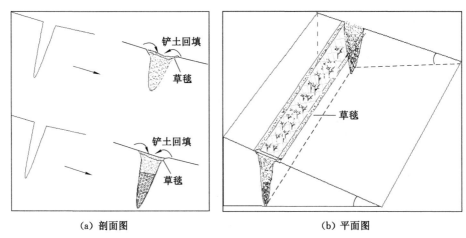

(a) 剖面图   (b) 平面图

图 9-17　地裂缝覆土后草毯铺设剖面与平面示意图

二、沉陷区陡边坡水土保持

沉陷区的中小规模沟壑坡度较大、近似直立宽度,同时沟底植被生长较好,坡面土层松散且基本无植被覆盖,在降雨等作用下会导致严重的水土流失,需要对其进行近自然削坡整形-植被恢复技术+土谷坊进行水土保持,具体技术如下。

(一)削坡整形-植被恢复技术

按 1∶1.5 进行削坡,削坡整形后的坡面植被恢复措施为:栽种赖草、冰草、沙棘,比例 1∶1∶1,施用量 0.6~0.7 kg/亩,后铺设生态草毯。削坡开挖表土用于附近裂隙充填。示范规模为:选择沟壑 2 条,总体规模为 5 m×3 m×400 m(沟壑的宽×深×长)。

生态草毯主要以稻麦秸秆为基底,载体层内添加草种、保水剂、营养土等材料,是目前常用的有效水保植被恢复措施。根据立地条件,选用的稻秸草毯规格为 2.5 m×30 m(宽×长),厚 2~4 mm,草毯内不添加营养土、草种和保水剂。

草毯铺设方法:

(1)挖坡顶和坡脚锚固沟:坡顶和坡脚锚固沟宽和深一般不小于 20 cm,原土放在远离坡面的一侧备用,如图 9-18 所示。

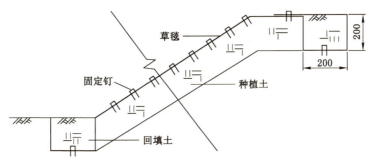

图 9-18　环保草毯施工剖面示意图

(2)铺设草毯:从坡顶向下铺设草毯至沟边内侧,铺展平顺,要拉紧,坡顶预留不小于 40 cm,顺坡度方向从上而下铺设,草毯之间搭接宽度不小于 10 cm,搭接时应注意将下一级网压在上一级网之下,同时加强搭接部分的 U 形钉锚固。草毯与地面保持充分接触,铺设要保持整齐一致,不能多次在坡面来回踩踏已播撒的种子。锚固沟内草毯要求铺满沟底和两壁并贴实。如图 9-19 所示。

(3)锚固及回填原土:铺设完毕在锚固沟底、搭接处用 U 形钉固定紧实(每米固定物不少于一个),其他铺设面每平方米固定物不少于一个。锚固沟回填原土压牢并播种,或压在硬路肩或上护坡道平台下面,最后把预留的草毯折盖在土壤上并用 U 形钉固定,如图 9-20 所示。U 形钉材料为 8 号铅丝。

(4)养护管理:正常养护,养护周期一般为 45 d,发芽期 15 d;湿润深度控制在 2 cm 左右,幼苗期依据植物根系的发展逐渐加大到 5 cm 以上;发芽期每天养护两次,早晚各一次,早晨养护时间应在 10 时以前完成,下午养护应在 16 时以后开始;下雨或阴天可适当减少养护次数。草毯铺设完毕后至成坪期间不允许随意揭开草毯,以便确保草的正常发育和生长。

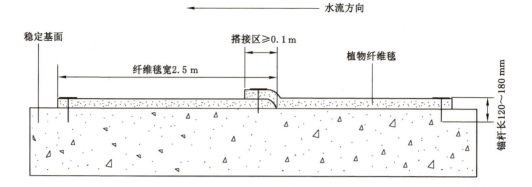

图 9-19　草毯铺设剖面示意图

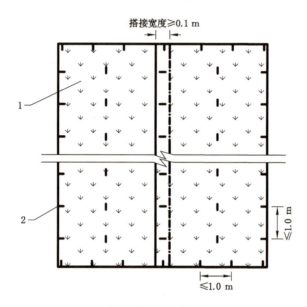

1—植物纤维毯；2—锚固钉。

图 9-20　环保草毯铺设平面示意图

削坡整形植被恢复效果如图 9-21 所示。

（a）治理前　　　　　（b）治理后1个月　　　　　（c）治理后1年

图 9-21　削坡整形植被恢复效果

（二）土谷坊持土绿化

对于宽度小于 5 m 的冲刷沟,宜采用土谷坊。土谷坊高 0.5 m,顶宽 1.0 m,迎水坡比为 1∶1.1,背水坡比为 1∶0.8。溢水口设在土坝一侧较坚硬的土层上,上下两座土谷坊的溢水口要左右交错布设。土谷坊座数 3 座,土方工程量为 15 m³。土谷坊持土绿化示意图如图 9-22 所示。

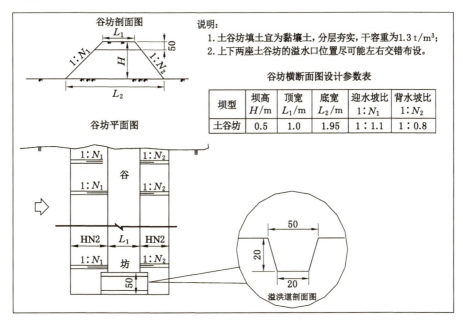

图 9-22　土谷坊持土绿化示意图

说明:
1.土谷坊填土宜为黏壤土,分层夯实,干容重为1.3 t/m³;
2.上下两座土谷坊的溢水口位置尽可能左右交错布设。

谷坊横断面图设计参数表

坝型	坝高 H/m	顶宽 L_1/m	底宽 L_2/m	迎水坡比 $1:N_1$	背水坡比 $1:N_2$
土谷坊	0.5	1.0	1.95	1∶1.1	1∶0.8

三、土壤改良与保水

煤矿开采(特别是由开采引起的地表沉陷、地面沉降、地裂缝等)对生态环境的严重破坏,加上黄土沟壑区典型的地质地貌和干旱半干旱的气候特征,加剧了矿区水土流失,使得地表植被生长状况恶化,耕地生产力下降,耕地土壤水分流失加快,养分流失,土壤保水保肥性能恶化,不仅增加了水肥投入,而且造成了大量水资源的浪费。因此,在矿区有限的水资源情况下,怎样尽可能地减少土壤和水分的淋失和渗漏,提高耕作区土壤的生产力,是实现该地区耕地经济效益良好发展的关键所在。

根据实地调查和 2013 年种植情况,提出了"适种作物筛选—土壤肥力诊断—均衡养分施肥—保水保肥缓释"土壤综合改良技术体系,并于 2014 年在研究区进行综合示范。该土壤综合改良技术体系主要由 4 种技术组成:

(1)适种作物筛选技术:根据气候条件、土著物种、土壤质量、地形地貌、耕作制度等立地条件调查与分析,首先确定研究区适种作物种类,并以适种作物增产增收为目标制定土壤改良方案。

(2)土壤肥力诊断技术:通过适种作物种类需肥规律分析、土壤各项养分指标水平分析、肥力综合评价,诊断土壤肥力水平。

(3)均衡养分施肥技术:根据适种作物种类和土壤肥力诊断结果,科学制定施肥方法,以达到增产增收、持续提高土壤质量的效果。

（4）保水保肥缓释技术：研究区土壤类型为黄土，具有湿陷性，加之采煤沉陷产生的地裂缝，导致养分容易流失。增施保水剂可以有效起到保水保肥缓释的作用。

四、植物群落优化配置

（一）植物群落配置近地遥感调查

植物群落空间配置是依据自然环境条件（土壤水分分异）、水土流失、植物生理生态要求和地形地貌（中地貌、局部地形、微地貌）特点，在坡面上因害设防，选择适宜植被类型，利用适宜的乔、灌、草种，合理混交和配置，构建多层次结构、彼此连接、相互作用、生物学稳定、生态经济持续高效的带、片、网、线、团等簇不同配置生态系统整合体。

针对矿区植物群落结构失衡、生态恢复限制性因素，利用遥感反演、无人机摄影测量、野外调查、生态地理数据建模等方法，识别准格尔旗矿区群落结构，对植被结构进行空间建模，揭示植被空间结构，结合土壤、水文和植被调查数据，诊断群落稳定性的限制性因素。

获取遥感数据的同时采用随机及典型采样技术，在调查范围内选择不同地段，按不同立地条件（包括各种地貌类型、海拔高度、坡度、坡向、坡位等）设置样地，对样地内植被进行调查。为研究植物群落生长策略，在 40 个样地的不同植物冠层上、中、下各部位摘取 30～50 个叶片，装入密封袋中。采集植物群落内不同物种冠层叶片，进行冠层叶片 N、C、P 反演，分析单个群落的结构与功能，什么植物在群落结构功能的哪个方面占主导地位，以及如何对群落功能产生影响。研究植被结构指标与生态系统功能（水土保持、养分循环、净初级生产）的关系，在选取的植物群落周围 5～10 cm，在不同土层深度（地下 10 cm、30 cm、50 cm）开展土壤含水率、土壤容重的采样工作。获取不同植被恢复模式和不同复垦年限下各矿区有机质、养分含量等理化性质，以便分析植被结构与功能之间的关系，从涵养水源、固碳释氧、生产力功能、物种多样性、土壤肥力等方面提出优化建议。

调查结果发现神东矿区典型植物为樟子松、油松、山杏、小叶杨、沙棘、柠条、沙柳和黑沙蒿 8 种。现有乔木植物群落主要包括樟子松群落、油松群落、山杏群落、野樱桃群落、榆树群落、旱柳群落、小叶杨群落等，灌木植物群落主要包括油蒿群落、沙棘群落、沙柳群落、柠条群落、杨柴群落、紫穗槐群落、沙地柏群落等，草本植物群落主要包括紫花苜蓿群落、白草群落、针茅群落等。研究区植物群落结构参数如图 9-23 所示。

植被的逐年生长进一步导致矿区土壤的理化性质改善，土壤肥力大幅度提升，土壤粒径由以沙粒为主变为沙粒、黏粒和粉粒共存，土壤肥力的提升反过来进一步反馈植物的生长，呈现出生态环境改善的良性局面。通过参考同地区以往相关土壤状况经验资料，以及相关研究成果，结合土壤性质随纬度变化的经验方程，综合分析计算获得了各采样点对应的原生土壤质量水平背景值，利用黄土高原土壤养分丰缺分级标准，通过与神东矿区多年生态恢复后的现状土壤质量水平进行比较分析，结果表明：在该地区原生土壤质量水平低背景值的条件下，适当施用有机、无机肥料，提高土壤有机质含量，改良土壤结构，恢复土壤肥力与生物生产能力，为植被恢复打好基础。神东矿区生态恢复对该地区原生土壤质量效益有了较为显著的提升。

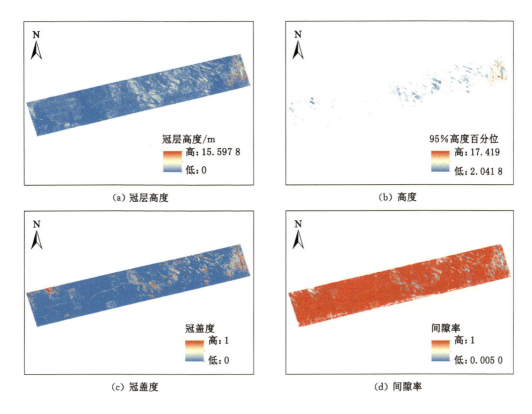

图 9-23　研究区植物群落结构参数提取

（二）植物群落配置优化

　　植被优化措施的目标为形成乔灌草混合的植被配置，提升植被群丛类型数。另外，植被在垂直空间上还应具备丰富层次，达到对植被资源空间的充分利用。在植被生理功能方面，尽量种植针阔混交林，提高植被群稳定性，最适要实现提升植被群落生产力，建立起抗干扰能力强，均衡充分发展的植被群落生态系统。整体来看，研究区重建植被区域结构要优于原生地的结构，定性表明植被恢复措施的有效性；混合种植植被比单一植被群丛类型结构优越，其中以乔木-灌木-草本混合的植被配置模式最优。

　　植被结构分级结果中，分级为无的区域基本为裸地区域，需要进行植被补栽，按研究区植被情况，种植杨树及油松，形成针阔混交林，林下混种柠条、沙棘、紫穗槐等灌木与草本植物，增加物种多样性，提高整体植被结构稳定性。根据叶面积指数对结构简单区域进行植被补植或间伐。草本植物叶面积指数较低，因此，叶面积指数高的区域包括乔木及灌木。此外，研究区内单纯灌木群丛均较为密集，所以叶面积指数低的区域包括乔木、灌草结合以及单一草本。叶面积指数较高的乔木存在两种情况：一种为单一乔木配置，林分密度过高且结构简单，抗干扰能力弱，需要对原有乔木进行间伐，再补植新乔木品种以及灌木及草本，增加植被群丛类型数；另一种为多种乔木配置，但是林下植被多样性低，因此也要对现有乔木进行适当间伐，调节林分密度，补植柠条、沙棘、紫穗槐等灌木及苜蓿、茅草等优势草本，增强植被结构稳定性。对于灌木区域，同样存在单一灌木配置及多种灌木配置。对于单一灌木结构，对灌木进行间伐，补植杨树、油松、刺槐等乔木及与现有灌木不同品种灌木，林下补植草本,提高生理功能丰富度;多种灌木配置中,植株矮小,生长相对缓慢,需进行乔木及草本补栽,提升林分抗性。叶面积指数较低的单一乔木区域,林分密度过低,在保留现有乔木的情况下,补植针叶乔木、灌木及草本,降低形态均匀度;多种乔木混合区域则只需补栽灌木及草本。对于灌草区域,通过补植杨树、油松等乔木,增大可利用资源空间,提高资源利用效率;对于草本区域,则种植阔叶与针叶乔木,形成针阔混交林,混种柠条、沙棘、紫穗槐等灌木。

基于现场植物群落配置调查结果,结合其立地条件、生物多样性、稳定性等指标评价,得到自然群落与人工改良植物群落的配置建议如表 9-3 所示。

表 9-3　群落配置模式

自然灌草群落组成	优势种	人工乔灌群落组成	优势种
油蒿＋白草	油蒿	侧柏＋柠条＋油蒿	侧柏
沙棘＋油蒿	沙棘	杏树＋榆树	杏树
沙柳＋柠条＋油蒿	沙柳	油松＋杏树＋柠条	油松、杏树
沙柳＋花棒＋油蒿	沙柳	油松＋山杏＋胡枝子	油松、山杏
沙棘＋油蒿＋樟子松＋柠条	沙棘	樟子松＋狗尾草＋花棒	樟子松
柠条＋针茅＋胡枝子	柠条	油松＋火炬树	油松
柠条＋沙葱＋针茅	柠条		
沙柳＋油蒿	沙柳		
沙柳＋花棒＋油蒿	沙柳		

第四节　引导修复技术效果

为了评估生态引导自恢复效果,通过空间换时间与植物样方调查法相结合,分别对恢复 5 年后人工引导恢复区(AR)、自然恢复区(NR)和对照区(CK)土壤和植被进行样方调查并采集相应样方的土壤理化性质数据。

一、土壤恢复效果

植物群落数据主要包括植物物种、相对盖度、相对频度、相对密度以及样方内各物种的重要值,土壤理化性质主要包括土壤含水率(SWC)、电导率(EC)、总有机碳(TOC)、有机质(OM)、容重(BD)、pH 值、全氮(TN)、可提取氮(EN)、总磷(TP)、可提取磷(EP)、全钾(TK)、可提取钾(EK)等。其中,自然恢复区(NR)主要为煤炭开采扰动结束、没有人工积极干预,如沉陷裂缝治理或植被重建等,并且基本没有放牧和采伐活动的采后工作面地表植被恢复区域;人工引导恢复区(AR)指的是根据生态引导恢复模式对工作面地表受损植被进行恢复的区域,恢复期间杜绝放牧和采伐活动;对照区(CK)则指的是地底没有煤炭开采活动扰动的区域,并且对于放牧和采伐活动的扰动不加限制。人工引导恢复区(AR)、自然恢复区(NR)和对照区(CK)土壤性质差异如表 9-4 所示。

表 9-4 人工引导恢复区(AR)、自然恢复区(NR)和对照区(CK)土壤性质差异

土壤理化性质	调查样地		
	AR	NR	CK
pH	8.34 ± 0.57^a	8.92 ± 0.68^b	8.91 ± 0.54^b
EC/(mS/cm)	167.00 ± 26.42^a	134.00 ± 22.57^b	158.00 ± 32.84^a
BD/(g/cm³)	1.49 ± 0.13^a	1.60 ± 0.11^b	1.64 ± 0.08^b
SWC/%	10.59 ± 1.73^a	7.43 ± 1.54^b	8.95 ± 1.08^a
TOC/%	16.89 ± 4.21^a	9.54 ± 3.74^b	15.64 ± 3.41^a
OM/%	8.75 ± 4.24^a	4.72 ± 2.04^b	7.20 ± 3.55^a
TN/(g/kg)	0.42 ± 0.08^a	0.46 ± 0.19^a	0.45 ± 0.08^a
EN/(g/kg)	0.017 ± 0.001^a	0.016 ± 0.001^a	0.008 ± 0.001^b
TP/(g/kg)	0.31 ± 0.08^a	0.27 ± 0.06^b	0.24 ± 0.06^b
EP/(g/kg)	0.035 ± 0.004^a	0.011 ± 0.006^b	0.018 ± 0.002^b
TK/(g/kg)	15.49 ± 1.39^a	15.37 ± 2.33^a	13.71 ± 1.66^b
EK/(g/kg)	0.011 ± 0.004^a	0.005 ± 0.001^b	0.008 ± 0.001^b

注:不同地区间土壤性质差异显著性用 a、b 表示($p<0.05$),所有检测均在 0.05 显著性水平下进行。人工引导恢复区植被调查样方数为 6,自然恢复区植被调查样方数为 7,对照区植被调查样方数为 1。

通过对人工引导恢复区(AR)、自然恢复区(NR)和对照区(CK)土壤理化性质差异进行对比,相较于自然恢复区(NR)和对照区(CK)区,人工引导恢复区(AR)土壤 pH 值、BD 值更低,土壤营养元素可提取氮、总磷、可提取磷、全钾、可提取钾含量以及 OM、TOC 含量更高,表明采取的人工引导干预措施促进了沉陷区土壤养分状况的改善。而且人工引导恢复区(AR)SWC 为 10.59%,大于植被受胁迫土壤含水率阈值 8.91%。而对于自然恢复区(NR),pH 值、BD、全氮与对照区差异较小($p<0.05$),SWC、OM、TOC、可提取磷、可提取钾等要素的含量均低于对照区,仅可提取氮、总磷、全钾含量高于对照区(CK),自然恢复区(NR)SWC 仅为 7.43%,低于植被受胁迫土壤含水率阈值 8.91%,说明自然恢复区土壤恢复状况仍不容乐观,这也体现了人工引导土壤水分条件恢复的重要性与必要性。

二、植被恢复效果

不同恢复区植被群落的差异是体现生态引导自恢复效果的重要方面。根据数据减缩原则,对本次人工引导恢复区(AR)、自然恢复区(NR)和对照区(CK)植被群落样方调查结果剔除只在 1 个或 2 个样方中出现的偶见种,最后得到 3 个区域植被群落组成情况(表 9-5)。

表 9-5 人工引导恢复区(AR)、自然恢复区(NR)和对照区(CK)植被群落组成差异

植物名称	植物个体数	相对盖度/%	相对密度/%	相对优势度/%	相对频数/%	重要值/%
AR						
长柄扁桃[a]	14	14.60	1.30	19.70	1.30	7.43
欧李[a]	9	4.50	0.87	6.07	0.87	2.60
紫穗槐[b]	8	6.40	0.74	8.63	0.74	3.37

表 9-5（续）

植物名称	植物个体数	相对盖度/%	相对密度/%	相对优势度/%	相对频数/%	重要值/%
AR						
油蒿[a]	24	6.30	2.26	8.50	2.26	4.34
文冠果[a]	12	5.10	1.12	6.88	1.12	3.04
柠条[a]	9	9.70	0.86	13.09	0.86	4.94
胡枝子[a]	150	4.00	13.99	5.40	13.99	11.13
杨树[b]	22	6.80	2.00	9.17	2.00	4.39
沙柳[a]	2	4.00	0.19	5.40	0.19	1.92
沙棘[a]	26	4.50	2.42	6.07	2.42	3.64
狗娃花[c]	22	0.40	2.05	0.54	2.05	1.54
紫花苜蓿[d]	79	3.80	7.37	5.13	7.37	6.62
草麻黄[d]	257	0.94	23.91	1.27	23.91	16.36
大针茅[d]	375	0.90	34.88	1.21	34.88	23.66
蒙古芯芭[d]	2	0.90	0.19	1.21	0.19	0.53
乳浆大戟[d]	1	0.90	0.09	1.21	0.09	0.47
细叶鸢尾[d]	62	0.38	5.80	0.51	5.80	4.04
17 个物种	1 074	74.12				
NR						
柠条[a]	7	7.50	0.59	12.93	0.59	4.71
油蒿[a]	119	28.60	10.36	53.60	10.36	24.78
沙柳[a]	4	6.20	0.37	9.75	0.37	3.50
杨树[b]	3	6.40	0.23	10.12	0.23	3.52
胡枝子[a]	58	1.90	5.10	2.44	5.10	4.21
沙葱[d]	26	0.10	2.27	0.19	2.27	1.58
紫花苜蓿[d]	60	6.90	5.26	5.43	5.26	5.32
藜[c]	117	0.50	10.22	0.94	10.22	7.12
细叶鸢尾[d]	82	0.55	7.14	1.03	7.14	5.10
草麻黄[d]	265	1.98	23.10	1.12	23.10	15.78
狗娃花[c]	47	1.04	4.12	0.07	4.12	2.77
大针茅[d]	239	1.65	20.87	1.22	20.87	14.32
百蕊草[d]	50	0.20	4.37	0.37	4.37	3.04
红茅草[d]	69	0.42	6.03	0.79	6.03	4.28
14 个物种	1 146	63.94				
CK						
柠条[a]	18	17.10	1.63	35.32	1.63	12.86
油蒿[a]	74	21.40	6.68	44.20	6.68	19.19
沙柳[a]	2	4.60	0.18	9.50	0.18	3.29

表 9-5(续)

植物名称	植物个体数	相对盖度/%	相对密度/%	相对优势度/%	相对频数/%	重要值/%
			CK			
杨树[b]	1	2.50	0.09	5.16	0.09	1.78
狗娃花[c]	90	0.20	8.13	0.41	8.13	5.56
大针茅[d]	303	0.40	27.37	0.83	27.37	18.52
胡枝子[a]	89	0.20	8.04	0.41	8.04	5.50
藜[c]	25	0.20	2.26	0.41	2.26	1.64
细叶鸢尾[d]	36	0.05	3.25	0.10	3.25	2.20
沙葱[d]	26	0.10	2.35	0.21	2.35	1.63
蒙古芯芭[d]	6	0.30	0.54	0.62	0.54	0.57
草麻黄[d]	224	0.55	20.23	1.14	20.23	13.87
地稍瓜[d]	180	0.80	16.26	1.65	16.26	11.39
委陵菜[d]	33	0.02	2.98	0.04	2.98	2.00
14 个物种	1 107	48.42				

注:粗体的植物名称是恢复物种。a 为落叶灌木;b 为落叶乔木;c 为一年生草本;d 为多年生草本。

　　通过对人工引导恢复区、自然恢复区和对照区植被群落特征进行对比发现:人工引导恢复区样地共有 17 种植物,包括用于生态恢复的植物文冠果、长柄扁桃、欧李、沙棘、紫穗槐、沙柳以及草麻黄和紫花苜蓿等,自然恢复区和对照区分别只有 14 种植物。人工引导恢复区、自然恢复区和对照区植物株数分别为 1 074 株、1 146 株和 1 107 株。在自然恢复区和对照区,植被主要由一年生或多年生草本植物组成,相对冠层覆盖率分别为 63.94% 和 48.42%。人工引导恢复区落叶灌木类植物较多,与生态恢复植物的引入有关,相对冠层覆盖率达到 74.12%。人工引导恢复区较高的物种丰富度和覆盖度均表明该区植被恢复效果更好。大柳塔矿井沉陷裂缝治理区生态引导自恢复效果如图 9-24 所示。

(a)

(b)　　　　　　　　　(c)　　　　　　　　　(d)

图 9-24　大柳塔矿井沉陷裂缝治理区生态引导自恢复效果

第五节　本　章　小　结

　　本章提出了矿山生态系统引导修复优先区的识别方法。时空正交分解模型、随机森林-元胞自动机模型可以有效识别出煤炭开采对植被扰动影响的空间区域,模拟未来格局变化,为评价植被建设区的效果,制定区域生态保护与植被建设规划提供了空间信息支撑。基于 F_V/F_M 光合生理要素的空间分布可以有效识别植被胁迫区域和优先恢复区。

　　本章还研发了采矿源头过程减损技术、采后生态修复引导技术,提出了基于阈值条件的自然恢复、人工修复和生态保护区识别方法及合理修复程度。工作面布局应考虑与起伏自然地形的耦合协调关系,尽可能地减少附加坡度和消除自然坡度,以实现开采沉陷后形成的地表水土流失量较少。提出减轻土地变形损伤的关键措施是提高采宽、开采速度和深厚比,改良开采参数,有利于减少单位面积地裂缝发育数量,减轻土地拉伸变形产生的土体性质变化,以及减缓沉陷区水土流失,从而实现生态环境的源头保护与减损。

　　针对井工矿区地裂缝、冲沟边坡等重点部位,提出了临时性、永久性地裂缝差异化治理技术,包括简易充填、固体充填、超高水材料充填技术。提出了拉伸区和压缩区的水土保持技术,包括削坡整形-植被恢复技术、土谷坊持土绿化、植物毯技术。还提出了基于合理修复程度的植物群落优化配置等技术方法,加快沉陷区受损生态系统的修复。

第十章 露天开采对景观生态的影响

露天矿区因挖损、压占、塌陷、复垦等生产建设活动对生态环境的影响在不同尺度(个体、种群、群落、生态系统、景观/区域等),其表现形式、累积程度及其生态修复方式都有所不同。本章以恢复生态学、景观生态学为理论基础,以我国内蒙古草原煤电基地为研究区,在植被、土壤、地形等现场调查基础上,借助多源遥感监测与数值模拟等手段,探讨煤电基地开发对草原区景观格局、关键景观组分和生态过程的影响,为草原露天煤电基地景观生态恢复提供理论基础。

第一节 矿区景观格局与地形地貌变化特征

一、露天矿区景观格局变化

露天采矿活动产生的环境效应、环境问题及破坏形式如表 10-1 所示。景观是由相互作用的多个异质生态系统组成的地理空间;景观生态恢复是煤电基地生态安全格局构建的关键途径。目前,国内外学者围绕露天矿区景观生态开展了一系列研究,主要集中在景观格局变化、景观生态类型划分、景观生态健康调查与评价、景观生态规划和景观生态空间格局模拟优化等方面。总体来说,针对草原煤电基地长期高强度开采驱动下景观破碎、生态结构缺损与功能失调等景观生态问题的影响机理不明确,亟须的景观生态恢复技术研发不足,包括:缺少针对草原煤电基地景观生态分类体系研究;无统一的矿区景观生态健康评价标准;缺乏景观格局改变产生的物质流、能量流等生态过程的机理性研究;需研发适用于矿区尤其是草原区煤电基地的景观格局模拟与优化模型;现有生态恢复技术修复模式单一,矿业景观与自然景观融合度低,缺少整体格局优化与关键部位/组分修复综合的景观生态恢复技术体系。

表 10-1 露天采矿活动产生的环境效应、环境问题及破坏形式

环境效应	矿山环境问题	破坏形式分析
占用与破坏土地资源	固相废弃物堆积与污染——地面变形问题、土壤侵蚀、沙漠化等	以占用、物理机械破坏和化学污染破坏等形式减少可用的土地资源总量
水资源损毁	液(固)相废弃物渗透与淋滤污染、矿山疏排水与突水等	有形成地下水降落漏斗导致的水量减少和以废弃物渗透与淋滤导致的地下水、地表水水质污染两种损毁形式
矿山次生地质灾害	地面变形问题、土壤侵蚀、沙漠化、固相废弃物堆积、尾矿库(坝)溃决、矸石自燃、放射性污染等	诸多矿山环境问题处理不当诱发和加剧矿山次生地质灾害

表 10-1(续)

环境效应	矿山环境问题	破坏形式分析
重粉尘导致的重金属及其他水土污染	表土剥离、运输及煤炭开采、运输造成的粉尘污染;排土场风蚀造成矿区及周边粉尘污染	粉尘携带重金属等有害元素污染周边土壤及水源,同时粉尘对植被光合作用造成胁迫
自然地貌景观与生态破坏	土壤侵蚀、沙漠化、地面变形、固相废弃物堆积、山岩裸露、崩塌和边坡失稳等	采矿活动对地貌形态和地表景观的改造超出其承载能力,以资源量和生物种属的减少为代价

研究区为内蒙古自治区锡林郭勒盟锡林浩特市周边胜利矿区群(图 10-1),包括胜利一号露天矿、西二号露天矿、西三号露天矿、东二号露天矿以及乌兰图嘎露天锗矿。截至 2016 年年底各矿区共有 9 座外排土场,占地面积约 27.89 km²。研究区地处温带丛生禾草典型腹地,除河滩、丘间洼地和盐化湖盆地外均为典型草原,地理坐标为 43°54′15″N~44°13′52″N,115°24′26″E~116°26′30″E,海拔 970~1 212 m。该区属于半干旱草原气候,极端最高气温 38.3 ℃,极端最低气温−42.4 ℃,平均气温 1.7 ℃;年最大降雨量 481.0 mm,年最小降雨量 146.7 mm,年平均降水量 294.74 mm,年均蒸发量 1 794.64 mm;春季多风,风速 2.1~8.4 m/s,年均风速 3.5 m/s,瞬时最大风速 36.6 m/s;最大冻土深度 2.89 m;年无霜期 122 d。研究区土壤类型主要由栗钙土、草甸栗钙土、草甸土等组成,部分区域由于草场退化而形成沙化、砾石化栗钙土,土壤有机质含量低,土壤肥力差。研究区植被以芨芨草、针茅、羊草、猪毛菜为主。矿区排土场复垦始于 2006 年,在堆积岩土上覆以采坑剥离表土,再配以

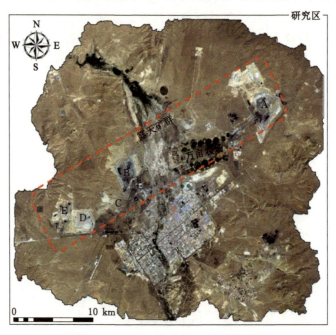

A:东二号露天矿;B:一号露天矿;C:西三号露天矿;D:西二号露天矿;E:乌兰图嘎露天锗矿。

图 10-1 研究区位置

适生灌草和浇灌设施,以保证植被生长所需的基本条件。绿化植被主要有沙打旺、紫花苜蓿、柠条、油蒿、披碱草等。但由于表土堆积时人工作业的不均匀性,排土场土壤异质性较大,同时由于矿区地处生态脆弱区,排土场水土流失较为严重。

　　露天矿区景观格局变化过程中,物质被循环利用,能量在人类活动与生态环境之间流动,生物多样性、水文过程和生态功能等都将受到影响。矿区景观格局演变是以资源开发为原动力的时空演变动态过程,是采矿对景观生态影响的综合反映,研究矿区景观格局演变对理解采矿对景观生态影响具有重要的意义。本节采用了 2002 年、2005 年、2008 年、2011 年、2014 年、2017 年共 6 期 TM 遥感数据,使用支持向量机结合目视解译将研究区分成 13 类,得到了锡林浩特胜利矿区景观格局变化图(图 10-2)、主要景观类型的比例图(图 10-3)以及景观格局指数(表 10-2)。可以看出,矿业景观整体呈现逐渐增加趋势,尤其是 2005 年到 2014 年增速较快;包括城镇建设用地景观、工业仓储用地景观、铁路景观、道路景观在内的城镇景观也呈现逐年递增趋势,尤其是 2005—2011 年城市扩张势头迅猛;然而草地景观持续递减,显然,煤炭资源的开发、城市的扩张、道路建设及工业的发展占用了大量的草地。

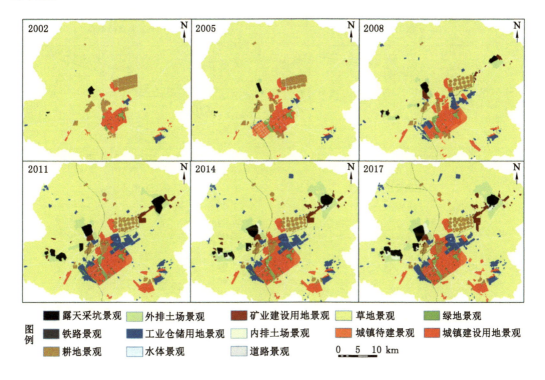

图 10-2　2002—2017 年胜利矿区景观格局变化

　　景观指数和土地利用/覆被变化(即景观类型演变)是表示景观格局演变最经典和最常用的方法。通过计算分析表明,景观指数逐年增加的有斑块数量 NP(number of patches)、斑块密度 PD(patch density)、景观形状指数 LSI(landscape shape index)、散布与并列指数 IJI(interspersion juxtaposition index)、景观分离度 DIVISION(landscape division index);逐年递减的有最大斑块所占景观面积比例 LPI(largest patch index)、蔓延度指数

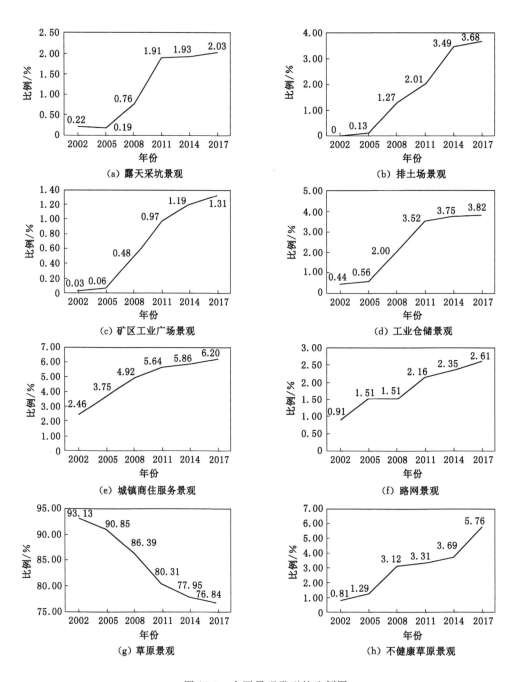

图 10-3　主要景观类型的比例图

CONTAG(contagion index)、聚合度 AI(aggregation index)。部分景观指数的生态学意义如表 10-3 所示。总体来看,研究区草原景观逐渐减少,斑块数量逐渐增多,景观斑块越来越分散,斑块形状越来越复杂多样化,景观破碎化,景观连通性逐渐下降,景观异质性与复杂性增强,景观格局破碎程度增加。

表 10-2　2002—2017 年胜利矿区景观格局指数与分类精度 Kappa 系数

年份	NP	PD	LPI	LSI	CONTAG	IJI	DIVISION	AI	Kappa 系数
2002	123.00	0.10	73.03	6.03	91.99	43.32	0.46	98.97	0.89
2005	180.00	0.15	74.40	7.97	89.43	47.59	0.45	98.58	0.88
2008	232.00	0.19	61.21	10.02	84.97	54.44	0.62	98.18	0.86
2011	363.00	0.29	55.60	13.72	79.90	55.71	0.69	97.43	0.86
2014	476.00	0.39	51.63	15.52	77.77	56.50	0.73	97.07	0.86
2017	492.00	0.40	45.26	16.41	76.81	55.47	0.79	96.89	0.85

表 10-3　部分景观指数的生态学意义

类别	名称	缩写	景观生态学意义
破碎性	蔓延度指数	CONTAG	蔓延度指数是指斑块类型在空间分布上的集聚趋势；当所有斑块类型最大限度破碎化和间断分布时，指标值趋近于 0；当斑块类型最大限度地集聚在一起时，指标值达到 100%。该指标单位为%，范围为 0≤CONTAG≤100%
	景观形状指数	LSI	随着 LSI 的增大，斑块越来越离散，斑块形状越来越不规则，取值范围 LSI≥1
连通性	斑块黏聚力指数	COHESION	随着连通性降低，COHESION 降低。该指标没有单位，取值范围 0≤COHESION≤100
	连接度指数	CONNECT	随着景观中各斑块之间的连通性增强，CONNECT 的值变大，单位为%，取值范围 0≤CONNECT≤100%
多样性	斑块数量	NP	景观中随着斑块数量的增加，NP 值增高，取值范围 NP≥1
	Shannon 多样性指数	SHDI	随着景观中斑块类型数的增加以及它们面积比重的均衡化，其不确定性的信息含量也增大，SHDI 增高，取值范围 SHDI≥0

二、露天矿区地形变化特征

为分析研究区地形变化的主要原因，本研究分别对研究区采前地形与现状地形的高程和坡度进行统计，统计结果如图 10-4 所示。由图可见，草原区整体地形坡度较小，现状地形下采坑和排土场的存在使得研究区高程分布变广，排土场斜坡-平台的堆积形态使多个排土场平台高程点占比有明显凸起，凸起间隔与排土场平台间隔相关；采前状态下研究区整体坡度呈西高东低状态，地势起伏变化不明显，而矿坑挖损和排土场堆积增加了相应区域的整体坡度，相比于采前地形，露天矿业的发展使当地地貌发生了明显变化，这是导致流域水土流失增加的主要原因之一。

三、地形对土壤养分的影响特征

研究区草原土壤养分的描述性统计结果如表 10-4 所示。胜利矿区土壤 pH、有机质、速效氮、有效磷、速效钾平均含量分别为 8.07、21.59 g/kg、82.91 mg/kg、8.21 mg/kg、257.34 mg/kg。参照全国第二次土壤普查养分分级标准，有机质属于中等水平，速效氮和

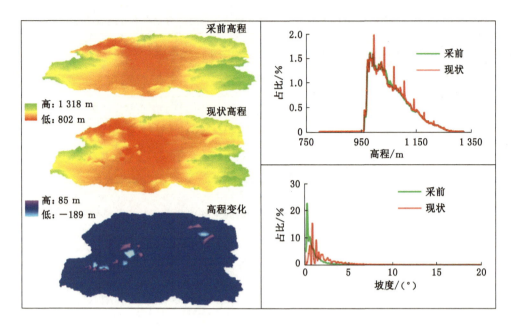

图 10-4 胜利矿区开采前后高程和坡度变化

有效磷属于缺乏水平,速效钾属于丰富等级。根据 Nielsen 标准,pH 的变异系数为8.19%,表现出弱的变异性;其他 4 项指标变异系数在 44.38%~72.09%,均属于中等强度变异,其中有效磷的变异系数最高,为72.09%。土壤速效养分较 pH、有机质的变异系数高,这主要是由养分在土壤中的化学性质和成土母质决定的。在显著性水平为 0.05 的单样本 K-S 检验下,pH 值和有机质含量符合正态分布,速效氮、有效磷、速效钾含量经 Box-Cox 变换后服从正态分布。

表 10-4 胜利矿区草原土壤养分因子数量特征

土壤养分	最小值	最大值	平均值	标准差	变异系数	偏度	峰度	K-S 检验
pH	6.67	9.35	8.07	0.66	8.19%	0.12	−0.43	0.20
有机质含量/(g/kg)	4.10	43.30	21.59	9.58	44.38%	0.48	−0.15	0.20
速效氮含量/(mg/kg)	11.01	179.98	82.91	42.72	51.52%	0.51	−0.49	0.20*
有效磷含量/(mg/kg)	2.04	25.93	8.21	5.92	72.09%	1.65	2.31	0.20*
速效钾含量/(mg/kg)	40.19	573.23	257.34	133.22	51.77%	0.77	−0.02	0.20*

注:* 为 Box-Cox 变换后的数据结果。

典型对应分析(CCA 排序)将对应分析与多元回归相结合,可以直观地反映地形因子[坡度(SLO)、坡向(ASP)、高程(ELE)、地形湿度指数(TWI)和地形起伏度(RA)]对土壤养分空间变异的影响程度。典型对应分析包含 4 个排序轴,即将地形因子重新组合成 4 个互不相关的综合变量,以方差解释累计百分比表示各轴对养分异质性的影响程度。排序图中只显示前两轴,地形因子用带有箭头的实线表示,箭头长度表示该地形因子对土壤养分空间分布影响的强弱;箭头与养分质心的夹角表示地形因子与该养分的相关性,夹角越小,相关性越强;箭头与排序轴之间的夹角表示地形因子与排序轴的相关性,夹角越小,相关性越高。

　　由表 10-5 和图 10-5 可知,CCA 排序前两轴的累积解释度达 93.8%,可以很好地反映土壤养分与地形因子之间的关系。影响第一排序轴的地形因子主要是高程、地形起伏度和坡度,第二排序轴的决定性地形因子是坡度。pH 靠近质心,表征其空间变异受地形因子的共同作用。有机质主要受坡度的影响。速效氮受坡度、高程的影响较大。地形湿度指数和坡向是制约速效钾空间分布的主要因素。有效磷与各地形因子的夹角均较大,表明其受地形因子的制约较小,原因可能有两方面:① 土壤中磷主要来自基岩(施肥除外),而基岩又不易被风化;② 土壤中磷素极易被固定,移动性很弱。

表 10-5　地形因子与 CCA 排序轴的相关系数及方差解释累计百分比

地形因子	第一轴 Axis1	第二轴 Axis2	第三轴 Axis3	第四轴 Axis4
坡度 SLO	0.593	0.505	0.062	0.620
坡向 ASP	−0.043	−0.436	0.418	0.497
高程 ELE	0.888	−0.049	0.310	−0.240
地形湿度指数 TWI	−0.334	−0.253	0.738	−0.057
地形起伏度 RA	0.699	−0.177	−0.292	0.481
方差解释累计百分比	65.7	93.8	98.6	100.0

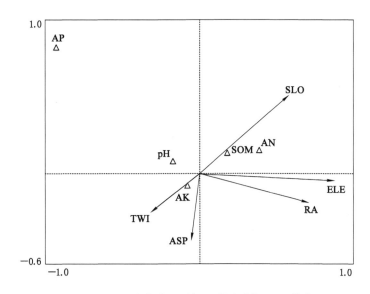

图 10-5　土壤养分因子与地形因子的 CCA 排序

　　坡度主要通过影响土壤持水量、表层颗粒运移等因素间接影响土壤肥力水平。基于 DEM 提取胜利矿区坡度,根据实际情况将坡度分为 9 级,分别统计不同坡度范围内土壤有机质、速效氮的平均含量[图 10-6(a)]。结果表明,随着坡度增大,土壤有机质和速效氮平均含量均表现出先升高后降低的趋势,这与 CCA 排序图中两者均在中等坡度位置取得最大值相符合。在坡度较大区域,土壤表层有机质、速效氮易受到淋洗作用而损失,含量降低。

　　高程不同,温度、光照、水分等生态因子各异,这将影响成土母质的再分配,从而使土壤养分的分布发生变化。对高程与速效氮含量进行单因素回归分析[图 10-6(b)],结果显示

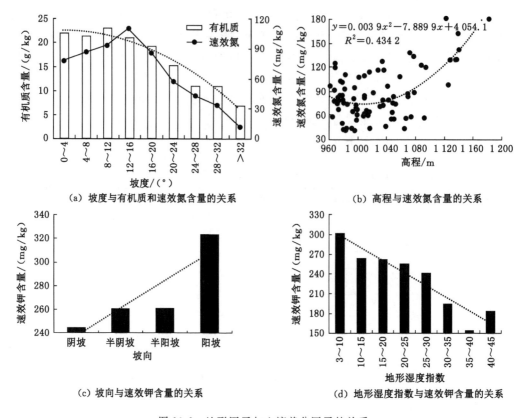

(a) 坡度与有机质和速效氮含量的关系

(b) 高程与速效氮含量的关系

(c) 坡向与速效钾含量的关系

(d) 地形湿度指数与速效钾含量的关系

图 10-6　地形因子与土壤养分因子的关系

随着高程增大,速效氮含量呈明显增加趋势。德科加等的研究表明,土壤氮素的矿化随温度升高而加强,因此当高程增加时温度降低,微生物分解速度减缓,矿化作用减弱。此外,高程增加伴随着人为扰动减少。这些都可以促进速效氮含量升高。

坡向制约土壤受到的温度、辐照度、水分等状况,进而影响土壤养分含量。本研究采用四分法对坡向进行分级,对研究区不同坡向土壤的速效钾平均含量进行统计[图 10-6(c)],结果表现为阳坡>半阳坡>半阴坡>阴坡,这与其他研究中阳坡土壤速效钾含量低于阴坡的结论不一致,可能是由胜利矿区的自然环境引起的。研究区多以西北风为主,风力侵蚀导致阴坡、半阴坡的土壤速效钾流失严重,又因为迎风坡的关系该方向易形成地形雨,降雨强度和降雨量比另一侧大得多,因此阴坡土壤侵蚀强烈,并导致大量速效钾流失。

地形湿度指数作为重要的地形因子,也会影响土壤养分的空间分布。利用 DEM 提取胜利煤田地形湿度指数,并根据研究区实际情况将地形湿度指数分为 8 级,分别统计各范围内的土壤速效钾平均含量[图 10-6(d)]。结果表明,土壤速效钾平均含量与地形湿度指数呈负相关关系,与图 10-6 中地形湿度指数增大速效钾含量降低的结果相吻合。由于速效钾吸附能力较弱,流动性较强,而地形湿度指数与土壤含水率呈直线相关,因此地形湿度指数增大,土壤淋溶作用加强,速效钾含量降低。

从 CCA 排序图中还可以看出,pH 的质心距离速效钾的质心较近,且分布在 0 刻度的两侧,表明二者呈显著负相关,与庞凤等的研究结果一致。这主要是由于随着土壤 pH 增大,钾素的有效性降低,致使速效钾含量降低。有机质与速效氮的质心距离很近,且分布在

0刻度的一侧,说明二者具有明显的正相关关系,可能的原因是土壤中氮素主要来自有机质的矿化,速效氮含量受有机质含量的影响。pH与有机质、速效氮分别呈显著负相关,但是在CCA排序图中关系并不明显,原因可能是受到地形因子的影响,pH距离有机质和速效氮的质心较远。

第二节 矿区道路对草原景观破碎化的影响

一、研究背景与目的

排土场、采损区、仓储用地等典型矿业斑块导致草原露天矿区景观破碎、周边自然区域生态过程变化,应作为独立的地物在土地利用图中分类出来。除此之外,草原煤电基地还有大量不同等级用途的道路,也可能引起草原景观的破碎,改变生态过程与草原生物多样性。现有的景观破碎化评价方法主要是利用遥感影像得到的土地利用类型图求算相应的景观指数进行评价。但由于人为扰动(如车辆碾压)而形成的土路(2 m≤宽≤3 m,路面为土壤)以及人为修建的公路(宽≥15 m,路面为水泥,路基抬高,具有涵洞)是否均造成了景观破碎化?在利用遥感影像生成土地利用分类图时,应精确分类出每一条土路和公路,还是仅分类出公路,或者是将道路均分类为草原?其问题的本质在于,该种道路景观是否造成了景观的破碎化。若造成了景观破碎化,则应该在遥感影像中被分类出来;反之,则不应该被分类出来。本节分析不同道路分类准则得出的景观指数与生物多样性指数的相关性,来分析哪种类型道路引起的景观破碎化产生生态影响。然而,由于影像空间分辨率以及影像解译人员的差异,在同一区域会得到不同的土地利用分类结果,也即出现不同的斑块划分标准与结果,却不知道根据哪一种分类准则计算出来的景观指数能真实地反映景观破碎化程度及其生态环境影响。显然,这种评价方式过于主观,缺少合理的判别依据。

为了研究道路对草原景观破碎化的影响,本节基于岛屿生物地理学理论,利用草原煤电基地生物多样性变化调查结果与不同分类准则得到的景观破碎指数,来分析不同类型道路对草原景观破碎化的影响,以指导适宜空间分辨率影像的选择,并将这些地物在土地利用图中分类出来,参与景观破碎化的计算。根据景观生态学原理可知,景观破碎将会导致物质流过程变化,以及生物量、生物多样性等变化,比较不同分类方式得到的景观指数与植物多样性指数的相关性,根据相关性最高的分类方式,分析道路在影响生物多样性格局的过程中发挥着怎样的作用,并进一步分析道路在影响生物多样性格局的过程中是否造成了景观破碎化,可为草原地区的景观破碎化评价提供一定的分析准则。草原道路景观如图10-7所示。

二、植物多样性调查和景观指数计算

(一)地理单元划分

流域是一种重要的自然地理单元,一个流域内部生态系统的功能、信息和能量相对独立,经常作为景观格局研究中的研究区域或研究尺度。本研究以流域作为研究的基本地理单元,利用DEM和ArcGIS10.4软件实现研究区流域的划分。流域划分结果如图10-8所示,不同的色块代表不同的流域,共有29个流域内含有生物多样性调查样方。

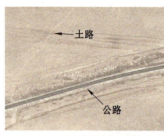

（a）Google earth上显示的公路和土路　　（b）Google earth上显示的公路和土路　　（c）草原上被汽车碾压出的土路

（d）草原上被汽车碾压出的土路　　　　（e）修建的公路　　　　　（f）公路下面的涵洞

图 10-7　草原上的道路景观

图 10-8　研究区流域划分结果

（二）植物多样性调查

植物多样性调查于 2018 年 8 月进行,每个样方都采用 GPS 记录地理坐标。调查样方的分布情况如图 10-9 所示,共有两种布设方式。第一种布设方式用红色三角符号表示,共 24 个样地,均匀分布于整个研究区。每个样地包括 3 个 1 m×1 m 的样方,任意两个样方间距均为 10 m,共 72 个样方。第二种布设方式用蓝色三角符号表示,样方分布于矿坑周边草地,大小同样为 1 m×1 m。估算样方内植被盖度之后,分物种记录植株高度、密度、频度。

下载研究区的 Landsat TM 影像(http://www.gscloud.cn/),在 ENVI 中对影像进行预处理,作为土地利用分类的基础数据。

植物 α 多样性指数采用物种数和综合描述物种丰富度与均匀度的 Simpson 多样性指数,Simpson 指数的计算公式如式(10-1)所示:

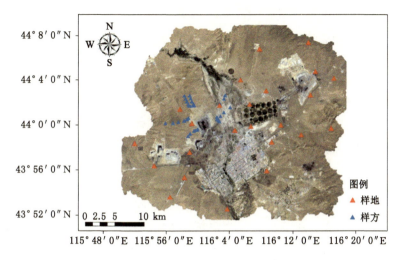

图 10-9　生物多样性调查样方分布情况

$$\mathrm{Simpson} = 1 - \sum P_i^2$$

$$P_i = (相对高度 + 相对密度 + 相对频度)/3 \tag{10-1}$$

式中　P_i——样方内物种 i 的重要值。

群落相似性指数采用 Jaccard 相似性指数,其计算公式如式(10-2)所示:

$$\mathrm{Jaccard} = c/(a+b-c) \tag{10-2}$$

式中　a——样方 A 中的物种数目;

　　　b——样方 B 中的物种数目;

　　　c——样方 A、B 中的共有种的数目。

根据流域划分结果,计算每个流域内样方的 α 多样性指数和样方间的群落相似性指数。

(三)分类准则与景观指数计算

根据《土地利用现状分类》(GB/T 21010—2017),研究区内存在的道路景观包括铁路用地、公路用地、城镇村道路用地、农村道路和管道运输用地。由于本研究仅研究草原上的道路景观,因此不考虑城镇村道路用地,在数据处理时将城镇区域掩膜。管道运输用地占地面积很小,且并没有对草地造成明显的破坏,因此不予考虑。铁路用地对草地造成了一定的影响,但由于其经过的具有生物多样性调查样方的流域较少,难以单独对其进行统计学分析,因此将其归类为公路用地。根据《土地利用现状分类》,公路用地包括国道、省道、县道和乡道的用地,路面宽度普遍大于 15 m,为水泥或沥青路面,在遥感影像上公路显示为灰黑色或灰白色。《土地利用现状分类》中将农村道路定义为宽度为 2~8 m,用于村间、田间交通运输,并在国家公路网络体系之外,以服务于农村农业生产为主要用途的道路。在本研究,农村道路指的是草原上被车辆碾压而成的土路,宽度为 2~3 m,路面为土壤,在影像中显示为土黄色[图 10-7(c)、(d)]。本研究以公路和土路为研究对象,提取包含生物多样性调查样方的流域(共 29 个),并对流域内的道路景观做不同的分类处理,其余地物按照《土地利用现状分类》处理,每个流域得到 4 种土地利用分类结果:

分类准则 1:所有道路均被分类为草原(认为道路没有引起景观破碎化)。

分类准则 2:土路被分类为草原,保留公路(认为只有公路引起了景观破碎化,土路并没有）。

分类准则 3：土路和公路均被划分为道路景观，不加以区分（认为土路和公路都引起了景观破碎化，且作用一样）。

分类准则 4：土路和公路被划分为不同的道路景观，加以区分（认为土路和公路都引起了景观破碎化，但作用不一样）。

为了描述景观的破碎化程度，基于 Fragstats4.2 软件，选取能表征景观破碎特征的景观指数斑块密度（PD）、景观形状指数（LSI）、斑块内聚力指数（COHESION）、景观分割度指数（DIVISION）、分离度指数（SPLIT）以及斑块丰富度密度（PRD）作为评价景观破碎化的指标。将所有流域的 4 种土地利用分类结果输入 Fragstats 软件中，计算相应的景观指数。

在 SPSS23 中采用皮尔逊相关系数计算不同分类准则下流域的景观破碎化指数与流域内样方的生物多样性指数的相关性。由于多元逐步回归会自动筛选出对因变量影响最大的自变量，因此以多样性指数为因变量，各个分类准则得出的景观指数为自变量，根据多元逐步回归及相关性分析的结果分析哪一种土地利用分类准则得出的景观指数对生物多样性的变化最具有解释能力。研究思路如图 10-10 所示。

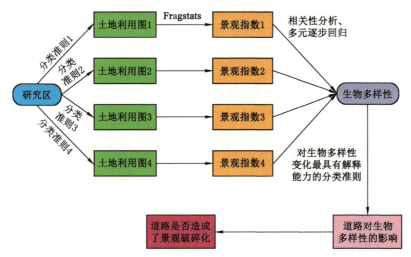

图 10-10　研究思路

根据不同的分类准则，每个流域均得到了 4 种土地利用分类结果（图 10-11）。将分类结果输入 Fragstats4.2 软件中，计算相应的景观指数，并统计每种分类准则得出的景观指数的平均值（图 10-12）。从图 10-12 可以看出，从分类准则 1 到分类准则 4，PD、LSI、DIVISION、SPLIT、PRD 指数呈上升趋势，COHESION 指数呈下降趋势，说明 4 种分类准则得出的景观破碎化程度依次加剧。根据分类准则 1 得出的景观破碎化程度最轻，而根据分类准则 4 得出的景观破碎化程度最严重。因此，针对道路景观采用不同的分类准则会影响景观破碎化的评价结果。

三、不同分类准则得出的景观指数与植物 α 多样性指数的相关性

在 SPSS23 中利用皮尔逊相关系数计算 α 多样性指数与不同分类准则得出的景观指数的相关性，其结果如图 10-13 及图 10-14 所示。大部分景观指数与 Simpson 指数的相关系

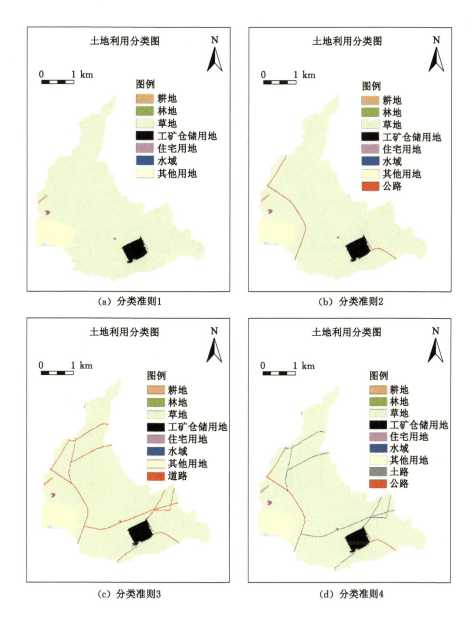

图 10-11 不同分类准则得到的土地利用分类图(以某一地理单元为例)

数通过了显著性检验,说明景观破碎化对生物多样性影响显著,且景观破碎化的加剧导致流域内 α 多样性的下降。比较相关系数的绝对值发现,分类准则 2 得出的景观指数与 Simpson 指数的相关系数不仅均通过了显著性检验(0.05),且相关系数的绝对值最大。对于物种数,虽然通过显著性检验的结果较少,但是可以得出同样的结论,即景观破碎化导致物种多样性的下降且分类准则 2 得出的景观指数与物种数的相关性最强。

由于多元逐步回归会自动筛选出对因变量影响最大的自变量,因此将植物多样性指数作为因变量,4 种分类准则对应的景观指数作为自变量,在 SPSS23 中做多元逐步回归,结果如表 10-6 所示。由表 10-6 可以看出,进入回归方程的自变量大部分是 x_2(根据分类准则 2 计算出的景观指数)。因此,将土路分类为草原,保留公路的分类准则所计算出的景观指

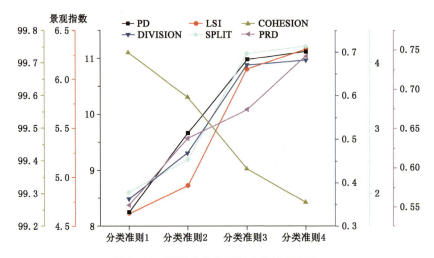

图 10-12 不同分类准则得出的景观指数

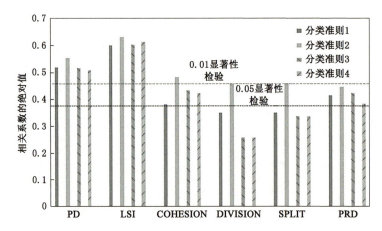

图 10-13 景观指数与 Simpson 指数的相关性(PD、LSI、DIVISION、SPLIT、
PRD 与 Simpson 指数为负相关,COHESION 与 Simpson 指数为正相关)

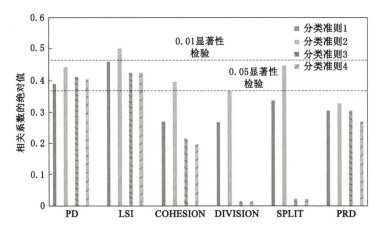

图 10-14 景观指数与物种数的相关性(PD、LSI、DIVISION、SPLIT、PRD 与
物种数为负相关,COHESION 与物种数为正相关)

数与植物多样性指数（Simpson、物种数）相关性最高，这种分类准则得出的景观破碎化可以最好地解释生物多样性的变化。

表 10-6　景观指数与 α 多样性指数的多元逐步回归结果

景观指数	Simpson	物种数
PD	$y=-0.01x_2+0.722$	$y=-0.136x_2+10.089$
LSI	$y=-0.038x_2+0.813$	$y=-0.51x_2+11.329$
COHESION	$y=0.323x_2-31.583$	$y=4.374x_2-427.301$
DIVISION	$y=-0.248x_2+0.726$	无
SPLIT	$y=-0.057x_2+0.751$	$y=-0.91x_2+10.805$
PRD	$y=-0.189x_2+0.741$	无

注：x_1、x_2、x_3、x_4 分别代表根据分类准则1、分类准则2、分类准则3、分类准则4计算的相应的景观指数，"无"代表没有结果输出。

四、不同分类准则得出的景观指数与群落相似性指数的相关性

综合描述一个区域的生物多样性应至少考虑生境内多样性（α 多样性）和生境间多样性（群落相似性）两个方面。为了研究不同分类准则得出的景观指数与流域内不同样方之间的群落相似性的相关程度，同样利用皮尔逊相关系数和多元逐步回归的方法对景观指数与 Jaccard 相似性指数进行分析，结果见图 10-15 及表 10-7。相关性分析结果显示，景观破碎化的加剧导致 Jaccard 指数下降，流域内不同样方间物种的差异增大，群落相似性降低。在 4 种分类准则中，分类准则 2 计算出的景观指数与群落相似性指数相关性最强，且有 4 个指数与 Jaccard 指数的相关系数通过了 0.01 显著性检验。回归分析的结果表明，进入回归方程的自变量大部分为分类准则 2 计算出的景观指数。相关性分析和回归分析的结果均说明分类准则 2 得到的景观破碎化指数对植物群落相似性的变化最具有解释能力。

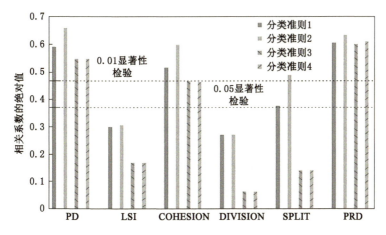

图 10-15　景观指数与 Jaccard 相似性指数的相关性（PD、LSI、DIVISION、SPLIT、PRD 与 Jaccard 指数为负相关，COHESION 与 Jaccard 指数为正相关）

表 10-7　景观指数与 Jaccard 指数的多元逐步回归结果

景观指数	多元逐步回归结果
PD	$y=-0.007x_2+0.587$
LSI	无
COHESION	$y=0.249x_2-24.281$
DIVISION	无
SPLIT	$y=-0.043x_2+0.626$
PRD	$y=-0.213x_2+0.646$

注：x_1、x_2、x_3、x_4 分别代表根据分类准则 1、分类准则 2、分类准则 3、分类准则 4 计算的相应的景观指数，"无"代表没有结果输出。

由前面的结果可以看出，当分析景观破碎化与生物多样性的关系时，最佳的土地利用分类方式为将土路分类为草原，保留公路景观。根据这种分类准则计算出的景观破碎化指数对生物多样性的变化最具有解释能力。因此，应忽视土路的存在，即土路并没有影响生物的多样性，而公路改变了所在流域的生物多样性。分析其原因为公路的出现导致了景观的破碎化，而土路并没有。

相关研究发现，物种多样性会随着环境梯度的变化而变化。草原上土壤养分含量、重金属含量、土壤水等环境要素的梯度分布格局影响着生物多样性的分布格局，并通过能量流动、物质流动维持着分布格局的稳定。由于土路的存在与否对生物多样性并没有造成影响，所以草原上由于人为扰动而形成的土路并没有改变原有的环境梯度，土路两旁的生境仍可通过地表径流、地下渗透、风沙扬尘、牲畜携带等多种途径进行正常的能量与物质交换。因此，土路没有明显阻断草原上的物质流动与能量流动。同时，草原上的植物种子大多能够通过风和动物进行传播，所以土路也没有阻止物种的流动。虽然从肉眼上看土路的出现使草原被划分为了一个个小的斑块，但是并没有使这些斑块之间出现差异，其仍然可视为一个整体。因此，土路没有造成景观的破碎化。

根据前面的结果，草原上人为修建的公路对生物多样性格局造成了一定的影响。根据图 10-12 中分类准则 1 和分类准则 2 的景观指数计算结果可知，当考虑公路景观后，景观破碎化程度加剧，而景观破碎化的加剧会导致样方内物种多样性的下降（图 10-13、图 10-14）。根据种-面积理论，分析其原因为公路的出现使原来较大的斑块被分割为小的斑块，导致物种生存面积减小，丰富度下降。相对于较大的斑块，小型斑块的生态系统稳定性较差，更容易受到外部的干扰，导致一些物种的灭绝。此外，根据图 10-15 可知，景观破碎化的加剧会使流域内样方之间的群落相似性下降。根据生境异质性假说，异质性程度高的生境包含更多的生态位，而不同物种对不同生态位的偏好可以解释物种多样性的维持机制。因此，分析其原因为公路通过阻断草原上不同区域间的能量流动与物质流动，使原来较为均质的环境趋向于异质性，从而形成适合不同物种生存的生境条件，导致了群落间的相似性下降。另外，靠近公路的草原由于人为活动剧烈，受干扰较大，也会导致生境异质性增加。例如汽车尾气的排放、运煤车辆洒落的煤尘，都会改变土壤重金属及养分的分布，使生境的差异增大。因此，公路的出现会使原来大的斑块被分割为较小的斑块，并阻止物质与能量的交换，增大了周边环境的差异性，也是景观破碎化的结果。道路对景观破碎化的影响如图 10-16 所示。

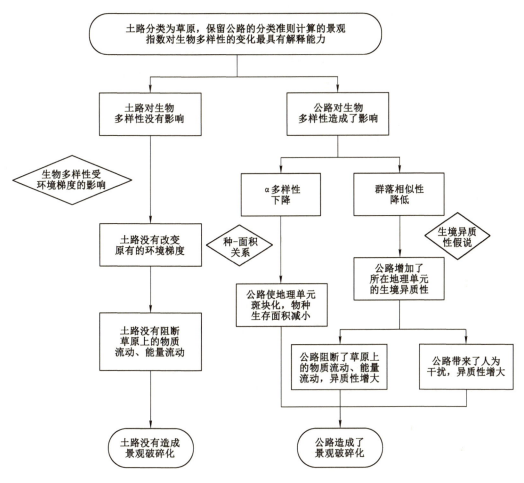

图 10-16　道路对景观破碎化的影响

综上所述,草原上由于人为扰动而形成的土路(2 m≤宽≤3 m,路面为土壤)并没有造成景观的破碎化,而人为修建的公路(宽≥15 m,路面为水泥,路基抬高),即便具有涵洞,仍然对草原造成了一定的破碎化。当利用遥感影像生成的土地利用分类图评价草原景观的破碎化程度时,应将公路作为独立的地物划分出来,参与景观指数的计算。而对于草原上的土路,则不必与周边的草地区分,应直接分类为草地。结合不同分类准则的道路景观对草原基质是否造成了景观破碎化的研究案例,建议今后利用遥感景观分类评价景观破碎化时应注意分类准则的科学性。

第三节　露天矿区地表水文过程变化

露天开采所产生的采坑和排土场改变了原有地形地貌,同时还将改变矿区土地利用和景观格局,进而引起矿区土壤、水资源、植被等环境要素发生变化。土壤水、地表水资源是影响半干旱矿区生态环境质量的控制性环境要素。降雨入渗与地表径流则是半干旱区域土壤水与地表水最为重要的水分补给来源。作为影响流域水文过程空间不均匀性的第一主导因子,通过影响降水分配,地形在流域水分空间再分配中起着重要作用。露天矿区景观格局与地形地貌的改变势必影响降雨地表径流的时空分布过程,直接影响土壤水分的空间分布,而水分的空间分布又会对景观内的水力学、地貌学和生态学等许多过程产生重要影响,如地表径流、土壤的特性和植被的生长与分布等。因此,预测和理解受开采影响后矿区土壤水分的空间分布及其控制过程,对辅助水土保持、植被建设与环境管理具有重要意义。

基于此,本研究提出采用第七章构建的分布式地表水力联系模型来定量描述露天矿区景观格局与地形地貌变化对各地表水文单元之间的水分流动的影响。地表水力联系是指一定的流域范围内某水文单元接受周边其他水文单元径流补给的能力(补给输入)及其对水分的持有能力(也可以理解为该点向其他单元输出径流的可能性)。本节以胜利煤田胜利一号煤矿为例研究露天开采引起的区域地表径流变化以及水土流失。

露天采矿后地形是改变地表水运动与再分布状态的首要因素,坡度影响了地表水的运移,坡度越大,径流动力越大。本研究将利用地形湿度指数从汇水面积和坡度两个方面来反映静态结构下地表单元之间的水力联系,并考虑植被覆盖和景观类型对地表水的运移阻碍,通过采用最小累积阻力模型来描述植被和景观类型对地表径流流动的阻力大小。为了更为科学地表达地表单元水力联系与其受到的动力和阻力之间的定量关系,本研究利用重力模型将地形湿度指数和最小累积阻力模型相结合,构建了地表分布式水力联系模型,模型的原理与构建方法详见第七章第一节。地表水力联系体现了景观单元之间的水分物质流连通程度。水力联系越好代表该水文单元获得周边水文单元径流补给的可能性越大或者土壤水分的持有能力越好,越有利于植被的生长。胜利一号矿区采前、采后 DEM 如图 10-17 所示。

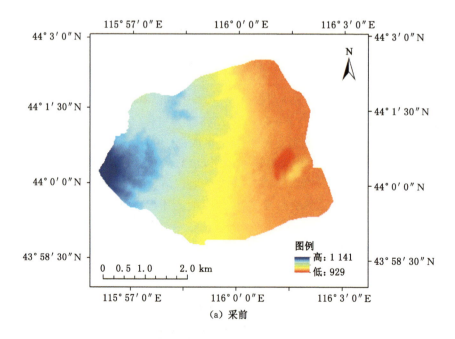

(a) 采前

图 10-17 胜利一号矿区采前、采后 DEM 图

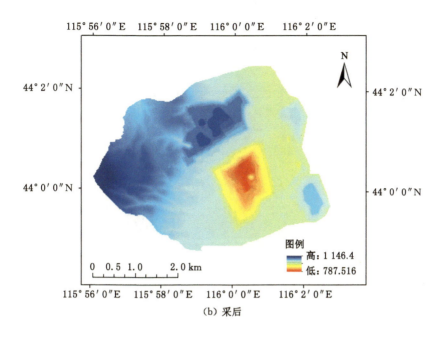

(b) 采后

图 10-17 （续）

　　对本研究选取的采前、采后景观类型、坡度和植被覆盖度阻力因素划分不同等级并赋予不同阻力值，借助 ArcGIS 中的空间分析工具对各因素的阻力进行权重叠加，形成综合因子阻力面，如图 10-18 所示。开采前、后地表单元水力联系如图 10-19 所示。开采后地表单元水力联系增减变化如图 10-20 所示。

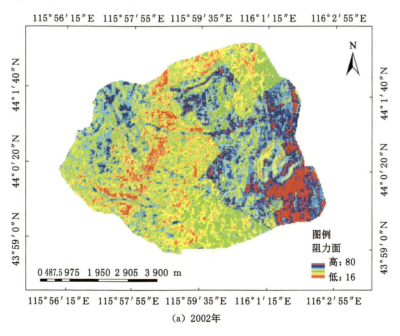

(a) 2002年

图 10-18　2002 年、2017 年胜利一号矿区综合阻力面分布图

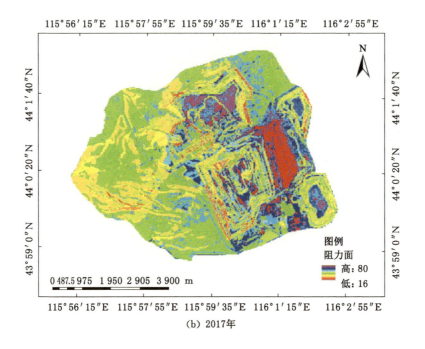

(b) 2017年

图 10-18 （续）

通过对开采前、后地表水力联系变化分析可以看出：开采前区域整体地势分布为西部高东部低，水力联系最强的地表单元位于研究区东南角，汇水指数为 81.48；水力联系最弱的单元也位于东南角，汇水指数为 3.04。东南区是最早的露天采场，开采后形成的采坑地

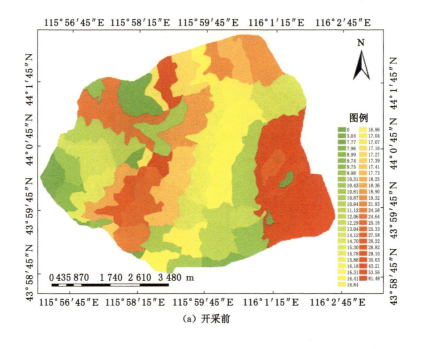

(a) 开采前

图 10-19　开采前、后地表单元水力联系图

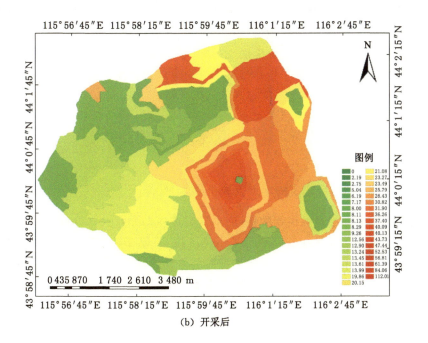

(b) 开采后

图 10-19　（续）

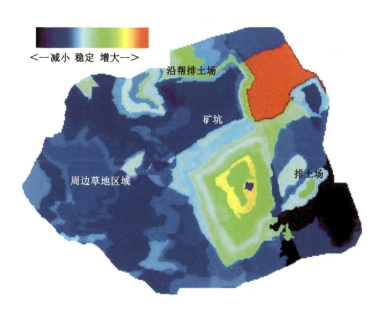

图 10-20　开采后地表单元水力联系增减变化

势低,汇集降雨的可能性大。中西部地区和北部地区土地利用类型为天然牧草地,几乎不受人为干扰,且中西部地区地势变化较大,水资源随地表流动速度快。整体上东南区、北区和中西部地区水力联系较好,西区和中东部地区水力联系较弱。

开采后水力联系最强的地表单元位于研究区东北角,汇水指数为 112.01;水力联系最弱的单元位于西北角,汇水指数为 2.19。2000—2016 年土地利用类型发生了变化:露天采场从东南角转移到了中东部地区，原有采坑被填满并作为排土场使用。另外，现有采场的北部和东北部有两个大型排土场。水力联系较好的区域位于东部和北部地区，在采场中心呈现由外到内水力联系逐渐增强的变化，在排土场呈现由内到外水力联系逐渐增强的变化，产生这个现象的主要原因是采场和排土场分别降低和抬高了地势，致使地表坡度增大，采坑内部以及排土场下方水力联系明显高于其他区域。

第四节　露天矿区水土流失变化特征

一、景观格局与地形变化下的水土流失模拟

通过总结国内外土壤侵蚀模型的特点，本研究选用 GeoWEPP 模型研究矿区排土场水土流失的变化规律。土壤侵蚀研究经历了由经验模型、基于物理机制的土壤侵蚀模型，向具有灵活可视化地理用户界面的新一代物理模型发展的过程，模型的发展为流域水土保持措施优化提供了更为有效的评估工具。经验模型结构形式往往比较简单，可在宏观上对土壤侵蚀进行评价，但难以精细动态模拟土壤侵蚀的时空变化过程，且缺乏对侵蚀过程及其机理的深入研究，而采用物理过程模型探索土壤侵蚀是当前的研究热点。GeoWEPP 模型由 WEPP 模型改进而来，是具有基于物理过程和连续模拟优势的分布式水文模型。该模型将 GIS 与 WEPP 模型结合起来，既可以反映自然界中下垫面的复杂性、降水和侵蚀产沙的时空不均匀性，也可以描述侵蚀的动态变化和泥沙输移、沉降过程的时空变化（图 10-21）；不仅考虑研究区域的地形地貌、气候、土壤与土地利用方式等条件，同时提高了模型的模拟效率。

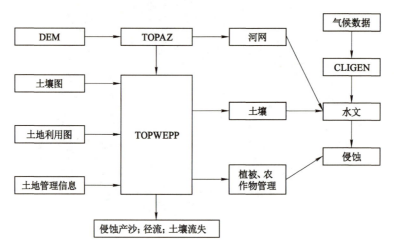

图 10-21　GeoWEPP 模型技术框架

利用 GeoWEPP 模型，通过输入研究区开采前后的地形、土壤、气候及土地利用数据，在不同植被覆盖度下对研究区进行为期 10 年的水土流失模拟。

地形数据是模拟水土流失的基础数据。采前地形数据来源于 DLR 的数字高程数据（DEM）和由美国太空总署 NASA 和国防部国家测绘局 NIMA 于 2000 年联合测量的

SRTM 数据。采后地形数据则根据 2016 年年底在矿区所测高程点经克里金插值得到,其中因开采活动而形成的排土场和采坑等地形变化区域,根据各矿区的生产报告和开采计划,结合 RTK 测量仪进行实地高程测量,将其处理成符合现状的地形数据并镶嵌到初始高程数据上作为现状地形数据。考虑研究区数据量较大,因此需要将地形数据重采样到 30 m×30 m,并在进行排土场不同植被覆盖度下水土流失模拟时分别对胜利东二号矿区流域和西北各矿区流域进行模拟,以确保模拟结果的相对准确性。

根据内蒙古土壤类型划分确定研究区土壤类型,包括栗钙土、潮土、沼泽土和草甸土 4 种,其中沼泽土和草甸土为主要土壤类型。通过野外采集样本分析获取土壤的粒径组成、有机质含量等信息,按照土壤类型统计相关指标,计算每种类型各指标的平均值,建立土壤数据库。研究区主要土壤参数如表 10-8 所示。

表 10-8 研究区土壤参数

土壤类型	黏粒比例/%	砂粒比例/%	石砾比例/%	阳离子交换量/(meq/100 g)	有机质含量/%
沼泽土	21.6	64.2	1.1	80	20
草甸土	25.8	56.4	1.1	9.9	3
排土场土	34.0	38.6	27.4	9.9	0.114

由国家气象网站下载锡林浩特市 2011—2016 年的气候数据,统计月平均降雨量、月最高和最低气温、降雨天数等数据,在多年气象资料统计参数的基础上,经气候发生器 CLIGEN 生成模型所需要的气候数据。

研究区地类主要包括湿地、裸地建设用地、草地和排土场,分别由所用地形数据对应的 2000 年和 2016 年夏季 Landsat 影像分类生成。其中自然草原区植被类型为芨芨草、针茅、羊草,排土场植被类型为沙打旺、紫花苜蓿、柠条。将自然草原区和排土场植被分别对应植被数据库中的不同植被类型,并将草地和排土场植被分别按照植被覆盖度从 10% 到 90% 每隔 10% 设置 9 个等级,据此进行水土流失模拟效果的对比分析。

为分析植被类型变化与地形变化对流域水土流失结果的影响区别,本研究通过控制变量法,利用 3 组模拟试验进行了地形格局变化下流域水土流失效果的对比。第一组在植被类型为自然草原区植被的条件下,对采前地形进行为期 30 年的水土流失模拟;第二组在地形不变的前提下,对采前地形的植被类型进行替换,即将排土场在采前地形中对应区域的自然草原区植被类型变为排土场植被类型进行模拟,研究排土场植被类型变化对流域水土流失结果的影响;第三组在植被类型不变的前提下,将采前地形替换为现状地形,研究排土场地形变化对流域水土流失结果的影响。模拟结果如表 10-9 所示。

表 10-9 地形格局变化模拟结果

模拟条件	水土流失模拟结果/(t/a)	土壤沉积模拟结果/(t/a)
采前	527 920.7	88 807.3
植被变化	526 714.1	89 471.1
地形变化	552 501.7	88 816.1

　　将植被类型变化和地形变化模拟结果分别与采前模拟做差值,如图 10-22、图 10-23 所示。

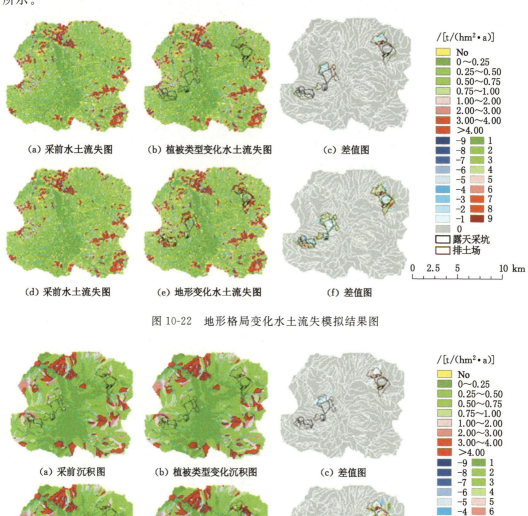

　　(a) 采前水土流失图　　　(b) 植被类型变化水土流失图　　　(c) 差值图

　　(d) 采前水土流失图　　　(e) 地形变化水土流失图　　　(f) 差值图

图 10-22　地形格局变化水土流失模拟结果图

　　(a) 采前沉积图　　　(b) 植被类型变化沉积图　　　(c) 差值图

　　(d) 采前沉积图　　　(e) 地形变化沉积图　　　(f) 差值图

图 10-23　地形格局变化土壤沉积模拟结果图

　　从水土流失差值图中可以发现,在地形不变的情况下,仅仅改变排土场在采前地形中对应区域的自然草原区植被类型对区域水土流失变化的影响很小,流失总量上看植被类型变化后的研究区水土流失量仅低于采前地形水土流失量 0.2%,而沉积值略高,这说明排土场重建植被相较于自然草原区植被的水土保持效果更好一些;而地形发生改变时模拟的水土流失量高于采前地形水土流失量 4%,这说明地形变化带来的水土流失影响更大。纵向来看,排土场重建植被以沙打旺、柠条为主,一方面借助植被根系稳固边坡结构,另一方面通过改善土壤性质缓解水土流失,但其缓解效果明显弱于地形变化带来的水土流失增量,这充分说明,仅改变排土场植被类型对地形变化带来的水土流失影响的缓解程度并不高,需要结合对排土场的地貌重塑以控制水土流失。

　　通过分析水土流失图、沉积图与采坑和排土场的位置关系可以看出,土壤侵蚀主要发生在采坑边缘以及排土场边坡处,排土场平台侵蚀效果不明显,河网形成过程中对采坑的填挖使得采坑形成侵蚀沉积区,排土场与自然地貌的衔接处也有大量沉积产生。由此可知,排土场边坡为研究区水土流失的主要源地。因此,单一方面改变矿区植被类型不能有效缓解地形变化后的水土流失效果,应该在地形重塑的基础上进行植被恢复,从而达到研究区生态环境优化的效益最大化。

二、排土场植被对流域水土流失的影响模拟

(一)水土流失情景模拟

　　由上述分析可知,地形变化前后研究区水土流失变化较大的区域主要分布在排土场周围。为分析排土场不同植被覆盖度情况下流域水土流失情况,本次研究利用 GeoWEPP 模型,以 50 年为模拟时长,通过输入土壤、气候和土地利用数据,在 10% 的植被覆盖度间隔下,分别对胜利东二号矿区和锡林浩特西北各矿区所在流域进行了 9 组排土场水土流失模拟实验,代表现状地形条件下排土场所在流域在植被覆盖度处于 10%~90% 条件下的水土流失状况。模拟结果如图 10-24、图 10-25 所示。

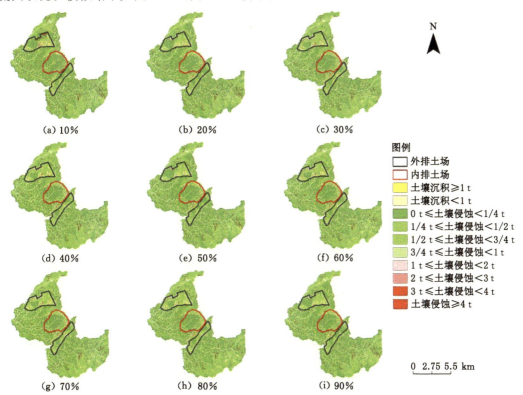

图 10-24　胜利东二号矿区流域不同植被覆盖度下水土流失模拟结果

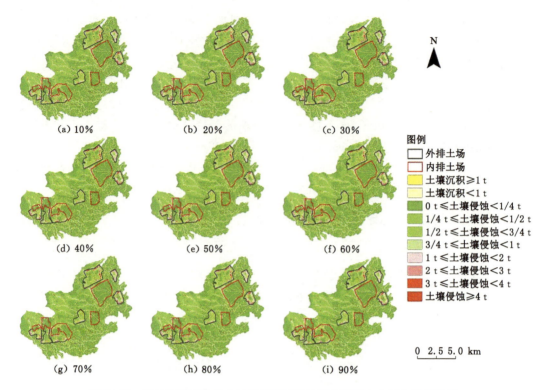

图 10-25　锡林浩特西北各矿区流域不同植被覆盖度下水土流失模拟结果

　　为了保证模拟结果的准确性,该模型在数据选择上通过专业部门采集和实地采样分析得到。但由于特定流域水土流失精确数据难以获取,模型模拟的结果缺少实测数据校正,因此通过对模拟结果进行无量纲处理,研究排土场植被覆盖度对流域水土流失的影响,确保数据间对比的合理性。无量纲处理通过公式(10-3)进行:

$$P_i = (A_i - A_{min})/(A_{max} - A_{min}) \qquad (10\text{-}3)$$

式中　A_i——第 i 个模拟情况下的水土流失模拟结果;

　　　　A_{min}——最小模拟结果;

　　　　A_{max}——最大模拟结果。

　　分别统计两个流域的水土流失量值及经归一化处理的水土流失模拟结果,结果如表 10-10 所示。其中由于 90% 植被覆盖度下的归一化值为 0,为获取拟合曲线将其舍去。

表 10-10　排土场不同植被覆盖度下研究区的水土流失模拟结果

植被覆盖度/%	胜利东二号矿区流域		西北各矿区流域		总计	
	水土流失量 /(t/a)	归一化值	水土流失量 /(t/a)	归一化值	水土流失量 /(t/a)	归一化值
10	3 388.6	1	5 011.2	1	8 399.8	1
20	3 322.7	0.740 4	4 955.7	0.862 5	8 278.4	0.815 3
30	3 272.1	0.541 2	4 890.0	0.699 6	8 162.1	0.638 4
40	3 244.4	0.432 1	4 854.9	0.612 6	8 099.3	0.542 9

表 10-10(续)

植被覆盖度/%	胜利东二号矿区流域		西北各矿区流域		总计	
	水土流失量/(t/a)	归一化值	水土流失量/(t/a)	归一化值	水土流失量/(t/a)	归一化值
50	3 208.3	0.289 9	4 793.6	0.460 7	8 001.9	0.394 7
60	3 192.0	0.225 7	4 738.7	0.324 7	7 930.7	0.286 4
70	3 173.7	0.153 6	4 689.6	0.203 0	7 863.3	0.183 9
80	3 153.4	0.073 7	4 648.1	0.100 1	7 801.5	0.089 9

以排土场植被覆盖度为自变量,水土流失归一化值为因变量分别进行拟合,拟合结果如图 10-26 所示。

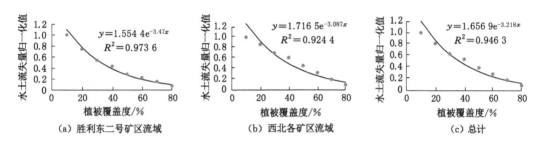

图 10-26　水土流失量归一化拟合结果

由拟合曲线可知:随着排土场植被覆盖度的增加,对应水土流失归一化值逐渐减小,两者拟合指数函数效果较好,相关系数 R^2 均高于 92%。变化曲线说明随着排土场植被覆盖度的提高,流域内水土流失情况有一定程度上的缓解,并且覆盖度越高,效果越明显。考虑到现实状态下的植被覆盖度不会达到试验水平,并且拟合函数逐渐变缓也说明随着植被覆盖度的提高,投入物力财力带来的边际生态效益到达某一变点后开始下降,符合边际效用递减规律,因此需要确定合适的植被覆盖度作为排土场植被重建的目标,以实现植被重建效益最大化。由于拟合函数的特殊性,直观手段不能取得最佳阈值,需要通过均值变点法计算获取。

(二)排土场植被覆盖度适宜范围分析

为获取研究区植被覆盖度的最佳阈值,本研究采用非线性均值变点法进行不同植被覆盖度下水土流失模拟结果的分析。均值变点法是一种最常见最直观的数学算法,它以平均值为分析对象,通过计算整个样本数据的方差 S 与分段样本的统计量 S_i 之差来确定变点,变点的存在会使 S 和 S_i 的差距增大,该方法对恰有一个变点的检验最为有效,多个变点时有可能因为均值的多次升降反而抵消了 S 和 S_i 之间的差距。均值变点法的基本原理如下:

(1)令 $i=2,\cdots,n$,对每个 i 将样本分为两段:$X_1,X_2,\cdots,X_{i-1}$ 和 $X_i,X_{i+1},\cdots,X_n$,计算每段样本的算术平均值 $\overline{X}_{i1}$ 和 $\overline{X}_{i2}$ 及统计量:

$$S_i = \sum_{t=1}^{i-1}(X_t - \overline{X}_{i1})^2 + \sum_{t=i}^{n}(X_t - \overline{X}_{i2})^2 \tag{10-4}$$

(2)计算总样本均值和统计量:

$$\overline{X} = \sum_{t=1}^{n} \frac{X_t}{n} \tag{10-5}$$

$$S = \sum_{t=i}^{n} (X_t - \overline{X})^2 \tag{10-6}$$

（3）计算期望值：

$$E = S - S_i, i = 2, 3, \cdots, n \tag{10-7}$$

由图 10-26 可知,水土流失归一化拟合曲线呈指数函数分布,满足非线性均值变点法分析应用要求,利用公式(10-4)～式(10-7)分别对胜利东二号矿区流域、西北各矿区流域的水土流失归一化值的均值差 E 进行计算,据此绘制均值变点统计分析图,结果如图 10-27 所示。

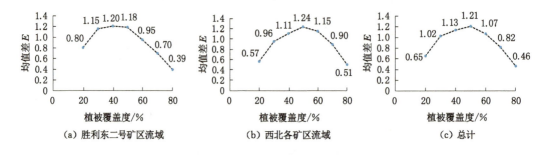

（a）胜利东二号矿区流域　　　（b）西北各矿区流域　　　（c）总计

图 10-27　均值变点统计分析图

从图 10-27 中可以看出,水土流失归一化值的均值差 E 随植被覆盖度增加呈先升高后下降的变化,这表示在变点值之后,随着排土场植被覆盖度的增加,投入所带来的边际生态效益逐渐减小,符合边际效用递减规律。对胜利东二号矿区流域而言,变点出现在植被覆盖度为 40% 处;而对西北各矿区流域和矿群总体统计结果而言,变点出现在植被覆盖度为 50% 处。考虑到实际植被重建施工过程中的合理性和可操作性,本研究认为锡林浩特矿群排土场的植被覆盖度适宜范围为 40%～50%。

第五节　基于高光谱的露天矿区粉尘扩散研究

露天煤矿在开采、装卸和运输等过程中产生的大量无组织扬尘会对土壤的理化性质产生负面影响,抑制植物的光合作用和呼吸作用,还会危及人类的身体健康。分析植物理化参数对粉尘的响应特征是明确植物光谱变化机理的物理基础。粉尘通过运移扩散飘落到植物叶片上,长时间后会堵塞气孔,影响植物的呼吸和光合作用,其中的有害物质长期附着会导致叶片出现坏死斑点,使植物不能正常生长。粉尘污染不仅仅影响植物的光合作用,还抑制植物的呼吸作用、蒸腾作用以及植物的新陈代谢,对植物叶片的叶绿素含量和细胞结构产生负面影响。粉尘污染对植物群落也会产生影响。Farmer(1993)对灰尘覆盖下的农作物、草地、灌木丛、树木和森林、苔藓和地衣研究发现,大部分的植物群落结构都发生了改变,其中以附生地衣、苔藓最为敏感。植物是天然的粉尘"采集器",植物滞尘量可以直观地反映空气中粉尘污染的严重程度,指示环境质量的优劣状况。

随着煤炭开发强度的提高和战略西进,草原成为我国主要的煤炭能源基地之一。大规模地开发煤炭资源严重破坏了草原环境的生态平衡。因此，监测草原植物滞尘量及其空间分布特征对于制定有效的防尘措施，减少粉尘危害具有重要意义。传统的野外采集样本，实验室内测定植物滞尘量的方法虽然精度较高，但是实验成本昂贵，耗时耗力且不能对国土空间展开大范围全覆盖的分析，无法获取连续的分布态势。

结合植物反射光谱信息估算植物滞尘量的研究成为近年来植物滞尘的研究热点。高光谱成像技术具有敏感的光谱响应能力，可以监测到宽波段遥感无法探测的诊断性吸收光谱特征，其优势不仅限于近端传感，还可以通过机载或者星载传感器获取大面积的成像光谱数据。目前，高光谱遥感在矿物资源探测、入侵物种监测和植物多样性研究等地表要素监测方面发挥着越来越重要的作用。因此，高光谱影像也具有监测区域粉尘分布的可能性，其技术路线如图 10-28 所示。

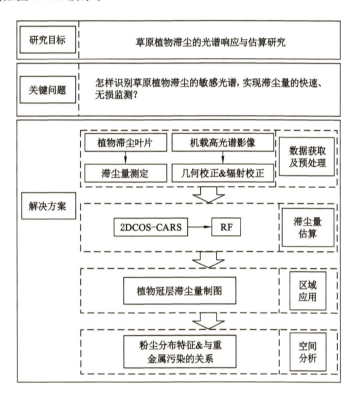

图 10-28　植物冠层滞尘量监测技术路线

一、植物冠层滞尘量估算

（一）叶片采集与滞尘量测定

选取我国内蒙古自治区的两个典型草原区（呼伦贝尔草原和锡林浩特草原），叶片采集时选取健康、无病斑和虫害的叶片，同时用实时动态 RTK 载波相位差分技术记录采样点的坐标。每个采样点的同种植物叶片密封在一个离心管中，并带到实验室。使用万分之一天平称量离心管内叶片的质量，记为 W_1，称重之后的叶片用软毛刷将其正面的粉尘清除干净，然后进行第二次称重，记为 W_2。利用 CID CI-202 叶面积仪测定叶片的面积，记为 S，单位为 cm²。叶片滞尘量 DRC 用公式(10-8)表示,使用样方内所有叶片的平均滞尘量作为冠层滞尘量。

$$DRC(g/m^2) = (W_1 - W_2) \div S \times 10\ 000 \tag{10-8}$$

(二)机载高光谱影像采集及预处理

呼伦贝尔草原区使用无人机大疆如风 4 搭载成像光谱仪 SPECIM FX10 采集机载高光谱影像。SPECIM FX10 的光谱范围是 397～1 003 nm,视场角为 38°,该传感器在 4×2 的合并模式下使用。采集时间为 2019 年 8 月 13 日 11 时左右,平台飞行高度设置为距地面 117 m,高光谱影像的光谱分辨率和空间分辨率分别是 5.5 nm 和 0.16 m。使用 SPECIM 公司研发的 CaliGeoPro 工具进行辐射定标和几何粗校正,即利用暗电流和定标文件将原始高光谱数据的 DN 值转换为辐亮度。根据惯性导航系统记录的位置、姿态数据以及数字高程模型 DEM,通过共线方程逆向计算出像元所对应的大地坐标,然后利用同步获取的白板平均光谱将高光谱影像的辐亮度转换为反射率数据,并以高分辨率的正射影像为基准对高光谱数据进行配准,最后采用基于地理参考匹配的镶嵌方法将各条航带拼接在一起。

锡林浩特草原区使用航空机载平台搭载成像光谱仪 Headwall A-Series 采集高光谱影像。Headwall A-Series 的光谱范围是 380～1 000 nm,视场角为 34°,空间像素数 1 004 个。采集时间为 2017 年 8 月 28 日至 2017 年 8 月 30 日的 10 时 30 分至 14 时 30 分。航空高光谱平台距地面 2 000 m,数据的光谱分辨率和空间分辨率分别为 2.5 nm 和 1.45 m。辐射定标由单色仪校准光谱波长的准确性和标准光源校准探测镜头的能量准确度两部分完成,然后使用 MODTRAN(moderate spectral resolution atmospheric transmittance algorithm)大气校正模型将辐射亮度值转化为真实地物反射率数据。几何粗校正同样是利用位置、姿态数据及数字高程模型通过共线方程逆向计算出像元所对应的大地坐标。经过上述处理之后仍不能满足精确定位需求,需以高分辨率正射影像为基准对数据进行配准。最后采用基于地理参考匹配的镶嵌方法将各条航带拼接在一起。需要注意的是,由于光学器件和实验环境的影响,Headwall A-Series 在 380～426 nm、754～778 nm 和 885～1 000 nm 的波段出现了大量的噪声,因此只选取 427～753 nm 和 779～884 nm 的波段进行后续分析。

(三)植物冠层滞尘的光谱响应特征

根据 RTK 方法测定的坐标在机载高光谱影像上提取各采样点的光谱信息,然后构建植物冠层滞尘的二维相关光谱(图 10-29 和图 10-30)。呼伦贝尔草原植物在同步谱中的自动峰出现在 488～526 nm、649～687 nm 和 747～802 nm,说明这 3 个区间的光谱反射率对冠层滞尘最为敏感。同时这 3 个区间两两之间存在正交叉峰,说明受到粉尘影响,这 3 个区间的光谱反射率同向变化。异步谱图中,(747～802 nm,488～526 nm)、(747～802 nm,649～687 nm)和(649～687 nm,488～526 nm)均存在正交叉峰,通过综合分析可得,受粉尘影响 3 个区间光谱强度变化的先后顺序依次为 747～802 nm、649～687 nm、488～526 nm。

由于两个研究区的植物种类、使用的成像光谱仪存在差异,而且在呼伦贝尔草原获取的高光谱影像空间分辨率为 0.16 m,植物叶片占各像元的绝大部分,而锡林浩特草原的高光谱影像空间分辨率为 1.45 m,掺杂了更多的土壤信息,所以两者的二维相关光谱图也存在一定差异。锡林浩特草原植物在同步谱的 468～507 nm、662～685 nm 和 763～802 nm 存在自动峰,说明这 3 个区间的光谱反射率对该地区的粉尘最为敏感。同时这 3 个区间两

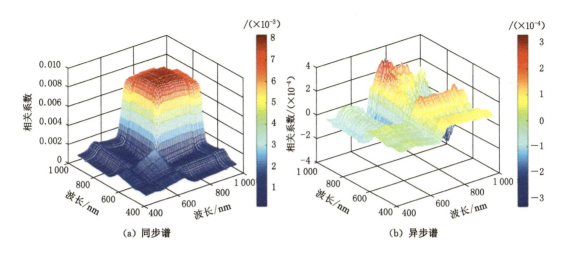

图 10-29　呼伦贝尔草原植物冠层滞尘二维相关光谱图

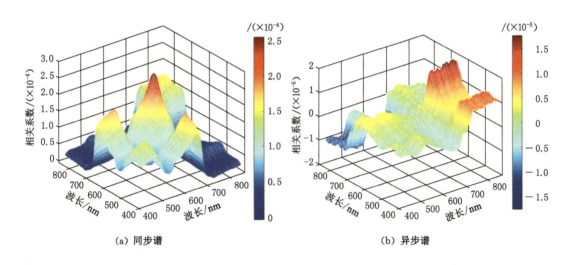

图 10-30　锡林浩特草原植物冠层滞尘二维相关光谱图

两之间形成正交叉峰,说明在粉尘影响下,上述区间内的光谱强度沿着相同方向变化。异步谱图中,(763~802 nm,468~507 nm)、(763~802 nm,662~685 nm)和(468~507 nm,662~685 nm)均存在正交叉峰,通过综合分析可得,受粉尘影响 3 个区间光谱强度变化的先后顺序依次为 763~802 nm、468~507 nm、662~685 nm。

　　根据植被冠层理化参数的监测结果,488~526 nm、468~507 nm 包含叶绿素和类胡萝卜素反演的敏感波段;649~687 nm、662~685 nm 范围内有叶绿素、类胡萝卜素和叶面积指数的敏感波段;747~802 nm、763~802 nm 含有叶绿素、类胡萝卜素和叶面积指数的敏感波段。综上所述,本研究提取到的植被冠层滞尘量敏感光谱反映了植被理化参数对粉尘的响应特性。

　　(四)特征波段提取与滞尘量估算

　　使用竞争性自适应重加权(competitive adaptive reweighted sampling,CARS)算法分

别提取两个研究区植物冠层滞尘的特征波段,得到呼伦贝尔草原区植物位于 488 nm、499 nm、520 nm、654 nm、671 nm、687 nm、752 nm、763 nm、780 nm 和 796 nm 的 10 个波段,以及锡林浩特草原区植物位于 468 nm、498 nm、662 nm、665 nm、671 nm、677 nm、763 nm、781 nm、790 nm、796 nm 和 802 nm 的 11 个波段。基于随机森林(random forest,RF)算法构建滞尘量估算模型,图 10-31 是估算模型的精度图。验证集的 R^2 接近于 0.8,且相对分析误差 RPD 均大于 2,说明其模型可以很好地预测冠层滞尘量,表现出优越的性能。

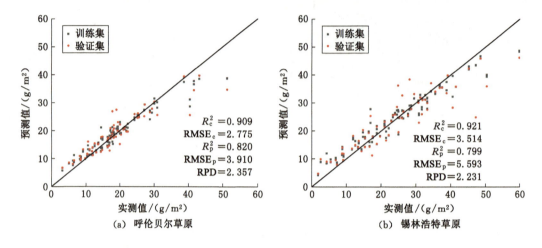

图 10-31　冠层滞尘量估算模型的精度图

二、植物滞尘量的空间分布特征

将估算模型应用于机载高光谱影像,由于本研究的目的是反演植被区的滞尘量数据,根据两地的植被覆盖情况,使用归一化植被指数(NDVI)区分植被区(呼伦贝尔:NDVI>0.4,锡林浩特:NDVI>0.15)和非植被区(呼伦贝尔:NDVI≤0.4,锡林浩特:NDVI≤0.15)。图 10-32 和图 10-33 是滞尘量的空间分布图,其中:呼伦贝尔草原区的植物冠层滞尘量在 7.207～52.136 g/m²,高值区主要分布在距离矿区 900 m 范围内,其中大于 24.121 g/m² 的面积占总面积的 82.218%;而在大于 900 m 的范围,滞尘量达到 24.121 g/m² 以上的面积只占到 41.401%。锡林浩特草原区的植物冠层滞尘量在 3.039～54.999 g/m²,滞尘量达到 29.936 g/m² 以上的区域主要分布在露天煤矿的东南侧以及矿业加工、仓储用地附近。露天煤矿在采煤、装卸和运输等过程中产生的粉尘通过介质搬运在矿区周边传播并聚集;破碎站、筛分楼以及煤炭仓储用地在工作生产及运输过程中产生的粉尘导致周边环境滞尘量升高。

三、滞尘量与露天煤矿距离的关系

(一)呼伦贝尔草原矿区植物滞尘量与露天煤矿距离的关系

为了进一步分析冠层滞尘量与矿区距离的关系,以矿区为缓冲区中心,以 200 m 为步长建立缓冲带(图 10-34),统计各缓冲带内植物滞尘量的平均值(图 10-35)。各缓冲带内植物滞尘量的平均值在 21.116～30.424 g/m²,随着与矿区距离的增加先升高后降低,在 300～500 m 范围达到最大值 30.424 g/m²。粉尘在传播过程中受到重力作用,粒径较大的

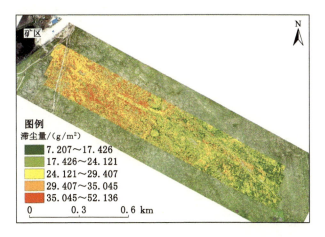

图 10-32 呼伦贝尔草原植物冠层滞尘量空间分布图

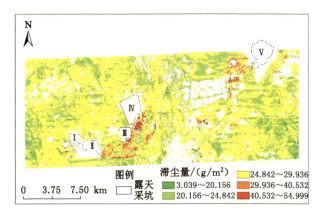

图 10-33 锡林浩特草原植物冠层滞尘量空间分布图

颗粒首先沉降,因此与矿区相距一定距离时滞尘量出现最大值;粒径较小的颗粒继续传播并逐渐降落,呈现出随着矿区距离增加粉尘量减少的分布情况。

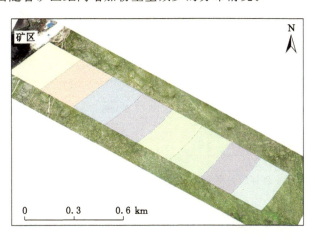

图 10-34 呼伦贝尔草原区缓冲区示意图

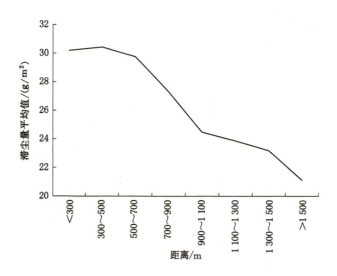

图 10-35　呼伦贝尔草原冠层滞尘量平均值随矿区距离变化

（二）锡林浩特草原矿区植物滞尘量与露天煤矿距离的关系

统计锡林浩特草原 2011 年 1 月 1 日至 2020 年 9 月 7 日的累计风向情况（图 10-36），各方向频率由高到低依次为西北（42.945%）＞西南（17.476%）＞西（16.343%）＞北（6.699%）＞南（5.728%）＞东北（4.693%）＞东（3.916%）＞东南（2.200%），其中西北、西南、西和北 4 个方向的累计频率超过 83%，因此以上述 4 个方向为主导风向，以矿坑为缓冲区中心，以 500 m 为步长分别统计主导风向下风方向各缓冲带内的冠层滞尘量平均值，缓冲区示意图见图 10-36，各缓冲带的统计结果如图 10-37 所示。

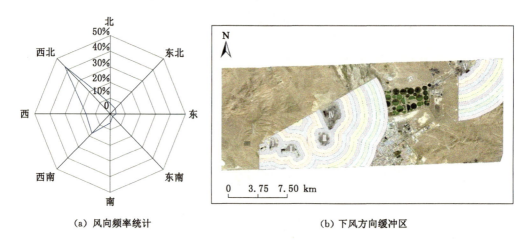

（a）风向频率统计　　　　　　　　（b）下风方向缓冲区

图 10-36　锡林浩特草原风向频率统计图和下风方向缓冲区示意图

由图 10-37 可见，随着与矿区距离的增加，滞尘量平均值大致呈先减小后增大的趋势，在 4.5～5 km 出现曲线拐点，在 5～5.5 km 滞尘量继续上升。这是因为在矿区的下风方向大于 5 km 后进入锡林浩特市内，工业废气和汽车尾气的排放导致冠层滞尘量升高。综上

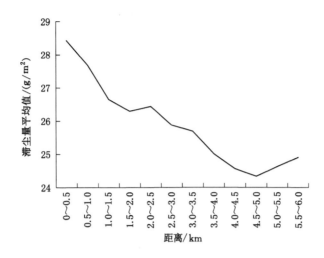

图 10-37　锡林浩特草原下风方向植物冠层滞尘量平均值随矿区距离变化图

所述,锡林浩特研究区的矿区粉尘在主导风向下的影响距离大约为 5 km。

对比两个研究区的滞尘量随矿区距离变化图可以发现,虽然呼伦贝尔研究区的高光谱影像长度较短,并未探测出矿区粉尘对周围环境的影响距离,但是在 >1 500 m 的缓冲环内滞尘量均值已经接近 21 g/m²,而在锡林浩特研究区下风方向的最小滞尘量均值为 24.336 g/m²(4.5~5 km),这是由两地的风速差异导致的。呼伦贝尔研究区年平均风速 3~4 级,瞬时最大风速为 20 m/s;锡林浩特研究区年平均风速 4~5 级,瞬时最大风速可达 36.6 m/s。风速影响了粉尘扩散量及扩散距离,因此会出现以上差异。

(三) 矿区滞尘量与地表重金属污染程度的关系

为了分析粉尘与地表重金属污染程度的关系,按照植物冠层滞尘量由低到高分为 20 个等级(表 10-11),同时使用基于航空高光谱影像反演得到的重金属 As、Cd、Cr、Cu、Pb 和 Zn 的空间分布图制作潜在生态风险指数分布图,统计每个滞尘量级别下的重金属评价指数的平均值(图 10-38)。由图可知,潜在生态风险指数均与冠层滞尘量呈非线性关系。随着滞尘量的增加,以第 8 等级为拐点,重金属污染指数先降低后升高。

表 10-11　各等级冠层滞尘量范围

等级	滞尘量范围/(g/m²)	等级	滞尘量范围/(g/m²)	等级	滞尘量范围/(g/m²)	等级	滞尘量范围/(g/m²)
1	3.040~12.173	6	20.698~22.119	11	26.787~28.614	16	38.153~40.995
2	12.173~14.406	7	22.119~23.337	12	28.614~30.847	17	40.995~44.039
3	14.406~16.436	8	23.337~24.554	13	30.847~33.282	18	44.039~47.287
4	16.436~18.668	9	24.554~25.569	14	33.282~35.718	19	47.287~50.534
5	18.668~20.698	10	25.569~26.787	15	35.718~38.153	20	50.534~55.000

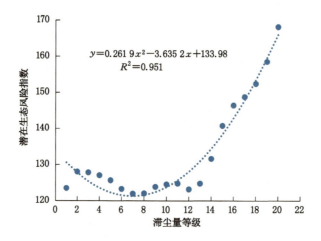

图 10-38   各滞尘量等级下潜在生态风险指数变化

第六节   本 章 小 结

露天矿区因挖损、压占、塌陷、复垦等生产建设活动对生态环境的影响在不同尺度(个体、种群、群落、生态系统、景观/区域等),其表现形式、累积程度及其生态恢复方式都有所不同。因此,露天矿区生态系统恢复必然是跨尺度、多等级的,必然涉及受损生态系统与周围环境关系以及生态系统之间的结构、功能与过程的恢复。

胜利煤电基地景观格局分析表明,研究区斑块数量逐渐增多,景观斑块越来越分散,斑块形状越来越复杂多样化,研究区景观格局越来越破碎。不同景观分类标准得到的景观破碎程度不一样。本章论证了不同级别道路引起的景观破碎对植物多样性的影响,建议今后利用遥感分类评价景观破碎化时应注意分类准则的科学性。

大规模露天开采形成的大面积挖损区和排土场导致区域地形地貌与水文条件明显改变,其新增的水土流失与沉积主要集中在露天开采区与排土场周边。本书提出的地表分布式水力联系模型可定量反映露天矿区景观格局和地形变化对地表径流补给与持水能力的影响。地表水力联系体现了景观单元之间的水分物质流连通程度。正是由于景观格局与地形地貌的变化导致了露天矿区地表水力联系变化。

露天煤矿在开采、装卸和运输等过程中产生的大量无组织扬尘会对土壤的理化性质产生负面影响,抑制植物的光合作用和呼吸作用,还会危及人类的身体健康。本书提出了基于机载高光谱的矿区粉尘分布监测技术,监测统计发现因区域风力差异,锡林浩特胜利矿区和呼伦贝尔宝日希勒矿区粉尘在主导风向下的影响距离分别为 5 km 和 1.5 km。

第十一章　露天矿区近自然地貌重塑

露天开采对区域地貌产生了翻天覆地的变化,持续形成的大规模排土场是煤电基地主要的矿业景观,不仅破坏了原有的地貌景观,也改变了流域生态系统的物质流动与能量转化,合理地重塑地貌对景观生态健康具有结构性控制作用。为此,本章创新性提出了露天矿区排土场全生命周期近自然地貌重塑技术体系,以提升大规模排土场景观斑块与其周边景观基质中的自然地貌和物质流的融合度,减少矿业景观边缘效应,保护周边自然生态系统,为露天煤电基地景观格局立体式优化提供合理地形骨架基础,促进实现露天矿区采矿"无痕"。

第一节　全生命周期近自然地貌重塑原理

一、全生命周期近自然地貌重塑背景

采矿后地貌重塑是一项具有挑战性的项目,其针对矿区特殊的自然环境,融合不同学科的方法和技术,重塑矿区地貌景观,形成新的数字高程模型与景观格局,对于恢复和提升矿区整体景观生态功能具有重要现实意义。水蚀和风蚀是西部矿区主要的土壤侵蚀方式,尤其水蚀对地貌演化过程起主导作用。因此,水土之间耦合是进行地貌重塑的研究重心。近自然地貌重塑以水土耦合作为研究重心,以未干扰地貌形态为参照对象,应用河流地貌相关理论,重塑矿区损毁地貌形态,这对于提升重塑地貌的稳定性和区域融合性,加快重塑地貌生态修复进程具有重要意义。

美丽的大草原是我国宝贵的自然遗产,然而,该区域聚集了我国蒙东煤炭基地和呼盟锡盟煤电基地,以露天开采为主,产能超 4 亿 t。近年来,露天矿日益向采排复一体化转变,但仍侧重于生态重建中的工程目标,土壤、植被恢复,以及与之直接相关的微观层面的恢复,还未从整体上统筹水、土、地形地貌等生态要素进行生态修复技术体系研发。随着开采持续进行,将在草原形成大面积的内排土场。然而,按照传统内排方式,露天矿区必将面临闭矿,闭矿后形成大量的具有明显采矿痕迹的内排土场,与周边自然景观差异显著。一方面,由于缺少流域全局观念,传统内排土场与周围草原自然地貌景观和地表水文系统的衔接性考虑不足;另一方面,由于剥采比、埋藏条件变化,传统内排过程中不可避免地出现台阶地形[图 11-1(a)],未能与当地自然环境相融合,在强降雨影响下,局部地貌将发生明显水力侵蚀,局部浅薄的回填表土将流失,不仅养护成本较高,且缺乏长期稳定性,从而产生潜在的地质失稳、水土流失和景观破碎等问题,由于不能与该区域水文条件、气候条件相适应,其生态恢复也就难以可持续。

自然地貌形态给矿区废弃地的地貌重塑提供了参照目标,在没有外界干扰下,自然地貌要素间已经形成稳定的耦合系统,通过参照自然地貌水系布局模式,在矿区复垦地貌上重塑自然坡体,有利于降低地表侵蚀速率,推进地貌修复进程。参照国内外矿山复垦相关

规定或当地居民的意愿反馈,草原地区最理想的内排土场重塑地貌应与周边自然草原地形地貌有机融为一体,无明显的采矿痕迹,如图11-1(b)所示。为此,需要当地煤矿企业以及土地复垦与矿生态恢复技术人员改变传统的内排土场地貌重塑思路,应根据开采计划,从内排土场形成初期或尽可能早地采用全生命周期近自然地貌恢复技术策略,以保证重塑地貌的整体效果。

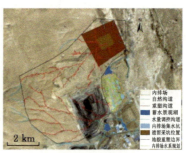

（a）传统内排土场闭矿后　　　　（b）闭矿后近自然重塑地貌　　　　（c）内排土场近自然地貌重塑水系
　　　　地貌示意

图 11-1　胜利一号露天矿内排土场传统内排地貌与全生命周期
近自然地貌重塑设计示意图

全生命周期近自然地貌重塑技术原理:参照重塑区周边自然地形、土壤、水文、植被等自然规律或参数,根据开采计划,将采损地貌重塑成与周边自然地形和水文过程相协调的一种效仿自然的地貌重塑技术模式;该重塑模式强调地形地貌的宏观调控与关键部位的局部衔接,是一种立体式的景观格局优化模式;其美好愿景是:重塑地貌水土流失有效控制,并使其与周边自然地形地貌有机融为一体,无明显开采痕迹,甚至趋近采矿无痕。另外,需要说明的是,由于内排土场的形成将占据矿山生命周期的绝大部分时间,加上内排土方量受剥采比和煤层埋藏影响而动态变化,因此,为保证闭矿后重塑地貌整体与周边自然地貌和水文系统融合衔接,需要根据开采计划,从内排土场形成初期或尽可能早地采用全生命周期近自然地貌重塑模式。

二、内排土场全生命周期近自然地貌重塑技术框架

露天矿近自然地貌重塑过程面临的技术难题主要有两大类:① 自然地貌特征提取技术中,如何针对不同的自然稳定对象,客观准确地描述其地貌特征,并基于其地貌特征,应用于内排土场进行地貌近自然重塑;② 在内排土场地貌近自然重塑过程中,如何保证在区域地貌稳定的前提下,各采复周期内土方动态平衡,且与周边自然稳定地貌"无缝"融合。相较于内排土场人工规则地貌,自然地貌作为长期演变的结果,具有高度的区域适宜性与稳定性,可作为修复区地貌重塑的参考对象。且国外实践证明,基于自然的地貌重塑能更好地适应当地水气条件,在有效提高区域抗水蚀能力的同时仅需要较少的维护费用。因此,可基于师法自然(NbS)设计理念,设计内排土场地貌近自然重塑。内排土场全生命周期近自然地貌重塑技术路线如图11-2所示。

在内排土场近自然地貌重塑过程中,首先需从自然稳定地貌中提取表征参数,以实现自然地貌特征学习。其主要可分为坡线与沟道特征提取两大类。其中:坡线特征主要描述

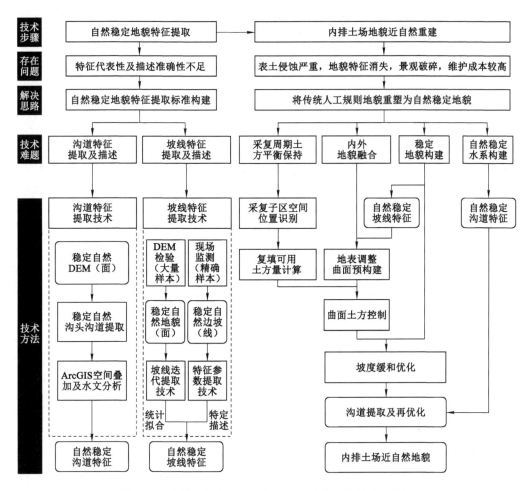

图 11-2　内排土场全生命周期近自然地貌重塑技术路线图

边坡坡线的三维及二维空间形态特征,其参数包括边坡水平投影长度、坡顶距坡底竖直高差、曲率等;沟道特征则主要描述水网三维及二维空间分布形态特征,其参数主要包括水系级别、长度、落差、蜿蜒度等。

　　为保证参数结果准确描述自然稳定地貌特征,且具有较高的特征提取工作效率,需在自然坡线样本选取过程中,运用高效且客观的自然稳定坡线样本选取技术。在现有技术中,坡线样本提取技术主要分3种类型:① 基于竖直平面人工截取边坡坡线,其操作简单,故而被广泛应用,然而其样本提取结果多分布在等高线均匀排布的区域,导致样本以山脊线和沟线居多,故难以反映自然边坡的整体形态;② 提取等高线按步距分解成空间散点,采用 KD 树建立点数据邻域设计算法绘制坡线,虽有效降低了主观因素对提取结果的影响,但运算效率较低且存在局部极值陷阱;③ 以等高线为起始点沿斜坡降落方向采集坡线样本,相较于第二种方法,该方法可避免全栅格参与计算,有效提高了运算效率,但在样本提取的过程中需要原始坡向数据,且提取结果方向较为单一。因此,需提出一种高效且高标准化程度的边坡样本提取方法,以准确把握自然稳定坡线形态特征。

　　为保证沟道提取结果准确描述自然稳定水文特征,需采用数据精度适用性更高的沟道提取方法。在以往的沟道提取过程中,通常使用基于最陡路径的单流向算法,进行地表流量的分配,而对于高分辨率的地表高程数据,该算法会提取出较多的平行伪沟道,相比之下基于坡度进行流量分配的多流向算法具有更明确的物理意义,因此需采用以多流向算法为基础的沟道提取方法,以准确进行沟道提取。在此基础上为使重塑地貌的沟道形态与上下衔接区相符,需选取表征沟道空间形态和蓄排水能力的沟道参数,以准确把握自然稳定沟道形态特征。

在内排土场近自然地貌重塑过程中,已有技术多基于复填后人工规则地貌边坡形态重塑,其表现为将原有规则笔直斜坡转为仿自然蜿蜒曲面。然而,在采排复一体化技术中,已有技术多以排土场空间利用最大化设计、最小复填成本等为目标,未充分考虑地貌近自然重塑及其重要性,致使后期地貌重塑过程中需额外运移表层土方,使复垦所需成本增加。虽然在后期自然边坡形态重塑下,内排土场复垦边坡较传统边坡具有更强的抗水蚀能力,然而在河网沟道特征上,较采前自然地貌发生严重缺失,造成景观破碎严重,表层物质流过程改变等诸多问题,阻碍内排后期生态修复,甚至影响区域生态环境。因此,需要一种采排复一体化下融合周边自然景观的内排土场近自然地貌重塑技术,以提高复填后内排土场地貌稳定性及其景观融合性。

内排土场全生命周期地形重塑流程如图 11-3 所示。

第二节 自然地貌特征提取

一、自然坡线特征提取

针对坡线特征提取及描述,依据学习对象类型,分为大样本面学习对象下基于坡向迭代的自然稳定坡线特征统计拟合和小样本线学习对象下基于特征参数提取的自然稳定边坡特征特定描述两类,便于使用者依据学习样本类型,灵活获取自然稳定坡线特征形态(图 11-4)。

(一)大样本面对象下自然边坡特征提取

1. 自然学习地貌稳定性判断及选取

基于自然 DEM 和 ArcGIS 平台,通过水文分析工具提取参照区河网数据,在对 DEM 数据填挖基础上,根据 D8 算法原理计算区域沟道的流向流量,最后利用栅格计算器提取自然地貌的河网(图 11-5)。利用盒维数法计算河网的分形维数来验证区域地貌稳定形态。盒维数法的基本思路是在一定边长的正方形网格上叠加河网,使正方形网格图层与河网图层相交,运用 GIS 工具计算格网中被河网占据的网格数量。计算过程先假设正方形网格边长为 l,河网占据的网格数目为 $N(l)$,当 l 由小不断变大时,可以发现 $N(l)$ 与 l^{-D} 有明显正相关关系,即:

$$N(l) \propto l^{-D} \tag{11-1}$$

对该公式进行化简,两边分别取对数,以 m 为底,即:

$$\log_m N(l) \propto - D\log_m l \tag{11-2}$$

以一系列边长($l_1, l_2, \cdots, l_n$)的正方形格网,得到一组($N(l_1), N(l_2), \cdots, N(l_n)$)数量的格网数量,以这两者为坐标作双对数图,拟合出一条直线,其中 P 为直线的截距,D 为斜

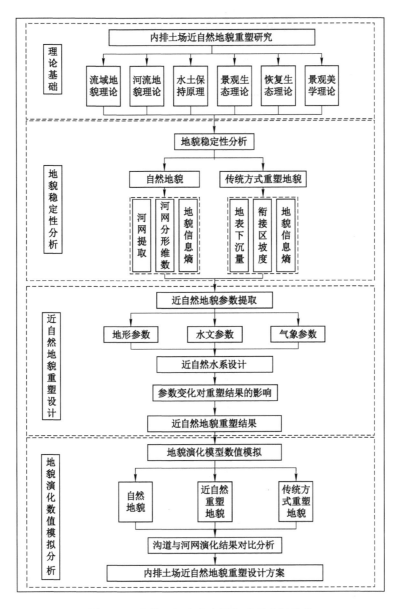

图 11-3 内排土场全生命周期地形重塑流程

率,即:

$$\log_m N(l) = P - D\log_m l \tag{11-3}$$

根据盒维数方法计算结果,拟合直线中的斜率绝对值 D 即为流域地貌特征分形维数。最终依据地表河网分形维数大小,判断地貌发育程度。

当 $D < 1.6$ 时,流域地貌为侵蚀发育的幼年期,此阶段地貌河网发育尚未成熟,水系宽度窄、密度小,地表面比较完整,水系下切现象较明显,沟道横截面呈"V"形。

当 D 接近 1.6 时,流域地貌趋于侵蚀发育的幼年晚期,水系侵蚀由下蚀转为侧蚀,地表面在水流作用下出现破碎化,山脊坡面由凸转凹,脊岭逐渐锋锐。此时地貌地势起伏最大,地面最为破碎和崎岖。

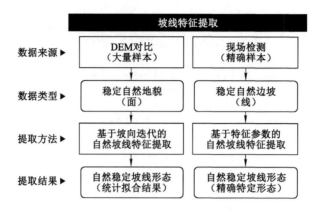

图 11-4 自然坡线特征提取技术路线图

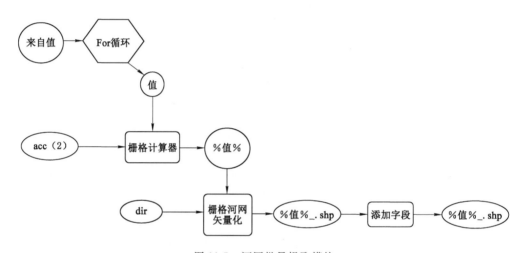

图 11-5 河网批量提取模块

当 D 介于 1.6 和 1.9 之间时,流域地貌处于侵蚀发育的壮年期,此时在河流的侧蚀作用、坡面侵蚀冲刷和泥沙沉积下,脊岭的锋锐度不断变低,变得浑圆,河流漫滩逐渐变宽和平缓,被水系分割的地表面逐渐变为低丘宽谷。

当 D 介于 1.9 和 2 之间时,流域地貌处于侵蚀发育的老年期,此时河流下蚀作用基本消失,侧蚀作用减弱,堆积现象明显,整体地势起伏小,主沟道两侧形成宽广的谷底平原。

2. 基于坡向迭代的自然稳定坡线样本批量提取

坡顶是周边区域高程最大的区域。依据定义,构建公式(11-4)所示的判断矩阵,通过 Matlab 遍历示例区自然稳定山体 DEM 影像,获取其中坡顶的空间位置:

$$\text{DEM}_{\text{mt}}(i,j) = \begin{cases} 1, S_{\text{mt}}(i,j) \geqslant \max(S_{\text{mt}}) \\ 0, \text{其他} \end{cases} \tag{11-4}$$

式中 DEM_{mt}——坡顶栅格数据集;

i, j——对应其行列数;

$\text{DEM}_{\text{mt}}(i,j)$——栅格数据集中第 i 行 j 列灰度值,若此处为坡顶则取值为 1,反之为 0;

S_{mt}——3×3 的矩形网格,用来存储填挖后 DEM 第 i 行 j 列为中心的栅格灰度值。

依据原始 DEM 数据填挖处理结果,若中心栅格 (i,j) 高程等于九宫格内栅格的最大高程,则将该栅格定义为坡顶。

为客观描述坡线空间特征,将坡线定义为:自坡顶起沿某一起始方向后以所在表面坡向为导向,不断迭代延伸至最近水网或坡底(高程为周边区域最低)的空间曲线。构建公式(11-5)、公式(11-6)所示的判断矩阵,通过 Matlab 遍历自然区稳定 DEM 影像,批量获取大量坡线样本:

$$\text{DEM}_{\text{slop}}(i_0,j_0) = \begin{cases} \text{DEM}(i,j), \text{DEM}_{\text{mt}}(i,j)=1 \bigcap S_{\text{river}}(i,j)=0 \\ 0, \text{其他} \end{cases} \tag{11-5}$$

$$\text{DEM}_{\text{slop}}(i,j) = \begin{cases} \text{DEM}(i,j), S_{\text{mt}}(i,j) \geqslant \min(S_{\text{mt}}) \bigcap S_{\text{river}}(i,j)>0 \\ 0, \text{其他} \end{cases} \tag{11-6}$$

式中　DEM_{slop}——坡线栅格数据集,行列大小及其空间参考与原始 DEM 一致;

$\text{DEM}_{\text{slop}}(i,j)$——坡线栅格数据集中第 i 行 j 列灰度值,当判断栅格在坡线上时,取值与原始 DEM 第 i 行 j 列的灰度值一致,反之取值为 0;

i_0,j_0——坡线样本坡顶点所在的栅格行列号;

S_{river}——3×3 的矩形网格,用来存储水网栅格 (i,j) 为中心的 3×3 栅格的灰度值;

其余参数解释同上。

基于坡向迭代的坡线绘制原理图如图 11-6 所示。

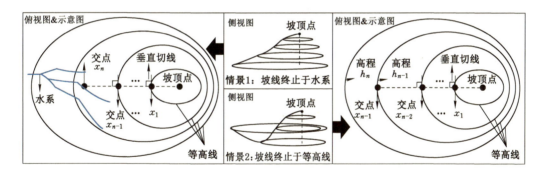

图 11-6　基于坡向迭代的坡线绘制原理图

3. 自然稳定坡线样本矢量化表达

在坡线提取的基础上,运用线性函数拟合获取坡线垂直形态。

为确定自然坡线函数形式,以边坡水平累计长度为自变量,边坡相对坡高为因变量的边坡竖直形态描述变量,定义分别如下:

$$x_{\text{slop}i} = \sqrt{\text{RI}_{\text{r}}^2 \cdot (i-i_{\text{from}})^2 + \text{RI}_{\text{c}}^2 \cdot (j-j_{\text{from}})^2} + x_{\text{slop}(i-1)} \tag{11-7}$$

$$y_{\text{slop}i} = \text{DEM}_{\text{slop}}(i,j) - \text{DEM}_{\text{slop}}(i_0,j_0) \tag{11-8}$$

式中　$x_{\text{slop}i}(m)$——DEM_{slop} 内某一坡线上栅格 (i,j) 与相应起始坡顶栅格中心点水平累计长度;

$i_{\text{from}},j_{\text{from}}$——对应坡线栅格 (i,j) 沿坡线高程上升方向的相邻栅格于 DEM_{slop} 上的行列号;

$y_{\text{slop}i}(m)$——DEM_{slop} 上栅格 (i,j) 与其坡线起始栅格 (i,j) 的相对高差;

$\mathrm{RI}_r(m)$，$\mathrm{RI}_c(m)$——$\mathrm{DEM}_{\mathrm{slop}}$的行列空间分辨率；

其余参数解释同上。

4. 自然稳定坡线形态突变检验

在此基础上，利用 Mann-Kendall 算法构建趋势分析与突变检验的统计量，并通过 Matlab 遍历判断所提边坡竖直形态是否存在突变。Mann-Kendall 作为一种非参检验法，常用于时间等单秩序列的变化趋势判断。对具有 r 个样本量的边坡高程序列 $\{X_{\mathrm{slop}i}\,|\,\mathrm{slop}i=1,2,\cdots,r\}$ 构建原假设 $\mathrm{H_0}$：原始数据系列 $\{X_{\mathrm{slop}i}\}$ 是一个由 r 个元素组成的独立且同分布的随机变量，以及备择假设 $\mathrm{H}_{\mathrm{slop}i}$；对于所有 $\mathrm{slop}i$，当 $\mathrm{slop}j \leqslant r$ 和 $\mathrm{slop}i \neq \mathrm{slop}j$ 时，$X_{\mathrm{slop}i}$ 和 $X_{\mathrm{slop}j}$ 的分布不同。则构建的统计量为：

$$W = \sum_{\mathrm{slop}(i=1)}^{k} \sum_{\mathrm{slop}j}^{\mathrm{slop}(i-1)} d_{\mathrm{slop}ij} \quad (k = 1, 2, \cdots, r) \tag{11-9}$$

式中，$r \geqslant k \geqslant \mathrm{slop}i \geqslant \mathrm{slop}j \geqslant 1$；$r$ 为数据样本长度；$d_{\mathrm{slop}ij}$ 为函数符号，定义如下：

$$d_{\mathrm{slop}ij} = \begin{cases} 1, x_{\mathrm{slop}i} < x_{\mathrm{slop}j} \\ 0, x_{\mathrm{slop}i} \geqslant x_{\mathrm{slop}j} \end{cases} \tag{11-10}$$

在原假设 $\mathrm{H_0}$ 下，定义统计变量 UF_k：

$$\mathrm{UF}_k = \frac{[W_k - E(W_k)]}{\sqrt{\mathrm{Var}(W_k)}} \tag{11-11}$$

式中，$E(W_k)$ 和 $\mathrm{Var}(W_k)$ 分别为 W_k 的均值和方差，具体如下：

$$E(W_k) = \frac{k(k+1)}{4} \tag{11-12}$$

$$\mathrm{Var}(W_k) = \frac{k(k-1)(2r+5)}{72} \tag{11-13}$$

UF_k 为标准正态分布，是边坡高程序列 $X(x_1, x_2, \cdots, x_n)$ 的统计序列。在给定的置信水平 μ，若 $|\mathrm{UF}_k| > U_{\mu/2}$，则表明高程序列存在明显的趋势变化。$\mathrm{UB}_k$ 是边坡高程序列 X 的逆序列 $X'(x_1, x_2, \cdots, x_n)$。令 $\mathrm{UB}_k = \mathrm{UF}_k(k = n, n-1, \cdots, 1)$，$\mathrm{UB}_1 = 0$。取显著性水平 $\mu = 0.05$，比较 UF_k、UB_k 和 $U_{0.05} = \pm 1.96$ 四条线的几何关系。若 UF_k 和 UB_k 出现交点，且交点位于临界线 $U_{0.05} = \pm 1.96$ 之间，则交点对应突变开始时边坡距坡顶水平累计长度；否则，认为序列不存在突变。且在不同突变区域内，若 $\mathrm{UF}_k > 0$，则表明序列呈现上升趋势；若其超过临界线 $U_{0.05} = \pm 1.96$ 的范围，表明上升或下降趋势明显。

5. 自然稳定坡线形态统计拟合

若边坡高程序列于定义域内无突变点，分别按式(11-14)～式(11-16)进行拟合，依据拟合优度 R^2 选取最佳表达形式；否则，以突变点为断点，对坡形进行分段拟合，并同理选择最优表达式：

$$y = a \cdot x^3 + b \cdot x^2 + c \cdot x + d \tag{11-14}$$

$$y = a \cdot x^2 + b \cdot x + c \tag{11-15}$$

$$y = a \cdot b^x + c \tag{11-16}$$

式中 　a、b、c、d——拟合函数结果中的常数项，其结果由 Matlab 基于最小二乘批量计算得出；

　　　　$x(m)$，$y(m)$——分别对应边坡水平累计长度及其相对坡高。

（二）精确样本线对象下自然边坡特征提取

1. 基于精确自然稳定样本的坡线特征参数提取

自然稳定边坡多为反 S 形边坡。反 S 形边坡以拐点为分界处分为上侧的凸起部分和下侧的凹陷部分。反 S 形边坡与其他类型边坡有部分共同的边坡特征参数，包括坡高、坡长、凸面曲率和凹面曲率，但反 S 形边坡与其他类型边坡的不同之处在于其凸起部分和凹陷部分存在拐点，因此这两部分分别在水平面和铅垂面上有不同的占比。

本技术提出凸面水平占比和凸面竖直占比两个新的边坡特征参数，以此确定坡线上拐点的具体位置，进而精确描述反 S 形边坡的具体形状。

在坡线提取的基础上，根据剖面线数据计算反 S 形边坡的特征参数，包括坡高、坡长、凸面曲率、凹面曲率、凸面水平占比、凸面竖直占比。其中，坡高指边坡坡面在铅垂面上的投影距离，坡长指边坡坡面在水平面上的投影距离，凸/凹面曲率指边坡凸起/凹陷部分形成的圆弧的曲率，凸面水平占比指边坡上侧凸起部分在水平面上的投影长度占坡长的百分比，凸面竖直占比指边坡凸起部分在铅垂面上的投影长度占坡高的比例（表 11-1）。根据这些边坡特征参数可确定反 S 形边坡的坡形。

表 11-1　边坡特征参数及释义表

参数名称	表达式	释义
坡长	$s = e^{3.829+0.024d}$	边坡坡面在水平面上的投影距离
凸面曲率	$tq = e^{2.530-0.007s}$	凸起部分形成的圆弧的曲率
凹面曲率	$aq = e^{2.039-0.011s}$	凹陷部分形成的圆弧的曲率
凸面竖直占比	$tz = e^{-2.219+2.673tp}$	边坡凸起部分在铅垂面上投影长度占坡高比例

注：其中 d 表示坡高，tp 表示凸面水平占比。

2. 自然稳定样本的坡线形态表达

为得到自然边坡特征参数之间的拟合公式，首先需要分析这些边坡特征参数之间的相关性。在利用 SPSS 进行相关性分析之前，由于选取的边坡特征参数有可能存在偏离一般规律的数值，因此首先要对偏离值进行去除。在去除了偏离值之后，分别利用正态曲线直方图、Q-Q 图和 S-W 检验分析数据是否符合正态分布，对不具备正态分布特征的边坡特征参数进行对数变换使其符合正态分布。分析各边坡特征参数之间的相关性，选取显著相关的参数进行曲线拟合。在进行曲线拟合之前，为检验模型的准确性，将提取两组数据作为验证数据。在曲线拟合的过程中，通过分析 R^2 值和参数的 T 检验以及方差的 F 检验后得到拟合公式，对不具备相关性的参数求取其均值，最终得到以坡高为自变量的近自然边坡模型，从而针对特定稳定边坡样本（检测及示范区），获取其边坡特征的精确特定形态。

二、自然沟道特征参数提取

在水文学、地貌学的相关研究中，D8 算法因为编码相对简单，计算较为简便，是目前使用最广泛的沟道提取方法，但 D8 算法有不少局限性：首先，D8 算法属于单流向算法，这种算法认为每一栅格单元本身产生的流量及其上游流量都流向其周围唯一的相邻栅格，而在地形坡度较缓且分辨率较高（如<5 m）的情况下，单坡面上的坡向相同且斜率变化有限，使

得 D8 算法计算得出的栅格单元水文流向一致,从而易出现平行伪河道的形态,而非自然水系蜿蜒曲折的实际情况。为此,需要寻找其他水文流向算法进行沟道提取。D∞算法为多流向算法,相较于 D8 算法最主要的区别在于,D∞算法将栅格单元向下一单元转移的流量根据坡度、坡向分配给周围两个相邻栅格单元。D∞算法的工作原理为:在 3×3 窗口中,中心栅格单元中点与周围 8 个栅格单元中点连线形成 8 个平面三角形,根据高程落差分别计算每个三角形的坡度,以最大三角形的坡度为中心栅格单元的坡度,三角形坡向即为水文流向。与中心栅格单元形成该三角形的两个栅格单元形成流量分配单元,并按其与该三角形坡度的接近程度分配流量。由于以 D∞算法为代表的多流向算法能较好地模拟水流在坡面形态上的漫散状流动,相较 D8 单流向算法具有更明确的物理意义,也更符合栅格单元流量分配的实际状态,经学者研究,在进行高分辨率下地形指数、汇水面积等水文参数计算时多流向算法有更好的适应性。

将 DEM 数据经过非线性滤波处理和可能沟道像素识别之后,基于测地线最小化原则提取沟头和沟道网络,并利用沟道中心线切割垂直于它的截面,以提取如沟道蜿蜒度等形态属性。沟头被定义为沟道网络中集中水流的最上游点,因此使用一个终点搜索框来扫描可能沟道像素的骨架来自动识别。具体来说,该搜索框将每个骨架连接部分的末端像素(骨架的连接部分无间断)识别为到流域出口最大测地线距离的像素,即最上游的点。然而,可能沟道像素的骨架在对应地形特征时或许会受到道路干扰,因为道路的地形特征不满足曲率阈值和骨架细化参数的要求。这些干扰也有可能是由于山体滑坡或断层等自然特征的存在。因此,该搜索操作不仅能识别出沟头,还可识别出沟道中断的部分。

终点搜索框的大小与 DEM 的河网密度呈相关性,当河网密度较大时,为避免单次检测出更多河道,需要缩小搜索框;而当河网密度较小时,为避免径流长度过小而无法被识别,需要扩大搜索框。研究表明水系密度(D_d)与坡面长度(L_b)呈反比关系,因此可以通过计算坡面长度来分析沟道网络的特征,进而选择终点搜索框的大小。通过曲率骨架和最速下降法计算每个像素与第一个下坡沟道像素之间的距离来确定坡面长度,并统计求取坡面长度的中值作为搜索框的大小以识别沟头位置。

在识别出沟头后,将沟道视为沟头至流域出口的最低成本路径(即测地线),利用添加可能沟道像素的骨架而修正的成本函数对每个沟头位置的栅格单元进行计算:

$$\Psi_{new} = \frac{1}{1 \cdot A + A_{mean} \cdot S_{kel} + A_{mean} \cdot C} \tag{11-17}$$

式中　A——集水区面积;

　　　C——曲率;

　　　A_{mean}——平均集水区面积;

　　　S_{kel}——可能沟道像素的骨架参数。

此成本函数对弯曲沟道的路径进行了修正,使沟道中心线尽量符合可能沟道像素的骨架。在计算了每个沟头位置栅格单元的成本函数后,采用快速推进法计算每个沟头到流域出口的最低成本路径,对该路径使用梯度下降法以完成对沟道网络的提取,并在之后进行横截面识别、沟沿确定等沟道形态的分析。

沟道参数指影响各条沟道地表形态和水文特征的地貌参数。除径流系数外,该类型参数与上述全局参数不同之处在于两个方面:一方面,不同等级沟道的地貌参数会有较大差异,如主沟道的最大流速必然大于次级沟道;另一方面,由于各子流域内坡度、地表微地貌等的差异,同等级沟道并非具有完全相同的地表形态和水文特征,而是处于相近的数值范围内,因此需要在提取自然学习区沟道参数的基础上选择区间,根据各子流域情况进行沟道参数的设置。沟道参数包括最大流速、上游坡度、径流系数、沟道宽深比、沟道弯曲度和子脊间距。

最大流速:沟道内水流速度受上方汇水面积、降雨强度、渗流系数等多个因素的综合影响。最大流速与沟道横截面积成反比,与全局设置中的极端降雨值呈正相关,对沟道的地表形态有限制性的影响。需要说明的是,各等级沟道的最大径流速度差异较大,因此需分等级进行统计。根据自然学习区各等级沟道的最大/最小横截面积,及全局设置中 50 年 6 h 最大降雨量计算各等级沟道的最大流速区间。

上游坡度:与主沟道出水口坡度相似,该参数指沟道上游部分的纵剖线坡度。沟道纵剖线相较于流域内沟道邻近区域更平滑,其上下游的坡度变化也更缓和。除主沟道外,各子沟道均会汇入下级沟道直至主沟道,而子沟道的出水口坡度也受制于其汇入下级沟道位置的坡度,因而沟道上游坡度可表征河道的纵剖面形态。如前文所说,重塑区并非一个只出不进的封闭流域,当沟头位于重塑区边界时,子沟道上游坡度应与上方流域的出水口坡度相适应,并考虑其从外部流域接受径流的情况。根据自然学习区沟道空间位置,将沟道分为沟头位于学习区内部及位于边界两类,从沟头开始以 10 m 为间距,插值提取 16 个点获取纵剖线计算坡度区间并分别统计。

径流系数:径流系数指任意时段沟道内径流深度与同时段内降水量的比值。径流系数主要受示例区的地形、流域特征、平均坡度、表面附着物情况及土壤特性等的影响。径流系数越大则代表降雨越不易被土壤吸收,即会增加沟道的负荷。根据研究区水文站实测径流系列和气象站逐月降水数据计算得出。

沟道宽深比:沟道宽深比是表征沟道三维形态特征的重要参数。沟道是降雨过程形成的径流间歇性冲刷地表,进而下切产生的线状地物。在沟道形成初期,径流作用以下切为主,沟道宽深比较小;随着径流的不断冲刷,对沟道的作用逐渐从下切变为侧蚀,沟边发生崩塌,沟岸扩张,沟道宽深比逐渐加大,沟道逐渐趋于稳定。另外,沟道宽深比与沟道比降呈负相关,当沟道比降较大时,径流对沟道的侵蚀作用以下切为主,沟道宽深比较小;当沟道比降较小时,侵蚀作用以侧蚀为主,沟道宽深比较大。因此需要根据沟道比降大于 4% 和小于 4% 的部分进行统计分析。由于重塑区可能同时存在高坡度和低坡度的区域,为在重塑中可以对应不同沟道进行设置,故对该参数进行范围统计。

沟道弯曲度:沟道弯曲度为沟道实际长度与沟头至出水口直线长度的比值,是表征沟道空间形态的重要参数。在长期的径流过程中,由于水面横比降和横向环流的存在,径流携带的泥沙发生横向输移作用,使沟道一侧遭受侵蚀,另一侧则发生泥沙沉积,整个沟道不断向侧方和下游方向蠕移,使沟道弯曲度不断增大。沟道弯曲度的提升,实质上增加了沟道运移泥沙所需的路径,同时减缓了水流速度。该参数同样与沟道比降呈负相关,需要根据沟道比降大于 4% 和小于 4% 的部分进行统计分析。

子脊间距:根据 Rosgen 的沟道分类结果可知,沟道在比降大于 4% 时呈折线形态,而在小于 4% 时呈 S 形分布。沟道比降较低的 S 形沟道两侧坡面会交替形成山脊和临时性汇水河道,而在子脊之间存在一些开阔的类河漫滩或阶地区域,子脊之间的折弯数被称为子脊间距。子脊间距越大,代表沟道两侧坡面的横向波动频率越低,但形成的子脊与临时性汇水沟道之间的坡度也就越大。根据沟道提取结果,选取沟道比降小于4%的沟道集水区进行山脊线提取,以山脊线间的折弯数作为该参数的值。

三、其他自然地貌特征参数提取

(一)地貌重塑全局参数提取

在近自然地貌重塑过程中,地貌重塑自然参数的准确性是影响重塑结果的稳定性和景观融合性的重要因素之一。全局参数是指影响整个重塑区域的地貌参数。这些参数以该重塑流域为单位,从整体角度对沟道的位置和形态作出限制,包括山脊线到沟头的最大距离、主沟道出水口坡度、A型沟道长度、极端降雨强度、沟道密度、东/北向最大坡度。

山脊线到沟头的最大距离:该参数是土壤黏结性、植被冠层、覆盖度和根系密度、降水等气候因子和地形起伏度等局部因子的函数。与沟道类似,流域内的山脊线也有主山脊和子脊之分,而在地貌重塑设计过程中,该参数会影响重塑区子脊的位置和形态,进而影响子流域的划分和子沟道的形成。该参数为一个限制参数,若其值过大会导致重塑过程中的子脊数量过低,进而使地表起伏度低于自然地貌值。为获取该参数,首先需提取自然学习区的山脊线。对于山脊线而言,由于它同时也是分水线,而分水线的性质即为水流的起源点,因此,通过地表径流模拟计算之后,这些栅格的水流方向都应该只具有流出方向而不存在流入方向,即山脊线的累积汇流量为零。因此,通过对零值的提取,就可得到分水线,即山脊线。然而受分辨率及汇流方法限制,此方法获取的山脊线会存在部分误差,需要和遥感影像数据对比并校正。之后,以沟道的水流方向判断与沟头对应的子脊,即可提取山脊线到沟头的距离,在进行95%的置信区间分析后选择最大值作为该参数的值。

主沟道出水口坡度:这是近自然地貌重塑过程中极为重要的一个参数。重塑地貌必须与下游流域相结合,以实现其景观融合效果。这意味着重塑区的沟道必须具有与上游和下游河道流域平滑交接的纵向轮廓。与地貌临界理论的沟头坡度不同,该出水口坡度并非指主沟道出水口一点的局地坡度,而是指沟道下游的纵剖线坡度。从实际情况来看,由于采矿边界不会按照河网分布进行规划,使得原始地貌的流域分布被破坏,采矿及重塑的扰动可能会持续到重塑区主沟道下游很远的距离。在这种情况下,用户必须确定最终下游未受干扰的连接点处的坡度,将该剖面向上延伸至重塑区边界,并指定一个平滑的连接点坡度值。

A型沟道长度:与山脊线到沟头的最大距离相似,A型沟道长度也是表征多个气候、坡度、植被等因子综合影响地表形态结果的地貌参数,其中的主导因子为坡度。水文学者Rosgen研究发现,当沟道比降大于4%时,其形态通常为折线形而非直线或S形。折线形的河道两岸会交错形成子脊和子脊沟谷,对流域进行细致的再划分。A型沟道长度取值为折线形沟道河湾跨度的一半,通过利用无人机获取的自然学习区高精度DEM及影像数据,根据自然学习区沟道形态,提取其比降大于4%的沟道,统计A型沟道长度值,拟合正态曲线以统计该参数值。

极端降雨强度:极端降雨事件是检验近自然地貌重塑设计是否满足重塑区气候条件的一个重要指标。该参数分为2年1h最大降雨量和50年6h最大降雨量。前者检验重塑区沟道在初期应对短期瞬发降雨情况下的稳定性,影响沟道满水输送情况下的过水断面面积;后者则检验主沟道及洪水易发沟道的蓄水能力和稳定性,影响该类沟道的尺寸。该参数也与沟道参数中各沟道的宽深比、弯曲度共同塑造沟道的地表形态。通过查阅示例区气象数据,获取2年1h最大降雨量及50年6h最大降雨量参数值。

沟道密度:沟道密度指流域内沟道长度与流域面积的比值,是土壤黏性、植被冠层、覆盖度和根系密度、降水强度等气候因子和地形起伏度因子共同影响的结果。沟道密度反映了流域发育的程度,而重塑地貌初期流域发育程度较自然学习区低,地表抗侵蚀能力较差,因此示例区沟道密度会在自然学习区的基础上产生一定的偏差。根据前人研究知晓,沟道密度的偏差可接受范围为±10%。根据沟道提取结果,计算沟道长度,结合出水口位置生成流域,计算沟道长度和流域面积之比作为该参数的值。

东/北向最大坡度:在自然地貌中,北向和东向的边坡通常更加陡峭,这是因为示例区位于北半球,该方向上的边坡得到的日照辐射量较少,同时土壤中的水分更易被保留下来,有利于植被的生长和发育,使得植被根系更易稳固土壤,不易发生水土流失。对自然学习区进行坡向分析得到各坡面的朝向,在此基础上根据坡度提取自然学习区东/北向边坡的坡度,统计并进行95%的置信区间分析后选择最大值作为该参数的值。

(二)景观演化参数提取

CLiDE景观演化模型是基于示例区气候、土壤、水文、地表植被数据等对待模拟地貌进行数十年乃至上百年长期演化的模型,因此地貌演化参数的准确提取是保证模型准确运行的前提。其主要的地貌演化参数包括气象参数、水文参数、侵蚀沉积方式、植被过程和边坡过程。

气象参数:地表各种形式的水体是不断地相互转化的,水以气态、液态和固态的形式在陆地和大气间不断循环的过程就是水循环。对水力侵蚀为主要侵蚀方式的地貌而言,区域水循环的方式对其土壤侵蚀沉积分布的影响是至关重要的。一个流域内发生的水循环是降水—地表和地下径流—蒸发的复杂过程。故CLiDE模型为进行地表水循环的模拟,将其具化为每日降雨量、地表蒸散发和渗透系数参数,通过简化水循环过程以分析地表径流的变化。每日降雨量和地表蒸散发数据通过统计多年示例区的逐日气候数据资料,利用CLIGEN天气发生器模拟生成。

水文参数:水文参数包括土壤水文类型、给水度和库朗数。土壤水文类型是对示例区植被和土壤水文特性的进一步界定,根据田间持水量(土壤所能容纳的最大水量)、土壤萎蔫系数(特定种类植被不枯萎所需的最低土壤水分)和土壤基流指数(土壤在过饱和水条件下地下水补给与地表径流的分配比,BFI)进行分类;由于不同区域的植被类型及立地条件不一致,可能导致其渗透系数有变化,含水层给水度参数通过分布式文件对地下水供给做了不同程度的拉伸或缩放;库朗数则通过调节流场变化过程中的时间/空间步长相对关系,提高计算的稳定性和收敛性。

侵蚀沉积方式:该类型参数通过调整沉积物的初始粒度比例、运输特性和侵蚀特性,在模拟过程中将侵蚀形成的泥沙分布在流域内或运出流域。主要通过如下参数实现该过程:根据最大流速和最大侵蚀极限来定义在一个模拟单元中可以被侵蚀或沉积的沉积物量值上限;根据沉积物粒径分布和活动层厚度在每次径流冲刷迭代过程中改变模拟单元活动层的粒径分布和纵向变化以模拟活性层和亚表层的发育情况;根据沟道内侧向侵蚀速率和一般侧向侵蚀速率,前者通过设定径流泥沙凝聚特性来控制沟道宽度,后者判断是否会发生河岸侵蚀及侵蚀速率以计算沟道弯曲度，并通过边缘平滑滤波器通道数描述沟道的计算曲率平滑度，用以表征沟道横截面变化及空间形态变化。

植被过程：植被覆盖度数据依据最佳植被覆盖度范围对整体区域进行设置。由于CLiDE模型的景观演化模拟研究尺度通常在几十年乃至上百年，植被的生长发育情况呈周期性变动，其对泥沙沉积和地表水流速的限制效果也应当呈现周期性变化。CLiDE模型将其简化为植被临界剪切力、植被成熟度及成熟植被的侵蚀抑制比例。植被临界剪切力是植被能承受的最大剪切应力值，若剪切应力值在其上植被会因径流侵蚀而移除。植被成熟度定义了植被达到完全成熟所需的时间（以年为单位）。成熟植被的侵蚀抑制比例决定了植被成熟度如何影响河道内侧向侵蚀和一般侧向侵蚀速率，如果抑制比例设置为0，那么当植被完全生长时这两种侵蚀方式就不会发生；如果设置为1，那么植被就不会对侵蚀产生影响；如果设置为0.5，则当植被完全生长时定义该区域的河道正常侵蚀和一般侧向侵蚀为无植被时的50%。但这一速率受成熟度等级的影响，当植被成熟50%，侵蚀率为0.5时，允许的最大侵蚀率为无植被时速率的0.75。通过这3组参数的设定模拟植被发育期内区域的侵蚀速率的变化。

边坡过程：该类型参数用于控制CLiDE平台内非径流影响的泥沙运移过程的参数。由于尺度问题，在进行上百年的景观演化过程时，非水力侵蚀导致的土壤蠕动和浅层滑坡事件也应当被考虑进入。CLiDE模型可采用SCIDDICA模块，通过表层土壤的体积、质量和动量计算每个单元所包含的势能，在单元坡度超过阈值或土层表面/内部水文性质发生变化时表示表层土壤的平移/滑坡过程。具体参数为：利用土壤夹带系数（0~1）决定某一滑坡事件可能夹带的有效土壤物质的最大百分比；利用摩擦角决定边坡单元之间可能发生滑坡的最小边坡角；利用松弛速率系数（0~1）决定一个平衡可能排序的内部时间步数以避免模块内部的不稳定性；利用附着力定义滑坡后残留的松散物质的最小深度。

第三节　内排土场边坡近自然地貌重塑

一、采复子区空间位置识别

依据露天矿采复周期，获取图11-7所示各周期下开采子区（a_{mn}）和复填子区（a_{fn}）水平投影空间位置。

如图11-7所示，依据露天矿实际采复周期，沿开采方向将露天矿区按采复周期时间先后顺序划分为N个子区。其中，开采子区和复填子区分别对应区域a_{m1}～a_{mN}和区域a_{f1}～a_{fN}。在露天矿内排构建的采复过程中，采坑每前进一个开采子区（a_{mn}）对应修复后侧一个复填子区（a_{fn}），直至内排过程结束，矿坑由区域A_b移至区域A_a。

二、复填可用土方量计算

为便于后续土方量计算，将开采及复填子区均细分为row_c行col_c列的网格单元组（图11-7）。在采复周期n中，开采子区a_{mn}可用于对应复填子区a_{fn}的土方量计算式如下：

$$V(a_{mn}) = \sum_{i=1}^{row_c} \sum_{j=1}^{col_c} \{[H(a_{mnij}) - h_t(a_{mnij}) - h_d(a_{mnij})] \cdot S(a_{mnij})\} \quad (11-18)$$

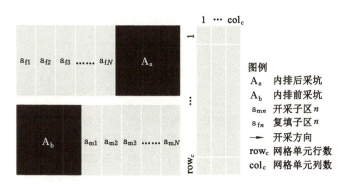

图 11-7 露天矿采复周期下开采及复填子区空间位置提取示意图

式中 $V(a_{mn})$——开采子区 a_{mn} 可用于对应复填子区 a_{fn} 的土方量,其值是开采子区 a_{mn} 最下层可采矿层底板以上的总物质体积减去区域内所有可采矿层总物质体积;

i、j——分别是开采及复填子区内网格单元的行、列序号,取值分别为 $1 \sim row_c$ 和 $1 \sim col_c$;

$H(a_{mnij})$——开采子区 a_{mn} 网格单元 (i,j) 所在区域的采前地面标高;

$h_d(a_{mnij})$——开采子区 a_{mn} 网格单元 (i,j) 所在区域的最底层矿层底板标高;

$h_t(a_{mnij})$——开采子区 a_{mn} 网格单元 (i,j) 所在区域的可采矿层总厚度;

$S(a_{mnij})$——开采子区 a_{mn} 子单元 (i,j) 的水平投影面积。

三、复填子区地表调整曲面预构建

依据区域原有自然稳定地貌,构建图 11-8 所示调整曲面模型,以尽可能保留复填子区 a_{fn} 原有地貌起伏特征。

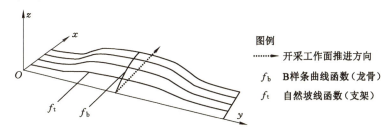

图 11-8 地表调整曲面预构建示意图

如图 11-8 所示,将反映复填子区最终地貌设计形态较其原始自然地貌空间高程变化的曲面定义为地表调整曲面。为保证地表调整曲面能使复填子区表面与周边自然地貌"无缝"融合,选取边界处高程变化小,中间变化大,且与区域自然地貌相似的连续放缓曲面。参照"船体"构建思路,采用连续性较优的 B 样条曲线函数为"龙骨",自然坡线函数为侧方"支架",构建复填子区 a_{fn} 所对应的地表调整曲面。图中虚线箭头为开采方向;x、y、z 三轴正方向分别对应开采方向、水平垂直开采方向及竖直方向;f_b 和 f_t 分别对应 B 样条曲线函数和自然坡线函数。其中,B 样条曲线函数 f_b 位于复填子区 a_{fn} 水平投影中心线位置,采用控制点构建,其计算式如下:

$$f_b(j) = \text{Bezier}(\pmb{v}, t_b, t_s, t_e) \tag{11-19}$$

$$\pmb{v} = \begin{bmatrix} 0, y_1 \\ x_1, y_2 \\ \cdots \\ 1, y_{NC} \end{bmatrix} \tag{11-20}$$

式中 $f_b(j)$——复填子区 a_{fn} 第 j 列的 B 样条曲线值,定义域为 0~1;

Bezier(·)——竖直平面上的二维 B 样条曲线函数,形态由起始点 $(0, y_1)$、终止点 $(1, y_{NC})$ 和中间 (NC-2) 个控制点共同控制;

NC——Bezier(·) 函数中起点和终点在内所有控制点的个数,取值为 >2 的整数;

$\pmb{v}$——NC 行 2 列的矩阵,由上至下行数据分别对应起点、控制点 1 至控制点 (NC-2)、终点的坐标;

t_b——起点所对应网格单元的列序号;

t_s——Bezier(·) 函数取值间隔,是终点与起点所对应网格单元的列序号之差,取值为大于 0 的正数;

t_e——终点所对应网格单元的列序号;

$x_1 \sim x_{NC-2}$——分别为控制点 1 至控制点 (NC-2) 在中心线上以起点为原点的水平投影距离,其中 $0 \leqslant x_1 \leqslant \cdots \leqslant x_{NC-2} \leqslant 1$;

$y_1 \sim y_{NC}$——分别是起点、控制点 1 至控制点 (NC-2)、终点的预设高程值,定义域皆为 0~1。

在确定复填子区 B 样条曲线函数形态的基础上,通过自然坡线函数确定地表调整曲面,其计算式如下:

$$f_t(i,j) = \begin{cases} f_b(j) \cdot \dfrac{f_s\left(\dfrac{2(i-1)L_s}{\text{row}_c - 1}\right) - f_s(0)}{f_s(L_s) - f_s(0)}, & i < \dfrac{\text{row}_c - 1}{2} \\[4mm] f_b(j) \cdot \dfrac{f_s\left(\dfrac{2(\text{row}_c - i)L_s}{\text{row}_c - 1}\right) - f_s(0)}{f_s(L_s) - f_s(0)}, & i \geqslant \dfrac{\text{row}_c - 1}{2} \end{cases} \tag{11-21}$$

式中 $f_t(i,j)$——复填子区 a_{fn} 地表调整曲面网格单元 (i,j) 所对应的预设高程值,取值为 0~1;

π——圆周率;

f_s——高程函数,其中 $f_s(0)$ 为坡脚处高程,$f_s(L_s)$ 为坡顶处高程;

L_s——自然坡线坡顶距坡底水平投影长度;

其余参数解释同上。

四、曲面土方量控制及坡度缓和优化

为保证采复周期中可用土方量动态平衡,通过竖直伸缩变化使地表调整曲面符合土方平衡要求,其计算式如下:

$$C = \frac{\displaystyle\sum_{i=1}^{\text{row}_c} \sum_{j=1}^{\text{col}_c} \left[H(a_{fnij}) - h_d(a_{fnij}) \right] - kV(a_{mn})}{\displaystyle\sum_{i=1}^{\text{row}_c} \sum_{j=1}^{\text{col}_c} \left[-f_t(i,j) \right]} \tag{11-22}$$

$$f'_{\mathrm{t}}(i,j) = C \cdot f_{\mathrm{t}}(i,j) \tag{11-23}$$

$$H'(\mathrm{a}_{fnij}) = f'_{\mathrm{t}}(i,j) + H(\mathrm{a}_{fnij}) \tag{11-24}$$

式中　C——地表调整曲面伸缩变化系数，其值是复填子区 a_{fn} 最底层矿层底板以上总物质体积去除膨胀后的可用土方量体积后，与地表调整曲面总体积的比值相反数；

　　　k——土体膨胀系数；

　　　$H(\mathrm{a}_{fnij})$——复填子区 a_{fn} 网格单元(i,j)所在区域的采前地面标高；

　　　$h_{\mathrm{d}}(\mathrm{a}_{fnij})$——复填子区 a_{fn} 网格单元(i,j)所在区域的最底层矿层底板标高；

　　　$f'_{\mathrm{t}}(i,j)$——地表调整曲面伸缩变换后网格单元(i,j)的高程值；

　　　$H'(\mathrm{a}_{fnij})$——复填子区 a_{fnij} 网格单元(i,j)最终地表设计标高，其值为该网格单元处自然原始标高与地表调整曲面伸缩变换后高程取值的叠加；

　　　其余参数解释同上。

在此基础上，为筛选出区域整体坡度较缓的复填子区地表高程模型，以提高其表土抗水蚀能力，构建以网格单元与周边网格单元间坡角为对象的区域坡度评分标准，其计算式如下：

$$f_{\mathrm{p}}(a) = \begin{cases} 1, & (|a| \leqslant 1) \\ f_{\mathrm{p}}(a_{\mathrm{u}}-1) \cdot 8 + 1, & (a_{\mathrm{u}}-1 < |a| \leqslant a_{\mathrm{u}}) \end{cases} \tag{11-25}$$

式中　$f_{\mathrm{p}}(a)$——坡度夹角 a 所对应的坡度评分值，其值为大于 0 的整数；

　　　a_{u}——正整数，其取值为 $2°\sim90°$。

在区域坡度评分标准构建的基础上，构建区域坡度评分模型，其计算式如下：

$$p(\mathrm{a}_{fn}) = \sum_{i=1}^{\mathrm{row}_{\mathrm{c}}} \sum_{j=1}^{\mathrm{col}_{\mathrm{c}}} \sum f_{\mathrm{p}ij}(a) \tag{11-26}$$

式中　$p(\mathrm{a}_{fn})$——复填子区 a_{fn} 的区域坡度总评分；

　　　$f_{\mathrm{p}ij}(a)$——子区 a_{fn} 内网格单元(i,j)沿某一朝向的坡度评分值；

　　　$\sum f_{\mathrm{p}ij}(a)$——子单元(i,j)与周边 8 个网格单元间坡角所对应评分值的总和。

依据上述评分模型，通过 Matlab 软件，调整 B 样条曲线起点、控制点 1 至控制点（NC-2）、终点的坐标位置，遍历构建一组形态各异的复填子区地表高程模型，并以区域坡度总评分最小为目标，定向筛选复填子区 H' 求解结果，最终获取原有自然形态表面下土方量动态平衡且坡度平缓的复填子区 a_{fn} 地表高程近自然设计形态。

五、沟道提取及再优化

通过内排土场土方优化技术形成的近自然设计地貌，在满足采复周期内土方优化平衡的基础上保留了原始地貌的起伏特征，且保证了与周边自然地貌的衔接性。但由于采矿活动导致内排土场区域内地表高程的大幅变化使相关的沟道参数发生改变，同时为进行曲面土方量控制而使用的地表调整曲面伸缩变化系数使得地表径流的截面形态和空间形态发生了变化，对于有些沟道而言这种变化或许会使其不满足当地自然条件下沟道的形成和发育情况，为此需要依据地貌临界理论的相关参数对土方优化后的设计地貌沟道进行再优化。

经由土方优化技术形成的近自然设计地貌，由于部分保留了原始地貌的沟道分布特征，其出水口位置与原始地貌相近，而随着开采界面的推进，矿坑最终会形成在重塑区东北处二采区的位置,故须使上方流域主沟道的出水口位于矿坑最终位置附近。通过对近自然设计地貌进行山脊线提取,根据主要山脊线将重塑区划分为多个流域进行沟道提取。

重塑区各流域均存在着很多沟道长度较短的细小水文路径。这是因为土方优化设计过程中使用了地表调整曲面,作为其"龙骨"的复填子区中心线部分的高程变化较边界处更大,尽管可以根据坡度缓和优化模型评价并选取坡度最小的方案,但仍会导致土方优化设计的地貌会在局部呈现出较高的坡度,产生细小的水文路径。而这些水文路径由于上方汇水面积过小,在降雨过程中,其地表径流的汇流剪切力较弱,对地表的切割能力和冲刷能力不足以突破地表土壤的抗侵蚀能力,因此无法形成细沟乃至切沟。由于这些水文路径并不属于实际情况中沟道的范畴,而属于地貌重塑参数的子脊间距中所述临时性汇水沟道,故在沟道优化过程中需将其舍去。

另外,由于土方优化设计的地貌并非实际地貌,其沟道提取结果也并非现实存在的沟道,需要根据地貌临界模型对各沟道(主要是一级沟道)进行筛选,对沟头的局地坡度和上方汇水面积不符合沟蚀发生机制的沟道进行去除并计入临时性汇水沟道。

对重塑区边界周围的自然地貌数据进行插值并提取高程点,对土方优化设计后地貌的沟头、沟道交汇处及山脊线也分别进行插值提取高程点,以这些点作为 GeoFluv 近自然地貌设计的高程预表面。将优化设计后的重塑区沟道导入 GeoFluv 模型中,对重塑区进行整体设置和沟道的微调设置,使沟道密度符合自然学习区的提取值。对子脊和临时性汇水沟道的二维形态进行调整,使子脊间距满足地貌模拟,以实现矿区内排土场的近自然地貌重塑。将重塑结果生成的等高线导入 ArcGIS 中,将其进行空间插值转为地形栅格数据。

六、重塑地形稳定性分析

评价重塑地貌是否能够保持长期稳定不发生剧烈的地表形态变化时,部分国外学者会使用侵蚀预测模型进行地貌演化过程的模拟,这种方法的好处是可以获取土壤侵蚀沉积量时序变化的模拟结果,一方面可以判断重塑地貌的稳定性,另一方面可以探寻重塑地貌易发生水土流失的关键节点,在地貌养护过程中重点关注该部分。传统的侵蚀预测模型可以获取至模拟时间节点为止的侵蚀沉积数值,但无法获取地貌的最终形态,而地貌演化模型可以得到各时间节点的地表高程数据,在此基础上进行土壤侵蚀和沉积的时序模拟,对露天矿区重塑地貌的演化模拟与评价分析有很强的适用性。为对比评价不同情景下重塑地貌的长期稳定性,基于提取的景观演化模型参数,对开采前自然地貌、近自然重塑地貌和传统方式重塑地貌进行同等模拟时长的数值模拟,对比分析不同地貌下土壤侵蚀、沉积量和水土流失量的变化以评价重塑地貌的稳定性,并根据水土流失情况判断关键节点,对其进行长期检测及养护。

一般情况下,露天矿区重塑地貌并非一个完整的流域,因此考虑到上下游与重塑区之间的相互影响,在进行景观演化模拟时对矿区进行向外延伸模拟区域。以示例区现状DEM 数据为基底,将传统重塑方式和近自然重塑方式下的内排土场分别镶嵌到现状 DEM上,以此作为不同模拟情况的地表数据,输入地貌演化参数并分别进行模拟。而矿坑的存在会使地貌演化模拟结果中侵蚀沉积的视觉对比效果降低,为了使对比效果更加明显,同时排除自然区域侵蚀沉积数值对重塑区的该数值的稀释效果,在进行地貌演化前后侵蚀沉积变化分析时不统计矿坑和自然区域的数据,仅统计重塑区。

第四节 技术示例

一、示例区简介及数据来源

胜利矿区位于内蒙古自治区锡林郭勒盟锡林浩特市北部矿群,地处温带丛生禾草典型腹地,除河滩、丘间洼地和盐化湖盆地外均为典型草原。胜利矿区包括胜利一号矿、西二号矿、西三号矿及东二号矿 4 个露天矿,及附带的 8 个大型外排土场,均实现了不同程度的复垦。本示例以胜利一号露天矿为应用区,该矿自 2013 年开始实现内排,至今已完成内排土场覆盖范围约 2.53 km²,并且依据矿山规划可知,该矿全生命周期下的内排土场范围为32.68 km²。

(一)地形数据

为对比重塑后地形与采前地形的水土流失情况变化,本研究需要分别获取示例区采前及采后地形数据。此外,为获取示例区自然地形地貌特征,本研究还通过无人机航拍测量、人工野外定点测量等方法,获取示例区稳定地表高精度特征。

在示例数据中,采前地形数据来源于 DLR 的数字高程数据(DEM)和由美国太空总署 NASA 和国防部国家测绘局 NIMA 于 2000 年联合测量的 SRTM 数据,其分辨率为 30 m×30 m;煤层厚度和顶底板高度根据胜利一号露天矿 5 号、6 号煤层顶底板等高线及资源储量估算平面图生成;采后地形数据则根据胜利一号露天矿开采规划及煤层开采厚度生成;自然学习区数据在坡度分析和查阅锡林浩特市历史地质灾害的基础上,选取未发生严重地质灾害,可认为是经长期发育形成的不同坡度条件下的稳定地貌,利用无人机航测和人工野外定点测量等方法获取高精度 DEM 数据用于自然地形特征的学习,于 2020 年 7—8 月在锡林浩特市西北部及东北部分别选择山体区域、斜坡区域和缓斜坡区域获取了高精度 DEM 数据,分辨率分别为 11.96 cm、14.7 cm 和 13.2 cm。

(二)土壤数据

示例数据中土壤数据的获取方法为在胜利矿区自然区域及内排土场均匀布设土壤取样点。土壤采样深度为 5~20 cm,每个取样点利用五点取样法,去除草皮后取土均匀混合作为该点样本。测样指标包括土壤的机械组成、有机质含量、pH 值、阳离子交换量等。并在自然缓斜坡区域和胜利一号矿外排土场区域沿坡线设置土壤取样点,额外测定渗透系数和土壤容重。示例区主要的土壤类型及参数如表 11-2 所示。

表 11-2 示例区主要土壤参数

土壤类型	黏粒比例/%	砂粒比例/%	石砾比例/%	阳离子交换量/(meq/100 g)	有机质含量/%
沼泽土	21.6	64.2	1.1	80	20
草甸土	25.8	56.4	1.1	9.9	3
排土场土	34.0	38.6	27.4	9.9	0.114

(三)气候数据

示例数据通过国家气象网站下载锡林浩特市 2000—2019 年 20 年的气候数据,统计逐日气候数据资料,包括每月平均降雨量、降雨天数,每日最高气温、最低气温等数据,在多年气象资料统计参数的基础上,通过月均值插值法,以 100 年为模拟时间,经气候发生器 CLIGEN 生成模型所需要的逐日降水数据资料。部分生成资料如图 11-9 所示。

```
4.30
  1   0   0
  Station:  XLHT +                                      CLIGEN VERSION 4.3
Latitude Longitude Elevation (m) Obs. Years   Beginning year  Years simulated
   45.00   115.00         1050          47              1               100
Observed monthly ave max temperature (C)
 -2.5    2.8  11.3  23.0  31.2  30.7  34.2  32.8  26.3  19.5  10.5  -1.8
Observed monthly ave min temperature (C)
-32.7 -29.2 -24.5  -8.7  -1.5   5.2   9.2   5.7  -1.2  -9.3 -24.7 -28.7
Observed monthly ave solar radiation (Langleys/day)
186.0 263.0 340.0 420.0 535.0 515.0 530.0 451.0 379.0 295.0 210.0 165.0
Observed monthly ave precipitation (mm)
  1.5   1.3   4.1   8.5  21.7  76.9  84.5  40.7  29.5  12.9   5.0   2.1
da mo year  prcp  dur   tp     ip  tmax  tmin  rad  w-vl w-dir  tdew
            (mm)  (h)              (C)   (C) (l/d) (m/s)(Deg)   (C)
 1  1    1   2.1  2.42 0.02   1.01  -4.0 -33.2  81.   5.2  322. -18.6
 2  1    1   0.0  0.00 0.00   0.00  -7.3 -35.7 141.   5.8  312. -21.5
 3  1    1   0.0  0.00 0.00   0.00  -5.9 -35.5 179.   2.7  151. -20.7
 4  1    1   0.0  0.00 0.00   0.00   3.1 -36.2 175.   5.7  325. -16.5
 5  1    1   0.0  0.00 0.00   0.00  -2.8 -28.7 133.   5.8  302. -15.8
 6  1    1   0.0  0.00 0.00   0.00   1.8 -23.7 123.   6.0  308. -11.0
 7  1    1   0.0  0.00 0.00   0.00  -5.8 -27.1 154.   3.0   41. -16.5
 8  1    1   0.0  0.00 0.00   0.00   1.1 -29.7 185.   2.1  188. -14.3
 9  1    1   0.3  1.64 0.07   1.01  -2.4 -28.9 187.   5.0  360. -15.7
10  1    1   0.0  0.00 0.00   0.00  -0.8 -34.2 198.   3.1  338. -17.5
11  1    1   0.0  0.00 0.00   0.00  -0.9 -35.6 190.   0.0    0. -18.2
12  1    1   0.0  0.00 0.00   0.00  -4.6 -34.9 192.   0.0    0. -19.7
13  1    1   0.0  0.00 0.00   0.00  -6.2 -29.7 179.   2.8  331. -18.0
14  1    1   0.0  0.00 0.00   0.00  -8.1 -33.8 126.   8.6  286. -20.9
15  1    1   0.0  0.00 0.00   0.00  -6.9 -33.1 146.   4.4  348. -20.0
16  1    1   0.0  0.00 0.00   0.00  -5.7 -34.9 151.   2.2   71. -20.3
17  1    1   0.0  0.00 0.00   0.00  -3.0 -30.6 180.   5.5  312. -16.8
18  1    1   0.0  0.00 0.00   0.00  -2.0 -36.5 160.   3.1  329. -19.2
```

图 11-9　气象数据生成资料

(四) 土地利用数据

示例区地类主要包括湿地、裸地、建设用地、草地和排土场,分别由所用地形数据对应的 2000 年和 2017 年夏季 Landsat 影像,经辐射定标、大气校正等预处理过程后,在选取的分类样本分离度达标前提下,经随机森林利用监督分类生成示例区的土地利用数据。在此基础上,提取示例区处理后影像植被区的 NDVI 值,去除异常值后根据像元二分法计算植被区的植被覆盖度。

二、近自然边坡模型构建

(一) 边坡特征参数提取

通过边坡剖面线提取得知,胜利矿区自然地形部分的主要边坡类型为反 S 形边坡,共提取出 52 组反 S 形边坡剖面线,其中包括 28 组陡坡部分的边坡剖面线及 24 组缓坡部分的边坡剖面线。分析边坡特征参数之间的相关性,利用统计学方法构建胜利矿区自然边坡的边坡模型。

(二) 近自然边坡模型构建

根据 S-W 检验可知,坡长、凸面曲率、凹面曲率数据的显著性水平(Sig 值)均小于0.05,不具备正态分布的特征,因此对这 3 组数据进行对数变换,使其符合正态分布,可进行相关性分析。根据坡高和坡长的关系制作散点图,根据图 11-10 可以看出,胜利矿区缓坡部分与陡坡部分有着不同的规律,因此需要对两部分分别进行分析。

陡坡部分的边坡剖面线坡度范围为 22%~46%,对陡坡部分的边坡特征参数进行相关性分析发现:坡高与坡长、凸面水平占比与凸面竖直占比在 0.01 水平上显著相关;坡长与凸面曲率、坡长与凹面曲率在 0.05 水平上显著相关。

缓坡部分的边坡剖面线坡度范围为 6%~10%,对缓坡部分的边坡特征参数进行相关性分析发现:坡高与坡长、凸面曲率与凹面曲率、凸面水平占比与凹面竖直占比分别在 0.01

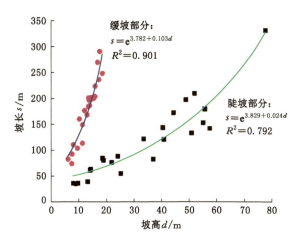

图 11-10 坡高对坡长的散点图

水平上显著相关。

根据陡坡部分边坡特征参数之间的相关性分析,选取坡高对坡长、坡长对凸面曲率和凹面曲率、凸面水平占比对凸面竖直占比这 4 组相关特征参数进行曲线拟合,通过这种拟合得到的公式组,可以得到一个以坡高为自变量的近自然边坡模型。在进行曲线拟合之前,为检验模型的准确性,将提取两组数据作为验证数据。在曲线拟合的过程中,通过分析 R^2 值,参数的 T 检验和方差的 F 检验后,分别得到了 4 组相关特征参数的拟合公式:

$$s = e^{3.829+0.024d} \tag{11-27}$$

$$tq = e^{2.530-0.007s} \tag{11-28}$$

$$aq = e^{2.039-0.011s} \tag{11-29}$$

$$tz = e^{-2.219+2.673tp} \tag{11-30}$$

式中　d——坡高;

　　　s——坡长;

　　　tq——凸面曲率;

　　　aq——凹面曲率;

　　　tp——凸面水平占比;

　　　tz——凸面竖直占比。

由于凸面水平占比和凸面竖直占比与其他边坡特征参数没有相关性,而最终的边坡模型只能有坡高一个自变量,为获取特征规律应尽量采取与自然边坡特征参数相近的数值,因此求取实测数据凸面水平占比的均值为 46.82%,根据公式计算凸面竖直占比的参考值为 38.01%,由此构建出陡坡部分的自然边坡模型。将验证数据的坡高代入模型中,所得到的坡长、凸面曲率和凹面曲率数据与实测数据的相差幅度均低于 10%,可说明模型的准确性。

根据缓坡部分边坡特征参数的相关性分析,分别选取坡高对坡长、凸面曲率对凹面曲率、凸面水平占比对凸面竖直占比这 3 组相关特征参数进行曲线拟合,同样提取出两组数据作为验证。用上述方法拟合出了 3 组特征参数的拟合公式:

$$s = e^{3.782+0.103d} \tag{11-31}$$

$$aq = e^{0.24-0.443tq} \tag{11-32}$$

$$tz = e^{-1.187+0.736tp} \tag{11-33}$$

式中　d——坡高；

　　　s——坡长；

　　　tq——凸面曲率；

　　　aq——凹面曲率；

　　　tp——凸面水平占比；

　　　tz——凸面竖直占比。

同样对实测数据的凸面曲率和凸面水平占比求取均值，并按照公式(11-32)和式(11-33)计算凹面曲率和凸面竖直占比的数值。经计算，得凸面曲率参考值为 1.41×10^{-3}，凹面曲率为 0.69×10^{-3}，凸面水平占比为 52.39%，凸面竖直占比为 45.26%。

（三）近自然边坡模型与原排土场边坡模型的水土保持能力对比

考虑到实际情况，由于在进行排土场边坡重塑时不可能按照缓坡的坡度进行放坡处理，而陡坡部分边坡模型的坡度与原排土场边坡相近，为此在对比分析时使用陡坡部分边坡模型与原排土场边坡模型进行分析。在进行水蚀分析的时候，为确保分析结果的准确性，应当对除坡型因素外的其他变量进行控制，主要包括边坡高度、土壤类型、气候数据、植被覆盖度以及模拟年份。为了使分析结果更加符合原排土场的实际情况，在进行水蚀分析模拟时，应当以一个或者数个台阶的高度作为基准考虑。在综合考虑边坡设计需要的基础上，我们最终选取边坡高度分别为 15 m、30 m、45 m 和 60 m 来构建不同的边坡模型。而在模拟年份这一变量中，由于边坡形状或许会因为常年受到侵蚀而发生改变，导致土壤损失量发生变化，因此需要划分不同的模拟年份。本次分析将以 1 年、10 年和 50 年三个模拟年份分别进行水蚀分析。分析结果如表 11-3 所示。

表 11-3　不同边坡的特征参数及年均土壤损失量

	坡型	原排土场边坡				反 S 形边坡			
	坡高/m	15	30	45	60	15	30	45	60
边坡特征参数	坡长/m	56.86	113.72	170.58	227.44	65.96	94.54	135.50	194.22
	凸面曲率/($\times10^{-3}$)	—	—	—	—	7.91	6.48	4.86	3.22
	凹面曲率/($\times10^{-3}$)	—	—	—	—	3.72	2.72	1.73	0.91
	凸面水平占比/%	—	—	—	—	46.82	46.82	46.82	46.82
	凸面竖直占比/%	—	—	—	—	38.01	38.01	38.01	38.01
土壤损失量	1 年份年均土壤损失量/(kg/m²)	23.93	48.50	72.14	95.39	17.00	31.86	42.27	50.64
	10 年份年均土壤损失量/(kg/m²)	32.07	65.46	96.40	127.90	21.67	41.18	54.05	59.91
	50 年份年均土壤损失量/(kg/m²)	35.00	71.78	106.30	141.20	23.35	44.32	58.70	65.65

注："—"表示该坡型无此参数。

由表 11-3 可知，在模拟坡高为 15 m 时，反 S 形边坡 1 年份、10 年份、50 年份的土壤损失量分别为原排土场边坡的 71.04%、67.57%、66.71%；在模拟坡高为 30 m 时，反 S 形边坡 1 年份、10 年份、50 年份的土壤损失量分别为原排土场边坡的 65.69%、62.91%、61.74%；在模拟坡高为 45 m 时，反 S 形边坡 1 年份、10 年份、50 年份的土壤损失量分别为

原排土场边坡的 58.59%、56.07%、55.22%;在模拟坡高为 60 m 时,反 S 形边坡 1 年份、
10 年份、50 年份的土壤损失量分别为原排土场边坡的 53.09%、46.84%、46.49%。

在对各个坡型的年均土壤损失量进行了对比分析后,为了对不同坡型土壤流失的分布
情况进行对比,还需要根据两种坡型的土壤流失曲线图进行分析。图 11-11、图 11-12 分别
为模拟年份为 1 年,边坡高度为 30 m 条件下两种坡型的土壤流失曲线图。其中红色的曲
线表示坡面剖面线,绿线表示坡面上相应点的侵蚀情况,灰色的面积图形在 Y 轴上的数值
为实际上的土壤流失量或土壤沉积量。

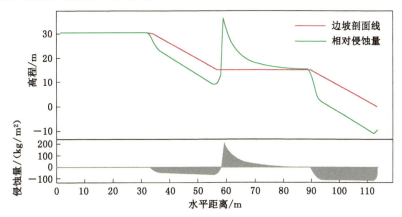

图 11-11　原排土场边坡的土壤流失曲线图

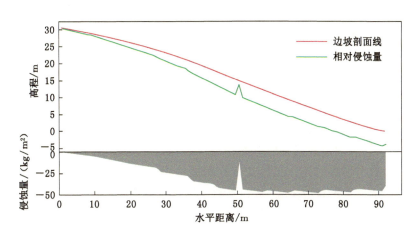

图 11-12　反 S 形边坡的土壤流失曲线图

根据原排土场边坡模型的土壤流失曲线图可知,原排土场边坡的土壤流失从第一坡面
开始,而在第二平台上有土壤颗粒的沉积,由此可看出平台设置对边坡保土能力有一定的
影响。但在第二坡面位置,土壤损失量比第一坡面位置提升了一倍左右,而最终在第二坡
面底部土壤损失量达到最大,最大分离量为 116 kg/m²。

根据反 S 形边坡模型的土壤流失曲线图可知,边坡的土壤损失量从坡顶开始增长,在
到达边坡长度 50 m 左右的时候在 47 kg/m² 处上下波动并保持到坡底,最大分离量为
48.4 kg/m²。而在边坡长度为 51.5 m 处的位置土壤损失量有一个骤减,之后继续增加。
由于此位置接近反 S 形边坡凸起部分和凹陷部分的拐点位置,因此推测出现此峰值的原因

是此位置剖面曲率趋于平缓,地表径流流速减慢,导致地表径流中携带的土壤颗粒得以沉降,在此处部分堆积使得土壤损失量减少。

水土保持能力是评价边坡模型优劣的重要依据。边坡的水土保持能力越强,土壤损失量越少,其稳定性就越高。随着坡高的增加,无论是原排土场边坡模型还是反 S 形边坡模型的年均土壤损失量都有一定程度的提升。原排土场边坡模型在坡高分别为 30 m、45 m、60 m 时的 1 年份年均土壤损失量分别比 15 m 时的 1 年份年均土壤损失量增加了102.67%、201.46%、298.62%,而反 S 形边坡模型同等条件下的增加百分比分别为87.41%、148.65%、197.88%,相较于原排土场边坡模型分别减少了 15.26 个百分点、52.81 个百分点、100.74 个百分点,并且原排土场边坡模型的年均土壤损失量增幅差异不大,而反 S 形边坡模型的年均土壤损失量增幅呈现递减趋势。这表明随着坡高的增加,反 S 形边坡模型的水土保持能力相较于原排土场边坡模型越来越强。

另外,随着模拟年份的增加,两种边坡模型的年均土壤损失量都有一定程度的提升,这可能是因为边坡在经历数年的侵蚀导致边坡形状发生改变后,其水土保持能力有所下降,因此边坡模型的长期稳定性也是一个重要的评价依据。随着模拟年份的增加,边坡模型在不同坡高条件下的年均土壤损失量增加百分比相差不多,如原排土场模型在坡高为 15 m、30 m、45 m、60 m 的 10 年份年均土壤损失量相较于 1 年份年均土壤损失量增加百分比分别为 34.02%、34.97%、33.63%、34.08%,故可以用均值代替。原排土场边坡模型各坡高条件下的 10 年份年均土壤损失量相较于 1 年份年均土壤损失量提升了 34.18% 左右,50 年份年均土壤损失量相较于 1 年份年均土壤损失量提升了 47.41% 左右;而反 S 形边坡模型分别提升了 25.73% 和 36.24% 左右。这表明反 S 形边坡模型在长时间尺度下的保土能力优于原排土场边坡模型。

三、内排土场采复子区空间识别

胜利矿区一号露天矿可采煤层为 5、6 煤层,依据储量报告,采用 ArcGIS 中地形转栅格模块获取示例区采前自然地表高程平面分布图、煤层顶板标高平面分布图及底板标高平面分布图(图 11-13)。为避免数据空间分辨率差异造成的干扰,将影像空间分辨率统一设置为 30 m×30 m,数据形式均为 263 列、223 行的栅格影像。

通过查阅矿山地质勘察结果,了解到胜利一号露天矿将采区按照"一横三竖"的方式对全生命周期开采范围进行了划分,共分为 4 个采区。现开采区称为首采区,位于采区的东部边缘区。在首采区工作面推进过程上,到达西部边缘区后,将剩下的矿区沿南北倾向以1 800 m 作为工作面宽度,由东向西划分为 3 块区域,分别为二、三、四采区。按照该方法划分采区范围主要是根据煤层分布及内排土场排土特点,首采区煤层分布浅,因而矿区开采初期煤炭剥采比较小,向外排弃量较少。根据开采顺序确定采区顺序为:一采区→四采区→三采区→二采区,据此可知遗留矿坑最终会在二采区形成。开采规划如图 11-14 所示。

在确定露天矿区开采顺序后,由于一号矿开采区域并非规整的矩形区域(这也是矿区采复过程中经常遇到的问题),需要在公式(11-34)的基础上进行调整。具体思路为将开采区域按面积和高程值重划分为类栅格单元,将其与 row_c 行 col_c 列的网格单元组进行空间映射,使开采区域在运算过程中视为矩形区域进行。区域转换示意图如图 11-15 所示,其中高程转换公式为:

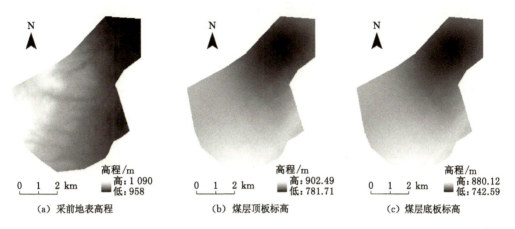

（a）采前地表高程　　　（b）煤层顶板标高　　　（c）煤层底板标高

图 11-13　示例区采前地表高程分布图、煤层顶板标高平面分布图及煤层底板标高平面分布图

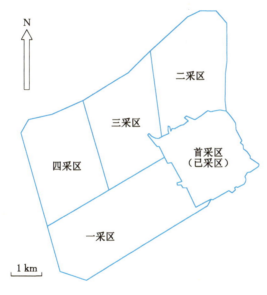

图 11-14　矿山开采规划图

$$h_{a_m 1(x,y)} = h_{a_m 1'(x,y)} S_{a_m 1'(x,y)} / S_{a_m 1(x,y)} \tag{11-34}$$

　　依据采复子区空间位置识别方法，在 30 m×30 m 栅格影像数据下，按采复周期将示例区划分为 45 个一一对应的采复子区。其中，采复子区网格行数（row_c）为 96，列数（col_c）为 3，即复填子区（a_{fn}）和开采子区（a_{mn}）均设计为沿开采方向水平投影短边 90 m、长边 2 880 m 的水平矩形区域，以使采复工作前后采坑的水平投影大小不变（图 11-16）。

四、基于原始地貌的内排土场土方平衡优化

　　在上述内排土场采复子区空间识别的基础上，依据内排土场地表近自然设计方法，通过 Matlab 软件以 0.01 为控制点数值最小变化间距，膨胀系数 k 取 1.2，再将 DEM 结果通过高程转换公式转回原开采区域二维形状，生成示例区内排土场地貌近自然设计 DEM 结果。土方优化设计地貌与原始地貌的对比如图 11-17 所示。

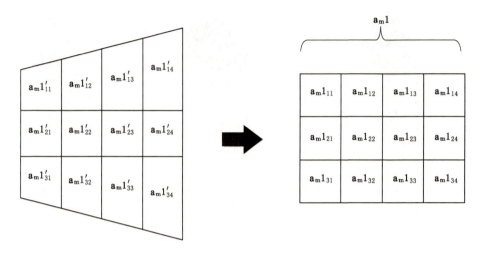

图 11-15 开采区域转换示意图

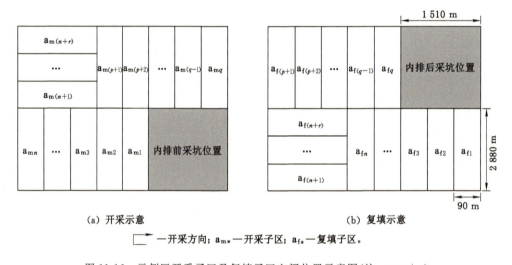

（a）开采示意   （b）复填示意

▭—开采方向；a_{m*}—开采子区；a_{f*}—复填子区。

图 11-16 示例区开采子区及复填子区空间位置示意图（注：$p=n+r$）

如图 11-17 所示，受示例区开采子区地表原始标高、复填子区煤层底板标高、复填子区煤层顶板标高的直接影响，近自然设计结果较原始地貌发生不规则形变。例如，在重塑区东南部分，近自然设计结果较原始地貌有所抬升，而在西部区域近自然设计结果较原始地貌有所下降。将该设计地貌作为基底数据，以进行后续的近自然地貌重塑设计。

五、沟道优化及近自然重塑地形结果

根据主要山脊线将重塑区划分为 3 个流域，利用 GeoNet 组件进行沟道提取，根据重塑区沟道进行优化设计，特别的，对于中部区域的主沟道，由于其西侧为自然区域流域的下游，需要承接上游汇入此流域的径流，因此中部区域主沟道的沟头应当位于自然区域主沟道在重塑区边界的出水口处。此外，3 个区域的主沟道出水口均连接至下部流域的沟头，但北、中部区域具有多个相近的出水口，在后期地貌养护过程中会提升控制水土流失的成本，

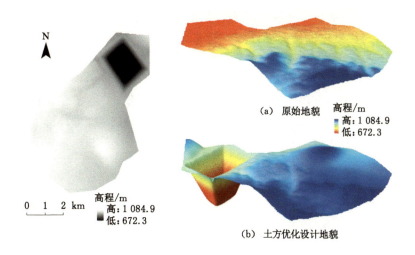

图 11-17　土方优化设计地貌及与原始地貌的对比

故将子沟道通过梯度下降法选择最短路径连接至主沟道,使整个流域的出水口相一致。流域划分、初始沟道及沟道优化结果如图 11-18 所示。

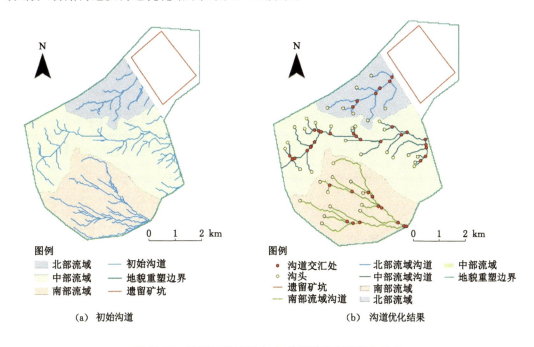

图 11-18　重塑区流域划分、初始沟道及沟道优化结果

如图 11-18 所示,重塑区沟道经优化后,坡度较缓的中、南部流域形成树状沟道,坡度较陡的北部流域形成格状沟道。通过提取各流域的预设沟道长度及流域面积,计算得出 3 个流域的沟道密度由上至下分别为 19.72 m/hm²、15.76 m/hm²、20.84 m/hm²。而根据自然学习区提取的沟道密度为 21.83×(1±10%) m/hm²,这表明中部流域需要更小的子脊间距,其子沟道也需要更大的沟道弯曲度以提高沟道长度,增大流域的沟道密度。

对重塑区边界周围的自然地貌数据进行插值并提取高程点,对土方优化设计后地貌的沟头、沟道交汇处及山脊线也分别进行插值提取高程点,以这些点作为 GeoFluv 近自然地貌设计的高程预表面。将优化设计后的重塑区沟道导入 GeoFluv 模型中,根据参数对重塑区进行整体设置和沟道的微调设置,使沟道密度符合自然学习区的提取值。对子脊和临时性汇水沟道的二维形态进行调整,使子脊间距满足地貌模拟,最终实现胜利一号矿内排土场的近自然地貌重塑。将重塑结果生成的等高线导入 ArcGIS 中,将其进行空间插值转为地形栅格数据。提取的地貌重塑参数如表 11-4 所示,GeoFluv 重塑结果如图 11-19 所示。

表 11-4　地貌参数提取值统计表

参数类型	参数名称	取值
全局参数	山脊线到沟头的最大距离/m	260
	主沟道出水口坡度/(°)	0.6
	A 型沟道长度/m	60
	2 年 1 h/50 年 6 h 最大降雨量/cm	2.73/3.56
	沟道密度/(m/hm²)	21.83×(1±10%)
	东/北向最大坡度/(°)	26.6
沟道参数	最大流速/(m/s)	Ⅰ:0.15～0.68
		Ⅱ:0.49～2.5
		Ⅲ:2.15～4.5
	上游坡度/(°)	1.14～4.68
	径流系数	0.015
	沟道宽深比	9.8～11.6/12.5～14.5
	沟道弯曲度	1.12～1.16/1.25～1.48
	子脊间距/m	7～11

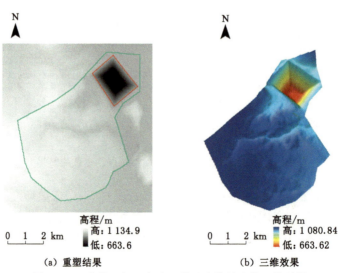

（a）重塑结果　　　　　　　　　　（b）三维效果

图 11-19　内排土场近自然地貌重塑结果及其三维效果

六、重塑地貌稳定性评价

根据自然学习区输入的景观演化参数,对自然地貌、近自然重塑地貌和传统重塑地貌进行模拟时长为 100 年的演化结果对比,对比结果如图 11-20 所示。

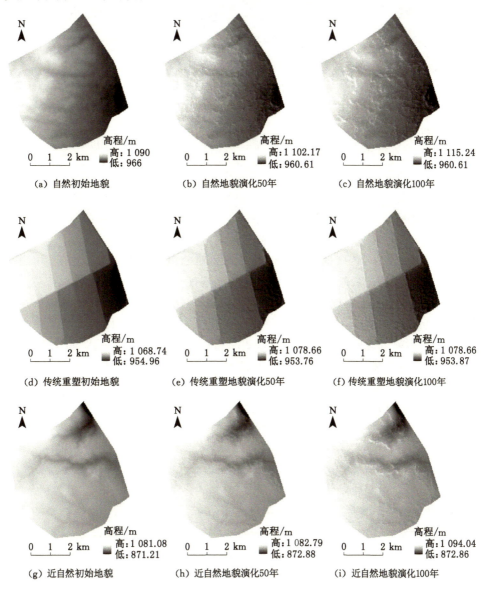

图 11-20　不同重塑地貌景观演化模拟结果

图 11-20 分别为 3 种不同重塑地貌的初始表面形态及进行景观演化模拟 50 年和 100 年后的表面形态。根据模拟演化结果可看出,近自然重塑地貌与原自然地貌有着相同的地表离散形态,侵蚀沉积变化幅度较大的区域都位于沟道的附近,而内排土场的地表形态变化尚不明显。根据模拟 100 年后的演化地貌和初始地貌的侵蚀沉积区域图分析不同重塑地貌演化后土壤侵蚀沉积的空间分布形态,如图 11-21 所示。

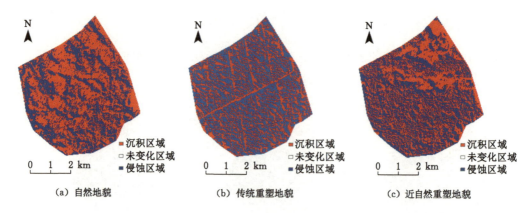

图 11-21   100 年后不同重塑地貌侵蚀沉积区域分布示意图

由图 11-21(a)可知,自然地貌的侵蚀主要发生在山脊线两侧的边坡坡面部分,沉积主要发生在沟道附近。由于自然地貌整体坡度差异不大,使沉积区域和侵蚀区域均匀成片地出现在自然形成的沟道两侧。此外,有零星的沉积出现在边坡坡面部分,这可能是因为边坡在此处的坡度有一定的缓和,使径流中携带的泥沙得以沉积。

由图 11-21(b)可知,传统地貌的平台部分均匀地分布着侵蚀和沉积区域,这是因为平台部分坡度较小,径流的切割力度低于地表抗剪切程度,短期内不会形成沟道,使得径流从上方携带的泥沙在平台上形成不规则沉积。随着演化过程的推进,在降水和地表径流的共同作用下,传统方式内排土场的平台表面开始发育冲沟,使地表破碎化程度不断加深。另外,传统地貌的台阶处有明显的沉积区域呈线状存在,这是由于边坡+平台式的地表形态,使传统地貌各平台衔接处的台阶坡度较大,边坡部分的水土流失程度较为剧烈,从而在局部形成了明显的侵蚀沉积分线。

由图 11-21(c)可知,近自然地貌的侵蚀沉积发育情况与自然地貌相似,但沉积区域的分布呈现出北部和中、南部不同的状态。这是因为一号矿开采范围内的煤层厚度呈现西南小、东北大的差异,结合"一四三二"的采区顺序进行开采复填活动及土方优化地貌设计之后会形成北部坡度陡、南部坡度缓的重塑结果,使重塑区域北部的沟道两侧集水区更易发生沉积,从而导致沉积区域呈片状分布。

为分析景观演化模拟前后不同重塑地貌的侵蚀沉积变化规律,以每 10 年的演化结果和初始地貌进行挖填方计算,统计其累计侵蚀量、累计沉积量及重塑区的水土流失量与模拟时长之间的关系。由于传统地貌的水土流失量值没有随模拟时长变化的规律,故仅对比自然地貌和近自然地貌的水土流失量变化。同时,基于土方平均直线运距结果表明,土方调配上,近自然设计地貌土方平均运距(直线运距)较传统设计地貌高 0.49 m/m³,较后者高约 0.06%,两者土方平均运距极为接近。

近自然地貌重塑范围越大,其整体重塑效果与周边自然地貌的整体融合效果越容易体现。但由于矿区开采的实际情况,不可能在短时间进行大范围内排土场重塑。因此,选择了局部区域进行本技术坡线特征应用示范。图 11-22 为胜利一号矿局部边坡近自然重塑技术示范后的真实效果,相比传统边坡,近自然地貌重塑后地表植被生长良好,边坡水土流失得到有效控制。

图 11-22　胜利一号矿局部边坡近自然重塑后效果

第五节　本章小结

本章依据 NbS 技术理念,按照"自然特征学习"至"自然特征应用"的逻辑顺序,将采排复一体下露天矿内排土场全生命周期近自然地貌重塑技术划分为自然稳定地貌特征提取与内排土场地貌近自然重建两部分。

在自然稳定地貌特征提取过程中,针对内排土场近自然设计过程已有地貌参数种类多,其代表性及描述准确性难以确定这一问题,提出了自然稳定地貌特征提取标准。针对坡线特征提取及描述提出了两类方法,即大样本面学习对象下基于坡向迭代的自然稳定坡线特征统计拟合与小样本线学习对象下基于特征参数提取的自然稳定边坡特征特定描述两类,便于使用者依据学习样本类型,灵活获取自然稳定坡线特征形态。

在内排土场地貌近自然重塑过程中,针对传统堆垫排土场存在的表土侵蚀严重、地貌特征消失、景观破碎及维护成本高等问题,基于 NbS 理念,采用自然稳定边坡地貌形态替代传统地貌,衔接自然沟道与内排重塑过程,修复矿区物质流过程。该技术部分主要包括:基于采排复周期安排,运用采复子区空间位置识别,保证开采区至复填区土方剥离量时刻平衡;以自然稳定坡线特征提取形态参考,构建地表调整曲面,以实现近自然地貌重塑过程中复填区域与周边自然原始地貌的"无缝"融合;结合地貌临界理论,修正坡度缓和优化后近自然重塑地貌在采排复中地貌变形起伏造成的部分自然沟道稳定特征丧失问题,实现区域沟道再优化,以保持重塑地貌沟道自然稳定特征。

第十二章 露天矿"海绵"排土场构建技术

本章利用景观生态学原理,调控半干旱矿区排土场水土物质流过程,形成集"渗、导、蓄、净、用"为一体的排土场立体分布式保水控蚀技术,构建"海绵"排土场,以降低水土流失、提高排土场水资源生态利用率,提升排土场地质稳定性与生态功能。

第一节 排土场生态功能提升难点

露天煤矿排土场堆存过程中,由于采用大型机械土石混排的生产工艺,使排土场出现异质性强、非均匀沉降等问题。排土场不仅彻底改变了原有地貌特征,而且对所在区域的降水等自然因素进行了重新分配、组合。地表覆盖物渗透率异质性强,雨季降水不仅形成地表径流,同时雨水汇集会沿裂缝流动,形成内部渗流、暗涌等,极易造成土壤侵蚀、滑坡等自然灾害,排土场生态功能低下。

一、边坡松散基质稳定性难以控制

在露天矿生产中,土方工程是将自然地貌下的表土进行挖掘、剥离、运输、排弃、堆积的过程,形成的大型人工堆积体即为排土场。通常情况下,露天矿大型排土场呈多级阶梯状,相对高度在几十到一百多米,将成为永久矿业遗迹。在排土场堆存过程中,由于采用大型机械进行土石分层混排的生产工艺,使排土场出现压实度差异性大,异质性强的问题(图 12-1),其人工混排结构与原状自然地层差异巨大,其地质稳定性也不同于一般自然岩土边坡,因而地质稳定性的研究方法与传统岩土边坡分析方法不同。目前针对排土场地质稳定性的研究工作远没有达到传统岩土边坡地质稳定性的研究程度。

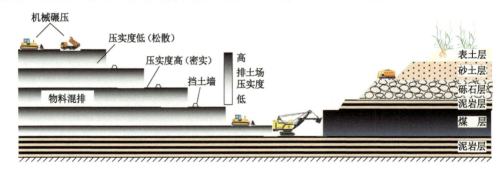

图 12-1 排土场分层堆排及压实机械示意图

排土场自身地质稳定性不高,其松散土地不仅在重力作用下固结压密而造成大面积地面不均匀下沉,即固结沉降,而且在外界(如暴雨等)附加扰动下,更是会出现如边坡浅层滑坡发育、冲沟发育、侵蚀溶洞发育、地裂缝发育、潜蚀塌陷坑发育等各类环境地质问题,严重威胁着排土场的地质生态安全。

二、稀缺水土资源难以保持

采矿活动对半干旱生态脆弱区环境造成了一定程度的破坏,排土场松散堆存方式无法形成稳定的隔水层及保水层,水源涵养能力较扰动前大幅下降,区内可供生态利用的有效降雨量远低于实际降雨量,加之研究区降水资源时空分布极不均衡,存在"水不够,还保不住"的矛盾。雨季短时集中强降雨汇流后在坡面形成临时性地表径流和内部渗流,导致降雨资源不仅未能被保留并利用,也降低了土体强度,并成为造成排土场边坡失稳及土壤侵蚀的主要诱因;非雨季降水量少、蒸发量大,植被难以获取水分补充,长期处于干旱胁迫状态。除雨季受到径流侵蚀外,地处酷寒矿区的研究区还会在初春受到冻融侵蚀,排土场表土在反复冻融循环的状态下黏聚力降低,加速侵蚀沟的宽向发育。

三、重建植被群落难以自维持

由于排土场的地质体稳定性差与水土资源保持能力低,导致其无法为重建植被提供良好的生境。此外,开采活动在破坏原有耕植层的同时,将原本深埋地下的土层挖掘并重新堆存在地表,在北方独特的水分和温度环境下,土壤中生物活性长期处于较低水平,导致难以形成适宜植被恢复的土壤环境。在多重因素共同作用下,复垦生境形成了限制植物生长和发育的环境因子,超出了自然系统的调节能力和物种的适应能力,进一步加大了景观生态功能提升难度。人工重建植被虽能在短时间内起到较好的视觉效果,但在一定时间内难以摆脱生物多样性低、植被结构差、维护成本高的状态,整体生态功能依然低下。

综合以上不难看出,除排土场自身特殊地质结构和土层构成外,诱发其生态地质问题的重要因素是水,雨季水多造成潜在地质失稳和土壤侵蚀、旱季水少导致植物群落难以维持、水的冻融循环加剧。因此,控水是解决排土场生态地质问题的关键。

第二节 规整地形排土场水土保持功能提升技术

新建露天矿山排土场往往是规则台阶式堆弃地形。由于松散堆弃物料的非均质性差异大,降雨快速入渗到排土场内部以及边坡,水土保持能力低下。鉴于此,本技术主要包括排土场网格化分区、排土场缓渗层构建、浅层蓄水层构建。地表网格化处理可打断排土场因整体非均匀沉降形成的物质流,控制表层水土流失;通过在排土场下层构建缓渗层减缓、控制水分垂直入渗速率,减少土壤水分流失;通过构建浅层蓄水层,实现地表入渗水的截留和保存,增加生态用水的补给功能。

一、平盘网格化土地整治

露天开采剥离岩土时应合理安排岩土排弃次序,尽量将含不良成分的岩土堆放在深部,品质适宜的土层包括易风化性岩层可安排在上部,富含养分的土层宜安排在排土场顶部或表层,待排土场达到规定的标高形成平台时,要进行整平,然后再覆盖表土,最后进行细整平。

排土场土地复垦过程中也面临着一系列问题,主要有:① 排土平台面积过大,表土层基准高度统一在施工中较难实现;② 充填物料空间异质性带来非均匀沉降;③ 水土保持能力差,雨季降水及人工灌溉易造成水土流失等问题。根据复垦面积和相对高差控制负相关原理,结合前期实践结果,对矿区复垦排土场平盘区进行网格化分隔处理,具体思路和技术指标如下:将平盘划分成 50 m×50 m 的方格或按照平盘实际面积制定相应比例的网格,格内坡度不得大于 2°,其四周修筑道路,外围道路为主干道(道路宽度为 6 m 的双向车道),其余方格间横纵道路为 3 m 的单向次干道,道路应比平盘高出 50 cm。整个平盘外围修筑挡水围堰,挡水围堰高不低于 1.5 m,边坡比为 1:2,以增加平台蓄水能力以及阻止平台径流汇入边坡,防止切沟和冲沟的发生。主要技术要点为区块承载力计算与模拟、合理宽度规划、施工工艺优化等。

平盘网格化的优点:排土场平台网格化处理可较好地解决存在的问题,施工过程中不必关注排土场整体平整度,只要网格内基准高度相一致即可有效降低地表径流的产生(图 12-2);不同网格间以道路分割开,有效阻断了排土场物质流产生,有效地降低了水土侵蚀强度;主干道和次干道的建成有利于机械化施工和后期管护。

图 12-2 排土场平盘网格化布局均匀控制地表径流

平盘网格化的不足:排土场是大型的松散堆积体,重构地层下层为粒径较大的岩土剥离物,其特点为渗透系数大,保水能力差;平台网格化处理虽然解决了地表水土侵蚀和地表积水的问题,但没有解决地表降水易通过岩土剥离物向下渗透的问题。

二、排土场缓渗层构建

水分是排土场土壤发育、植被生长的关键因素,自然土层存在可直接接受大气降水和地表水补给的潜水或潜水-微承压水区域,即浅层地下水区,埋深一般为几米至十几米,常处于流动状态,更新较快,其水质则主要受土壤环境状况影响。排土场在表土剥离过程中破坏了浅层地下水存储结构,而在排土场构建中没有考虑浅层地下蓄水层再造,因此复垦后土壤水动力学与自然土壤差异较大,复垦土壤生态用水缺口较大,影响矿山生态复垦效果。

排土场剥离物性质、堆放厚度以及岩土层排列情况,均会对排土场重构剖面的水分运移产生影响。在综合考虑实际施工中可能出现混合不均匀、土层厚度与设计方案不符、压实造成的紧实度变化以及土层自然沉降等因素基础上,针对松散土岩混合体物理力学性质重塑机理、复垦区土壤构型和矿山排弃与复垦作业规划,排土场浅层含水地层重构技术主要包含分层排放、缓渗隔水层构建和含水层再造。本技术主要针对新建排土场岩土堆弃层，不涉及土壤层重构，重构后排土场地层分为基底层、缓渗隔水层、含水层和土壤层（图12-3）。内排土场和外排土场均可采用此技术思路。

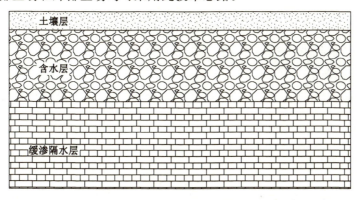

图12-3 排土场近地含水层重构示意图

露天矿生产过程中，下部砂砾岩层经采装、运输、排卸后排弃在排土场最下层，形成基底层；相对于基底层的粗放堆砌，缓渗隔水层、含水层和土壤层3层需要较精细化作业才能实现。本技术研究的重点就是以露天矿采剥物料和煤系废弃物为基础，进行近地表含水层和隔水层重构。根据露天矿开采地层中物料赋存情况，可以有如下两个地层重构方案。

方案1：以露天矿剥离的沙土、黄土、砂砾岩等物料为基础压实后构建隔水层，以粗大颗粒的孔隙介质如卵石、砾石、砂构成良好的含水层。该方案所构建的近地表地层最大限度地使用露天矿资源开采过程中的剥离物料，缓渗隔水层的厚度为3～5 m，含水层的厚度为1～2 m，表层覆盖0.6～1 m土壤层。

方案2：本方法基底层、含水层物料及厚度不变，改变隔水层结构，实现隔水与固废资源利用并存。可以利用电厂粉煤灰和脱硫石膏、黄土或煤矸石混合后形成的胶结物充当隔水层，其强度和脱水率等质量指标和管道流通功能是可以满足胶结填充的要求的。缓渗隔水层的厚度为3～5 m，含水层的厚度为1～2 m，表层覆盖0.6～1 m土壤层。

三、排土场浅层蓄水层构建

针对排土场堆积物料矸石粒径较大、透水性强、新成土保水能力差、蒸腾作用强烈等问题，加之该区域水资源稀缺、灌溉条件困难等客观问题，拟通过在排土场根系层土壤底部构建用于储蓄多余的降水径流与灌溉入渗水的蓄水层。当根系层土壤水分亏缺时，可利用土壤毛细管和植物根系作用向根系层土壤补给，从而避免水分入渗到排土场深部，使得植物根系无法利用，导致有限的水资源浪费，还能缓解植被对灌溉管护的需求，有利于生态修复工程的自维护性和可持续性。具体原理如图12-4所示。

浅层蓄水层构建是在缓渗隔水层的基础上，构建潜流蓄水层，实现雨季蓄水，旱季释放水的作用。具体内容主要是在构建好的格网区块内部构建深度为1.5～2 m的蓄水层，工程完成后水力调蓄能覆盖整个区块。具体技术要点包括场地清理、场地平整压实、填料铺设、表土覆盖。浅层蓄水层结构及各层构成如图12-5和图12-6所示。

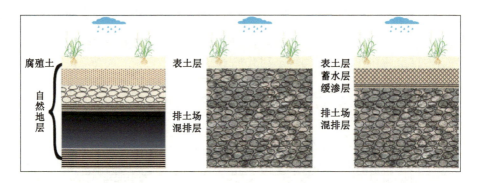

图 12-4　开采前扰动地层结构、传统排土场结构和立体保水排土场土层重构示意图

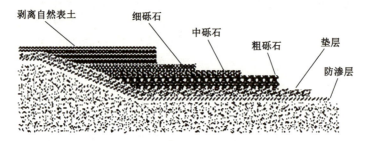

图 12-5　利用矿山剥离地层物料构建蓄水层

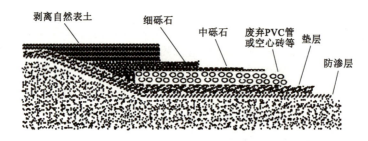

图 12-6　结合废弃环保材料构建蓄水层

第三节　复杂异构排土场水土保持功能提升技术

　　由于排土堆弃工艺差异、土地覆盖或排土场失稳变形等原因,也有不少排土场呈现复杂异构的地形格局,表现为立地条件类型多、地表径流紊乱等。复杂异构排土场水土保持功能提升技术在于关键部位治理实现排土场水土物质流的科学调控。本技术利用已有微地貌及水流特征,在露天煤矿排土场顶部平台设置保水控蚀系统单元,再通过导水植物沟将微流域内降雨导入蓄水单元,合理控制、分配降雨资源,有效防止降雨形成侵蚀性坡面径流、地下渗流、暗涌等,在确保排土场边坡稳定性与减少水土流失的同时,更加高效地利用有限的水资源,起到排土场水土物质流控制作用,即通过"渗、导、蓄、净、用"等组合措施,形成具有水土保持功能的"海绵"排土场。

一、排土场地表水文过程识别

排土场 DEM 是矿区土地复垦与生态重建最重要的基础数据,无人机获取的精细数字三维模型完全可以用来准确描述复杂的排土场地形,为矿山废弃地的生态修复规划设计和后期复垦工程施工提供参考和依据。

基于无人机采集数据获取的厘米级 DEM 数据,可以进行各种空间分析和水文分析,如对平均高程、高程标准差、坡度、坡向以及地形的流域分析,从而有效地显示地形特征,并对土壤侵蚀与土地利用的影响进行预测;也可以提取流域的许多重要特征参数,如高程、坡度、坡向、坡长、平面曲率、剖面曲率、排水方向、水流路径、汇流网络、流域边界等进行确定性分析,这些参数是建立地形重塑模型的重要参考依据。

(一)水文网构建的分析流程

利用无人机遥感技术,对排土场及周边地区进行精细航拍,获取其高精度(厘米级)地形及水文网数据。根据地形及水文网数据对矿区进行三维建模。利用精细三维模型,可统筹直观地了解矿区复杂的地形条件,便于对排土场坡度、侵蚀沟形态及发育程度进行直观了解与定量计算,同时可对排土场侵蚀量进行时空模拟。

研究区流域空间单元划分是基于 DEM,应用 ArcGIS 的空间分析技术和 Arc Hydro 数据模型进行水文因子的计算而自动生成的,具体流程(图 12-7)如下:

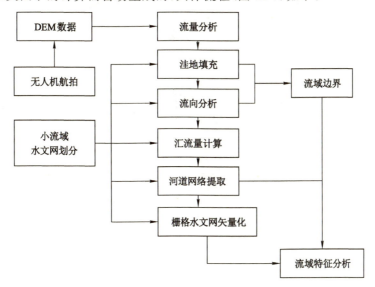

图 12-7　流域特征分析流程图

(1)采用无人机获取 5 cm 分辨率 DEM 数据,进行 DEM 水流方向矩阵的计算,将数字地形进行洼地分析。

(2)将洼地点的新值放入原 DEM 数据中,再进行流向分析确定是否还有洼地点存在,直到洼地点被识别为填平。再从无洼地 DEM 数据求得各像元的流向和汇流量。

(3)通过设定适宜的汇流量求得栅格水系,经矢量化后再确定出水口位置,生成基本沟谷单元。

（二）水文网流向分析

在汇流累积量、集水区分析及水文分析模块计算中，以各基本单元的流向作为基础。一般用 D8 算法（8 个相邻单元格的计算方式）进行水流流向分析，由各基本栅格单元计算中心基本单元格网与邻近 8 个单元格网的坡降，根据 8 个方向的坡降比较出最大坡降，此最大坡降的方向为中心基本单元格网的流向。当中心基本单元格网到邻近 8 个方向的基本单元格网的坡降相同时，无法直接计算与相邻基本单元格网的坡降，中心基本单元的邻近区域便会扩增直到可以计算出正确的流向为止。

在水流流向矩阵和累积矩阵的基础上设置一个临界汇流面积阈值，水流累积值大于该值的栅格被标记成河道，而小于该阈值的栅格被标记为产流区。将所有标记为河道的栅格点连线转化成矢量，就得到了该流域的水文网络。阈值设置宜适中，以避免太大丢失流域河道信息，或太小而造成水文网过密。由上述方法提取出的排土场不同级别水文网如图 12-8、图 12-9 所示。

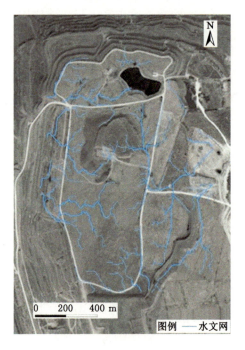

图 12-8　排土场平台水文网示意图

二、保水控蚀系统选址

草原矿区露天开采使原始景观生态环境遭到严重破坏，原地貌景观完全摧毁，形成大规模巨型人造堆积地质体——排土场体景观，加之重型机械不规律作业，造成排土场土体异质性严重，进而造成排土场易受水力重力多力场复合侵蚀，受损植被功能难以恢复，极端天气条件下，在强烈干湿循环与土体矿物质胀缩效应的联合作用下，排土场岩土侵蚀加剧，因而有必要对排土场重点侵蚀严重的区域景观基质——土地介质的功能进行恢复与提升。

利用无人机遥感技术，对排土场及周边地区进行精细航拍，获取其高精度（厘米级）地

图 12-9　排土场边坡水文网示意图

形及水文网数据。根据地形及水文网数据对矿区进行三维建模。利用精细三维模型,可统筹直观地了解矿区复杂的地形条件,便于对排土场坡度、侵蚀沟形态及发育程度进行直观了解与定量计算,同时可对排土场侵蚀量进行时空模拟。利用 ArcGIS 空间分析和水文分析工具提取最佳关键区,为示范工程的选址提供依据(图 12-10)。

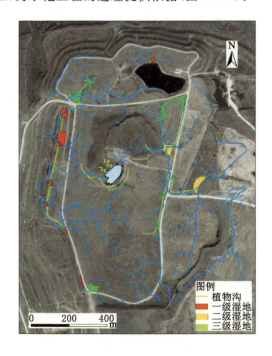

图 12-10　宝日希勒露天矿北排土场主要水系以及保水控蚀系统选址示意图

　　利用排土场精细地形及水文网数据,在 ArcGIS 中利用"空间分析"—"水文分析"工具进行处理,在获取排土场精细水文网的基础上可得到排土场坡顶每块子区域的汇水趋势,然后通过"盆域分析"工具识别出其每个子区域汇水情况,再通过排土场所在地区历年降水情况及排土场土质入渗情况,最终确定在雨季强降雨情况下每个子区域的汇水面积,进而为确定每个"潜流湿地"—"植物塘"—"植物沟"系统提供基础数据。

三、保水控蚀系统的构建

（一）技术原理

为达到阻断降雨向排土场边坡汇水导致水土流失，降低坡体浸润线，提高边坡稳定性，提高土壤持水能力，提高雨水利用率，降低浇灌维护成本的目的，借鉴低影响开发策略，采用自然恢复与人工辅助恢复相结合、生物措施与工程措施相结合，遵循截流、保边护底，以增加植被、控制水土流失，改善生态系统为核心的调控原则，通过不同坡位、不同植物配置、不同水流路径优化控制地表径流，在关键地段建立以分布式保水控蚀系统等地表蓄水与释水设施为主体的排土场水土物质流控制系统，以减少地表径流，提高水资源生态利用效率，提升排土场植被系统自维持性水平。排土场水资源调控是提升排土场生态功能的前提，具体综合采用"渗、导、蓄、净、用"等工程技术措施，将排土场建设成为具有"自然积存、自然渗透、自然净化、科学利用"功能的生态源地，旨在解决排土场雨水径流控制、雨洪资源存储、矿坑水体净化、水资源科学利用等问题。

渗——减少坡面径流，雨水就地下渗，从源头减少地表径流。

导——短时强降雨不能完全入渗的，利用已有精细水文网对地表径流进行合理疏导。

蓄——利用分布式蓄水系统、人工湿地等将雨水及矿坑水蓄积起来，削减峰值流量，调节水资源时空分布，为其资源化利用创造条件。

净——矿坑水硬度大，长期浇灌不利于植被健康生长，对高硬度矿坑水采取相应控制手段（湿地净化/化学净化），利于其长期浇灌植被。

用——实现雨洪、矿坑水资源化，水资源灌溉及构造实地景观，形成水资源径流源的深层次循环利用。

针对排土场水资源难以保存、水肥流失严重、雨季强降雨威胁坡体地质安全、旱季复垦植被长期处于干旱胁迫状态且难以自维持等问题，研发了排土场集控水、集水、用水为一体的分布式保水控蚀技术，在实现了排土场水资源高效利用的同时，降低了水肥流失、增加了坡体地质稳定性，为生态功能提升提供了基础。

（二）技术过程与关键参数

1. 技术过程

本方案利用已有微地貌及水流特征，在北方露天煤矿排土场顶部平台设置分布式储水植物塘、保水潜流湿地等若干个蓄水单元，再通过导水植物沟将微流域内降雨导入蓄水单元；合理控制、分配降雨资源，有效防止降雨形成侵蚀性坡面径流、地下渗流、暗涌等，在确保排土场边坡稳定性与减少水土流失的同时，更加高效地利用有限的水资源，起到排土场水土物质流控制作用，同时可有效存储短时过多疏干水，供干旱缺水时使用。

基于地表潜在汇水区与径流路径分析，确定在雨季强降雨情况下每个子区域的汇水面积，进而确定每个"潜流湿地"—"植物塘"—"植物沟"系统，可在达到蓄水、护土的同时，提升排土场生态地质稳定性。分布式保水控蚀系统能最大限度地将地表径流蓄积起来，通过湿地、植物塘防止径流和蒸发损失；加强土壤培肥，提高土壤水分利用率，特别是深层水分的利用率；旱改水，通过雨水集蓄和智能灌溉技术，在不同植物需水关键期进行节水补灌，提高水分生产效率。

2. 技术参数

利用无人机低空摄影测量获取排土场整体厘米级地形数据,利用水文分析工具提取排土场坡顶平台及边坡精细水文网及汇水区。同时,结合统计的排土场所在地区降雨数据,计算汇水区潜在储水/持水能力及所在微流域面积,保证设计潜流湿地能抵御 20 年一遇暴雨量。在排土场顶部平台内部汇水区布置储水植物塘,在排土场顶部平台外围汇水区和边坡平台汇水区布置保水潜流湿地,储水植物塘与保水潜流湿地由导水植物沟相连通;分别在储水植物塘、保水潜流湿地和导水植物沟内种植适生植物。由以上步骤在排土场坡顶平台及边坡上设置分布式储水/持水/导水单元,可起到水土物质流控制作用,整体示意图如图 12-11 所示。

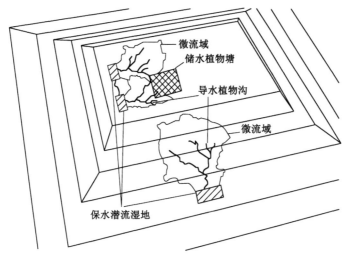

图 12-11 排土场微地形改造分布式储水/持水/导水单元整体平面示意图

其中,储水植物塘中心深度为 2.2 m,边坡比小于等于 1∶3,储水植物塘与边坡底部使用黏土或土工布做防渗层,防渗层上覆盖 0.5 m 厚腐殖土(图 12-12)。保水潜流湿地深度为 1.5 m,边坡比小于等于 1∶3,保水潜流湿地与边坡底部使用黏土或土工布做防渗层,底部防渗层往上依次填充细沙或粉煤灰垫层 0.2 m、粒径 32～64 mm 的砾石或煤矸石 0.4 m、粒径 16～32 mm 的砾石或煤矸石 0.2 m、粒径 5～16 mm 的砾石或煤矸石 0.2 m、腐殖土 0.4～0.5 m(图 12-13),保水潜流湿地最终标高与周围持平或略低。

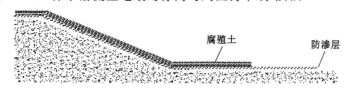

图 12-12 储水植物塘剖面示意图

导水植物沟布置在已有水文网的位置,可利用重力流进行导水。植物沟剖面呈倒梯形,深度为 1.5 m。导水植物沟沟底与边坡底部使用黏土或土工布做防渗层,底部防渗层往上依次填充细沙或粉煤灰垫层 0.2 m、粒径 32～64 mm 的砾石或煤矸石 0.4 m、粒径 16～32 mm 的砾石或煤矸石 0.2 m、粒径 5～16 mm 的砾石或煤矸石 0.2 m、腐殖土 0.4～

0.5 m。保水潜流湿地最终标高比周围略低。排土场顶部外围保水潜流湿地与顶部边缘线之间设置安全距离，长度为 50～80 m。

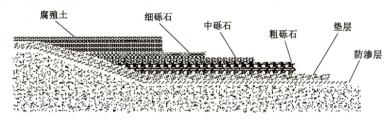

图 12-13　保水潜流湿地剖面示意图

第四节　排土场重建植被群落优化配置与固坡技术

对于已完成植被恢复的草原煤电基地排土场，对其重建植被群落进行优化配置有利于其景观生态功能的快速提升。首先，利用无人机采集排土场的遥感影像，建立矿区典型植被波谱库，运用波谱识别实现排土场植被的分类识别，为判断排土场演替进程提供技术支撑。其次，在植被分类结果基础上研究其植被科属组成、结构及优势物种变化，研究不同恢复期下的植物演替情况，分析不同立地条件植被配置，为典型草原矿区排土场恢复植物筛选和配置提供科学依据。

一、不同恢复年限下排土场植物演替规律

以宝日希勒露天矿北排土场为例，通过资料收集，发现研究区排土场最初复垦种植的为禾本科单一物种，但经过不同的恢复年限，植物类型发生了演替。运用无人机遥感技术获得研究区 DOM 和 DSM，结合野外实测矿区典型植被光谱，建立植被波谱库，对研究区植被进行识别及演替情况分析。研究区植被识别结果：北坡共识别出 32 种植物（图 12-14），西北坡共识别出 23 种植物，西南坡共识别出 24 种植物。基于空间代替时间的方法，从植物科属组成、植物生活型和优势物种 3 个方面去探究排土场北坡植物的演替情况（表 12-1）。

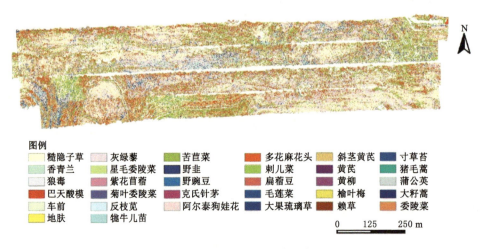

图 12-14　研究区北坡植被分类图

表 12-1　不同恢复年限下的植物多样性演替情况

恢复年限	科属组成	生活型	优势物种
6年恢复期	11科14属24种,菊科占29.2%,豆科占20.8%,蔷薇科占12.5%,禾本科占8.3%	一、二年生+多年生草本	阿尔泰狗娃花、苦苣菜、斜茎黄芪、多花麻花头、野韭
10年恢复期	12科13属23种,菊科占26%,豆科占21.7%,蔷薇科和禾本科各占8.7%	一、二年生+多年生草本	苦苣菜、阿尔泰狗娃花、斜茎黄芪、星毛委陵菜、野韭
12年恢复期	15科28属32种,菊科占25%,豆科占15.6%,蔷薇科占12.5%,禾本科占9.4%	一年生+一、二年生+多年生草本	糙隐子草、灰绿藜、苦苣菜、多花麻花头、斜茎黄芪

从植物科属组成可以发现,随着恢复年限的增加,科的数量也逐渐增加(图 12-15),属种则是呈现先增后减再增的变化趋势。与 6 年和 10 年恢复期植物科属结构相比,12 年恢复期菊科和豆科占比变小,蔷薇科和禾本科等其他科植物占比逐渐变大,表明该阶段植物科属的组成更为均衡。在不同的恢复年限,植物类型都以菊科、豆科、蔷薇科和禾本科为主,总占比都超过 60%,可以看出这 4 种科植物对排土场生态环境有较强的适应性。

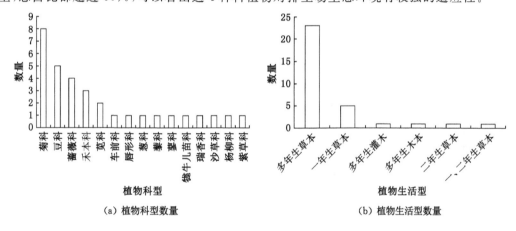

（a）植物科型数量　　　　　　　（b）植物生活型数量

图 12-15　排土场北坡植物多样性情况

从植物生活型来看,6 年和 10 年恢复期的植物生活型一致,而 12 年恢复期的植物生活型更为丰富。其中多年生草本植物为主要的生活型,6 年和 10 年恢复期多年生草本植物各19 种,12 年恢复期多年生草本植物 23 种。一、二年生植物作为环境破坏后生态演替中的先锋植被,其初始数量最高,但在排土场植物演替的进程中,多年生草本植物不断地取代了其地位成为现阶段最适应矿区排土场生态环境的存在,在演替序列中比重逐渐加大,也揭示出研究区的植物演替正在朝正向进行。

从优势物种来看,6 年恢复期的优势种为阿尔泰狗娃花、苦苣菜、斜茎黄芪、多花麻花头和野韭;10 年恢复期的优势种为苦苣菜、阿尔泰狗娃花、斜茎黄芪、星毛委陵菜和野韭;12 年恢复期的优势种为糙隐子草、灰绿藜、苦苣菜、多花麻花头和斜茎黄芪。6 年和 10 年恢复期的优势种比较相似,10 年恢复期是苦苣菜占主导地位,12 年恢复期则以糙隐子草和灰绿藜为主。

通过分析不同恢复年限的植物演替情况,发现研究区植物演替正在朝正向进行,即 6 年和 10 年恢复期植物正朝着 12 年恢复期植物演替。在不同坡向、不同坡度下,不同植物对环境变化的生存适应能力有显著差别,各类植物的面积占比发生了明显变化,如图 12-16~图 12-19 所示。

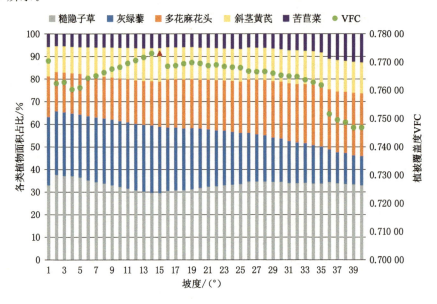

图 12-16   研究区北坡不同立地条件下的植物配置

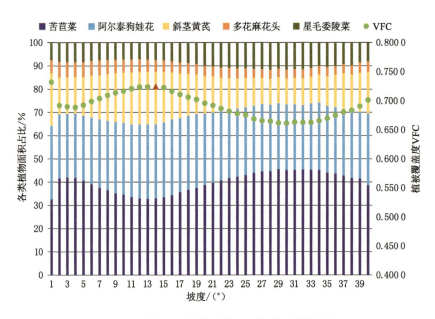

图 12-17   研究区西北坡不同立地条件下的植物配置

研究区北坡位于阴坡,整体上看其主要的植物物种为糙隐子草、灰绿藜、多花麻花头、斜茎黄芪和苦苣菜,平均植被覆盖度为 0.765。其中多花麻花头和苦苣菜随坡度升高呈现出增加的趋势,灰绿藜的变化趋势相反,糙隐子草是先增加后减少再增加的波动变化情况,斜茎黄芪的变化趋势为先增加后减少。研究区西北坡位于半阴坡,整体上看其主要的植物种为阿尔泰狗娃花、斜茎黄芪、苦苣菜和星毛委陵菜,平均植被覆盖度为 0.692。随着坡度

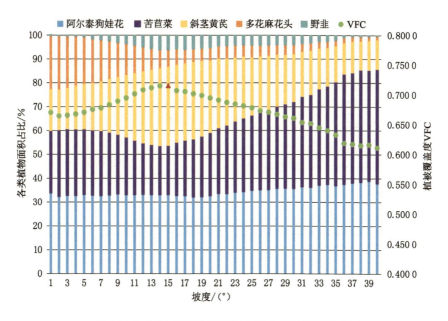

图 12-18 研究区西南坡不同立地条件下的植物配置

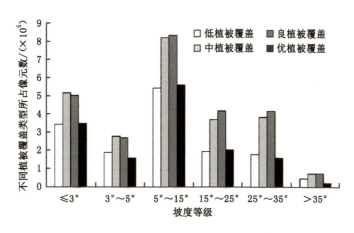

图 12-19 排土场北坡不同坡度等级下各植被覆盖占比情况

的不断变化,苦苣菜和阿尔泰狗娃花的面积占比变化和植被覆盖度的走势相反,呈现出缓 M 形的变化趋势;斜茎黄芪和星毛委陵菜的面积占比变化和植被覆盖度的走势一致,呈现出缓 W 形的变化趋势;多花麻花头则呈先增加后减少的变化趋势。研究区西南坡位于阳坡,其主要植物种为阿尔泰狗娃花、苦苣菜、多花麻花头、斜茎黄芪和野韭,平均植被覆盖度为 0.672。随着坡度的升高,斜茎黄芪和野韭的面积占比变化和植被覆盖度的走势一致,先增加后减少,苦苣菜的变化趋势相反;阿尔泰狗娃花面积占比平缓增加,多花麻花头则呈减少的变化趋势。

以植被覆盖度为评价指标,以排土场北坡为例,发现 6 年恢复期的研究区在 14°～15°坡度区间内植被覆盖度最高,达到 0.715;10 年恢复期的研究区在 <1° 时植被覆盖度最高,达到 0.732 3,其次在 13°～14°坡度区间内达到 0.724 5;12 年恢复期的研究区在 14°～15°坡度

区间内植被覆盖度最高,达到 0.773 2。结合研究区实际情况,6 年恢复期研究区属于人工管护区域,等间隔布设水管对植被进行浇灌;10 年恢复期研究区处于人工管护向自然过渡区域,人工管护程度浅;而 12 年恢复期研究区已无人工管护,趋于自然生长。通过对比,发现在不同恢复期,植被覆盖度最高的坡度范围都相似,植被覆盖度高表明该立地条件下植被生长茂盛。综合植被恢复状况和人工投入情况,认为 14°~15° 坡度适合植被生长,植物生长最好,植被覆盖度最优。

按照《水土保持综合治理 规划通则》(GB/T 15772—2008)中的坡度分级依据,分别统计不同恢复年限和坡度等级下的植物配置情况,见表 12-2,为排土场恢复植物筛选和植被配置组成提供依据。

表 12-2　不同立地条件下的植物配置表

恢复年限	坡向	坡度范围	植物配置
6 年	西南坡	≤3°	阿尔泰狗娃花(30%)+苦苣菜(25%)+多花麻花头(21%)+斜茎黄芪(16%)
		3°~5°	阿尔泰狗娃花(30%)+苦苣菜(25%)+多花麻花头(18%)+斜茎黄芪(17%)
		5°~15°	阿尔泰狗娃花(30%)+斜茎黄芪(23%)+苦苣菜(22%)+多花麻花头(13%)+野韭(3%)
		15°~25°	阿尔泰狗娃花(29%)+斜茎黄芪(26%)+苦苣菜(23%)+多花麻花头(5%)+野韭(4%)
		25°~35°	苦苣菜(31%)+阿尔泰狗娃花(30%)+斜茎黄芪(16%)+多花麻花头(3%)+野韭(3%)
		≥35°	苦苣菜(39%)+阿尔泰狗娃花(32%)+斜茎黄芪(11%)
10 年	西北坡	≤3°	苦苣菜(36%)+阿尔泰狗娃花(29%)+斜茎黄芪(19%)+星毛委陵菜(8%)+多花麻花头(6%)
		3°~5°	苦苣菜(40%)+阿尔泰狗娃花(27%)+斜茎黄芪(16%)+星毛委陵菜(8%)+多花麻花头(6%)
		5°~15°	苦苣菜(34%)+阿尔泰狗娃花(30%)+斜茎黄芪(20%)+星毛委陵菜(7%)+多花麻花头(6%)
		15°~25°	苦苣菜(38%)+阿尔泰狗娃花(30%)+斜茎黄芪(15%)+星毛委陵菜(10%)+多花麻花头(4%)
		25°~35°	苦苣菜(44%)+阿尔泰狗娃花(28%)+斜茎黄芪(11%)+星毛委陵菜(11%)+多花麻花头(4%)
		≥35°	苦苣菜(41%)+阿尔泰狗娃花(28%)+斜茎黄芪(15%)+星毛委陵菜(9%)+多花麻花头(4%)
12 年	北坡	≤3°	糙隐子草(34%)+灰绿藜(29%)+多花麻花头(18%)+斜茎黄芪(12%)+苦苣菜(6%)
		3°~5°	糙隐子草(36%)+灰绿藜(27%)+多花麻花头(18%)+斜茎黄芪(12%)+苦苣菜(6%)
		5°~15°	糙隐子草(32%)+灰绿藜(29%)+多花麻花头(19%)+斜茎黄芪(13%)+苦苣菜(6%)
		15°~25°	糙隐子草(32%)+灰绿藜(25%)+多花麻花头(22%)+斜茎黄芪(14%)+苦苣菜(6%)
		25°~35°	糙隐子草(34%)+多花麻花头(25%)+灰绿藜(19%)+斜茎黄芪(14%)+苦苣菜(7%)
		≥35°	糙隐子草(33%)+多花麻花头(26%)+灰绿藜(13%)+斜茎黄芪(13%)+苦苣菜(11%)

二、草本植被边坡稳定性提升技术策略

生态边坡工程一般需经历植被建立、群落正向演替以及长期稳定性管理 3 个阶段。物种选择在生态边坡工程中尤为重要,不同草本的根系对土层的利用空间不同,单一物种由于其根系参数的局限性而难以充分利用表土空间。物种间竞争则会提高区域内根系总体生物量、密度及抗拉强度,达到更好的固坡效果。此外,在相同生境下,不同类型草本植被的根系参数差异较大;在不同生境下,同种草本植被个体间的根系参数差异也较大。因此,

在生态边坡工程中应注意物种的选择与搭配,可根据边坡不同立地条件进行最优物种配置。原则上应当优选地下生物量大且直根系、须根系相结合的物种配置模式,以实现根系功能和结构的多样性,在具有更高的生态服务价值及生态系统恢复力的同时,达到立体式护坡的目的。对于矿山尾矿、排土场或其他人工边坡而言,往往面临地貌复杂、土壤贫瘠、环境恶劣的问题,以至于难以形成稳定的根系系统。在植被建立初期应当把重心放在土壤生境恢复上,因地制宜地选择速生本地草本植被作为先锋物种,配合人工管理措施以加快修复区植被建立和群落正向演替速率,达到对土壤生境提质增效的目的。

相较于草本植被,木本植被的生命周期长且季节稳定性高,因此通常被认为更适合于边坡破坏防治。有学者比较了不同类型植被对边坡稳定性的提升效果,发现草本植被对于预防面蚀(片流侵蚀)和细沟侵蚀效果更为显著,而木本植被对于预防大面积边坡破坏效果更佳。相比于草地边坡,林地边坡发生滑坡的概率更低,且滑坡坡面更陡。然而有学者指出,两者进行对比分析时难以剔除林下草本植被的贡献,也难以充分考虑不同地形、土壤质量、植被与地貌的共同演化过程等立地条件的影响,同时林地浅层边坡破坏往往更具隐蔽性而易被低估,因此难以进行客观对比。

边坡的稳定性与根系的密度和长度有关,与草本植被相比,木本植被只有在其粗大的根系贯穿潜在剪切破坏面时才能体现出锚固优势,而在边坡滑动应力过大时,粗壮的根部常与周边土壤滑脱,其锚固效应未能得到充分的发挥。同时,木本植被巨大的地表生物量对于边坡也有负面影响,例如在强风或暴风雨环境下可能会被连根拔起而造成额外边坡破坏。此外,林地的质量高低也极大地影响固坡效果,例如林间间隙大、地下生物量低、健康状态差的林地很难起到预期固坡效果。

与木本植被的少量粗根系[图 12-20(a)]不同,草本植被拥有大量细根系[图 12-20(b)],且深度大多集中于对边坡整体稳定性影响最大的表层十几到几十厘米处。草本植被的浅层根系与表土形成的根-土复合体不仅极大地增加了土体抗剪强度,而且为土壤微生物提供了更稳定的繁衍空间,有助于提高土壤团聚体稳定性和生境的良性循环。在生态边坡工程建设中,为保证边坡根-土界面快速融合,植被的快速建设是关键环节,草本植被以生长快、密度高的优势可以起到快速固坡的效果。同样的,草本植被的群落稳定性和生物多样性也对边坡加固起到很大影响,例如当草地开始退化时,极易引起坡面的片流侵蚀、细沟侵蚀、积雪滑动侵蚀和冻融侵蚀。

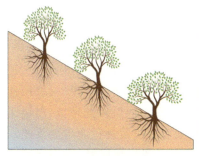
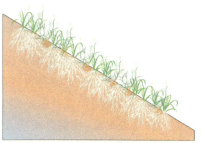

(a) 木本植被　　　　　　　　　　(b) 草本植被

图 12-20　常见木本植被和草本植被根系边坡加固示意图

综上可知,在对边坡稳定性提升方面,木本和草本植被无法进行简单对比,不同条件下的不同物种固坡效果差异巨大,具体固坡效果不仅取决于生境条件、物种特性、水文条件及表土抗性等方面,还取决于生态工程建设的可操作性、经济性及管理模式等方面(表12-3)。生态边坡工程应当根据具体生境,因地制宜地选取适当植被进行边坡加固。

表 12-3　木本与草本植被边坡加固对比表

	木本植被	草本植被	结论
机械加固作用	• 稀疏主根系 • 大多根系深度较深 • 单根抗拉强度大 • 锚固作用 • 易发生滑脱	• 稠密细根系 • 大多根系深度较浅 • 交织纤维组织抗拉强度大 • 加筋作用+交织效应 • 浅层加固效果明显	• 两者加固机制不同、物种间差异大 • 木本根系在贯穿潜在剪切面时才能发挥锚固优势 • 稠密细根系比稀疏粗根系加固效果更佳 • 应针对边坡生境选取适当物种
水文条件优化	• 单株蒸散能力大 • 根土间隙增加土壤渗透率	• 整体蒸散能力大 • 高地表粗糙度增加土壤渗透率	• 木本植被一般优于草本植被 • 物种间差异大
地上生物量的影响	• 自重大,增大坡面负担 • 强风下造成坡面破坏 • 滞留降雨、降低雨滴溅蚀	• 自重轻 • 抗风能力强 • 滞留降雨、降低雨滴溅蚀 • 隔绝积雪与表土直接接触	• 物种间差异大
可操作性	• 密度低 • 见效慢 • 成林后季节波动性小 • 对管理变化的响应迟缓	• 密度高 • 见效快 • 季节波动性较大 • 对管理变化的响应敏感	• 科学管理有助于植被建立 • 可靠性受物种与生境差异影响 • 林地或草地质量对固坡效果影响大
经济效益	• 维护依赖度低 • 木材 • 经济林	• 定期管理(如刈割) • 饲料或沼气原料 • 药草	• 科学管理有助于提高经济效益

三、植物筛选与种植技术策略

重建植物筛选与种植应充分发挥草本植被生物多样性高、物种密度大、根系成型周期短、演替速度快的优势,优选本地建群种进行配置。在植被建立阶段,根据最佳植被配置模式,按先锋种、过渡种、演替种、顶级种的配搭方式进行不同阶段的种植,以快速恢复至稳定群落。再结合适应性管理策略,在群落演替及后期管理阶段进行适当放牧或刈割等中度干扰,以防止生物多样性降低及不利物种的过度传播。条件允许时,所选物种兼顾水资源净化、碳固存、经济性(食物、饲料、药材或造纸原材料等)、观赏性等其他服务价值。

坡度和坡向作为重要的环境因子,可以改变太阳辐射和水分等资源分配,影响植物的生长发育和格局分布。坡向对灌丛群落结构影响时,草本层平均高度与灌木层的变化趋势相反,呈现出阴坡＞半阳坡＞阳坡,认为阴坡充足的水分和养分有利于草本生长。本研究研究区北坡和西北坡的坡向属于阴坡和半阴坡,西南坡属于阳坡,阳坡接受太阳辐射能多,在自然状况下阳坡的蒸腾挥发作用会强于阴坡,使得土壤水分状况比阴坡差,从而导致理化性质、生物作用等过程存在一定的差异,间接反映到植被覆盖度上,植被覆盖度高低情况为研究区北坡(阴坡)＞研究区西北坡(半阴坡)＞研究区西南坡(阳坡)。研究区北坡(阴坡)得益于其恢复年限的长效性和稳定性,且已无人工管护,趋于自然生长,其平均植被覆盖度是 3 个研究区中最优的,且植被覆盖度最高对应的坡度为 14°～15°,故认为在此坡度下光照、水土等条件适合植被生长,可为排土场地形塑造提供依据。

植被恢复是排土场土地复垦与生态重建的重要内容。在矿区排土场生态恢复过程中,研究植物演替情况,可以为其他矿区的植物配置和过程管理提供科学的建议。本研究分析了不同恢复年限植物多样性的情况,发现菊科、豆科、蔷薇科和禾本科这 4 种科植物对排土场生态环境有较强的适应性。以植被覆盖度为评价指标,探究了处于不同坡度区间内植物面积占比配置情况,发现在不同的坡度下,不同植物对环境变化的生存适应能力有显著差别,当植物的占比配置比较均衡时其植被覆盖度最优,表明在恢复植物的筛选上不仅要注意植物的种属,还应注重各种植物之间的比例组成,才能取得较好的生态恢复作用。

结合以上分析可知,从植被群落科属组成、生活型和优势物种 3 个方面去探究不同恢复年限下的植物演替情况,植物科属变化为 11 科 14 属 24 种(6 年)→12 科 13 属 23 种(10 年)→15 科 28 属 32 种(12 年);生活型为一、二年生＋多年生草本(6 年)→一、二年生＋多年生草本(10 年)→一年生＋一、二年生＋多年生草本(12 年),以多年生草本植物为主;优势物种 6 年和 10 年恢复期相似,12 年恢复期以糙隐子草和灰绿藜为主。坡向可以影响太阳辐射和水资源的分配,进而影响植物的生长,以植被覆盖度为评价指标,植被覆盖度高低情况为研究区北坡(阴坡)＞研究区西北坡(半阴坡)＞研究区西南坡(阳坡)。坡度为 14°～15°时植被覆盖度最高,表明该坡度适合植被生长,这就为排土场边坡地形塑造提供了依据。研究区植物演替朝着正向进行,菊科、豆科、蔷薇科和禾本科这 4 种科植物在排土场生态环境中有较强的适应性。北坡由于自然演替时间最久,同时北侧为自然草原,为北坡带来了大量自然种子库,进一步加速了北坡正向演替进程。

第五节 示范工程建设及效果评价

一、示范工程建设

位于呼伦贝尔草原的宝日希勒露天煤矿区排土场数量众多,长期堆存一直威胁着矿区及周边的安全生产和生态安全。仅以该矿区的国家能源集团宝日希勒露天煤矿为例,外排土场顶部平台海拔约 720 m,相对高度约 120 m,边坡角度为 15°～35°,边坡侵蚀沟大量发育,近 3 年边坡土壤侵蚀量达 14.5 万 m³。同时,草原煤电基地地处半干旱的生态环境脆弱区,水资源时空分布极不均衡,资源性和工程性缺水并存,加之排土场表层腐殖土稀缺,在外界长期的冻融侵蚀、径流/潜流侵蚀、风蚀等交替作用下,排土场地质稳定性、水土保持能力及生态功能恢复都受到了极大威胁,在长期持续累积效应下所引起的矿业安全生产及生态安全问题不容忽视。宝日希勒煤矿北排土场位置如图 12-21 所示。

图 12-21　宝日希勒煤矿北排土场位置示意图

利用无人机低空摄影测量获取宝日希勒煤矿北排土场整体厘米级地形数据,利用水文分析工具提取排土场坡顶平台及边坡精细水文网及汇水区。以图 12-22 所示宝日希勒矿区北排土场为例,基于地表潜在汇水区与径流路径分析,确定在雨季强降雨情况下每个子区域的汇水面积,进而确定每个分布式保水控蚀系统单元,可在达到蓄水、护土作用的同时,提升排土场景观及生态功能。

	施工面积	上游集水区	下游保护区
2018年	85 亩	940 亩	220 亩
2019年	49 亩	333 亩	288 亩
合计	134 亩	1 273 亩	508 亩

图 12-22　宝日希勒矿排土场分布式保水控蚀系统示意图

同时,结合统计的排土场所在地区降雨数据,计算汇水区潜在储水/持水能力及所在微流域面积,保证设计分布式保水控蚀系统能抵御 20 年一遇暴雨量。在排土场顶部平台内部汇水区布置储水植物塘,在排土场顶部平台外围汇水区和边坡平台汇水区布置保水控蚀单元,储水植物塘与保水控蚀单元由导水植物沟相连通;分别在储水植物塘、保水控蚀单元和导水植物沟内种植适生植物。由以上步骤在排土场坡顶平台及边坡上设置分布式保水控蚀系统单元,可起到水土物质流控制作用。

通过对地形数据进行空间、水文分析,将整个排土场提取出 13 个汇水区进行分布式保水控蚀系统改造,其中顶部平台中心汇水区布置储水植物塘 1 个,顶部平台外围汇水区和边坡平台汇水区布置保水控蚀单元 12 个。保水控蚀单元由布置在原有水文网上的导水植物沟相连通。分别在保水控蚀单元和导水植物沟内种植适生植物,以保持水土、防止径流冲刷、提升景观效果。

取宝日希勒矿排土场的一个保水控蚀系统举例说明。系统内布置 1 处植物塘,面积 7 200 m²;6 处保水控蚀单元,面积 26 600 m²。再利用已有水系网布置若干条,合计 3.3 km 长植物沟,将微微域内降雨导入蓄水单元,同时植物沟也将植物塘与保水控蚀单元、保水控蚀单元与保水控蚀单元连接起来。该排土场于 2017 年作为排土场边坡失稳与水土流失防控示范样地,到目前为止,在边坡稳定性与水土保持方面收到良好的效果,降雨汇水控制率提高到 66%,最大可以防控 20 年一遇强降雨对坡顶平台及边坡的冲刷。与未建设保水控蚀系统区相比,建设区没有发现大冲沟,小冲沟的数量明显减少,没有发现滑坡塌方迹象。

该示范工程在 2018 年施工面积 85 亩,汇集上游集水区面积 940 亩,下游保护区面积 220 亩,平台汇降水控制率达到 60% 以上。在 2018 年示范工程建设的基础上,2019 年进一步扩大示范面,施工面积 49 亩,主要围绕北坡,汇集上游集水区面积 333 亩,下游保护区面积 288 亩。工程设计能满足 20 年一遇降雨的地表径流调控需求,有效减少系统下游坡面水土流失与坡体失稳问题。算上已有蓄水池的水资源调控能力,现有建设物质流控制系统(保水控蚀单元、植物塘、蓄水池)排土场坡顶(720 平台)降雨汇流利用率的有效控制范围达 75% 以上,对治理坡顶水土流失、边坡失稳、边坡侵蚀沟、冻融侵蚀、潜流侵蚀起到重要作用。

该示范工程建设如图 12-23 所示。

（a）排土场原始地貌一角

（b）机械开挖人工湿地

（c）铺垫黏土层后铺设土工布

（d）铺设土工布后分层回填表土

（e）专家指导

（f）气象数据采集

图 12-23　宝日希勒矿示范工程建设

二、示范工程效果

(一) 坡体稳定性提升

在排土场不同位置布置测钎 52 根[图 12-24(a)],使用 GPS RTK 测量测钎初始位置的绝对坐标 $M_0(x_0, y_0)$,同时用钢尺测量露出地面高度 h_0。对测钎坐标 $M(x, y)$ 及露出地面高度 h 定期重复测量,得到 $M_i(x_i, y_i)$ 及 h_i。根据测钎插入点坐标值的差值 $\Delta M(x_i - x_0, y_i - y_0)$ 可计算出该点的实际位移量,根据测钎露出地面长度的变化值 Δh 可得到该点土壤侵蚀或沉积量。由测钎实测数据[图 12-24(b)]可以看出,所有测钎监测点都仍然处于位移状态。相比对照组,示范工程所覆盖的实验组在 2020 年位移量比 2019 年略有下降:钢尺测量侵蚀量(即 Δh)均值由 2019 年的年平均 0.98 cm 降为 2020 年的 0.5 cm,下降了 49%;3D位移量(即 ΔM)从 2019 年的年平均 8.8 cm 降为 2020 年的 5.7 cm。根据已有 SAR 时序监测与现场调查,排土场在自重作用下仍然处于自然密实沉降状态,每年沉降量与堆存高度呈线性正相关。经计算,测钎监测位移量中,去除排土场自重导致的密实沉降量平均 3.6 cm/a 后,施工后坡面 3D 位移量从 5.2 cm 降到 2.1 cm,降低了 59.6%。

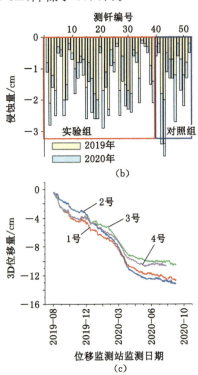

图 12-24 利用测钎与移动监测站进行排土场 3D 位移监测(负值表示位移向下沉降)

同时,排土场设有一套 GNSS 位移自动化监测预警系统,示范工程研究区共有 4 个站点[图 12-24(a)],可进行 24 h 连续位移监测。根据站点获取数据[图 12-24(c)]可以看出,所有站点在监测时间内均处于持续沉降并位移状态,边坡平均位移速率由 8.8 cm/a 降为 5.7 cm/a。同时,从 2020 年 4 月起,4 个站点的沉降与位移速度明显有所放缓。1 号站从平均位移量 0.46 mm/d 降为 0.16 mm/d;2 号站从平均位移量 0.47 mm/d 降为 0.17 mm/d;

3号站从平均位移量 0.32 mm/d 降为 0.09 mm/d；4 号站从平均位移量 0.42 mm/d 降为 0.1 mm/d。

从以上两组数据可以看出，示范工程所在区域边坡变形与位移量在 2020 年度明显小于 2019 年度，从 2020 年 4 月起，4 个站点的沉降与位移速度与示范工程建设之前相比至少降低 60%。

（二）示范区降水资源保持能力提升

利用 Sentinel-1B 和 Landsat-8 数据协同反演示范区及周边土壤含水率。获取 Sentinel-1BIW 模式下的单视复数据（SLC）、VV 和 VH 极化，及影像对应精密轨道数据。利用无人机低空摄影测量获取排土场 8 cm/pix 精度 DEM 作为参考 DEM。

从雷达数据中检索 SM 值，即建立 SM 模式与反向散射系数之间的关系。在裸露的土壤表面上，VV 和 VH 极化的后向散射系数值取决于 SM，表面粗糙度主要由入射角和微波频率确定。作为一阶近似，可以建立以下线性关系：

$$SM = SM_{mid} + (SM_{max} - SM_{min}) \times SMP \tag{12-1}$$

式中   SMP——基于 SM 雷达模式；

SM_{mid}、SM_{min}、SM_{max}——SM 的中值、最小值和最大值，主要取决于土壤孔隙度。

图 12-25 为反演得到的 2020 年 8 月 19 日排土场土壤含水率分布图。

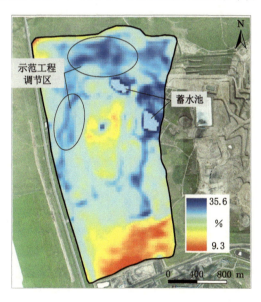

图 12-25   反演得到的研究区 2020 年 8 月 19 日土壤含水率分布图

由示范区建设的气象站可知，8 月 15 日至 16 日有间歇性小雨，两日累计降雨量 66.5 mm，后天气转晴。由图 12-25 可以看出，8 月 19 日排土场整体含水率北高南低，蓄水池周边含水率最高。由于示范工程的分布式保水控蚀系统合理利用并调配降水资源，保证水土资源的良性保持与高效利用，使得保水控蚀系统及周边区域在没有人工灌溉的情况下依然维持较高含水率。

示范工程部分区域建设前后对照如图 12-26 所示。

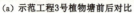

(a) 示范工程3号植物塘前后对比   (b) 示范工程4号潜流湿地前后对比

图 12-26　示范工程部分区域建设前后对照

第六节　本章小结

　　本章针对半干旱露天矿区排土场面临的土壤侵蚀、边坡失稳、植被退化等地质生态问题,提出了适用于规整地形排土场的平盘网格化土地整治、缓渗层构建、蓄水层构建技术模式以及适用于复杂异构排土场的地表水文过程识别与保水控蚀系统构建技术模式;揭示了排土场人工重建植被系统的自然演替规律,并提出了基于植物演替规律的排土场植物筛选与立地条件优化配置模式;构成了集"渗、导、蓄、净、用"为一体的排土场立体分布式保水控蚀技术,形成了地质生态功能稳定的"海绵"排土场。示范区工程实践效果表明示范区较对照区土壤含水率提升约 10%、土壤年侵蚀率降低 59.6%、边坡位移速率降低约 60%,示范区降雨生态利用率达 75% 以上,大幅节约了灌溉维护成本,经济、生态和社会效益显著。

本书参考文献

白中科,吴梅秀,1996.矿区废弃地复垦中的土壤学与植物营养学问题[J].煤矿环境保护,10(5):39-42.

程林森,雷少刚,卞正富,2016.半干旱区煤炭开采对土壤含水量的影响[J].生态与农村环境学报,32(2):219-223.

丁玉龙,周跃进,徐平,等,2013.充填开采控制地表裂缝保护四合木的机理分析[J].采矿与安全工程学报,30(6):868-873.

杜国强,陈秀琴,郜晨龙,等,2016.半干旱矿区地裂缝对土壤水分和地表剪切强度的影响[J].生态与农村环境学报,32(2):224-228.

韩霁,2007.自然修复与人工修复不可偏废[N].经济日报,2007-05-15.

洪双旌,2004.水土保持生态的修复需要人工的合理干预[J].水土保持研究,11(3):307-309.

侯庆春,汪有科,杨光,1994.神府—东胜煤田开发区建设对植被影响的调查[J].水土保持研究,1(4):127-137.

胡振琪,龙精华,王新静,2014.论煤矿区生态环境的自修复、自然修复和人工修复[J].煤炭学报,39(8):1751-1757.

雷少刚,2012.缺水矿区关键环境要素的监测与采动影响规律研究[M].徐州:中国矿业大学出版社:1587-1588.

李超,2015.生态自然修复与人工修复的思辨[J].现代装饰(理论)(2):270.

李惠娣,杨琦,聂振龙,等,2002.土壤结构变化对包气带土壤水分参数的影响及环境效应[J].水土保持学报(6):100-102,106.

李晋川,白中科,柴书杰,等,2009.平朔露天煤矿土地复垦与生态重建技术研究[J].科技导报,27(17):30-34.

李少朋,2013.煤炭开采对地表植物生长影响及菌根修复生态效应[D].北京:中国矿业大学(北京).

栗丽,王曰鑫,王卫斌,2010.采煤塌陷对黄土丘陵区坡耕地土壤理化性质的影响[J].土壤通报(5):1237-1240.

刘辉,雷少刚,邓喀中,等,2014.超高水材料地裂缝充填治理技术[J].煤炭学报,39(1):72-77.

刘英,雷少刚,程林森,等,2018.采煤塌陷影响下土壤含水量变化对柠条气孔导度、蒸腾与光合作用速率的影响[J].生态学报,38(9):3069-3077.

刘哲荣,燕玲,贺晓,等,2014.采煤沉陷干扰下土壤理化性质的演变:以大柳塔矿采区为例[J].干旱区资源与环境(11):133-138.

马雄德,范立民,严戈,等,2017.植被对矿区地下水位变化响应研究[J].煤炭学报,42(1):

44-49.

南清安,顾大钊,2011.7.0 m 超大采高工作面配套设备关键技术[J].神华科技,9(5):
22-25.

钱鸣高,许家林,2019.煤炭开采与岩层运动[J].煤炭学报,44(4):973-984.

钱者东,秦卫华,沈明霞,等,2014.毛乌素沙地煤矿开采对植被景观的影响[J].水土保持通
报,34(5):299-303.

郄晨龙,卞正富,杨德军,等,2015.鄂尔多斯煤田高强度井工煤矿开采对土壤物理性质的扰
动[J].煤炭学报,40(6):1448-1456.

宋亚新,2007.神府—东胜采煤塌陷区包气带水分运移及生态环境效应研究[D].北京:中国
地质科学院.

孙猛,2010.利用自然力修复生态系统探究[J].绿色大世界·绿色科技(8):132-134.

王金满,郭凌俐,白中科,等,2013.黄土区露天煤矿排土场复垦后土壤与植被的演变规律
[J].农业工程学报,29(21):223-232.

王金满,郭凌俐,白中科,等,2016.基于 CT 分析露天煤矿复垦年限对土壤有效孔隙数量和
孔隙度的影响[J].农业工程学报,32(12):229-236.

王晋丽,康建荣,胡晋山,2011.采煤地裂缝对水土资源的影响研究[J].山西煤炭,31(3):
27-30.

王力,卫三平,王全九,2008.榆神府煤田开采对地下水和植被的影响[J].煤炭学报,33(12):
1408-1414.

王晓春,蔡体久,谷金锋,2007.鸡西煤矿矸石山植被自然恢复规律及其环境解释[J].生态学
报,27(9):3744-3751.

魏江生,贺晓,胡春元,等,2006.干旱半干旱地区采煤塌陷对沙质土壤水分特性的影响[J].
干旱区资源与环境,20(5):84-88.

魏婷婷,胡振琪,曹远博,等,2014.风沙区超大工作面开采对土壤及植物特性的影响[J].四
川农业大学学报,32(4):376-381.

许家林,朱卫兵,王晓振,2012.基于关键层位置的导水裂隙带高度预计方法[J].煤炭学报,
37(5):762-769.

杨永均,2017.矿山土地生态系统恢复力及其测度与调控研究[D].徐州:中国矿业大学.

于广云,葛新辉,2005.厚表土层下采煤对地表及铁路桥的影响分析[J].地下空间与工程学
报,1(7):1076-1079,1083.

于瑞雪,李少朋,毕银丽,等,2014.煤炭开采对沙蒿根系生长的影响及其自修复能力[J].煤
炭科学技术,42(2):110-113.

臧荫桐,汪季,丁国栋,等,2010.采煤沉陷后风沙土理化性质变化及其评价研究[J].土壤学
报,47(2):262-269.

张东升,李文平,来兴平,等,2017.我国西北煤炭开采中的水资源保护基础理论研究进展
[J].煤炭学报,42(1):36-43.

张绍良,张黎明,侯湖平,等,2017.生态自然修复及其研究综述[J].干旱区资源与环境,31
(1):160-166.

赵国平,封斌,徐连秀,等,2010.半干旱风沙区采煤塌陷对植被群落变化影响研究[J].西北

林学院学报,25(1):52-56.

赵红梅,2006. 采矿塌陷条件下包气带土壤水分布与动态变化特征研究[D]. 北京:中国地质科学院.

BABAK M S A,STEPHEN R C,LEO L,et al. ,2021. Exit time as a measure of ecological resilience[J]. Science,372(6547):eaay4895.

BAIGORRIA G A,ROMERO C C,2007. Assessment of erosion hotspots in a watershed: integrating the WEPP model and GIS in a case study in the Peruvian Andes[J]. Environmental modelling & software,22(8):1175-1183.

BRADSHAW A,1997. Restoration of mined lands:using natural processes[J]. Ecological engineering,8(4):255-269.

BRADSHAW A, 2000. The use of natural processes in reclamation: advantages and difficulties[J]. Landscape and urban planning,51(2/3/4):89-100.

ERENER A,2011. Remote sensing of vegetation health for reclaimed areas of Seyitömer open cast coal mine[J]. International journal of coal geology,86(1):20-26.

FARMER A M, 1993. The effects of dust on vegetation:a review[J]. Environmental pollution,79(1):63-75.

FERNÁNDEZ MONTONI M V, FERNÁNDEZ HONAINE M, DEL RÍO J L, 2014. An assessment of spontaneous vegetation recovery in aggregate quarries in coastal sand dunes in Buenos Aires Province, Argentina[J]. Environmental management, 54(2): 180-193.

FIERRO A,ANGERS D A,BEAUCHAMP C J,1999. Restoration of ecosystem function in an abandoned sandpit:plant and soil responses to paper de-inking sludge[J]. Journal of applied ecology,36(2):244-253.

GOULD S F,2012. Comparison of post-mining rehabilitation with reference ecosystems in monsoonal eucalypt woodlands, northern Australia[J]. Restoration ecology, 20(2): 250-259.

GUNDERSON L H,BERKES F,COLDING J,et al. ,2002. Adaptive dancing:interactions between social resilience and ecological crises[J]. Navigating social-ecological systems: 33-52.

KANG S M,RADHAKRISHNAN R,YOU Y H,et al. ,2015. Enterobacter asburiae KE17 association regulates physiological changes and mitigates the toxic effects of heavy metals in soybean[J]. Plant biology,17(5):1013-1022.

LEE D K,MOJTABAI N,LEE H B,et al. ,2013. Assessment of the influencing factors on subsidence at abandoned coal mines in South Korea[J]. Environmental earth sciences,68 (3):647-654.

RENSCHLER C S, 2003. Designing geo-spatial interfaces to scale process models: the GeoWEPP approach[J]. Hydrological processes,17(5):1005-1017.

STIRK G B,1954. Some aspects of soil shrinkage and the effect of cracking upon water entry into the soil[J]. Australian journal of agricultural research,5(2):279-296.